U0150879

光纤光敏性与光纤光栅

祝连庆　陈光辉　辛璟焘　何　巍　著

科　学　出　版　社

北　京

内 容 简 介

基于光纤光敏性原理制作的光纤光栅在光通信、光纤传感器、光纤激光器和其他光电子领域都具有重要的应用。本书探索性地把光纤光敏性的物理基础、光纤光栅的传输理论、光纤光栅光谱特性以及光纤光栅的设计制作方法和主要应用融为一体，为读者提供光纤光栅成栅机理、光纤光栅特性和各种光纤光栅制作方法。

本书注重理论和实践相结合，可供从事光纤传感、光纤激光和光通信及相关领域研究的科技工作者阅读参考，也可作为光学和仪器科学专业师生的参考用书。

图书在版编目（CIP）数据

光纤光敏性与光纤光栅 / 祝连庆等著. —北京：科学出版社，2023.12
ISBN 978-7-03-076047-0

Ⅰ. ①光… Ⅱ. ①祝… Ⅲ. ①光纤光栅–研究 Ⅳ. ①TN25

中国国家版本馆 CIP 数据核字（2023）第 134019 号

责任编辑：张艳芬　纪四稳 / 责任校对：高辰雷
责任印制：师艳茹 / 封面设计：蓝正设计

科学出版社 出版
北京东黄城根北街 16 号
邮政编码：100717
http://www.sciencep.com
北京中科印刷有限公司 印刷
科学出版社发行　各地新华书店经销

*

2023 年 12 月第 一 版　开本：720×1000　1/16
2023 年 12 月第一次印刷　印张：24 1/4
字数：488 000
定价：230.00 元
（如有印装质量问题，我社负责调换）

序 一

　　1966 年，高锟在国际电话电报公司标准电信实验室工作期间，发表了一篇题为 "Dielectric-fibre surface waveguides for optical frequencies" 的论文，开创性地提出了光导纤维在通信上应用的基本原理，描述了适用长距离、大容量信息传输所需的介质纤维的结构和材料特性，为光纤技术及其应用的蓬勃发展奠定了原始基础。此后的五十多年中，光纤及光纤器件技术的工业化不断发展和成熟，促进了全球信息时代的到来，它们除了在通信领域起着众所周知和不可或缺的作用，在传感、激光等技术领域也扮演着极其重要的角色。1978 年，加拿大渥太华通信研究中心 Hill 等发现的光纤光栅就是基于光纤而衍生的新型纤维光学器件，因其在光通信、光纤传感和光纤激光系统因具有广泛的应用而备受关注，成为纤维光学领域研究的热点之一。但是，目前少有系统性介绍光纤光栅的物理基础、光学理论和设计制作技术的专著，《光纤光敏性与光纤光栅》弥补了此方面的缺憾。

　　该书作为光纤光栅技术方面的专著，首先介绍了掺杂二氧化硅光纤产生光敏性的微观动力学机理模型、光纤光敏性的表征方法，以及几种典型光纤的光敏性特点，为读者提供了光纤光栅的基础物理知识；其次，从光波导理论出发，介绍了几种解析光纤光栅中光波传输特点和各种光纤光栅光谱特性的相关方程和模型，为读者提供了分析研究光纤光栅特性的理论基础；再次，重点介绍了采用不同方法，在光纤上制作光纤光栅的技术和实践成果，为读者提供前人设计制作光纤光栅的实践方法和丰富经验。该书具有较强的逻辑性和完整性，以及较高的学术参考价值和很强的指导实践价值，可供从事光纤传感技术等研究的科研人员参考，也可作为光电专业师生参考用书。

中国工程院院士

哈尔滨工业大学教授

序　二

信息技术的历史最早可以追溯到人类使用语言交流思想和传播信息，后来随着文字、印刷术、电磁波、计算机、互联网，以及大数据、云计算和物联网等众多新技术的不断出现及应用，经历了五次技术革命，发展到今天已经进入了以数字化、网络化和智能化为主要特征的新时代。未来十年，新一代信息技术将带动全球新一轮科技革命，引领人类社会迈向智能时代。在这一变革中，光纤技术作为新信息技术的一块基石，在通信、激光和传感等领域发挥着不可替代的作用。从克劳德·香农、高锟、大卫·尼尔·佩恩、厉鼎毅和贝尔实验室研究人员取得开创性成就至今，光纤技术已广泛应用于国民经济和社会发展的各个重要领域，成为创新最活跃、发展最迅速、应用最广泛的新兴技术之一，为信息技术的蓬勃发展提供了强劲的动力。

几代科学家、研究人员和工程师的工作使光纤技术成为一个专业的研究领域，它以物理学为基础，不断地与数学、材料、机械、控制、计算机、通信和仪器等学科交叉融合，持续地创新以适应集成光器件、超高速传输、全光网通信、光网络智能化、长距离传感和高精度成像等新信息技术的发展需要。如今，光通信、光纤激光、光纤传感等技术和产品已然是多学科综合的产物，并逐渐在网络容量、传输速率、激光功率、传感距离和分辨率等方面接近物理极限，光纤技术正面临前所未有的挑战。光纤领域的研究人员需要从物理学这个源头入手，充分借鉴不同学科的专业知识，探索寻求根本性的原始创新，为光纤技术的持续发展注入新的活力，让光纤产品更好地服务于信息技术产业。

《光纤光敏性与光纤光栅》一书正是立足于光纤技术创新研发和信息产业应用的大背景，专注于光纤光敏性的物理基础、光纤波导的理论基础、光纤光栅的传输理论与光谱特性等重要基础内容，并涉及光纤光栅的激光刻写技术及其在光通信、激光器和传感系统中的应用。对于从事光纤技术研究的读者，该书兼具基础性和实用性，是一本颇具参考价值的专著。希望这部专著能够促进广大学者深入研究光纤技术的基础理论，广泛与不同学科交叉融合，探索新的原理和方法，在光纤技术领域不断创新，形成核心技术和产品，为我国新一代信息技术产业发展和科技强国建设做出应有的贡献。

中国工程院院士
天津大学教授

前　言

1978 年，Hill 等发现了掺锗光纤纤芯经紫外光照射后其折射率发生了变化，并利用这种折射率变化制作了光纤光栅，光纤的这种光致折射率变化效应被称为光纤光敏性。由于基于光纤光敏性制作的光纤光栅具有诸多独特的光学特性，在光纤传感、光纤通信器件和光纤激光等技术领域具有广泛的应用前景和市场需求，使其成为研究热点。

本书探索性地把光纤光敏性的物理基础、光纤光栅的传输理论，以及光纤光栅的设计制作方法和主要应用融为一体，力求为读者提供具有一定深度和广度、比较全面但不失重点的光纤技术专业读物。本书主要内容安排如下：

第 1 章绪论，主要介绍光纤、光纤制造技术、光纤光敏性和光纤光栅技术，为本书的重点内容做铺垫。

第 2 章从光纤光敏机理出发，阐述二氧化硅基玻璃材料的缺陷理论，根据光纤材料的光敏性分类和光纤成栅光敏性特点，分别就掺锗/锡二氧化硅玻璃光纤、多组分玻璃光纤和聚合物光纤的光敏性进行详细论述。虽然光纤材料光敏效应的发现距今已有 40 余年，但针对其物理起因和微观机理的解析目前有多种观点，其原因一方面是光致折射率变化的复杂性，另一方面是各种观点还需要足够充分的实验结果给予验证。本章收集国内外现有的实验数据、理论模型以及作者团队的研究成果，进行详细的归纳和分类，并选出典型的成果进行重点介绍。

第 3 章从光纤波导的电磁场理论层面描述光纤光栅理论与特性，首先介绍光纤波导基础理论、常见的光纤光栅的模式理论；然后结合理论分析与仿真计算，详细阐述布拉格光纤光栅、啁啾光纤光栅、相移光纤光栅、复合光纤光栅和长周期光纤光栅等典型光纤光栅的光谱特性。

第 4、5 章分别介绍采用紫外激光和飞秒激光在不同光纤上刻写光栅的原理与方法，以及装置系统和工艺流程等。结合作者团队的实践经验，详细介绍采用紫外激光刻写切趾光纤光栅、啁啾光纤光栅、超短光纤光栅、保偏光纤光栅，以及相移光纤光栅、级联光纤布拉格光栅、多芯光纤光栅和双包层光纤光栅的技术；并介绍采用飞秒激光刻写光纤光栅的物理机理和系统，以及刻写几种特殊光纤光栅的实践经验和成果。

第 6 章简要介绍光纤光栅在光通信、光纤激光器和光纤传感等技术领域的应用。

本书是对光纤光敏性和光纤光栅理论与技术研究成果的梳理和汇总。在成稿过程中，哈尔滨工业大学王子才院士和天津大学叶声华院士为本书提出了宝贵的意见和建议，科学出版社对本书的出版给予了大力支持，在此一并表示衷心的感谢。

限于作者水平和学识，书中难免存在疏漏或不足之处，恳请各位读者批评指正。

祝连庆

2023 年春于北京

目　　录

第 1 章

绪 论

1.1 光纤和光纤制造技术

1966 年，高锟在发表的一篇题为 "Dielectric-fibre surface waveguides for optical frequencies" 的论文中讲述了光导纤维(后来被简称为 "光纤")在通信上的应用原理，在光纤波导结构和材料特性基础上，指出只要解决好玻璃材料的纯度及组分等问题，把玻璃介质光纤的光衰减控制在 20dB/km 以下就能够实现信息的高效传输[1,2]。这一设想提出之后，随着石英玻璃光纤制造和光通信相关技术的不断发展，光纤为全球通信带来了革命性的变化，极大地促进了信息时代的到来。

目前常用的典型光纤是圆柱形结构，主要由光纤纤芯、包层和涂覆层三部分组成，如图 1.1 所示，纤芯和包层材料一般是二氧化硅(石英)玻璃，纤芯是掺有适量锗的二氧化硅玻璃，其折射率略高于包层(一般是纯二氧化硅玻璃)，两者构成光传输波导；涂覆层一般为环氧树脂、硅橡胶等高分子材料，主要作用在于增强光纤的机械强度和柔韧性。光波在光纤中传输的规律主要取决于光纤的结构参数，如光纤的纤芯折射率分布、纤芯直径、光纤的数值孔径等。根据光波在光纤中的传输方式，通常把光纤分为单模光纤(single-mode fiber，SMF)和多模光纤(multi-mode fiber，MMF)，在单模光纤中只有一个模式的光波在纤芯中稳定传输，而多模光纤允许两个及两个以上的模式在纤芯中稳定传输，近年来通常把可以传输数个模式的多模光纤称为少模光纤。国际电信联盟电信标准分局对用于通信的标准光纤的尺寸参数(纤芯直径、包层外径和涂覆

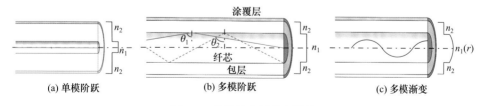

图 1.1 常见的光纤基本结构

层外径)进行了规定：单模光纤的纤芯为 8～10μm，包层外径约为 125μm，涂覆层外径约为 250μm；多模光纤的纤芯约为 50μm 或 60μm，包层外径约为 125μm、涂覆层外径约为 250μm。

当光波入射到光纤纤芯后，通常可以简单地理解为以"全反射"的方式被包层约束在光纤纤芯内向前传输，其间包含了光波模式的激励、模式分布与输出、模式耦合与约束等过程。研究光波在光纤中传输和变化的行为规律是光纤设计、制造和应用的基础，这些基础理论研究在 20 世纪 70 年代得到了长足的发展，并逐渐趋于完善和系统化，有力地促进了光纤及其相关技术的迅速发展。光纤传输理论主要以麦克斯韦方程组为基础，经过折射率慢变近似得到波动方程，利用时空坐标分离得到亥姆霍兹方程，此时基于几何光学近似发展到光线理论，而基于空间坐标的纵横分离发展到波动理论。光线理论和波动理论是光纤波导理论的最基本理论，光纤光栅的理论研究也来源于此，这部分内容将在第 3 章详细阐述。

光纤制造过程主要分为两步，首先制造具有一定折射率分布和尺寸比例的二氧化硅玻璃棒，称为光纤预制棒，然后把光纤预制棒在高温熔融下拉制成特定外径的纤维并涂覆上保护层，即光纤。到目前为止，制造低损耗的二氧化硅(石英)光纤的基本工艺是化学气相沉积(chemical vapor deposition，CVD)，其化学反应式为

$$SiCl_4 + O_2 \longrightarrow SiO_2 + 2Cl_2 \uparrow$$

$$GeCl_4 + O_2 \longrightarrow GeO_2 + 2Cl_2 \uparrow$$

光纤制造技术是在高锟设想提出不久后迅速发展起来的。美国康宁公司的 Maurer[3]设计和制成世界上第一根低损耗石英光纤(损耗为 20dB/km，波长为 0.63μm)。他在一根芯棒上气相沉积石英玻璃疏松体，随后抽去芯棒，将玻璃管烧结成实心玻璃光纤预制棒，然后拉成光纤。气相沉积过程中，通过改变玻璃组分(如掺入锗等)，形成高折射率的纤芯和低折射率的包层，构成光纤波导结构。美国贝尔实验室的 Macchesney 等[4]开发出改进化学气相沉积(modified chemical vapor deposition，MCVD)工艺，成为世界上第一个制造商用光纤预制棒的技术，迅速被世界各国采用，推动了光通信向实用化发展。继美国贝尔实验室开发出 MCVD 制造光纤预制棒技术后，美国康宁公司的管外气相沉积(outside vapour deposition，OVD)、日本电报电话公司(Nippon Telegraph & Telephone，NTT)的轴向气相沉积(vapour axial deposition，VAD)以及荷兰飞利浦公司的等离子体化学气相沉积(plasma chemical vapor deposition，PCVD)制造光纤预制棒的技术相继开发成功，实现了光纤的工业化生产。

MCVD 工艺是最先实现工业化制造光纤预制棒的工艺，其控制容易、灵活性

好，但由于是管内沉积工艺，受到石英管外径的限制，难以生产大尺寸的光纤预制棒，与 OVD 和 VAD 工艺相比，生产效率比较低，目前已经不用于大批量生产，主要用于制造掺稀土光纤、光敏(传感)光纤、高双折射光纤和其他特种光纤等。MCVD 工艺制造光纤预制棒主要包括气相化学反应、反应物沉积、玻璃化等过程。首先将一根空心石英基管放在玻璃车床上旋转，用超纯氧气作为载气通过存有 SiCl₄、GeCl₄ 等纯化学原料的鼓泡瓶，将 SiCl₄、GeCl₄ 的饱和蒸气一起带进石英基管，当用氢氧焰加热石英基管外壁时，通过热传导，管内的气相材料在高温条件下(约 1700℃)发生氧化反应，即气相化学反应；在加热区域，管内的混合气体发生化学反应后，产生的无定形掺锗二氧化硅颗粒沉积在加热区下游的石英管内壁上，形成疏松的掺锗二氧化硅沉积层，即反应物沉积；管外的氢氧焰移动至沉积层位置并把疏松的掺锗二氧化硅沉积层在更高的温度下(约 2000℃)烧结成透明的玻璃层，即玻璃化，整个过程如图 1.2 所示[5]。如此往复多次，把二氧化硅玻璃一层层地沉积在石英基管的内部，直至达到需要的厚度。如果需要获得变化的折射率分布，那么可以实时调整 SiCl₄、GeCl₄ 的比例来获得所需要的不同折射率的沉积层。沉积后的空心管在更高的温度下被收缩成实心的玻璃棒，通常称为光纤预制棒。把光纤预制棒垂直安装在光纤拉丝设备上，预制棒在高温熔融状态下被拉制成外径仅为 125μm 的玻璃纤维，这个过程主要包括高温熔融拉制成型、冷却和涂覆三个步骤，光纤拉制的整个过程是自动完成的。图 1.3 为光纤拉丝塔示意图。

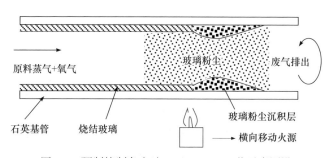

图 1.2　预制棒制备方法——MCVD 工艺示意图[5]

自第一根低损耗石英光纤问世以来，光纤及光纤器件技术的工业化不断发展和成熟，促进了全球信息时代的到来，它们除了在通信领域起着不可或缺的作用，在传感、激光等技术领域也扮演着极其重要的角色。加拿大渥太华通信研究中心 Hill 等[6]发现了光纤光敏性并基于此特性制作了第一只光纤光栅，因其在光通信、光纤传感和光纤激光系统中具有广泛的应用而备受关注，使得光纤光敏性、光纤光栅制造和应用技术成为纤维光学领域的研究热点。

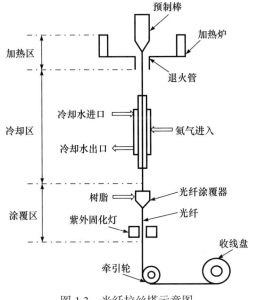

图 1.3　光纤拉丝塔示意图

1.2　光纤光敏性和光纤光栅技术

1.2.1　光纤光敏性

　　光纤光敏性是光纤在特定波长和一定强度的光的作用下，其折射率发生改变的一种光纤特性。这种折射率的变化简称为光致折变，用以衡量光纤光敏性的优劣。研究表明，光纤光敏性与光纤材料的组分和制作工艺有直接关系。

　　光纤光敏性最早被发现于 Hill 等[6]的一次掺锗光纤的非线性特性实验过程中，发现在掺锗光纤注入 488nm 紫外激光后，随着光功率不断增加，透过的光功率没有增加，反而产生反向传输的光功率增加的现象。研究发现，这种现象是由于光纤纤芯折射率产生了周期性变化，后来将光纤纤芯中带有周期性折射率变化的这段光纤称为光纤光栅。此后国际上开展了各种刻写光纤光栅的技术研究，同时对光纤光敏性的微观机理进行了研究。例如，Lam 等[7]提出光敏性与 5eV 吸收带的关系，Friebele 等[8]认为锗光纤的光敏性起源于中性氧空穴。

　　通常大部分光纤的纤芯中是掺锗元素的，因此掺锗光纤成为光纤光敏性研究的重点对象。一般来说，掺锗玻璃材料的光敏性随着其 GeO_2 含量的增加而升高，但由于研究的样品制作方法不同，以及紫外激光照射条件的差异(如波长、单位脉冲能量、脉冲频率、照射时间)，获得的光敏性结果大不相同。在围绕掺锗玻璃材料光敏性进行研究的同时，人们积极寻找具有更高光敏性的玻璃材料。20 世纪 90 年代中期，若干研究小组开始研究各种掺杂玻璃的光敏性，研究对象扩展到硼锗共掺、锗铅共掺、铅锡共掺等石英玻璃以及掺锡氟磷酸盐等玻璃材料。其中，Brambilla 等[9]的一系列研究结果表明，掺锡石英光纤光敏性比掺锗石英光纤光敏性要高几乎两个数量级，而且热稳定性好，这种光纤因在目前的通信波段上不引入明显的额外损耗而备受关注。在掺锗光纤中刻写光纤光栅时，为了增加光敏性，需要载氢，但是这种光纤光栅不稳定且易退化，而掺锡光纤可以在掺杂量很小的情况下温度稳定性更好、光敏性效果更强，其折变效应比掺锗光纤高出两个数量级。1999 年，Long 等[10,11]发现硅酸铅玻璃有很高的光敏性。随着光纤激光器有源光纤的发展，铒锡共掺光纤的研制使得有源光纤具有很好的光敏性，可以刻写制作成用于光纤激光器或者光纤放大器的光纤光栅。

　　玻璃材料的光敏性研究中样品制备方法多样，其中制作体材料的方法有熔融法、等离子体增强化学气相沉积(plasma enhanced chemical vapor deposition，PECVD)法、MCVD 法，制作玻璃薄膜的方法有射频磁控反应溅射法(掺锗)、脉冲激光沉积(pulsed laser deposition，PLD)法(铅锗共掺)、溶胶-凝胶法(掺锗、掺锡等)、火焰水解沉积(flame hydrolysis deposition，FHD)法(掺锗等)、螺旋活化反应蒸发(helicon activated reaction evaporation，HARE)法(掺锡、掺锗)等。

　　折射率测量是玻璃光敏性研究的必要步骤，有光栅衍射效率法、阿贝折射仪法、棱镜耦合技术、布儒斯特角法等测试手段，相关的机理分析方法包括测试材料的吸收谱(absorption spectroscopy，AS)、电子顺磁/自旋共振(electron paramagnetic resonance/electron spin-resonance spectroscopy，EPR/ESR)、拉曼光谱、光致发光光谱(photoluminescence spectroscopy，PL)。吸收谱主要是观察在 4.0～8.3eV 紫外波段吸收系数的变化，结合 Kramers-Kronig(简称 K-K)关系探讨样品吸收带的变化与光敏性的关系。电子顺磁/自旋共振分析是在磁场作用下未成对电子在齐曼能级间的直接跃迁确定顺磁性缺陷中心是否存在，以及缺陷的种类和浓度等。测试拉曼光谱主要是在可比条件下根据振动峰位的变化和峰值的强弱来判断化学键的断裂、形成，进而判断缺陷中心的变化状况。检测发光光谱是为了间接证明与掺杂有关的缺陷中心的存在。

　　自从在掺锗二氧化硅光纤中发现光敏性并首次演示成功光栅的形成后，已经开展了许多探索光纤光敏性和增加光敏性的研究工作。最初是高掺锗的或在降低氧的条件下制造出的光纤被证实具有高的光敏性。到目前为止，已经有载氢、火焰刷、共掺(共掺硼、锡等)等手段被用于增强掺锗二氧化硅光纤的光敏性，锡也曾经被作为增强掺锗二氧化硅玻璃光敏性的共掺物。掺锗玻璃的折射率变化量一般是-6.0×10^{-3}、2.1×10^{-3}。当掺锗玻璃材料载氢后，其光敏性将提高两个数量级。标准通信光纤折射率变化值只有 2.3×10^{-5}，载氢后获得了高达 5.9×10^{-3} 的折射率变化值。Long 等[10]将 PbO 摩尔分数57%的石英玻璃经 266nm 的 YAG 激光照射后获得 0.21 ± 0.04(633nm)的光致折射率变化最大值。Brambilla 等[9]在 SnO_2 摩尔分数0.15%的石英光纤中获得 3×10^{-4} 折射率变化值。关于光纤光敏性的研究详见第 2 章。

1.2.2 光纤光栅

光纤光栅(fiber grating, FG)是玻璃材料光敏性在纤维光学技术领域最有影响、最具现实意义的应用，光纤光栅及其应用技术的进步与成熟给光纤传感、光纤激光等技术领域带来了新的发展。

随着光纤光栅和光纤光敏性被发现和技术的发展，研究者深入探索了光纤光栅的制作方法。美国联合技术研究中心(United Technologies Research Center, UTRC)的 Meltz 等[12]发展了紫外激光侧面写入光折变光纤光栅技术，可以将任意工作波长的相位光栅写入纤芯，制成纤芯内布拉格光纤光栅，大大提高了光纤光栅的写入效率，促进了光纤光栅的实用化进程，对光通信产生了重大影响。与驻波写入法相比，Meltz 等发展的这种横向全息写入技术虽然在波长控制、调制变化等方面得到了很大进步，但系统对光源和周围环境的稳定性要求较高，尤其对光源的相干长度要求很严格。加拿大渥太华通信研究中心 Malo 等[13]和 Prohaska 等[14]提出了掩模板刻写技术，即利用紫外激光经过相位掩模板发生衍射后的±1 阶衍射光形成的干涉条纹对光纤曝光写入光栅，如图 1.4 所示。这种方法使得光纤光栅制作更容易，为其商品化奠定了技术基础。这种写入技术的优点是写入光栅的周期仅仅取决于相位掩模板光栅周期，而与照射的激光波长无关，因此该刻写系统极大地降低了写入光源相干性的要求。系统装置主要是光束调整光路，极大地简化了光纤光栅的写入过程，对周围环境要求大大降低，这些优点使得相位掩模刻写仍是目前最成熟的光纤布拉格光栅写入方法。美国电话电报公司(American Telephone and Telegraph，AT & T)LeMaire 等[15]发展了低温高压载氢技术，为在普通光纤制作高反射率光纤光栅提供了技术保证。AT&T 贝尔实验室的 Bhatia 等[16]利用逐点刻写法在载氢光纤中写入了长周期光纤光栅(long period fiber grating, LPFG)，标志着 LPFG 的诞生。Davis 等[17]首次提出了用 CO_2 激光脉冲轴向周期性加热写入 LPFG，使 LPFG 的制作和应用进入了新的发展阶段。日本京都大学 Kondo 等[18]通过显微物镜将近红外飞秒激光(120fs、200kHz、800nm)聚焦至单模光纤的纤芯区域实现周期为 460μm、长度仅为 3mm 的 LPFG，损耗峰波长在 1320nm 附近，透射强度峰值为 15dB，并测试了在 500℃高温下的热稳定性。加拿大通讯研究中心的 Smelser 等[19]利用飞秒激光(125fs、1kHz、800nm)结合相位掩模板技术在光纤上成功刻写了Ⅰ型及Ⅱ型光纤布拉格光栅(fiber Bragg grating,FBG),并对两种光栅刻写的激光能量阈值、光栅结构和耐温特性等进行了研究,其中Ⅱ型FBG能够耐受1000℃高温。此后,德国、美国、英国等国家的科研机构和相关研究人员对光纤光栅飞秒激光刻写技术及其应用特性开展了详细研究。随着光纤技术的发展及光纤种类的增多,也涌现了一大批各类特种光纤光栅的飞秒激光刻写应用,如加拿大多伦多大学的Lee等[20]将飞秒激光器(230fs、1MHz、522nm)的光斑分别聚焦在一种无芯光纤的不同位置,利用逐点刻写的方法在同一段光纤内成功刻写了3个FBG,该光栅可用于三维温度自补偿生物传感。相比于国外的飞秒激光刻写技术,国内飞秒激光刻写研究起步较晚,且飞秒激光主要用于微结构的制作。飞秒激光刻写光纤光栅主要是利用200~800nm波长飞秒激光在不同种类的光纤上(单模光纤、多模光纤、蓝宝石光纤和光子晶体光纤等)写制不同类型的光纤光栅结构。

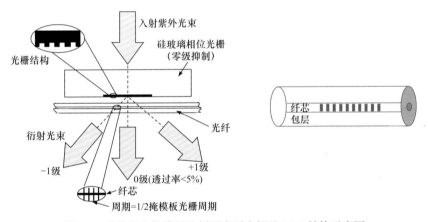

图1.4 紫外曝光掩模板法刻写光纤光栅及FBG结构示意图

以深圳大学王义平教授课题组为代表,对飞秒逐点刻写有非常深入的研究。该课题组利用波长为800nm、脉冲宽度为100fs、重复频率为1kHz的飞秒激光逐点刻写了采样光纤布拉格光栅(sampling fiber Bragg grating,SFBG),为了有效地抑制纤芯基模和包层模的耦合,单脉冲能量为200nJ。实验结果表明,该SFBG在1000℃高温退火8h后,除了温度带来的光栅谐振波长漂移,其光谱形状没有发生任何改变,该光栅具有很高的温度稳定性[21]。随后该课题组创新性地在同一根光纤的纤芯内,采用逐点刻写的方法平行地写制了多个FBG,激光器输出波长为800nm、脉冲宽度为100fs、重复频率为1kHz的激光,通过平移台的移动及旋转,依次将光栅写在纤芯不同的位置,不同周期的光栅写在纤芯不同的位置,得到反射谱,在实验中,不同周期的光栅不会相互影响,由于光栅所处的位置不同,各光栅对弯曲的响应也有所差别。随着不同光栅的刻写，透射谱的深度增加，且短波的损耗也逐渐增大[22]，当利用直写法刻写 FBG 时，透射谱的短波处存在明显的损耗，其产生原因是飞秒激光刻写带来的纤芯折射率变化区域的米氏散射，为了抑制这一损耗，该课题组在不同芯径的单模光纤中利用飞秒激光逐点刻写了透射深度基本相同的光栅，发现芯径越小，短波处的损耗越低，这是由于在芯径小的光纤内部飞秒激光刻写带来的折射率变化与纤芯区域有较大的交叠，因此米氏散射较小。此外，该课题组还在纤芯直径为 4.4μm 的光纤上依次间隔 2mm 刻写了 10 个不同周期的光栅，实验发现由于米氏散射的存在，光从光纤的不同端口入射，得到的光谱也是不同的[23]。

来自俄罗斯新西伯利亚国立大学的 Wolf 等[24]在受到扭转的七芯光纤上用 1030nm 的飞秒激光刻写了 FBG，实现了在所有边侧纤芯轴向刻写谐振波长相同或者不同的 FBG 阵列，在中间的纤芯或某个特定的侧边的纤芯刻写轴向 FBG 阵列，以及在某个横向端面的中间纤芯和三个边侧纤芯刻写 FBG 阵列，在光栅的刻写过程中未去除光纤的涂敷层，刻写出来的光栅阵列可以用于弯曲矢量传感。

塞浦路斯大学的 Theodosiou 等[25]开发出一种飞秒激光逐面刻写法。由这种方法刻写的每一个光栅折射率调制结构均是在光纤截面上通过二维扫描形成，避免了采用逐点刻写法和逐线刻写法光纤纤芯很难对准的问题。通过控制光栅在纤芯和包层的覆盖面积，可以极大地降低 FBG 的偏振相关损耗。调控这种折射率改变结构覆盖的深度和宽度以及折射率改变大小和光栅周期，还可以实现如啁啾光纤光栅等各种复杂结构的光纤光栅刻写。利用该方法，Theodosiou 等[26]在铒镱共掺双包层光纤中制备出带宽达 20nm、群延迟为 2ns 的啁啾光纤光栅，并将其作为反射镜应用于光纤激光器中实现了激光输出。啁啾光纤光栅是光纤激光器中色散调控及宽带反射的关键元件，该工作对飞秒激光制备的 FBG 在超快激光器中的应用具有重要意义。

随着技术的发展、研究的深入和应用发展的需要，各种用途的光纤光栅层出不穷，种类繁多，特性各异。光纤光栅的光学特性主要由光纤波导中光栅的物理结构、折射率调制类型和调制强度、光纤光栅的长度所决定。光纤光栅归纳起来可以从成栅机理(折射率变化起因)、光纤光栅光谱类型(折射率变化结果)和折射率分布特征的不同进行分类。随着光纤布拉格光栅和 LPFG 的发展，研究人员又先后研制出了一系列特殊用途的光栅，如啁啾光纤光栅、闪耀(倾斜)光纤光栅、相移光纤光栅、超结构(取样)光纤光栅等，如图 1.5 所示，可用于改善光纤光栅的光谱特性。

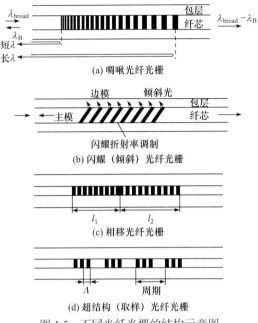

图 1.5　不同光纤光栅的结构示意图

参 考 文 献

[1] Kao C K, Hockham G A. Dielectric-fibre surface waveguides for optical frequencies[J]. Proceedings of the Institution of Electrical Engineers, 1966, 113(7): 1151-1158.

[2] Kao C K. Optical fiber research present and future[J]. Applied Scientific Research, 1984, 41(3): 177-189.

[3] Maurer D. Introduction to Optical Waveguide Fibers[M]//Barnoski M K. Introduction to Integrated Optics. Bostin: Springer, 1974.

[4] Macchesney J B, O'Connor D B, Dimarcello F V, et al. Preparation of low loss optical fiber using simultaneous vapor phase deposition and fusion[J]. The 70th International Congress on Glass, 1974, 6: 40-44.

[5] 陈炳炎. 光纤光缆的设计和制造[M]. 3 版. 杭州: 浙江大学出版社, 2016.

[6] Hill K O, Fujii Y, Johnson D C, et al. Photosensitivity in optical fiber waveguides: Application to reflection filter fabrication[J]. Applied Physics Letters, 1978, 32(10): 647-649.

[7] Lam D K W, Garside B K. Characterization of single-mode optical fiber filters[J]. Applied Optics, 1981, 20(3): 440-445.

[8] Friebele E J, Griscom D L. Color centers in glass optical fiber waveguides[J]. MRS Online Proceedings Library Archive, 1985, 61: 319-331.

[9] Brambilla G, Pruneri V. Enhanced photorefractivity in tin-doped silica optical fibers(review)[J]. IEEE Journal of Selected Topics in Quantum Electronics, 2001, 7(3): 403-408.

[10] Long X C, Brueck S. Large photosensitivity in lead-silicate glasses[J]. Applied Physics Letters, 1999, 74(15): 2110-2112.

[11] Long X C, Brueck S. Composition dependence of the photoinduced refractive-index change in lead silicate glasses[J]. Optics Letters, 1999, 24(16): 1136-1138.

[12] Meltz G, Morey W W, Glenn W H. Formation of Bragg gratings in optical fibers by transverse holographic method[J]. Optics Letters, 1989, 14(15): 823-825.

[13] Malo B, Johnson D C, Bilodeau F, et al. Single-excimer-pulse writing of fiber gratings by use of a zero-order nulled phase mask: Grating spectral response and visualization of index perturbations[J]. Optics Letters, 1993, 18(15): 1277-1279.

[14] Prohaska J D, Snitzer E, Rishton S, et al. Magnification of mask fabricated fibre Bragg gratings[J]. Electronics Letters, 1993, 29(18): 1614-1615.

[15] LeMaire P J, Atkins R M, Mizrahi V, et al. High pressure H_2 loading as a technique for achieving ultrahigh UV photosensitivity and thermal sensitivity in GeO_2 doped optical fibres[J]. Electronics Letters, 1993, 29(13): 1191-1193.

[16] Bhatia V, Vengsarkar A M. Optical fiber long-period grating sensors[J]. Optics Letters, 1996, 21(9): 692-694.

[17] Davis D D, Gaylord T K, Glytsis E N, et al. Long-period fibre grating fabrication with focused CO_2 laser pulses[J]. Electronics Letters, 1998, 34(3): 302-303.

[18] Kondo Y, Nouchi K, Mitsuyu T, et al. Fabrication of long-period fiber gratings by focused irradiation of infrared femtosecond laser pulses[J]. Optics Letters, 1999, 24(10): 646-648.

[19] Smelser C W, Mihailov S J, Grobnic D. Formation of type I-IR and type II-IR gratings with an ultrafast IR laser and a phase mask[J]. Optics Express, 2005, 13(14): 5377-5386.

[20] Lee K K C, Mariampillai A, Haque M, et al. Temperature-compensated fiber-optic 3D shape sensor based on femtosecond laser direct-written Bragg grating waveguides[J]. Optics Express, 2013, 21(20): 24076-24086.

[21] Zhang C Z, Yang Y H, Wang C, et al. Femtosecond laser inscribed sampled fiber Bragg grating with ultrahigh thermal stability[J]. Optics Express, 2016, 24(4): 3981-3988.

[22] Wang Y P, Li Z L, Liu S, et al. Paraller-integrated fiber Bragg gratings inscribed by femtosecond laser point-by-point technology[J]. Journal of Lightwave Technology, 2019, 37(10): 2185-2193.

[23] Liu X Y, Wang Y P, Li Z L, et al. Low short wavelength loss fiber Bragg gratings inscribed in a small-core fiber by femtosecond laser point-by-point technology[J]. Optics Letters, 2019, 44(21): 5121-5124.

[24] Wolf A, Dostovalov A, Bronnikov K, et al. Arrays of fiber Bragg gratings selectively inscribed in different cores of 7-core spun optical fiber by IR femtosecond laser pulses[J]. Optics Express, 2019, 27(10): 13978-13990.

[25] Theodosiou A, Aubrecht J, Peterka P, et al. Er/Yb double-clad fiber laser with fs-laser inscribed plante-by-plane chirped FBG laser mirrors[J]. IEEE Photonics Technology Letters, 2019, 31(5): 409-412.

[26] Theodosiou A, Lacraz A, Stassis A, et al. Plane-by-plane femtosecond laser inscription method for single-peak Bragg gratings in multimode CYTOP polymer optical fiber[J]. Journal of Lightwave Technology, 2017, 35(24): 5404-5410.

第 2 章

光纤光敏性

光纤光敏性是指当光纤曝光于具有特定波长和强度的激光时，纤芯折射率会发生变化的物理现象。光纤光敏性是制作光纤光栅的物理基础，是一个非常活跃和重要的研究领域。从已有的研究成果来看，光纤材料的光敏效应在微观上可能与众多的因素有关，是一个非常复杂的物理过程，目前还不能给出完全定量化的描述。从广义上讲，光敏性是指物质的物理或化学性质在外部光的作用下发生暂时或永久性改变的材料属性。光纤基础材料属于玻璃材料，在研究光纤光敏性时，有些团队直接采用光纤进行实验研究，有些团队则采用块状玻璃作为研究对象进行实验，其结果对认知光纤光敏性均具有支撑和指导作用。

基于光纤光敏性原理制作的光纤光栅在通信领域、光纤传感器、光纤激光器和其他光电子领域具有重要的应用。基于玻璃光敏性原理的玻璃平面光波导在多功能光学集成器件中的应用日益显示出其重要性，玻璃材料的光敏性及其应用的研究也得到了人们的重视。研究光纤材料的光敏机理、光敏性具有重要的科学意义和应用价值。

2.1 玻璃光敏性

2.1.1 玻璃光敏性概述

1. 光敏性研究简要历史

1978 年，Hill 等[1]发现了掺锗的光纤纤芯经紫外激光照射后其折射率发生变化的现象，并利用这种光致折射率变化效应制成了光纤光栅。利用玻璃光敏性制作的光纤光栅在光通信器件、光纤传感器、光纤激光器中具有极其广阔的应用前景，利用玻璃薄膜的光敏性制作的各种平面波导器件具有极大的潜在优势[2]，使得玻璃材料的光敏性及其应用成为研究的热点，人们在光敏性的机理研究方面取得了许多重要的成果。1981 年，Lam 等[3]提出了掺锗光纤中的光敏现象与 5eV 带的双光子吸收过程有关；1986 年，Griscom 等[4]认为掺锗光纤中的光敏现象起源于非电中性的氧空位；1987 年，Meltz 等[5]证实了 Lam 等提出的双光子吸收过程，并认为该过程通过改变掺锗玻璃局部的介电常数产生光敏现象；1990 年，Hand 等[6]进一步发现了掺锗玻璃光纤中和光敏现象有关的其他缺陷中心；1991 年，Simmons等[7]提供了与掺锗玻璃光纤中的光敏现象有直接关系的 GeE'(由双光子吸收引起的 Ge—Si 带断裂，产生的正电荷 Si$^+$区)缺陷中心存在的电子自旋共振实验数据，这一结论于 2000 年被 Uchino 等[2]从理论上加以了解释，而且于 2001 年被 Anedda等[8]利用真空紫外激光谱技术进行了验证。

在围绕掺锗玻璃材料光敏性进行研究的同时，人们积极寻找具有更高光敏性的玻璃材料，20 世纪 90 年代中期，若干研究组开始研究各种掺杂玻璃的光敏性，研究对象扩展到锗铅(Pb)共掺、铅锡共掺等石英玻璃以及掺锡氟磷酸盐等玻璃材料[9,10]。1999 年，Long 等[11,12]报道了硅酸铅玻璃具有很高光敏性的研究结果。Brambilla 等[13]的研究结果表明，掺锡石英光纤的光敏性比掺锗石英光纤的光敏性要高几乎两个数量级，而且热稳定性好，这种光纤在目前的通信波段上由于不引入明显的额外损耗而备受关注。2004 年，贾宏志等[14]报道了硅酸铅玻璃、掺锡二氧化硅玻璃以及镱(Yb)锡共掺二氧化硅玻璃的光敏性的研究成果。

2. 玻璃材料的光致折射率变化程度

一般来说，掺锗玻璃材料的光敏性随着其 GeO$_2$ 含量的增加而升高，但由于研究样品制作方法不同以及紫外激光照射条件的差异(如波长、单脉冲能量、脉冲频率、照射时间)，获得的光敏性结果大不相同。通常的掺锗玻璃材料的光致折射率变化量的范围是$-6.0 \times 10^{-3} \sim 2.1 \times 10^{-3}$，前者是 1996 年 Jarvis 等[15]用 9kJ/cm^2、193nm 紫外激光照射 15%(摩尔分数，下同)GeO$_2$ 石英玻璃时获得的，后者是 1998年由 Bazylenko 等[16]用 6.85kJ/cm^2、193nm 的 ArF 激光照射含 20% GeO$_2$ 石英玻璃时获得的。掺锗玻璃材料载氢后，其光敏性将提高近两个数量级。1993 年，Sceats 等[17]用 248nm KrF 激光照射含 3% GeO$_2$、2.4% H$_2$ 的石英光纤后，在其纤芯中获得了高达 5.9×10^{-3} 的光致折射率变化值，而类似的照射条件(时间短些)对不含氢的 3% GeO$_2$ 标准通信光纤，光致折射率变化值只有 2.3×10^{-5}。

1999 年，Long 等[12]给出了含 PbO 组分从 19%到 57%的硅酸铅玻璃在 266nm激光照射后再由 266nm 的 YAG 激光照射 10min 后获得 0.21±0.04(633nm)的光致折射率变化最大值。Mailis 等[18]得到的光致折射率变化量和 PbO 组分含量呈 e 指数增长关系，并且得到了 57% PbO 的石英玻璃经 25mJ/cm^2、10ns、10Hz，研究用 PLD 法制备的 20% PbO、55% GeO$_2$ 玻璃薄膜在经 244nm 氩离子激光照射后的光敏性时，发现光致折射率变化值随制备时的氧分压的变大而从-9×10^{-3} 变化到 7×10^{-3}。

2004 年，贾宏志等[14]发现硅酸铅玻璃存在一个照射激光能量密度阈值，高于此阈值，吸收谱会产生不同的变化，说明硅酸铅玻璃内部结构存在不同的变化；

照射激光能量密度较低时，硅酸铅玻璃在可见光区域的吸收系数增加很小，折射率有明显下降(图 2.1)，折射率的最大变化量达−0.25±0.04；辐照激光能量密度较高时，硅酸铅玻璃在可见光区域的吸收系数显著增大，并且出现褐色斑点，而且斑点的颜色随氧化铅含量的增加而加深，说明该斑点的产生与氧化铅有关。这种突变产生的可能原因是玻璃局部温度效应产生结构变化。

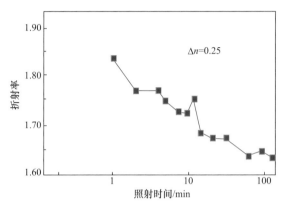

图 2.1 硅酸铅玻璃折射率随 266nm 激光脉冲照射时间的变化

1995 年，Dong 等[10]在含 0.6% SnO_2、9% P_2O_5 的石英光纤中经 50mJ/cm^2、20ns、20Hz、248nm 的 KrF 激光照射后获得了 $1.2×10^{-3}$ 折射率变化值。2000 年，Brambilla 等[19]指出含 0.15% SnO_2 的石英光纤和含 10% GeO_2 的石英光纤在相同的实验照射条件下得到的折射率变化值都在约 $3 × 10^{-4}$，可见掺 SnO_2 光纤的光敏性比掺锗 O_2 光纤光敏性高约两个数量级。

3. 光致折射率变化的正负性

光敏玻璃材料受紫外激光照射后产生折射率变化的正负性是人们所关心的问题，因为它将直接影响采用光敏薄膜制作平面光子器件工艺的复杂程度。诸多研究结果表明，紫外激光诱导的折射率变化依赖于制作玻璃薄膜的工艺。用 FHD 法制作并载氢后的波导，经 242nm 的脉冲激光照射后，测量到高达 $3 × 10^{-3}$ 的正折射率变化量，采用等离子增强化学气相沉积法沉积在单晶硅圆片上的氮锗共掺的二氧化硅玻璃薄膜中获得同样数量级的折射率变化。采用离子注入法、PECVD 法、大气反应喷射法或 HARE 法制作的玻璃薄膜折射率变化被确认是负的，变化幅度高达 $4 × 10^{-2}$。

Chen 等[20]用 MCVD 工艺制作了掺锡二氧化硅薄膜，并用能量密度为 150mJ/cm^2 的 248nm 激光脉冲照射后折射率变化为正值，达 $2 × 10^{-4}$。Gaff 等[21]用称为 HARE 的新的低温工艺制备了 SnO_2 浓度在 5%～25% 的掺锡二氧化硅玻璃薄膜，用棱镜耦合法测量了薄膜的折射率，图 2.2 给出不同 SnO_2 含量薄膜的光致折射率，并用单脉冲流量为 32mJ/cm² 的 248nm KrF 激光照射后获得了–2.7 × 10⁻³ 的光致折射率变化量(照射总剂量为 2000J/cm²)。图 2.3 给出三种不同 SnO_2 含量薄膜的光致折射率变化量。

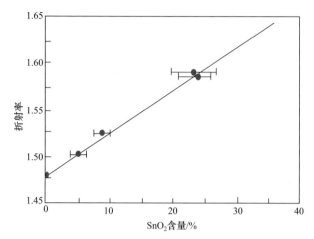

图 2.2   不同 SnO_2 含量薄膜的光致折射率

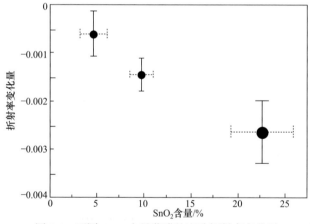

图 2.3   不同 SnO_2 含量薄膜的光致折射率变化量

4. 光致折射率变化的热稳定性

玻璃基光敏材料经紫外激光照射后产生的光敏性与材料内部的缺陷中心或者结构特性直接相关，而这两者与温度的相关性也是不争的事实。因此，研究光敏材料的热学特性对选择光敏材料器件的使用环境具有重要意义。Takahashi 等[22]研究溶胶-凝胶法制备的 10% GeO_2 石英玻璃和 Bazylenko 等[16,23]研究 PECVD 制备的 20% GeO_2 石英玻璃平面波导结构的热学特性时得到的结论是相同的，他们都认为掺锗玻璃薄膜在经过 900℃以上热处理后，其光致折射率变化都将被完全热退化。Potter 等[24]在对用反应磁控溅射法制备的 50% GeO₂ 石英玻璃薄膜经 248nm KrF 激光照射后做成的光敏性布拉格光栅的研究中也发现其衍射效率在 600℃时还能达到 60%，但是在经 900℃退火热处理后就几乎降到零了。Atkins 等[25]则指出用载氢技术制备的含 2.8% H₂、10% GeO₂ 的光纤在用 250W/cm²、351nm 的氩离子激光照射后产生的折射率变化在 100℃退火温度下就完全消失了。对于掺铅石英玻璃，Long 等[12]报道过无论是用 248nm 还是用 266nm 波长的紫外激光照射制成的布拉格光栅，在 600℃的退火温度下都没有任何改变。Brambilla 等[13]也报道过含 5% SnO₂、20% Na₂O 的石英光纤用 248nm 紫外激光照射制成的布拉格光栅的光敏性在 600℃的退火温度下也没有任何改变，他们同时也指出不同掺杂的玻璃基光敏材料制成的光栅中热稳定性由高到低依次为 SnO₂ > GeO₂ > B₂O₃。图 2.4 给出 SiO₂:SnO₂:Na₂O(SSN)、SiO₂:GeO₂(SG)和 SiO₂:GeO₂:B₂O₃(SGB)三种组分光纤玻璃的光致折射率的热稳定性实验结果。

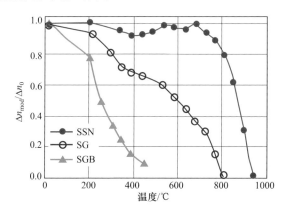

图 2.4　SSN、SG 和 SGB 三种组分玻璃的光致折射率的热稳定性

2.1.2　玻璃光敏性的微观动力学模型

1. 色心模型

色心形成的原因是光纤纤芯中掺杂了其他"杂质"，这些"杂质"的作用是使纤芯折射率略高于包层，从而达到传输光信号时所需的芯包结构。但是，这些"杂质"也破坏了 SiO₂ 正四面体晶格结构。通常使用含锗的石英玻璃作为纤芯材料，锗可以提高石英材料的折射率，并且其最外层电子数和硅相同(Si 和 Ge 都属于第四族元素)，也可以形成 GeO₂ 正四面体结构，但是锗原子的半径比硅大许多，锗的存在会破坏 SiO₂ 正四面体晶格结构，产生缺陷能级；同时，光纤制作过程中，由于氧气供应不足，锗原子没有同氧气充分反应形成 GeO₂ 四面体结构，因此在光纤纤芯中存在锗氧缺陷中心(germanium oxygen deficient center，GODC)，缺陷的数量同光纤中锗的含量、制作光纤时氧气的压强有关。

光纤具有光敏性的原因是光纤中存在缺陷，在紫外激光或者激光照射下，硅氧原子之间的键发生断裂，形成 GeO 缺陷，导致释放自由电子，自由电子被激发到导带，被周围的缺陷重新捕获，这种电子的重新分配使不同波长区的吸收峰发生不同的变化，导致光纤的折射率发生变化。

1990 年，Hand 等[6]提出了色心模型，其认为在玻璃材料中，无序的玻璃网格结构的存在，使得材料内部出现了大量缺陷，如空位、悬键、施主/受主、杂质原子等，它们的存在使得材料在外界激励下，内部电子在各能量状态间发生再分布，原子拓扑结构重构，缺陷中心的相对数量变化，从而改变了材料的吸收特性，最终导致其折射率发生变化而引起光敏现象。对于这种模型，折射率的变化与光谱吸收的变化之间由 K-K 关系式联系：

$$\Delta n(\lambda') = \frac{1}{2\pi^2} \cdot \int_{\lambda_2}^{\lambda_1} \frac{\Delta\alpha(\lambda)}{1-(\lambda/\lambda')^2} \mathrm{d}\lambda \tag{2.1}$$

式中，$\Delta\alpha$ 为光致吸收变化；λ 和 λ' 为考虑吸收变化的光谱范围的边界值；$\Delta n(\lambda')$ 为波长是 λ 时的折射率变化量。

对于掺锗玻璃，主流观点认为至少存在两种锗氧缺陷中心：非弛豫的中性氧单空位(neutral oxygen mono vacancy，NOMV)和中性氧双空位(neutral oxygen divacancy，NODV)，它们分别对应于吸收谱中的 5.08eV(244nm)和 5.16eV(240nm)的位置，并相互交叠形成 5.0eV 吸收带，如图 2.5 所示。当用低于 40mJ/cm² 的紫外激光脉冲照射样品后，NOMV 发生变化，形成 GeE'(6.4eV)缺陷中心。反映在吸收谱上是 5.0eV 带的吸收下降，6.4eV 范围内的吸收增高，从而引起光敏现象。随着 5.0eV 紫外激光强度的增加，过程出现了变化，NODV 上的孤对电子从价带经双光子吸收过程跃迁到导带形成两个锗电子中心(germanium electron center，GEC)(对应于吸收谱上 4.6eV 和 5.8eV 的 Ge(1)和 Ge(2))和自俘获空穴(self-trapped hole，STH)。在紫外激光进一步照射下，STH 被复合，GEC 转变成 GeE'缺陷中心和非桥式氧，这一过程已采用量子化学计算方法模拟证实。

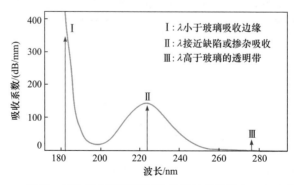

图 2.5 掺锗二氧化硅玻璃的吸收谱(掺锗的吸收峰在 242nm 附近)

Sceats 等[17]报道了研究光纤预制棒芯子吸收的详细情况，测量了采用 MCVD 工艺掺入 3%锗的光纤预制棒的芯子受紫外激光照射前后在 165～300nm 的吸收谱的变化。图 2.6 显示了光纤预制棒的芯子受紫外激光照射前后的吸收谱(Ⅰ 为照射前，Ⅱ 为照射 30min 后，Ⅲ 为两者的差)，结果证实 240nm 带被漂白，一个强的宽的吸收带的中心位于 195nm 附近，这个吸收带对应于 GeE′，根据图 2.5 吸收变化曲线，用 K-K 关系式求得折射率变化结果与通过在同样组分的光纤上用同样的紫外曝光刻写光栅后估算出的折射率变化的结果是吻合的。

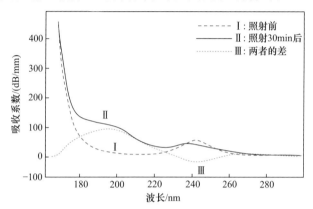

图 2.6　掺入 3%锗的光纤预制棒的芯子受紫外激光照射前后的吸收谱

Sceats 等也发现将光纤放在 900℃温度下退火 60min 后紫外激光诱导的吸收变化完全消失，随后用同样的条件进行再照射后可以重现，光栅受热时吸收的消失与吸收变化在光栅形成中扮演重要角色是相符合的。需要指出的是，它们的结果与其他循环刻写光栅导致光纤光敏性降低的结果相冲突。

当然，人们对掺锗二氧化硅玻璃中的光敏过程也有不同的观点。Essid 等[26]认为 NODV 先转变为 NOMV，再经过双光子吸收过程直接转变为 GeE′和 GEC，但是这一机理由于在进一步照射样品之后，没有发现 GEC 进一步转变成为 GeE′而受到争论。Mizuguchi 等[27]和 Jang 等[28]都认为 NOMV 只有在受到紫外激光照射后才能产生光敏现象，而 NODV 对光敏性无贡献。Takahashi 等[22]认为 Mizuguchi 等在基于能量不是很高的汞(Hg)灯照射的基础上得到的结论不够全面。同时，也说明了 Jang 等只用氙(Xe)灯中的 248nm 紫外激光照射不足以使 NODV 产生光化学反应，无法对光敏现象做出贡献。他们用强紫外激光照射后，结果验证了 NODV 确实对光敏效应起了主要作用。上述对光敏过程的认识都是基于掺锗二氧化硅玻璃的 5eV 光敏带(GODC)在受到紫外激光照射后吸收下降，同时在 6.5eV(GeE′)附近的吸收上升的共识之上得到的。Warren 等[29]发现掺锗玻璃样品在受到照射后，包括 5eV 吸收带和 6.5eV 附近整个紫外波段范围内的吸收同时下降的新现象，他们认为，5eV 吸收带相对于 GODC 的锗缺陷中心，这种缺陷中心受照射后并不转变成 GeE′缺陷中心。除上述观点外，还有一些用以解释载氢后的掺锗二氧化硅光纤的光敏现象的观点，Tsai 等[30]认为这种光敏材料中 GeE′缺陷中心主要来源于 H_2 和 GeO_2 在紫外激光照射下发生反应后生成的 Ge-H。Dalle 等[31]则认为这一观点值得商榷，他们认为载氢掺锗二氧化硅光纤的光敏性与 Ge/Si-OH 有关。Kuswanto 等[32]提出了两类 Ge-H 缺陷中心的形成机理支持了前者的观点。到目前为止，载氢玻璃基光敏材料的光敏机理尚无定论。

对于掺铅玻璃材料，Radic 等[9]认为用色心模型不足以解释铅锡氟磷酸盐玻璃的光敏现象，Mailis 等[18]也没有把锗铅玻璃的光敏性归因于色心模型。实际上 DeLong 等[33]在 1990 年就发现了铅石英玻璃在 532nm 激光激励下通过双光子吸收过程能够在材料内部形成色心，对应于吸收谱上 5.0eV(248nm)吸收峰。2000 年，Brambilla 等[13]从对铅石英玻璃制作波导器件的研究中推测，可能通过铅石英玻璃内部化学键断裂后释放的能量激发形成缺陷中心，这些受激缺陷中心对光敏性做出了部分贡献。因此，色心模型是否适用于解释掺 Pb 玻璃的光敏性还有待进一步研究。

对掺锡二氧化硅玻璃的光敏机理研究始于 2000 年，Brambilla 等[13]认为 Sn—O 缺陷中心(对应于吸收谱上 252nm 吸收峰)受紫外激光照射后，通过单光子吸收过程转化为 SnE′缺陷中心，Chiodini 等[34]证实了两种正交 SnE′缺陷中心和轴对称 SnE′缺陷中心的存在，它们分别是锡缺氧中心在低照射和强照射的条件下生成的，但都对应于吸收谱上 6.0eV 附近的吸收波段。但是，这两个研究组也指出不能将掺锡玻璃的光敏性简单地用色心模型来解释，他们认为吸收变化引起的光敏性只能够部分解释光致折射率的变化，影响掺锡玻璃光敏性的决定因素是材料本身的结构特征，锡缺氧缺陷中心对光敏性来讲不是必需的。Chen 等[20]研究发现，用 MCVD 工艺制作的掺锡二氧化硅薄膜的光敏性机理依赖于照射激光脉冲的能量密度，低能量密度($10mJ/cm^2$)的紫外激光脉冲导致掺锡二氧化硅薄膜的吸收变化与掺锗二氧化硅玻璃的吸收变化很相似，如图 2.7 所示，这就预示着在低能量密度照射情况下，其光敏性主要以缺氧缺陷中心的光子转化的贡献为主，可以用 K-K 关系式来解释。

2. 密度模型

1993 年，Sceats 等[17]提出照射前后玻璃基光敏材料本身内部密度变化，以及伴随的应力态分布、极化状态的改变等均能引起材料折射率的变化。

密度模型以激光照射产生密度变化而导致折射率变化为基础，用强度低于破坏阈值的 248nm 的激光照射，表明无定形石英产生热可逆的线性致密导致了折射率变化。Fiori 等[35]采用一个 KrF 准分子激光器照射生长在硅片上的 $\alpha\text{-}SiO_2$

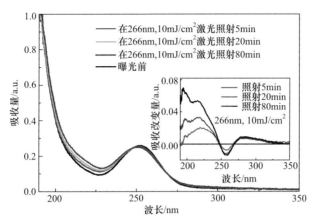

图 2.7　用 MCVD 工艺制作的掺锡二氧化硅薄膜受低能量密度(10mJ/cm²)的紫外激光脉冲照射后的吸收变化

薄膜样品，图 2.8 给出了厚度为 100nm 的氧化薄膜的厚度随紫外激光照射剂量增加的变化情况，当剂量为 2000J/cm² 时，薄膜厚度明显变薄(约 15%)，在激光照射过程中折射率有明显的变化。在 950℃和 10^{-6}torr(1atm = 760torr)的真空条件下退火 1h 后，致密现象消失，厚度和折射率恢复原状。照射累计剂量大于这个可逆的致密范围导致不可逆的致密化，总剂量达到 17000J/cm² 后，薄膜完全定形。把测量厚度的变化转化为体积的变化 $\Delta V/V = 3(\Delta t/t)/(1 + 2\sigma)$，可以得到与折射率变化的线性关系，式中，$\sigma$ 为泊松(Poisson)比，t 为厚度。Fiori 等也在净流体压力下测量了折射率随压力变化的情况，测量结果与激光导致 α-SiO₂ 薄膜致密的情况相符合，这表明激光和净压力导致致密的机理是相似的。这个结果使他们认为 α-SiO₂

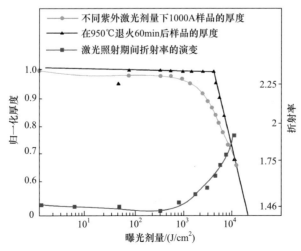

图 2.8　厚度为 100nm 的氧化薄膜的厚度和折射率随紫外激光照射剂量增加的变化情况

薄膜的致密现象是通过材料内部的结构重组进行的，而不是缺陷的产生过程。

1997 年，Bazylenko 等[23]将该密度模型与洛伦兹方程结合，定量解释了掺锗石英玻璃薄膜照射前后折射率变化量和密度/体积变化的关系，同时验证了锗石英玻璃薄膜的光敏性还与材料本身内部应力分布、极化率及 GODC 有关：

$$\Delta n = \frac{(n^2-1)(n^2+2)}{6n^2}\left(\frac{\Delta\alpha}{\alpha} - \frac{\Delta V}{V}\right) \tag{2.2}$$

式中，Δn 为照射前后折射率改变量；n 为折射率；$\Delta\alpha$ 和 α 分别为极化率变化量和极化率；ΔV 和 V 分别为体积变化量和体积。但是，迄今为止极化率变化的机理还没有被解释清楚。因此，各研究组在研究光敏机理时，一般只考虑色心模型和体积变化的贡献，而且两者对光敏性的贡献孰大孰小也没有定论。2000 年，Gusarov 等[36]认为在锗石英光纤中色心模型在低照射剂量时占主导作用，而密度模型在高剂量时贡献更大。

对于含铅玻璃，大多数课题组认为密度变化对光敏性的贡献要大于色心模型中吸收变化对折射率变化的贡献。对于掺锡玻璃，照射前后材料内部结构特征的变化(密度、应力、对称性等)是使掺锡石英玻璃产生光敏性的关键。Anedda 等[8]也从紫外吸收谱中分析证实了结构变化比吸收变化对掺锡石英光纤预制棒的光敏性的贡献更加显著。Chen 等[20]的研究发现，对用 MCVD 工艺制作的掺锡二氧化硅薄膜，高能量密度(50mJ/cm² 以上)的紫外激光脉冲导致折射率变化的主要原因是玻璃网格中与缺氧缺陷有关的键的断裂产生微观结构的重组。

3. 电荷漂移模型

电荷漂移模型由色心模型发展而来，它主要用于分析 $Bi_{12}SiO_2$ 或 $Bi_{12}GeO_2$ 材料的光敏性[33]。电荷漂移形成的电场与折射率的关系可描述为 Pockels 效应和 Kerr 效应。根据 Pockels 效应可知折射率与电场大小成正比；根据 Kerr 效应，折射率则与电场的平方成正比。Payne 指出，当激光照射材料时，电荷就从照射区域的缺陷中被激发出来，另外，电荷又被更深层低能级所捕获[37]，被激发的缺陷电子在光纤纵向区域具有较强的周期性，Pockels 效应表明，这就会产生二阶非线性量 $\chi^{(2)}$。用 488nm 激光照射掺杂 GeO_2 光纤时，Griscom 等[4]发现，光照射光纤会形成 Ge(1)和 Ge(2)缺陷过程，Ge(2)缺陷被光子激发后会释放一个电子。光纤中，空间非均匀性引起光激发出的电子从高密度区扩散到低密度区，这就使材料产生了光电导性，这种特性已经在实验中被证实[5]，当电场强度达到约 10^7V/m 时，由 Pockels 效应材料产生的折射率调制为 7×10^{-7}，很明显，这个效应是很微弱的，不过对于自组织光栅，半米长的光纤光栅的反射率为 55%，这与 Hill 等观察到的实验结果一致，然而这种理论对用全息技术和紫外激光脉冲光源形成的光栅却不能做出解释。

4. 应力释放模型

光纤在制造过程中，包层、纤芯材料的热膨胀系数不同，拉丝时，在外应力的作用下，随之产生热应力和机械应力。外界紫外激光的照射会产生大量的热量，这些热量使得光纤局部应力被释放，最终将导致折射率的增加，通过这种方法最终可以获得 10^{-3} 的光致折射率的调制。Limberger 等[38]通过 FBG 轴向应力改变光纤折射率变化量的测量，证实了应力释放可进行光纤折射率的调制。

应力释放模型主要应用在掺锗光纤中，该模型的建立是根据光纤的弹光效应会引起包层和纤芯不同程度的膨胀，导致光纤应力的变化不同，最终在光纤纤芯形成折射率周期性变化。光纤在激光的照射下，其内存在的大量化学键被打断，使光纤内部的应力变小。该模型仅仅在掺锗光纤中得到了很好的应用，但对于普通光纤，以上过程就不符合，因此该模型还需要进一步研究和实验验证。

2.1.3　光纤光栅退化机理模型

在众多关于热导致的 FBG 性能退化研究中，以 Erdogan 等[39]在 1994 年的研究最为著名。Erdogan 等以色心模型为光纤光敏性理论基础，分析了未载氢 FBG 的热稳定性，并进行了 FBG 热稳定性衰减的物理机制分析和实验研究。Erdogan 等提出的理论模型，能够有效用于未载氢 FBG 的热稳定性变化趋势预测。因此，Erdogan 等得出的未载氢 FBG 热导致的性能退化报告，无论是从理论模型还是实验方法上，都为后续的研究产生了极其深远的影响。

由于光纤光敏性，经紫外激光照射后纤芯的折射率将发生周期性调制。FBG 的性能退化就是折射率调制量衰减的原因。因此，对热导致的 FBG 性能退化研究，必须建立在一种光纤光敏性理论之上。目前，以 Erdogan 等为首的所有关于热导致的 FBG 性能退化研究中，研究人员都将色心模型作为对光纤光敏性的解释。

Erdogan 等对热导致的 FBG 性能退化都基于光纤光敏性的色心模型。为此他们提出了两个重要的理论模型，一个是幂函数曲线模型，另一个是老化曲线模型，并成功地应用这两个模型描述长期高温工作下 FBG 的性能退化行为。

1. 幂函数曲线模型

1994 年，Erdogan 等[39]第一次采用一个完整的理论模型对未载氢 FBG 的热导致的退化行为进行描述，研究对象为掺锗和 Er—Ge 共掺光纤中的 FBG。该模型把紫外激光导致的折射率调制量减少用一个时间幂指数函数来表示，这非常形象地描述了先快后慢呈指数衰减的光栅退化行为。Erdogan 等认为在 FBG 刻写过程中，载流子首先从光纤中被激发，然后被势阱能量带所捕获，载流子的热释放率与能量势阱深度之间的关系，很好地解释了 FBG 的退化特性。大量实验研究表明，这一模型可被用于解释写入未载氢 FBG 的热退化行为，但并不适合描述载氢

FBG 的热导致的退化行为。

在 FBG 曲线的实际应用中，FBG 的反射峰值大小是表征其性能最重要的指标。幂函数曲线模型利用整体耦合系数(integrated coupling constant，ICC)来表示 FBG 的性能，其表达式为

$$ICC = \arctan\left(\sqrt{1 - T_{\min}}\right) \tag{2.3}$$

式中，$T_{\min}$ 为 FBG 的透射率。在整个退火处理过程中，ICC 与 FBG 透射率 $T_{\min}$ 成反比，即 ICC 随 $T_{\min}$ 的增大而减小。将 ICC 按 $t = 0$ 时刻的 ICC 值进行归一化处理，并且表示为 η，称为归一化整体耦合系数(normalized integrated coupling constant，NICC)。根据 Erdogan 等的经验公式可以知道，ICC 的大小与折射率改变量 $\Delta n(t)$ 成正比。因此归一化整体耦合系数 η 实际上表征的物理量就是归一化折射率改变量 $\Delta n(t)/\Delta n_0$，式中，Δn_0 为初始光纤光栅折射率调制值。

光纤光栅的归一化整体耦合系数，即表征归一化折射率调制量的大小 η，将随着时间的增加呈幂指数衰减，即 η 可以表示为时间的幂指数衰减函数，即

$$\eta = \frac{1}{1 + A\left(t / t_1\right)^{\alpha}} \tag{2.4}$$

式中，t 为光纤光栅在高温中的工作时间；t/t_1 为时间的单位因子(这里令 $t_1=1\text{min}$)；A 和 α 为两个与光纤光栅种类有关的常量。Erdogan 等采用多组实验数据进行拟合，得到 α 和温度 T 之间的关系以及 A、α 和温度 T 之间的关系为

$$\alpha = T / T_0 \tag{2.5}$$

$$A = A_0 \exp(\alpha \cdot T) \tag{2.6}$$

式中，T_0 为由 α 和温度 T 按式(2.5)拟合所得的常量；A_0 和 α 为 A 与温度 T 按式(2.6)拟合所得的常量。

幂函数曲线模型能对热导致的 FBG 性能退化行为进行较为准确的预测。但是，该模型的适用范围比较局限。首先，在采用数据拟合法得到 A、α 两个参数这一过程中，严重依赖 FBG 的类型。由于光纤光栅的类型不同，通过数据拟合得到的 A、α 两个参数并不能用于研究其他 FBG。这样一来，每次使用该模型时，必须针对具体 FBG 重新进行数据拟合，以得到 A、α 两个参数。例如，由于刻写光纤种类的不同、光纤掺杂种类含量的不同和 FBG 刻写条件的不同等，都会得到不同的 A、α 参数。

2. 老化曲线模型

在幂函数曲线模型的基础上，Erdogan 等还尝试从物理机制上对热导致的未

载氢 FBG 性能退化特性做出解释，即老化曲线模型。老化曲线模型借鉴了非晶体半导体的载流子运输模型。

定义导带能量的最低值为自由电子能量，即 $E=0$。在光栅的刻写过程中，载流子(在光纤光栅中为自由电子)被约为 5eV 单光子能量的紫外激光激发至能量大于 E 的导带里。被激发的电子随后受限于能量呈连续分布的势阱，而并非能量单一分布的势阱。根据老化曲线模型，FBG 的退化过程是电子在热的激励下从能量连续分布的势阱中释放，整个光纤内的能级分布重新回到紫外激光照射前的光纤能级分布的状态。

在老化曲线模型中，载流子从势阱中的热释放率 $v(E)$ 取决于热释放的温度和能量势阱的深度，即

$$v(E) = v_0 \exp(-E/(k_BT))\tag{2.7}$$

式中，v_0 为电子初始的热释放率；k_B 为玻尔兹曼常量；T 为温度(K)。定义能量为 E，则时间 t 时，电子在势阱中的有效占据数 $f(E,t)$ 为

$$f(E,t) = f_0(E)\exp(-v(E)t)\tag{2.8}$$

这里引入划界能量 E_d，即

$$E_d = k_BT\ln(v_0t)\tag{2.9}$$

当 FBG 工作在温度 T 时，经历时间 t 之后，能量势阱中总能量小于 E_d 的电子被释放，大于 E_d 的电子仍旧填满能量势阱。在工作温度 T 下，经历时间 t 后，能量势阱中的剩余电子数量 $N(t)$ 可表示为

$$N(t) = \int_{E_d}^{\infty} g(E)f(E,t)\mathrm{d}E$$
$$= \int_{E_d}^{\infty} \overline{g}(E)\exp(-v_0t\exp(-E/(k_BT)))\mathrm{d}E\tag{2.10}$$

式中，$g(E)=\overline{g}(E)f_0(E)$ 为能量势阱的态密度分布函数；$\overline{g}(E)$ 为电子分布函数的初始状态；$f_0(E)$ 为能量势阱中电子的有效占据数，其大小是 $f(E,t)$ 在 $t=0$ 时的值，即能量势阱中电子的初始有效占据数，结合式(2.8)和式(2.9)，可得

$$N(t) = \int_{E_d}^{\infty} \overline{g}(E)\exp\left(-\exp\left(\frac{E_d-E}{k_BT}\right)\right)\mathrm{d}E\tag{2.11}$$

式中，括号内的指数项可以进行以下近似，即

$$\exp\left(-\exp\left(\frac{E_d-E}{k_BT}\right)\right) \approx \begin{cases}0, & E \leqslant E_d \\ 1, & E > E_d\end{cases}\tag{2.12}$$

因此能量势阱中的剩余电子数量 $N(t)$ 可表示为

$$N(t) \approx \int_{E_d}^{\infty} \overline{g}(E) \mathrm{d}E \tag{2.13}$$

式(2.13)两边对 E_d 求偏导, 可以得到

$$\frac{\partial N}{\partial E_d} = -\overline{g}(E_d) \tag{2.14}$$

Erdogan 等对光纤光敏性的研究发现, 能量势阱中剩余电子数量 $N(t)$ 与紫外激光致折射率变化量成正比。这里将引入幂函数曲线模型中的归一化整体耦合系数 η 帮助分析, 因为归一化整体耦合系数 η 和紫外激光致折射率变化量成正比, 这样就可以把折射率变化量作为中间变量, 将归一化整体耦合系数 η 与势阱中剩余电子数量 $N(t)$ 联系起来。因此, 若令 $t=0$ 时能量势阱中的所有电子总数为 $N(0)$, 则归一化整体耦合系数 η 就可看成 $N(t)/N(0)$, 因此式(2.14)可化为

$$\frac{\partial \eta}{\partial E_d} = \frac{-\overline{g}(E_d)}{N(0)} \tag{2.15}$$

式(2.15)的左边表示 η 与 E_d 关系曲线的斜率大小。知道 η 与 E_d 之间的函数关系后, 即可得到电子在能量势阱中的初始分布 $\overline{g}(E_d)$, 就可以求得某工作温度 T 下, 工作时间 t 后, 光纤光栅折射率改变量的大小。两者的关系为

$$\eta = \frac{1}{1 + \exp((E_d - \Delta E)/(k_B T_0))} \tag{2.16}$$

式中, ΔE 为初始电子分布的概率最大的能量; T_0 为 FBG 退化的速率。T_0 越大, 退化速率越大。将式(2.16)两边对 E_d 求微分即可得到能量势阱中的初始电子分布, 即

$$\overline{g}(E) = \frac{N(0)}{k_B T_0} \frac{\exp((E - \Delta E)/(k_B T_0))}{(1 + \exp((E - \Delta E)/(k_B T_0)))^2} \tag{2.17}$$

老化曲线模型得以成功运用的关键, 仍然是依靠数据拟合法获得 FBG 的热导致的退化系数。在数据拟合过程中, 首先令势阱电子的热释放率 v_0 为某初始值, 利用实验数据结合公式 $E_d(T,t) = k_B T \mathrm{in}(v_0 t)$ 得到每组温度和时间组合下的 E_d 值, 按照实验数据画出 η 与 E_d 的曲线。然后将 ΔE、T_0 及 v_0 值代入式(2.17)就能得到能量势阱中的初始电子分布 $\overline{g}(E)$。得到初始电子分布 $\overline{g}(E)$ 和势阱电子热释放率 v_0 后, 将其代入式(2.13)和式(2.15)就可以知道某工作温度 T、工作时间 t 下能量势阱中的剩余电子数量 $N(t)$。势阱剩余电子数量 $N(t)$ 和 FBG 中的折射率改变量 $\Delta n(t)$ 相关, 由归一化整体耦合系数 η 联系起来。在 $N(t)$ 已知的情况下, 就可以通过 $N(t)$ 的大小来预测 FBG 折射率改变量的衰减。

老化曲线模型尝试利用非晶半导体的载流子运输模型, 从物理机制上解释 FBG 的热退化行为。该模型给出的物理解释是, FBG 的性能取决于 FBG 能量势

阱中的剩余电子数量，当势阱中的电子受热激发之后，电子会从能量势阱中逃逸。势阱中的电子数一旦减少，FBG 的性能就发生退化。但是，老化曲线模型仍然是不完善的理论模型，因为表征 FBG 性能的归一化整体耦合系数 η 与势阱电子数目之间的关系仍然由经验公式(2.16)给出。老化曲线模型偏重实际应用，计算结果也比较精确，但缺少完整的理论推导过程，无法从物理原理上给出让人信服的理论解释。老化曲线模型的准确性更是很大程度上依赖式(2.16)的适用性，与幂函数曲线模型一样，老化曲线模型必须针对不同类型的 FBG 进行数据拟合，工作量大且计算烦琐。

根据老化曲线模型，通过短期实验可预测 FBG 在某一温度下的长期退化特性，但是这一模型并不适用于载氢 FBG 的退化行为。从前述的分析中可知，未载氢光纤的紫外激光致折射率改变量大小仅仅源自 GODC 的浓度，而载氢光纤中的每个锗原子均参与折射率改变的光化学反应。从数量上讲，载氢光纤中因紫外激光诱发的能量势阱数目远远大于未载氢光纤。因此，载氢光纤中的能量势阱分布不同于未载氢光纤，即未载氢光纤的能量势阱态密度分布函数(2.10)不再适用于载氢光纤。另外，在式(2.12)的简化处理中，势阱中的电子能量 E 若大于划界能量 $E_d(T,t)$，则认为所有电子均在热能的激励下逃逸出能量势阱。反之，势阱中的电子能量 E 若小于划界能量 $E_d(T,t)$，则认为所有电子仍然停留在能量势阱中。实际上，电子从势阱中的逃逸即电子数目的减少应该是一个缓变的过程，而这种对势阱电子数目的判断方法，当势阱电子数目较少时可以简化计算，因此适用于分析未载氢光纤。一旦能量势阱数目和势阱电子数目增大，就不能忽略这一缓变过程，因此老化曲线模型不适于分析势阱数目和电子数目都较多的载氢光纤。

对于幂函数曲线模型和老化曲线模型，两者都依赖经验公式进行数据拟合，由此得到退化系数，从而描述 FBG 的退化行为。它们都没有从理论上解释热导致的 FBG 退化机理，而且这两个模型也不适用于分析载氢 FBG，因此有必要对热导致的 FBG 退化机理进行新的研究。

3. 基于电偶极子对模型的热致光栅性能退化

Erdogan 等的研究以色心模型为基础，并且建立了幂函数曲线模型和老化曲线模型来描述 FBG 的性能退化，但缺少物理过程的分析解释，并且不适用于载氢 FBG 的分析。这里将采用光纤光敏性理论的电偶极子对模型，对热导致的 FBG 性能退化进行理论推导和实验研究。

1) 电偶极子对模型

为了确保光束在光纤中的传播，光纤纤芯都会掺入杂质元素以保证纤芯和包层之间的折射率差。掺锗光纤就是光纤的典型代表之一，掺锗光纤也是用于刻写 FBG 的光纤。光纤中掺入的 Ge 元素并非单质 Ge，而是将 Ge 元素以 GeO_2 的形式掺入光纤。Ge—O 键和 Ge—O—Si 键是 Ge 在光纤中的主要形式。当紫外激光照射掺锗光纤之后，Ge—O 键和 Ge—O—Si 键将发生断裂并产生 GeE′缺陷。

因为 Ge—O 键和 Ge—O—Si 键在紫外激光照射下发生断裂，形成 GeE′缺陷以及由该缺陷引入能量势阱。与此同时一个自由电子将从断裂的键位中释放出来，然后激发至导带，并在断键位置留下一个带正电的空穴。这个被激发至导带的自由电子立刻被 GeE′缺陷能量势阱所捕获。能量势阱的存在已被紫外吸收谱线所证实。被捕获的自由电子与带正电的空穴一起形成了电偶极子对。这个电偶极子对将在其周围空间形成静态的极化电场，极化电场的场强 $E_{dp}(r)$ 可以近似地表示为

$$E_{dp}(r) = \frac{qa}{4\pi\varepsilon_r\varepsilon_0 r^3} \tag{2.18}$$

式中，q 为点电荷电量；a 为电偶极子之间的距离；ε_r 为 SiO_2 的相对介电常数；ε_0 为真空介电常数；r 为两个电偶极子中心的距离。

电偶极子对所产生的静态极化电场，会导致光纤中产生局部折射率变化 Δn_{dp}，Δn_{dp} 可以表示为

$$\Delta n_{dp} = \frac{3x}{2\sqrt{n_0}} \cdot \frac{\iiint E_{dp}^2(r)dV}{\iiint dV} \tag{2.19}$$

式中，x 为电极化率；n_0 为光纤纤芯折射率。由式(2.19)可以看出，Δn_{dp} 可以从对 $E_{dp}(r)$ 的体积分得到。

2) 热导致的光纤光栅折射率衰减

式(2.18)和式(2.19)就是光纤光敏性的电偶极子对模型。该模型认为紫外激光照射后光纤中产生的电偶极子对会诱发极化电场，这个极化电场导致光纤纤芯折射率的改变。该研究的侧重点将基于电偶极子对模型，从物理机制上解释在热能的激发下 FBG 折射率为何发生消退，进而将如何影响 FBG 的热稳定性。研究对象也将从以往被普遍关注的未载氢 FBG 转移到目前广泛应用的载氢 FBG。

由于载氢光纤的光致折射率改变机理与未载氢光纤不同，因此有必要对两种光纤中发生的光敏反应进行介绍。

对于未载氢光纤，光纤光敏性即光致折射率调制量仅源自光纤中的 GODC。在掺锗光纤中 GODC 主要是锗孤对中心(germanium lone pair center，GLPC)和 NOMV 两种结构。在紫外激光照射下，这两种缺陷中心会与光子发生光化学反应，并在石英光纤中产生 GeE′缺陷，而且由该缺陷引入能量势阱。GeE′缺陷引入的能量势阱会使光纤纤芯发生折射率改变。1999 年，Essid 等[26]研究了通过使用 VAD 法制造的掺锗二氧化硅光纤预制棒在各种退火时间后，紫外激光照射导致的石英光纤的吸收谱，分析了各个实验样品中 GLPC 的含量与光致产生的 GeE′缺陷和各

种色心缺陷含量的关系。他们认为石英光纤受到 5eV 紫外激光照射之后，石英光纤中 GeE′缺陷的产生是由于 GLPC 经过一次双光子吸收的中间过程产生 NOMV，NOMV 再经历一个单光子吸收后转变为 GeE′缺陷和其他色心缺陷。这一过程可以用下述光化学反应式表达，即

$$\equiv G\ddot{e}—\cdots O—Ge\equiv +2hv\longrightarrow \equiv Ge—\cdots—Ge\equiv$$
$$\equiv Ge—\cdots—Ge\equiv +hv\longrightarrow \equiv Ge\cdot+Ge(1)+Ge(2)$$
$$(2.20)$$

式中，$\equiv G\ddot{e}—\cdots O—Ge\equiv$ 表示锗孤对中心；$\equiv Ge—\cdots—Ge\equiv$ 表示中性氧单空位；Ge(1) 和 Ge(2) 表示两种色心缺陷，$\equiv Ge\cdot$ 表示 GeE′缺陷。

GeE′缺陷由一个 Ge 原子、一个自由电子和三个 O 原子组成，由于氧空位缺陷的存在，GeE′缺陷具有非稳定的晶格结构。GeE′缺陷结构如图 2.9 所示。

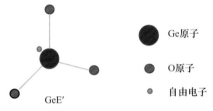

Ge原子

O原子

自由电子

GeE′

图 2.9   GeE′缺陷结构

对于载氢光纤，载氢后 H_2 分子会渗透入光纤中，当光纤受到紫外激光的照射时，每个 Ge 原子都将在光子的作用下，与 H_2 发生反应，而不像非载氢光纤那样，完全依赖自身在制造过程中形成的 GODC 来改变折射率。载氢光纤在紫外激光照射下的光化学反应式为

$$H_2+hv\longrightarrow 2H$$
$$Ge—O—Si+2H+hv\longrightarrow Ge—OH—Si—OH+\equiv Ge$$
$$Ge—O+H+hv\longrightarrow Ge—OH+\equiv Ge$$
$$(2.21)$$

载氢光纤中所有的 Ge 原子都将参与反应，并形成 GeE′缺陷。未载氢光纤中只有 4%的 Ge 原子会形成 GODC，由 GODC 产生的 GeE′缺陷将远小于载氢光纤。而且载氢过程并未显著增加 GODC 的数目，这也意味着光纤中原有的缺陷对载氢增敏的作用是次要的。有报道称 3%载氢掺锗光纤中，将形成 2.8%的 GeE′缺陷。因为未载氢光纤中只有 4%的 Ge 原子会形成 GODC，所以 3%未载氢的掺锗光纤在 GODC 完全转化为 GeE′的情况下，仅形成 0.12%的 GeE′缺陷，两者约相差 23倍。这正是载氢处理使光纤光致折射率变大的原因，未载氢光纤的光致折射率变化量约为 10^{-5}，而载氢光纤的光致折射率变化量可以达到 $10^{-4}\sim10^{-3}$。

观察反应式(2.21)的产物，其中存在 Ge—OH 和 Si—OH 两种包含羟基团的

化合物，这一现象是普通光纤光敏现象中所未有的。有研究认为，羟基对紫外激光的吸收将通过 K-K 关系导致折射率的变化，因此必须研究—OH 基团对载氢光纤的光致折射率变化的影响。北京大学谭谷对载氢光敏光纤进行了研究，他观察了紫外激光照射前后 1200～1600nm 的透射谱，证实了大量—OH 基团的存在，并计算了—OH 羟基基团吸收紫外激光导致的折射率变化。通过计算发现，羟基基团的吸收对折射率的增加量只有 10^{-7}，远远小于实际折射率变化量 $10^{-4}\sim10^{-3}$，鉴于此可以判断，式(2.21)产生的—OH 基团对光纤光致折射率的贡献可以忽略。

从光纤光敏性的电偶极子对模型分析可知，自由电子将从 Ge—O 键和 Ge—O—Si 键的断裂中释放出来并在断键位置留下空穴。接下来，自由电子会被 GeE′ 缺陷引入的能量势阱所捕获，被捕获的自由电子和留下的空穴形成了电偶极子对，这个电偶极子对产生的极化电场改变了光纤的折射率。

以上就是光纤光敏性的电偶极子对模型的解释。但是，注意到被势阱所捕获的自由电子并不是静态地"停留"在能量势阱中，而是以某个频率一直进行热振动。当自由电子从外界获得热能之后，电子的振动频率会加剧，即自由电子的热振动能量增大。当自由电子的热振动能量超过能量势阱的势垒能量时，电子会从势阱中逃逸。逃逸的电子在库仑力的作用下，将和断键位置留下的空穴重新结合，从而电偶极子对消失。这一过程同时会导致电偶极子对产生的极化电场消失，根据极化电场的消失使光纤折射率调制量衰减。该过程如图 2.10 所示。

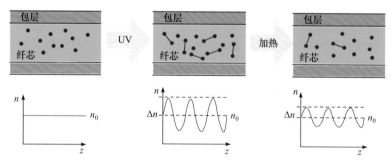

图 2.10　光纤纤芯中电偶极子对密度变化导致的 FBG 折射率调制改变(UV 指紫外激光)

上述过程采用了光纤光敏性的电偶极子对模型，解释了热导致 FBG 性能退化的物理现象。下面对这个热导致的退化过程进行理论推导。

石英光纤内部，处于 GeE′ 缺陷中心的 Ge 原子，与相邻 GeE′ 缺陷中心的 Ge 原子之间的间隙位置上，有一个相对的势能极小值点。两个 Ge 原子间隙之间存在势能的极大值，这称为能量势阱。势能的极大值称为势阱势垒，势垒的深度用 E_0 表示。正常状态下，自由电子就在势能的极小值附近做热振动，自由电子振动频率大小为 v_0，平均振动能量约为 k_BT。能量势阱中的自由电子若要跳跃出势阱，就必须能越过势垒 E_0。但是，E_0 一般只有几电子伏的数量级，即使在 1000℃ 的高温，原子振动能量 $k_B T$ 也只有约十分之一电子伏。因此，势阱电子的跳跃必须靠着偶然性的统计跳跃而获得大于 E_0 的能量时才能实现。

一般的分析表明，自由电子获得大于 E_0 的能量的跳跃概率可以写为

$$p = e^{-E_0/(k_B T)} \qquad (2.22)$$

势阱内自由电子每振动一次，都可以看成跳出势阱势垒的一次尝试，但是只有当它恰好具有大于 E_0 的能量时，才能成功地跳出势阱势垒。电子初始的热释放率为 v_0，结合式(2.22)可得到每秒钟的电子跳跃次数，即电子跳跃率，其表达式为

$$v(E_0, T) = v_0 \exp\left(-\frac{E_0}{k_B T}\right) \qquad (2.23)$$

这个公式描述的是自由电子运动对温度的密切依赖关系，而指数形式表明，电子的跃迁逃逸将随温度 T 的升高而迅速加剧。

根据 Erdogan 等对势阱电子数目和势阱电子热振动能之间关系的研究，能量势阱中的自由电子总数可以表示为

$$N(T, t) = N_0 \exp(-v(E_0, T)t) \qquad (2.24)$$

式中，$N(T, t)$ 为能量势阱中自由电子的剩余数目，其大小随 FBG 的工作温度 T 和工作时间 t 变化；N_0 为 FBG 形成初期势阱电子的初始数目。式(2.24)描述的是势阱中的自由电子数目，其随工作温度 T 的升高或者工作时间 t 的延长呈指数减少。

在紫外激光照射下，Ge—O 键和 Ge—O—Si 键断裂并释放电子和空穴，电子被能量势阱捕获，从而形成电子-空穴的电偶极子对。当 FBG 长期工作在高温环境下时，GeE′缺陷势阱中的电子就会不断地吸收热能，并借助从外界获得的热能逃逸出能量势阱。势阱电子一旦逃逸出能量势阱的束缚，就会在库仑力的作用下重新和断键位置留下的空穴发生复合。若电子和空穴发生复合，则电子-空穴形成的电偶极子对就会消失。按照光纤光敏性的电偶极子对模型描述，光纤中的电偶极子对消失，这时由这个电偶极子对产生的光纤折射率调制量也将不复存在。

因为只有受势阱束缚的电子才能和断键处的空穴形成电偶极子对，所以势阱电子数目 $N(T, t)$ 就是电偶极子对数目，由电偶极子对产生的光纤折射率调制量为

$$\Delta n(T, t) = N(T, t)\Delta n_{dp} \qquad (2.25)$$

式中，Δn_{dp} 为每个电偶极子对在光纤中产生的折射率调制量。式(2.25)描述的是电偶极子对数目的变化导致的光纤折射率改变。结合式(2.24)和式(2.25)，可得有关光纤折射率调制量的具体表达式为

$$\Delta n(T, t) = N_0 \exp\left(-v_0 \exp\left(-\frac{E_0}{k_B T}\right)t\right)\Delta n_{dp} \qquad (2.26)$$

由式(2.26)可以看出，势阱电子借助外界热能逃逸出能量势阱，随着势阱电子数目减少 FBG 折射率将发生衰减。

这里有必要对势阱电子的初始数目 N_0 进行讨论。根据晶体缺陷理论和能级分布理论，一个 GeE′ 缺陷势阱只捕获一个自由电子，因此势阱电子的初始数目在数值上等于光纤经紫外激光照射后产生的 GeE′ 缺陷数目。

3) 热导致的光纤布拉格光栅反射峰值降低

在热导致的 FBG 退化研究中，外界热能的介入将诱发 FBG 折射率改变量 Δn 的衰减，这一衰减反映在 FBG 的性能上就是 FBG 的反射率下降。而且在实际应用中，热导致的 FBG 性能退化只能从反射率降低体现出来，并非折射率调制量的衰减。因此，关注的焦点将是 FBG 的峰值反射率 R。

由折射率改变量 Δn 来计算 FBG 峰值反射率 R 的公式可表示为

$$R = \tanh^2 \frac{\pi \Delta n L}{\lambda_B} \eta \tag{2.27}$$

将式(2.27)中的 Δn 表示为温度 T 和时间 t 的函数 $\Delta n(T, t)$，式(2.27)可以表示为

$$R(T,t) = \tanh^2 \frac{\pi \Delta n(T,t) L}{\lambda_B} \eta \tag{2.28}$$

式中，L 为光栅栅段长度；$\eta = 1 - 1/V^2$ 为光纤中的整体模式强度，V 为光纤的归一化频率。实验采用的是 SMF-28e 光纤，其归一化频率 V 值为 2.405。

2.1.4 光源对光敏性的影响

1. 掺杂二氧化硅的吸收能带

掺杂二氧化硅中的主要光学吸收带及其与最常见的激光波长的关系[36]如图 2.11 所示[40]。纵坐标轴对应于吸收能带和光谱中心波长。一些吸收物质，如羟基、Cl_2 或 O_2 分子仅给出基本吸收能带。没有观察到在 SiO_2 透明区域中的电子吸收，因此在吸收带之外象征性地显示了由 Si—F 和 Si—H 基团引起的谱带。尽管在能量小于 4eV 处有许多吸收带，但它们都具有较小的强度，从而在此光谱区域中提供了二氧化硅的高辐射光学电阻。由于二氧化硅中的许多色心仍存在争议，因此尝试通过图 2.11 中条形的不同颜色比例来描述波段分配的可靠性。

通过大量的科学研究，人们发现光敏性是各种机理综合作用的结果，包括光化学、光弹性力学、热化学等。光纤光敏性与光纤的类型、激光光源的波长和强度等因素有关。光纤的种类，特别是光纤的掺杂类型，最大限度地决定了光纤的光敏性。起初，人们认为只有掺锗的光纤才具有光敏性，纯硅纤芯的光纤中不能写入光栅。后来人们发现掺铈(Ce)、铕(Eu)、铒(Er)等元素的光纤同样具有光敏性，但是掺锗光纤的光敏性是最强的。

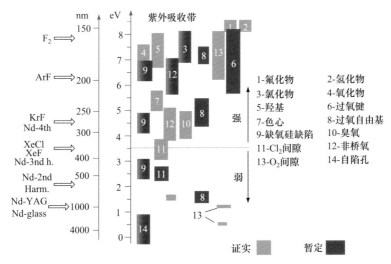

图 2.11　掺杂二氧化硅中的主要光学吸收带及其与最常见的激光波长的关系[36]

玻璃制造的过程中会不可避免地引入一些缺陷，硅玻璃本身就存在着本质缺陷，其中三种缺陷已经通过自旋共振确认。在 SiO_2 中，E′中心被认为是最基本的缺陷中心。这些缺陷的吸收带是导致光纤传输损耗的主要原因之一，称为色心。硅在 160nm、173nm、215nm、260nm 及 630nm 波段的光谱吸收是最显著的。掺锗二氧化硅光纤在 180nm、195nm、213nm、240nm、240nm、281nm、325nm 和 517nm 波段有多个附加的吸收带。图 2.12 是掺锗的 SiO_2 光纤中不同的光激发跃迁示意图[41]。

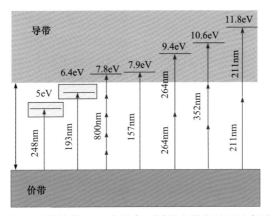

图 2.12　掺锗的 SiO_2 光纤中不同的光激发跃迁示意图

激光照射二氧化硅基的玻璃将产生单光子或多光子吸收现象。这些激光诱导的反应，导致玻璃的宏观物理性质发生变化。例如，在激光照射下会引起样品比容的变化。此外，紫外纳秒脉冲激光的持续时间短，使其易于产生高峰值功率密度，这种类型的紫外激光，在激光波长下不能产生线性有效吸收，但是可以在玻璃中诱导多光子反应。实际上，产生多光子吸收过程对激光功率密度高度依赖，因此自然会导致高度局限性的激光诱导效应，烧蚀、光结构和折射率变化。

因此，为了阐明二氧化硅基玻璃与紫外激光相互作用的机理，仍然需要进行大量研究，尤其是多光子的情况下。使用 193nm 的 ArF 激光器产生永久折射率调制刻写光栅是一种重要的方法。事实证明，该方法可引起玻璃的特定体积变化，因此成功解决了无缺陷位点的掺锗光纤中光栅刻写的问题。它具有较高的热稳定性等优点，不需要载氢即可获得较高的折射率变化。原则上，在任何介质中都可采用双光子机理进行光栅刻写，如带有氟化包层的纯石英玻璃芯光纤。这类光栅写法已在多种结构化光纤中得到应用，包括掺杂的(锗硅酸盐、稀土、磷硅酸盐)的光子晶体光纤。

2. 248nm 和 193nm 激光的吸收谱

通过实验比较 KrF(248nm)和 ArF(193nm)激光脉冲写入的光纤布拉格光栅，发现使用 ArF(193nm)可以刻写反射率更高的光栅。越来越多的证据表明，产生光敏性的光源大多短于 200nm。

测试 190nm 到 400nm 波段的光谱吸收发现，在非载氢光纤和波导上，用 248nm、脉冲能量密度 120mJ/cm^2 和 193nm、脉冲能量密度 40mJ/cm^2 的照射下都出现了漂白。对于载氢小于 7 天的掺锗 SiO$_2$ 波导，没有检测到氢分子的光谱吸收，紫外激光吸收主要来自二氧化硅紫外激光带隙的后部。掺杂层在紫外激光照射下发生强烈的吸收变化。在 190nm 以下发生吸收增加，在 242nm 附近缺乏吸收带。除了在 190nm 以下有强吸收的尾巴，在 242nm 附近会有 193nm 辐射产生的吸收带，在 210nm 附近具有较弱的吸收。仅在高剂量的情况下才会形成 242nm 波段的吸收。实验中，载氢时间较长的样品会得出明显不同的结果(图 2.13)。242nm 附近和短于 190nm 波长处的吸收带很明显。在这些情况下，初始吸收谱与标准光纤中观察到的相似。248nm 的曝光(图 2.13(a))也遵循在光纤中观察到的趋势，在 242nm 波段中，在相对较小的紫外激光剂量下，该波段迅速完全漂白，但是随着波长进一步减小，吸收继续显著增加。暴露于 193nm(图 2.13(b))会导致不同的吸收变化：在曝光的早期出现了两个谱带，位于 220nm 和 260nm 附近，并在较高的紫外激光剂量下合并为一个 225nm 的强峰。在 193nm 处检测到高初始吸收的小分子漂白。在图 2.13(a)所示情况下，可以实现最强的吸收增加，也就是说，当存在最初的 242nm 强带时，在 248nm 处会发生漂白。比较光纤内布拉格光栅在 193nm 和 248nm 处的写入效率，发现 193nm 光栅的反射率达到 80%(曝光剂量为 1.4kJ/cm^2，暴露 4min)，248nm 光栅的反射率为 20%(总剂量为 5.4kJ/cm^2，暴露 6min)。等时退火实验表明，在两种波长下制造的光栅的热稳定性没有差异[42]。

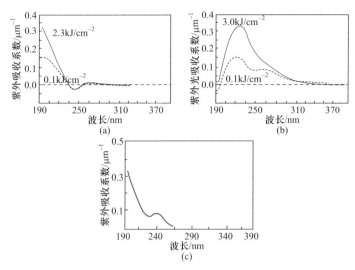

图 2.13 紫外激光在载氢掺锗二氧化硅中的初始吸收带和吸收变化光谱

Dyer 等使用 193nm ArF 激光照射的相位掩模在光纤中形成高反射率光栅,在单脉冲高能激光激发下产生Ⅱ型光纤光栅。在此波长下,纤芯对光的吸收增大。更大的吸收与降低损伤阈值的孵化效应相结合,而吸收随着脉冲数的增加而增长,从而允许以适度的曝光(10 个激光脉冲,约 400mJ/cm²)快速形成损伤光栅。

也可以在 193nm 处形成ⅡA 型光纤光栅,从而产生约−3×10⁻⁴ 的高度负折射率调制。对于用掺硼锗硅酸盐光纤制成的光栅,首先要形成具有正折射率调制的光栅,然后形成强的负折射率光栅;负折射率光栅被证明更稳定。在 248nm 处观察到相似类型的光栅生长。与迄今为止针对Ⅰ型和Ⅱ型光纤光栅提供的所有数据相一致,在 193nm 处的光栅生长要比在 248nm 处快得多。

3. 334nm 和 351nm 波段的光敏性

若三重态激发与锗硅酸盐玻璃的光敏性有关,则近紫外 330nm 的光对该状态的直接激发应与在 240nm 处观察到的变化相同。但是,330nm 无法直接电离缺陷。Dianov 等在掺锗的光纤中制造了一个长周期光栅[43],从而直接证实了近紫外激光可以进行锗硅酸盐玻璃的折射率调制。Starodubov 等[44]通过使用近紫外激光在锗硅酸盐光纤实现了 1550nm 的布拉格光栅刻写,使用 334nm 的激光在掺锗光纤中实现了折射率变化为 10⁻⁴ 的布拉格光栅的侧面写入。不需要光纤做载氢处理,这些光栅具有与使用 240nm 激光刻写的光栅相同的温度稳定性。掺硼增强了光纤的光敏性,表明硼促进了玻璃的结构转变。Atkins 等[25]通过 CO₂ 激光短暂曝光处理,使用相位掩模和 351nm 波长的 Ar 离子激光器在载氢锗硅酸盐光纤实现了布拉格光栅刻写,折射率调制深度为 2×10⁻⁴。

4. 157nm 波段的光敏性

Herman 等[45]展示了光纤和平板波导对来自 F_2 准分子激光器的 157nm 光的光折变响应。由于 7.9eV 的光子与 7.1eV 的锗硅酸盐玻璃的带隙非常接近,因此会有强烈的光敏性响应。采用高锗掺杂光纤(8%GeO_2)和标准电信光纤(3%GeO_2 康宁 SMF-28e)进行实验,两种类型的光纤均在 3atm 氢气中载氢处理 2 周以上。观察图 2.14 发现,相比 Albert 等的结果,在 25~450J/cm^2 的曝光剂量下,折射率调制深度要大几倍,折射率改变速率也快几个数量级。157nm 的曝光剂量依赖性表明折射率变化与单光子有关,这与 Albert 等在相同光纤类型的工作中在 193nm 处发现到的双光子响应不同。载氢光纤在 157nm 诱导下的折射率调制速度增大 10 倍,而较高的锗含量对折射率调制速率影响不大。

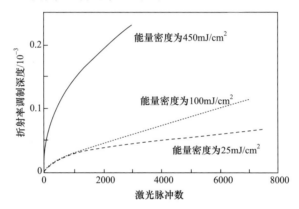

图 2.14　不同能量密度 157nm 照射下 SMF-28e 光纤折射率调制深度

2.1.5　光致折射率变化测试方法

玻璃材料的光致折射率变化量一般比较小。例如,普通的标准通信光纤光致折射率变化量在 10^{-5} 量级,即使高压载氢后其光致折射率变化量也仅在 10^{-3} 量级,因此很难用直接的方法测量玻璃材料的光致折射率变化量,大多采用间接的方法测量。方法之一是在光敏性玻璃材料中写入布拉格光栅,通过测量布拉格光栅的衍射效率来计算光致折射率变化量,这种方法用来测量光纤光栅的光致折射率变化时精度较高,但用来测量体材料时精度大大降低,而且这种方法不能给出折射率是变大还是变小;方法之二是利用光敏性玻璃材料薄膜形成平面波导,采用棱镜耦合法测量折射率的变化,这种方法精度较高,但仅适用于薄膜材料,对体材料则不适用。

1. 光栅衍射法测量光致折射率变化

这种方法的基本思想就是利用玻璃材料的光敏性写入光栅,光栅的衍射效率与光致折射率变化量存在一定的函数关系，因此通过测量光栅的衍射效率就可以推算出光致折射率变化量[46]。一个光纤布拉格光栅可以将满足布拉格条件的光反射回去，因此只要测出光纤光栅的峰值反射率和反射波长，就可以算出光致折射率变化量。对于一个 2mm 的光纤布拉格光栅，其峰值反射率为 45%时对应的光致折射率变化量约为 2.5×10^{-4}。利用光谱仪可以精密地测出光纤光栅的反射率和峰值波长，从而计算出很小的光致折射率变化量。

这种方法也可以测量体材料的光致折射率变化量。对于一个如图 2.15 所示的体材料光栅，当入射光 A_0 满足相位匹配条件

$$\sin i = \frac{\lambda}{2\Lambda} \tag{2.29}$$

时，就会在光栅背面相同入射角处得到布拉格衍射光 A_1。式中，i 为入射角；λ 为入射光波长；Λ 为光栅周期。

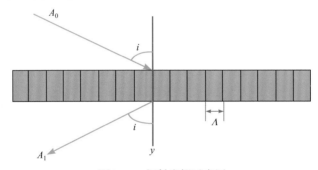

图 2.15　衍射光栅示意图

硅酸盐玻璃对紫外激光吸收很强，因此其光致折射率变化量必然在 y 轴方向上呈指数衰减，即

$$\Delta n(y) = \Delta n_0 \exp(-\alpha_{UV} y) \tag{2.30}$$

式中，Δn_0 为玻璃样品表面的光致折射率变化量；α_{UV} 为衰减系数。对于 s 偏振光，光栅的衍射效率可表示为

$$\eta = \left(\frac{\pi \Delta n_0}{\lambda \alpha_{UV} \cos \theta} \right)^2 \tag{2.31}$$

式(2.31)中有两个未知数 Δn_0 和 α_{UV}，因此仅测一次衍射效率还不能解出 Δn_0。逐次将样品表面打磨，磨掉厚度 h 后光栅的衍射效率为

$$\eta = \left(\frac{\pi \Delta n_0}{\lambda \alpha_{UV} \cos \theta} \right)^2 \exp(-2\alpha_{UV} h) \tag{2.32}$$

测出厚度 h 和衍射效率 η 的关系曲线，通过式(2.32)进行拟合，即可得出 Δn_0

和 α_{UV}。

由于采用光栅衍射法测量体材料的光致折射率变化量时需测出打磨厚度和衍射效率之间的关系曲线，经曲线拟合得到光致折射率变化量，因此大大降低了它的测量精度。

2. 布儒斯特角法测量玻璃的光敏性

利用布儒斯特原理测量材料的折射率变化可以进行玻璃光敏性的测量[47]。一束自然光可以分解为光矢量在入射面内的偏振光(p 偏振光)和光矢量与入射面垂直的偏振光(s 偏振光)，当它以入射角 i_i 从折射率为 n_1 的介质入射到折射率为 n_2 的介质中时，会分成反射光波和折射光波两部分，反射光波返回第一种介质，折射光波进入第二种介质，折射角 i_2 与入射角 i_1 之间满足下列关系，即

$$n_1 \sin i_1 = n_2 \sin i_2 \tag{2.33}$$

而入射光与反射光及折射光的振幅之间满足菲涅耳公式，即

$$r_p = \frac{\tan(i_1 - i_2)}{\tan(i_1 + i_2)} \tag{2.34}$$

$$t_p = \frac{2\sin i_2 \cos i_1}{\sin(i_1 + i_2)\cos(i_1 - i_2)} \tag{2.35}$$

$$r_s = \frac{\sin(i_2 - i_1)}{\sin(i_1 + i_2)} \tag{2.36}$$

$$t_s = \frac{2\sin i_2 \cos i_1}{\sin(i_1 + i_2)} \tag{2.37}$$

式中，r 和 t 分别为振幅反射比和透射比；下标 s 和 p 分别代表 s 偏振光和 p 偏振光。

反射波、透射波的能量流与入射波的能量流之比，分别称为反射率和透射率。根据入射光、反射光和透射光之间的能量关系及菲涅耳公式，可求得光在两介质分界面上的反射率和透射率分别为

$$R_p = r_p^2 = \frac{\tan^2(i_1 - i_2)}{\tan^2(i_1 + i_2)} \tag{2.38}$$

$$T_p = \frac{n_2}{n_1}\frac{\cos i_2}{\cos i_1}\frac{4\sin^2 i_2 \cos^2 i_1}{\sin^2(i_1 + i_2)\cos^2(i_1 - i_2)} \tag{2.39}$$

$$R_s = r_s^2 = \frac{\sin^2(i_1 - i_2)}{\sin^2(i_1 + i_2)} \tag{2.40}$$

$$T_s = \frac{n_2}{n_1}\frac{\cos i_2}{\cos i_1}\frac{4\sin^2 i_2 \cos^2 i_1}{\sin^2(i_1 + i_2)} \tag{2.41}$$

式中，R 和 T 分别为反射率和透射率；下标 s 和 p 分别代表 s 偏振光和 p 偏振光。

对于自然光，由于它的 s 分量和 p 分量相等，因此其反射率与入射角的变化关系为

$$R_n = \frac{1}{2}\left(\frac{\sin^2(i_1 - i_2)}{\sin^2(i_1 + i_2)} + \frac{\tan^2(i_1 - i_2)}{\tan^2(i_1 + i_2)} \right) \tag{2.42}$$

图 2.16 给出了光在空气和折射率为 1.52 的玻璃界面上反射时，反射率 R_p、R_s 和 R_n 随入射角 i_1 的变化曲线。

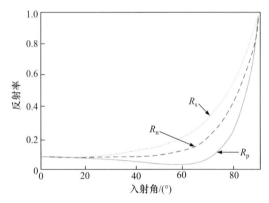

图 2.16　反射率随入射角变化

从图 2.16 及式(2.38)中可以看出，当 $i_1 + i_2 = 90°$ 时，$\tan(i_1 + i_2) \to \infty$，$R_p = 0$，满足这一条件的入射角称为布儒斯特角，记为 i_B。可得

$$\tan i_B = \frac{n_2}{n_1} \tag{2.43}$$

式(2.43)称为布儒斯特定律。当入射光处于空气或真空中时，$\tan i_B = n_2$，只要测出该材料的布儒斯特角 i_B，就可得到折射率 n_2。

若以纯 p 偏振光从空气中照射玻璃体材料，则当反射光强为零时对应的入射角即布儒斯特角。布儒斯特角法测量玻璃体材料折射率实验装置图如图 2.17 所示。

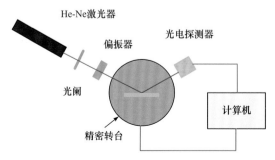

图 2.17　布儒斯特角法测量玻璃体材料折射率实验装置图

He-Ne 激光器发出的 632.8nm 红光经过一个小孔光阑滤光后再经过一个偏振器，使其成为 p 偏振光入射到待测样品表面。反射光由一个光电探测器接收后被送到计算机。待测样品置于一个由计算机控制的精密转台上，转台每转动 0.004° 计算机采集一组角度和光强数据。由于入射光不可能是纯 p 偏振光，因此光强不可能为零，光强最小时对应的角度即布儒斯特角。实验在布儒斯特角附近 7°左右的范围内采集数据，这样可以把光电探测器的最佳灵敏度调节在一个较小的光强范围。

3. 反射法测量薄膜折射率变化

精确测量折射率变化在研究玻璃光敏性方面是一个关键方面。薄膜样品的折射率通常采用棱镜耦合方法来测量，这种方法无法实现在激光照射过程中进行实时测量，如果每一次的照射点或测量时的耦合点不能保持一致，或者是实验的其他条件发生变化，就很容易产生实验结果的误差。

为了解决折射率变化的实时测量问题，获得精确的实验数据，可设计如图 2.18 所示的装置用于研究掺锡二氧化硅薄膜的光敏性，这种测量薄膜折射率的方法以菲涅耳公式为基础，通过测量薄膜的反射率来计算被测薄膜的折射率，该装置的优点是允许在紫外激光照射期间实时测量照射区域的折射率变化。装置中用一个波长为 248nm 的 KrF 准分子激光器(lambda physik，Fibex)作为样品的照射源，激光脉冲的宽度为 15ns，重复频率为 50Hz，所用的激光能量密度约为 150mJ/cm²。测量薄膜的折射率时，用一个输出端带有标准单模光纤的 1550nm 的激光二极管(laser diode，LD)作为探测光源来测量薄膜的反射率，从 LD 发出的光被一个定向耦合器(DC)分成探测光和参考光，探测光通过一个光学隔离器(ISO)进入双光纤准直器的一个臂后垂直入射到被测薄膜的表面，从薄膜反射回来的光被同一准直器收集后通过另一臂的光纤传送到探测器中，参考光和反射光由一台双通道的光功率计(OPM，HP8153A 与 HP81431A)同时探测，光功率计的输出数据由一台个人计算机进行辅助处理。因为被薄膜反射回来的光非常弱，为了得到准确的数据，采用多次采样并求平均值的方法来获得准确的反射率。测得准确的薄膜反射率后，被测掺锡二氧化硅玻璃薄膜的折射率 n_2 可以通过式(2.44)计算得到，即

$$R(n_2) = \cfrac{\left(\cfrac{n_1-n_2}{n_1+n_2}\right)^2 + \left(\cfrac{n_2-n_3}{n_2+n_3}\right)^2 + 2\left(\cfrac{n_1-n_2}{n_1+n_2}\right)\left(\cfrac{n_2-n_3}{n_2+n_3}\right)\cos\left(2\cfrac{2\pi}{\lambda_0}n_2h\right)}{\left(\cfrac{n_1-n_2}{n_1+n_2}\right)^2 + \left(\cfrac{n_2-n_3}{n_2+n_3}\right)^2 + 2\left(\cfrac{n_1-n_2}{n_1+n_2}\right)\left(\cfrac{n_2-n_3}{n_2+n_3}\right)\cos\left(2\cfrac{2\pi}{\lambda_0}n_2h\right) + 1}$$

(2.44)

式中，$R(n_2)$ 和 h 分别为掺锡二氧化硅玻璃薄膜的反射率和厚度；n_1 和 n_3 分别为空气和纯二氧化硅玻璃基片的折射率；λ_0 为探测光的波长。

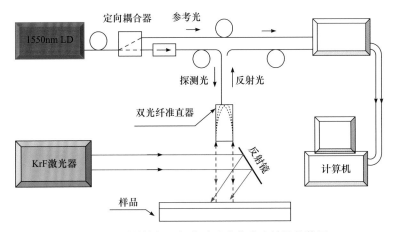

图 2.18　测量掺锡二氧化硅玻璃薄膜光敏性的装置

4. 光纤折射率变化测试方法

1) Mach-Zehnder(M-Z)干涉法研究光敏光纤的光敏性

掺锗玻璃的紫外激光光敏性与锗色心有关。由于诱导光的作用，掺锗光纤中的某些键被破坏，释放出自由电子，自由电子又进入色心陷阱，这些新的色心陷阱改变了掺锗光纤的吸收特性，这类效应主要发生在紫外激光谱区波段。随着掺锗玻璃对特定波段紫外激光的吸收，由 K-K 关系式可知，在其内部产生一折射率增量，按紫外激光照射光强的空间分布，对应地形成吸收折变光栅。按照吸收模型，折射率增量与紫外激光照射剂量呈指数关系，即

$$\Delta n = \Delta n_{\max}\left(1 - \mathrm{e}^{-AIt}\right) \tag{2.45}$$

式中，$A = \delta h \nu$；δ 为缺陷的吸收截面；I 为曝光强度(光功率密度)；t 为曝光时间；$\Delta n_{\max}$ 为折射率变化的最大变化量。

采用 M-Z 干涉法测量光敏光纤的折射率增量[48]，这种方法具有精度高、测量方便、简单易行的特点。测量光路系统如图 2.19 所示，测量光源来自可调谐激光器(1400～1700nm)，为了多形成几个干涉阶次以提高测量精度，采用最短的波长 1400nm。激光经 3dB 耦合器一分为二，一路耦合到光敏光纤(测量臂)，它被 248nm 准分子激光照射，另一路耦合到普通光纤(参考臂)，然后两路具有位相差异的激光由另一个 3dB 耦合器汇合。相干的激光输出到光纤光谱仪中，应用光谱仪中的"功率计"挡显示两路光在干涉过程中功率随时间的变化。为了提高激光对光敏光纤的作用强度，用柱透镜将激光聚焦成宽度为 0.5mm 左右的线状光斑。

每个激光脉冲形成的能量密度约为 1J/cm²，激光脉冲频率为 10Hz。光敏光纤被照射的长度为 L，从而在两臂之间附加了 $\Delta n(t)L = k(t)\lambda$ 的光程差，其中 $k(t) > 0$ 是激光干涉阶次随时间的变化量，即在光谱仪显示器上将要出现的周期性的光强变化量。

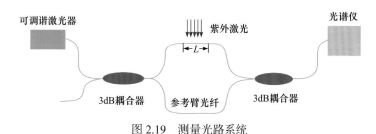

可调谐激光器　　　　　　　　　　　　紫外激光　　　　　　　光谱仪

　　　3dB耦合器　　　参考臂光纤　　　3dB耦合器

图 2.19　测量光路系统

2) 反射谱光致折射率改变的估算法

从制作光栅的角度，光纤材料光敏性的核心问题是如何在光纤材料内获得光致折射率较大的改变。在实验上可以通过多种途径获得光纤材料芯区光致折射率具体改变的数值，通过测量光纤材料在紫外激光照射前后折射率剖面或光纤圆场图案的变化情况也可以得出光纤材料芯区折射率的变化[49]，但是目前使用较多的方法是直接通过紫外激光照射获得光纤光栅最大反射率和布拉格波长的漂移，依此计算出光纤材料中光致折射率改变的具体数值。

(1) 波长漂移公式。

随着紫外激光刻写光栅时间的延长(即脉冲数的增多)，反射波长向长波方向移动。反射波长由 $\lambda_B = 2n_{eff}\Lambda$ 决定。当宽带光经过布拉格光栅时，布拉格光栅会选择性地反射一窄带光，反射光的波长由布拉格光栅常数决定。光致折射率改变可表示为

$$\Delta\lambda_B = 2\Delta n_{eff}\Lambda \tag{2.46}$$

因此有

$$\Delta n_{eff} = \frac{\Delta\lambda_B}{2\Lambda} \tag{2.47}$$

光纤光栅折射率调制的增大引起布拉格波长向长波方向漂移。根据此关系式，得出的光纤光栅的折射率调制与波长的漂移成正比。

(2) 最大反射率。

对于光纤光栅的最大反射率，有如下公式，即

$$R_{max} = \tanh^2(\kappa L) \tag{2.48}$$

$$\kappa = \frac{\pi\Lambda n_{mod}\eta}{\lambda_B} \tag{2.49}$$

$$\eta = 1 - \exp\left(-2\left(\frac{a}{s_0}\right)^2\right) \tag{2.50}$$

$$\frac{s_0}{a} = 0.845 + 0.434\left(\frac{\lambda}{\lambda_c}\right)^{\frac{3}{2}} + 0.0149\left(\frac{\lambda}{\lambda_c}\right)^6 \tag{2.51}$$

$$= 0.65 + 1.619V^{-\frac{3}{2}} + 2.879V^{-6}$$

式中，κ 为耦合系数；n_{mod} 为光致折射率变化量；L 为光纤布拉格光栅的长度；η 为纤芯中基模的耦合效率；λ_c 为光纤的截止波长；λ 为光纤中的传输波长；V 为归一化频率。

2.1.6　掺杂二氧化硅玻璃(光纤)光敏性

1. 纯二氧化硅玻璃

如图 2.20 所示，纯石英的紫外激光光敏性很差。例如，脉冲宽度 15ns，波长 λ_p 为 157nm 或 193nm，能量密度 $F_t \approx 30^{-140}\text{kJ/cm}^2$ 的紫外激光照射下产生的折射率变化量 $\Delta n \approx 3 \times 10^{-4}$[50]。在这种情况下，折射率变化可能与双光子吸收的过程(two-photon mediated process)有关，因为用于产生折射率变化的激光光子频率(λ_p = 193nm，6.4eV)低于二氧化硅的带隙(约 8.1eV)。研究表明，可以通过载氢处理增强纯石英光纤光敏性，载氢处理后，ArF 激光可以实现纯石英光纤中 $\Delta n \approx 3 \times 10^{-3}$ 的改变[51,52]，其紫外激光折射率变化机制可能是单光子吸收。

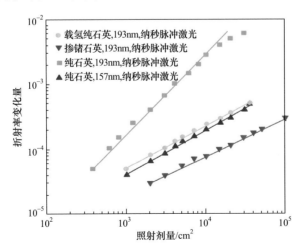

图 2.20　使用各种紫外准分子激光和载氢光敏化工艺纯石英光纤的紫外激光诱导的折射率变化

此外，如上所述，可以使用波长为 157nm 的 F_2 准分子激光在石英玻璃中先产生缺陷，运用单光子机理在高压载氢的含 OH 和 Cl 的块状二氧化硅中诱发接近 10^{-3} 的折射率变化[27]。激光穿透深度约为 1mm，与红外飞秒激光器相比，使用这种类型的激光器的天然优势在于用 157nm 激光的诱导光折变过程材料的损伤小，且易于控制。表 2.1 汇总了掺锗石英光纤中的典型数据。

表 2.1　掺锗石英光纤光敏性的典型数据

掺锗浓度(摩尔分数)	光源	处理方式	折射率变化量	类型	擦写温度/℃
<10%	240~262nm 脉冲或连续激光	无	1.5×10^{-4}	I	100
<10%	240~262nm 脉冲或连续激光	掺杂	1×10^{-3}	I	60
<10%	240~262nm 脉冲或连续激光	载氢	3×10^{-3}	I	23
<10%	240~262nm 脉冲或连续激光	刷火	1×10^{-3}	I	
<10%	248nm 脉冲、1J/cm²，193nm 脉冲、400mJ/cm²		2×10^{-3}	II	800~1000
>15%	脉冲或连续激光(长时间曝光)	无	IIA 型	IIA	550
30%	334nm 连续脉冲氩离子激光器	载氢	非IIA型	I	100
30%	334nm 连续脉冲氩离子激光器	无	0.8×10^{-4}	I	100
30%	334nm 连续脉冲氩离子激光器	掺杂	1×10^{-4}	I	100

2. 掺硼二氧化硅光纤

为了提高光纤的光敏性，人们首先想到的方法就是提高二氧化锗含量，含二氧化锗20%的高折射率光纤光致折射率变化量可达 2.5×10^{-4}。这种方法固然可以提高光敏性，但会使光纤的纤芯与包层的折射率差增大，从而使光纤的数值孔径变大。采用硼锗共掺技术一方面可以降低高掺锗光纤纤芯与包层折射率差，另一方面可以提高材料的光敏性。利用硼锗共掺技术制作的含二氧化锗15%的光纤，纤芯与包层折射率差与含二氧化锗 4%的标准光纤相当，但光致折射率变化量却提高了很多，达到 7×10^{-4}，比高折射率光纤的光致折射率变化量还要大。

B_2O_3-SiO_2 玻璃在 240nm 处不存在吸收带，紫外激光吸收在 190nm 处开始。尽管在掺杂 GeO_2 的二氧化硅中添加 B_2O_3 不会改变 240nm 处的 GODC 吸收带，且 B_2O_3-GeO_2 共掺能提高光纤光敏性，但是对于高浓度的 B_2O_3(>10%)，将减少240nm 激光的吸收。因此，硼锗共掺的增强机理归因于应力效应引起的致密化增强。表 2.2 汇总了普通单模光纤、高锗掺杂光纤、硼锗共掺光纤的光敏性测试结果。

表 2.2　普通单模光纤、高锗掺杂光纤、硼锗共掺光纤的光敏性测试结果

光纤	掺杂导致的折射率变化	光致折射率变化量Δn	2mm 均匀光栅反射率/%
普通单模光纤($x(Ge) = 4\%$)	0.005	3.4×10^{-5}	1.2
高锗掺杂光纤($x(Ge) = 20\%$)	0.030	2.5×10^{-4}	45
硼锗共掺光纤($x(Ge) = 15\%$)	0.003	7.0×10^{-4}	95

3. 掺铅二氧化硅玻璃

Long 等[11]给出了含 PbO 组分 19%～57%的硅酸铅玻璃在 266nm 激光照射后可比拟的光致折射率变化值，其与 PbO 组分呈单调 e 指数增长关系，并且得到了含 57% PbO 的石英玻璃经 $25mJ/cm^2$、10ns、10Hz、266nm 的 YAG 激光照射 10min 后获得 0.21±0.04(在 633nm)的光致折射率变化量最大值。Mailis 等[18]在研究用脉冲激光沉积法制备的 20% PbO、55% GeO_2 玻璃薄膜在经 244nm 氩离子激光照射后的光敏性时，发现光致折射率变化量随制备时氧分压的变大而从-9×10^{-3}变化到 7×10^{-3}。

贾宏志等[14]发现，硅酸铅玻璃存在一个照射激光能量密度阈值，高于此阈值，吸收谱会产生不同的变化，说明硅酸铅玻璃内部结构存在不同的变化。照射激光能量密度较低时，硅酸铅玻璃在可见光区域的吸收系数增加很小，折射率有明显下降，Δn 最大可达-0.25 ± 0.04。照射激光能量密度较高时，硅酸铅玻璃在可见光区域的吸收系数显著增大，并且出现褐色斑点，而且斑点的颜色随氧化铅含量的增加而加深，说明该斑点的产生与氧化铅有关。产生这种突变的可能原因是玻璃的局部由于温度效应而产生结构的变化。

4. 掺氮二氧化硅光纤

Dianov 等通过表面等离子体化学气相沉积(surface plasma chemical vapor deposition，SPCVD)工艺制造了掺有氮的锗硅酸盐光纤($7\%GeO_2$)，该光纤比类似的不含 N_2 的光纤光敏性更高，证明了在没有载氢的情况、$75kJ/cm^2$ 的照射剂量下，244nm 的激光照射后可以产生的折射率变化量为 2×10^{-2}，载氢之后的折射率变化量为 1×10^{-1}。光敏性的提高归因于该玻璃中 GODC 的浓度更高，载氢放大了 N_2 掺杂的锗光纤的光敏性[53]。表 2.3 汇总了掺杂对光纤光敏性的影响。

表 2.3　掺杂对光纤光敏性的影响

掺杂	光源	处理方式	折射率变化量	类型	擦写温度/℃
P	248nm 脉冲	载氢(400℃)	7×10^{-4}	I	100
P	193nm 脉冲	载氢	2×10^{-4}		
P+Yb^{3+}, Er^{3+}	193nm 脉冲	载氢	10^{-3}		
P, Al, Yb^{3+}, Er^{3+}	248nm 脉冲	载氢	2.5×10^{-5}	I	
P,Sn	248nm 脉冲		5×10^{-4}	I	100
Ge,Sn	248nm 脉冲、400mJ/cm^2		2×10^{-3}	I	
	244nm 连续、30mW/cm^2		10^{-3}	ⅢA	100～500
	244nm 脉冲、200mJ/cm^2				
P,Ge	193nm 脉冲、200mJ/cm^2		2.6×10^{-4}	ⅡA	
N	193nm 脉冲	载氢	8.5×10^{-4}	ⅡA	700

　　无锗掺氮石英光纤具有光敏性，此类光纤比普通锗硅酸盐光纤更耐照射，其耐照射特性与纯石英芯光纤相当。因此，在此类光纤中刻写耐照射布拉格光栅或制作各种传感器并将其用于危险的辐射环境，具有较广泛的应用前景。Dianov 等[54]通过无氢减压 SPCVD 制备光纤，室温下在 100 个大气压下对该光纤载氢 20 天。实验中，他们使用相位掩模技术，在 193nm 紫外激光下刻写了布拉格光栅。无氢光纤中布拉格光栅的生长动力学非常类似于掺杂高浓度锗的硅酸盐光纤中的ⅡA型光纤光栅。

5. 掺磷二氧化硅光纤

　　尽管锗掺杂是增加玻璃光敏性的主要形式，但许多应用仍要求与稀土离子共掺，这时锗硅酸盐玻璃不是理想的基质，因为其不能实现高浓度的稀土离子掺杂。通过用磷和少量的铝作为溶剂，稀土离子或锡、硼或锗掺杂于二氧化硅可以实现更高的掺杂浓度。虽然磷在 240nm 存在很强的紫外吸收，但是折射率调制不足。只有通过高浓度载氢，才可能在掺磷波导中写入光栅。

　　Groothoff 等[50]通过快速缩合技术制造的磷硅酸盐光纤在 193nm 波段发现光敏性[50]。Strasser 等[55]首次发现，可以在掺磷的二氧化硅材料中写入强(大于 3nm 光谱宽度)的紫外激光折变布拉格光栅。对于磷硅酸盐光纤，已经观察到三种类型的光敏机制。

6. 掺稀土二氧化硅光纤

考虑到稀土掺杂光纤在光纤激光技术中的重要应用，在这种光纤中直接制造布拉格光栅具有极其重要的应用。通过高压载氢提高光纤的光敏性，已经实现了掺稀土的光纤刻写光栅。在几种掺 Eu^{2+}、Pr^{2+} 和 Er^{3+} 的氧化物玻璃中都观察到了永久性的折射率光栅[56]。Dong 等[57]对掺铈的光学玻璃进行了比较研究，Ce^{2+} 掺杂的铝硅酸盐光纤在光栅强度和热稳定性方面与锗硅酸盐光纤光栅相似。

表 2.4 显示铝硅酸盐光纤在不同掺杂和激光照射下的光敏性。通过载氢和用稀土离子共掺光纤可以获得很高的折射率调制，目前已经证明铈掺杂剂是很有效的。

表 2.4　铝硅酸盐光纤在不同掺杂和激光照射下的光敏性

掺杂	光源	处理方式	折射率变化量	类型	擦写温度/℃
Al+Eu^{2+}	248nm 脉冲	无	2.5×10^{-5}	I	300
Al+Ce^{3+}	292nm 脉冲	无	2.5×10^{-5}	I	23～150
	265nm 脉冲	无	3.7×10^{-4}		
Al, P+Ce^{3+}	248nm 脉冲	无	5×10^{-5}	I	150
	266nm 脉冲		1.4×10^{-4}		
Al+Ce^{3+}	240nm 脉冲	载氢	1.5×10^{-5}	I	100
Al+Tb^{3+}			6×10^{-4}		
Al+Er^{3+}			5×10^{-5}		
Al+Tm^{3+}	235nm 脉冲		8×10^{-5}		
Al+Yb^{3+}	235nm 脉冲		5×10^{-4}		
Er^{3+}	193nm 脉冲				

MCVD 成型坯中的吸收测量结果表明，Al_2O_3 在 240nm 处不会观察到明显的吸收，产生 GODC 缺陷。但是，在低于 220nm 的波长照射时，观察到了强烈的吸收。在掺杂 GeO_2 的二氧化硅中添加 Al_2O_3 会降低 240nm 的吸收带，提高 205nm 中心的吸收带。Carter 等[58]设计了一种抑制包层模式的光纤，使纤芯和包层具有恒定的光敏性。实验中 Al_2O_3 在纤芯中用作折射率改性掺杂剂，对光敏性的影响可忽略不计。纤芯和包层中 B_2O_3-GeO_2 的浓度均匀，提供了均匀的光敏性，包层的折射率与二氧化硅匹配。铝使稀土浓度增加而不会聚集，这一点对放大器和激光器很重要。

7. 掺氟二氧化硅光纤

掺氟石英玻璃被用于各种技术应用，主要是由于在纯无定形二氧化硅中添加少量的氟可提升材料的光学和物理性能，与作为网格形成剂的 Ge 和 P 相比，氟是一种网格改性剂。掺氟的二氧化硅是重要的光纤材料。实际上，氟是能够有效降低二氧化硅折射率的两种掺杂剂之一，另一种是硼，这导致二氧化硅的氟掺杂被广泛应用于控制光纤的折射率分布。氟掺杂也已使用黏度匹配技术来减少额外的缺陷损失，即使用 GeO_2、P_2O_5 和 F 等掺杂剂来匹配纤芯和包层的黏度。

另一重要特性是具有从紫外到红外的宽光谱透光特性，例如，基于 157nm 光刻的光学掩膜材料，研究表明，通过掺入 Si—F 基团可以制作抗照射特性优异的二氧化硅样品，这些基团能够有效减少缺陷前体，如可能从中产生的应变键。产生的缺陷，如 E′ 和不桥接的氧孔中心(non-bridge oxygen hole center，NBOHC)，会在可见光和紫外光谱范围内吸收。因此，氟通常不用作增强光敏性的共掺剂。

8. 掺铈光纤

同样采用稀土元素掺杂工艺，用 $CeCl_3$ 水溶液在 Si/Ge 光纤中掺入 Ce，同时在光纤中掺入一定量的 P_2O_5 和 Al_2O_3。这两种掺杂有利于在反应过程中促进生成 Ce^{3+} 而抑制 Ce^{4+} 的生成，同时在预制棒的缩棒过程中要通入氮而不是通常的氧来进一步促成 Ce^{3+} 的生成，因为 Ce^{3+} 有更好的光敏性。

由于 Ce 离子的存在，在 245nm 处出现了一个强的、很宽的吸收峰，在 266nm 的四倍频 Nd:YAG 激光器的照射下，光强为 $4kW/m^2$ 时，在 1064nm 波长处最大光致折射率变化量达 10^{-4}，并且发现光致折射率变化量随波长的变长而降低，但在 1550nm 处的变化量仍是 500nm 波长处变化量的一半，这已足够大，用三倍频 Nd:YAG 激光器的 355nm 波长照射掺 Ce 光纤也能产生光敏性，但是所需的紫外激光辐射剂量要大一些。

9. 掺锡二氧化硅光纤

与 Sn 掺杂有关的光敏材料主要是与 GeO_2、P_2O_5、Na_2O 掺杂或与二元硅酸盐组合。SnO_2 掺杂的光敏光纤的首次实验验证是与 GeO_2 结合使用，相比于与 B_2O_3-GeO_2 共掺光纤，Sn 掺杂的光纤在 $1.5\mu m$ 处的损耗更低，并且热稳定性更高，在 400nm～$2\mu m$ 的范围内未观察到其他吸收带。与通常在掺锗 O_2 的二氧化硅中观察到的漂白相反，240nm 的吸收带向 250nm 稍微偏移，并在 248nm 照射后增强。对于 $0.3kJ/cm^2$ 的累计剂量折射率调制达到 1.4×10^{-3}。据报道，在 SnO_2-P_2O_5 掺杂的 SiO_2 的光纤上制作 I 型和 II 型光纤光栅都具有很好的光敏性。

与其他技术(掺硼和载氢)不同，锡的添加不会在 $1.55\mu m$ 附近的第三通信窗口中引入明显的损耗，而且它有更好的热光栅稳定性、更少的时间消耗，还可能更便宜。但是，将 SnO$_2$ 掺入二氧化硅引起了一些问题，例如，基于 SiO$_2$:SnO$_2$ 的二元玻璃的极限值是由结晶过程给出的，该过程发生在 SnO$_2$ 浓度高于 0.4% 的情况下。然而，Brambilla 等[13]已经表明，碱性元素(如 Na)会增加 SnO$_2$ 在块状石英玻璃中的溶解度(不结晶时可达 20%)。

掺杂 SnO$_2$ 的二氧化硅的光吸收和电子顺磁研究表明，紫外激光吸收不是折射率变化的主要机理[59]。有人认为，致密化与岩心中的冻结应力有关，因为 SnO$_2$ 含量的增加会增加 Si—O 键的应变，从而导致键较弱[60]。使用透射电子显微镜验证了 1% SnO$_2$-20% GeO$_2$ 光纤纤芯中的致密化[61]。关于掺锡二氧化硅材料的光敏性，详见 2.3 节。

10. 掺钛二氧化硅光纤

二氧化钛(TiO$_2$)通常用于掺杂光纤外包层以提高光纤的机械强度。Wang 等[62]使用 244nm 的连续氩离子激光在 TiO$_2$ 掺杂的外包层的光纤中观察到折射率变化的增大。TiO$_2$ 层可更有效地吸收 240nm 的光，从而显著提高光纤温度(40mW 时为 200℃)。温度的升高增加了氢的扩散速率，从而导致光纤纤芯中氢的浓度更高，温度升高导致光敏性提高。

使用掺杂剂可将光敏性扩展至近紫外波段。为了提高 FBG 在近紫外波长下的写入速率，可通过特殊掺杂来增加在这些波长下光纤的吸收率。通过离子掺杂锗的硅酸盐光纤会大大减少载氢光纤在 355nm 处的写入时间，而不会造成损耗或影响热稳定性。

2.2　掺锗二氧化硅玻璃光敏性

光纤的基本结构是芯层和包层，芯层折射率大于包层折射率，它的主要成分是高纯度二氧化硅，其余成分为极少量的掺杂材料，如二氧化锗。掺杂材料的作用是提高纤芯的折射率。掺锗石英材料光纤在某些波长的光(蓝绿光或紫外光)照射下，折射率、吸收谱、内部应力、密度和非线性极化率等多方面的特性都发生永久性改变。研究掺锗石英光纤的光敏性具有重要的应用价值。

2.2.1　掺锗二氧化硅玻璃的缺陷模型

研究结果表明，玻璃材料光敏性的产生机理与玻璃材料的组分、制作工艺过程和光照射条件有关。普遍认为，光敏效应与玻璃结构中点缺陷的相应吸收有关。光敏性的观察需要把光场耦合进玻璃材料，带隙在 6～9eV 掺锗二氧化硅玻璃呈现出位于带隙中点缺陷电子态的存在，在这些电子态中的光致载流子的重新分布是材料光敏响应的第一步。根据激发条件和弛豫过程的情况，材料的光子激发能够导致态密度内载流子永久性地重新分布，甚至短程和中程原子的自身拓扑结构发生变化。光致载流子的重新分布和原子拓扑结构的变化均可以导致材料折射率的变化。因此，要认识玻璃光敏性，有必要去了解玻璃中缺陷的状态。

表 2.5 列出了掺锗二氧化硅玻璃中与光敏性有关的主要缺陷中心[19]。它们的结构如图 2.21 所示，其中图 2.21(a)和(b)分别代表 NOMV 和 NODV(或称为GLPC)缺陷；图 2.21(c)和(d)描述的是 GEC 缺陷，它们是由在 SiO_2 四面体网格中取代了 Si 位置的 Ge 的"四键匀称组"和捕获的一个电子组成，Ge(1)中心是与四个 O—Si 键构成的"匀称组"，Ge(2)是与一个 O—Ge 键和三个 O—Si 键构成的"匀称组"；图 2.21(e)是 GeE′中心，它是轴向对称的，含有一个捕获到的未配对的电子，这个电子是从与单个锗构成三面塔的三个相邻的氧的 sp^3 轨道上的氧空穴捕获的。

表 2.5　掺锗二氧化硅玻璃中与光敏性有关的主要缺陷中心[10]

吸收能/eV	吸收峰位置/nm	缺陷常用名称与缩写	名称或代号
5.08	244.0	锗氧缺陷中心(GODC)	中性氧双空位(NODV)
5.16	240.0	锗氧缺陷中心(GODC)	中性氧双空位(NODV)锗孤对中心(GLPC)
4.6	270.0	锗电子中心(GEC)	Ge(1)
5.8	213.8	锗电子中心(GEC)	Ge(2)
6.4	193.8		GeE′

2.2.2　掺锗光纤的吸收谱

在掺锗光纤中，5eV 吸收带在光敏效应中起到主导作用。Canina 等几乎同时发现 GeO_2 玻璃 5eV(240nm)处有强吸收带。Schultz 的研究表明，5eV 吸收带在掺锗二氧化硅玻璃中也存在，而相关研究表明，商用 SiO_2 的吸收峰位于 165nm 处，除此之外并没有其他吸收峰。Yuen[63]仔细地对掺锗二氧化硅玻璃的吸收谱进行了研究。图 2.22 是 Yuen 给出的掺锗二氧化硅玻璃的吸收谱，由图可以看到掺锗二氧化硅玻璃在 185nm、242nm 和 325nm 处有吸收峰。Yuen 认为 185nm 处的吸收峰是由 GeO_2 引起的，242nm 和 325nm 处的吸收峰则与 GeO 有关，并且 242nm 的吸收峰要比 325nm 处的吸收峰强 1000 倍。Hosono 等的进一步研究修正了这一结论[64]，认为掺锗二氧化硅玻璃的 5eV 吸收带是由 GODC 引起的。大量的实验结果证实，这些吸收带的强度与石英材料中的 Ge 掺杂浓度近似呈线性关系，并且与光纤预制棒的制作过程有关，在还原气氛中制作的光纤预制棒具有较强的吸收峰，这些实验事实进一步证实了上述吸收带起源于掺锗石英玻璃中的锗氧缺陷。目前这一观点已被广泛接受。

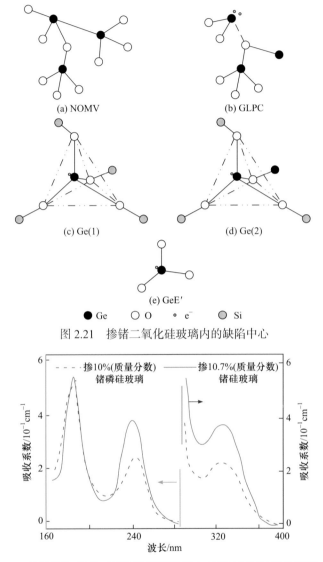

图 2.21　掺锗二氧化硅玻璃内的缺陷中心

图 2.22　掺 10.7%(质量分数)锗的二氧化硅玻璃和掺 10%(质量分数)锗的锗磷二氧化硅玻璃的吸收谱

二氧化硅主体四面体基质中存在许多次氧化物和缺陷。光纤在拉制过程中也会引起新的缺陷中心。对于锗，有两个稳定的氧化态，分别为+2 和+4，分别对应于 GeO 和 GeO_2。但是，由于光纤制作过程中 GeO_2 在高温下不稳定，过氧化物 GeO 主要以 2 配位 Ge 或 Ge—Si(或 Ge—Ge)缺陷键的形式存在于光纤中。图 2.22 显示了掺锗光纤中的不同点缺陷中心，Ge(1)和 Ge(2)是被俘获的电子中心(或空穴中心)，它们的吸收带分别在 281nm 和 213nm 处。GODC 是锗氧缺陷中心，对光纤的光敏性起主要作用。GODC 具有三个吸收带：240nm 是由一个单重态到另一个单重态跃迁的单光子吸收过程引起的；325nm 是一个弱的吸收带，与单峰到三峰转变有关；480nm 是双光子吸收过程。P-OHC、NBOHC 和 GeE'是代理氧空穴中心、非桥接氧空穴中心和空穴陷阱中心(电子中心)，其吸收带分别在 260nm、260nm/600nm 和 195nm 处。表 2.6 列出了吸收能带及对应的缺陷。

表 2.6 吸收能带及对应的缺陷

缺陷	Ge(1)	Ge(2)	P-OHC	NBOHC	GODC	GeE'	DID
吸收能带/nm	281	213	260	260, 600	240, 325, 480	195	630

注：DID 指拉制引起的缺陷。

2.2.3 缺陷的光致转化机理

掺锗二氧化硅玻璃光敏性来源于玻璃中活性缺陷的光致转化，可以通过 K-K 关系式来解释，但是对缺陷的光致转化过程的认识还需要进一步研究。这里简单介绍两种关于掺锗二氧化硅玻璃中活性缺陷中心的光致转化过程的假设。

Fujimaki 等[65]给出了研究 VAD 法制造的含量不同的掺锗二氧化硅玻璃中缺陷结构变化的结果。他们采用不同的紫外激光源对不同含量的样品进行照射，测量样品的紫外吸收、ESR、PL 和热激发光。实验结果表明，掺锗二氧化硅玻璃中GLPC 通过激光照射，释放出电子并产生 GEC，这个转化反应也可以由热引导产生。Ge(1)和 Ge(2)分别由 GEC 和从 GLPC 捕获来的空位构成，产生 GEC 的光子能量阈值在 5.0～5.6eV(图 2.23)。

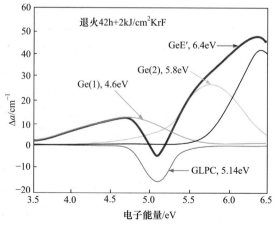

图 2.23 退火后掺锗二氧化硅光纤预制棒受紫外激光照射后变化谱及解卷积后的四个分量

Essid 等[26]阐述了通过测量采用 VAD 法制造的掺锗二氧化硅光纤预制棒在不同退火时间后，紫外激光导致的吸收的变化谱(图 2.23)，研究不同样品中 GLPC 的含量与光诱导产生的 GeE'和 GEC 含量的关系，认为玻璃受 5eV 激光照射后，玻璃中 GeE'的产生是由 GLPC 经过一个双光子吸收的中间过程产生 NOMV(图 2.24(a))，NOMV 再经过单光子吸收后转变为 GeE'和 GEC(图 2.24(b))。

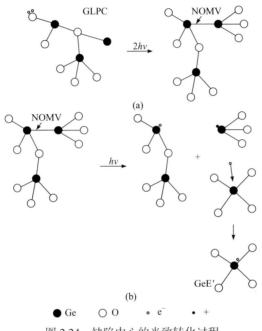

图 2.24　缺陷中心的光致转化过程

Uchino 等[2]给出了采用 ab initio 量子化学算法研究掺锗二氧化硅玻璃中双空位的锗缺陷(或称 GLPC)的转化过程，提出了如下模型：双空位的锗缺陷与其相邻的 GeO$_4$ 相互作用，首先形成一个组合的结构单元(图 2.25(a))；受高功率的激光照射后，GLPC 中的一个电子被激发到导带中，形成一个带正电荷的 Ge 中心(图 2.25(b))；导带中的电子被 GLPC 相邻的 GeO$_4$ 捕获，见图 2.25(c)；电子空穴重新结合，产生了两个 GeE'，见图 2.25(d)。他们认为这个缺陷的光致转化过程，在掺锗二氧化硅玻璃受高功率紫外激光照射后产生折射率变化的过程中扮演着重要角色。

2.2.4　载氢掺锗二氧化硅玻璃光敏性增强机理

光纤的氢化或载氢是在掺锗二氧化硅光纤上获得很高的紫外激光光敏性的工艺，载氢是在高压和高温下将氢分子扩散到光纤纤芯中[20]，这种增强光敏性的工艺可以使光纤在紫外激光辐射后产生高达 0.01 的折射率变化量。

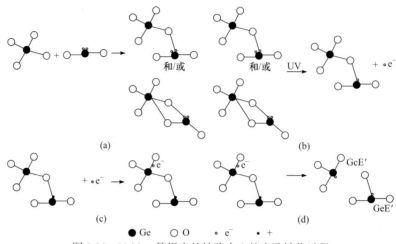

● Ge   ○ O   ∘ e⁻   • +

图 2.25 Uchino 等提出的缺陷中心的光致转化过程

受紫外激光照射过的样品在红外波段的光谱响应表明了 OH 吸收的形成, 未载氢处理的样品受紫外激光照射后无 OH 形成[64]。这表明氢分子在玻璃中 Si—O—Ge 格点上起反应, 形成 OH 吸收和可被紫外激光漂白的、对增强光敏性有贡献的 GODC。图 2.26 是掺锗二氧化硅预制棒在 500℃氢气中加热到不同时间后的吸收谱[65], 其在 240nm 的吸收带宽度明显较大, 这归结于在 Ge 位置上的氢分子的反应产生的 GODC。图 2.27 显示了掺锗二氧化硅光纤在 100℃温度时暴露于 1atm 的氢气中吸收谱的变化, 10h 达到吸收饱和, 吸收峰在 1.24μm, 形成的 OH 产生的吸收带由两个相邻的吸收峰组成[66], 它们在 10h 的处理后出现的吸收峰在 1.39μm(Si—OH)和 1.41μm(Ge—OH)处。这说明氢分子与掺锗二氧化硅玻璃反应并形成 OH 吸收, 图 2.26 和图 2.27 意味着氢分子与掺锗二氧化硅玻璃的热驱动反应形成 GODC 和 OH 吸收, 在载氢的光纤上刻写光栅无疑包括热和光子作用机理。

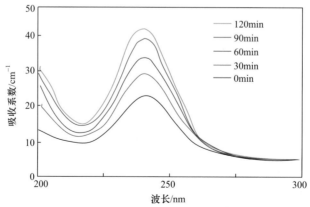

图 2.26 掺锗二氧化硅预制棒在 500℃氢气中加热到不同时间后的吸收谱[63]

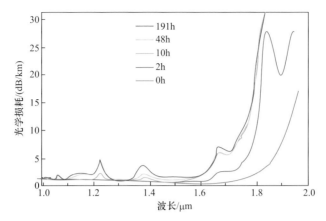

图 2.27　掺锗二氧化硅光纤在 100℃温度下暴露于 1atm 的氢气中吸收谱的变化

　　Heaney 等[67]给出了载氢二氧化硅玻璃(采用 OVD 法制作)光敏性的研究结果,证实了无锗氧缺陷中心的掺锗二氧化硅玻璃载氢后也呈现出明显的光敏性,而 GODC 增强了载氢的掺锗二氧化硅玻璃的光敏性。在含 GODC 的玻璃中 OH 的形成率比不含 GODC 的样品高,这说明 GODC 加速了玻璃网格中氢与氧之间键的断裂,在低平均功率照射下 OH 的形成表明针对这个效应存在着一个光分解的因素。Fujimaki 等[65]给出了载氢掺锗二氧化硅玻璃中 KrF 准分子激光光子诱导的结构变化的研究结果:在载氢掺锗二氧化硅玻璃中,激光照射产生了顺磁中心 GEC、GR(甲锗烷自由基)和 GeE′,释放出一个电子形成(GLPC)$^+$-H 中心(产生 GEC 的 GLPC 桥接一个氢原子);在温度为 160℃左右,(GLPC)$^+$-H 捕获一个从 GEC 热释放的电子变成 GR 中心,随着热退火,GR 转变为 GLPC,由 KrF 准分子激光光子诱导的 5.8eV 吸收带对应于 Ge(1)中心。

　　总之,载氢后的锗二氧化硅光纤光敏性的简化机理是最初的热驱动反应产生 GODC,而后这个中心被紫外激光照射后被漂白而产生折射率变化。

2.3　掺锡二氧化硅玻璃光敏性

　　对于掺锗二氧化硅玻璃,已经有多种模型用来解释其光致折射率变化机理,在这些模型中,最基本的因素是锗氧空位缺陷,它们是引起光致折射率变化的主要根源。已有研究结果表明:掺锡二氧化硅的光致折射率的起源将是一个更为复杂的过程。

2.3.1　掺锡二氧化硅玻璃薄膜的光致折射率

　　根据 2.1.5 节反射法测量薄膜折射率的方法及式(2.44),并取 $\lambda_0 = 1550$nm、

$h = 10.5\mu m$、$n_1 = 1.0$ 与 $n_3 = 1.4570$，可得薄膜折射率与反射率的关系。图 2.28 为薄膜受不同数量的激光脉冲照射后产生的折射率变化的过程曲线。从曲线可以看到，薄膜受约 1.5×10^4 个激光脉冲照射后，最大折射率变化约为 2×10^{-4}。尽管最大折射率变化比已有结果小，但折射率变化随着紫外激光脉冲数量的增加而变化的轨迹与以往的掺锡二氧化硅光纤的折射率变化相似。

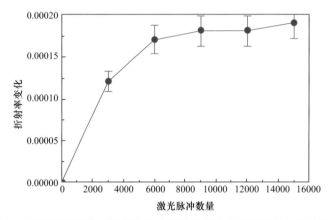

图 2.28　薄膜受不同数量的激光脉冲照射后产生的折射率变化的过程曲线

测试过程中，在光路中插入光隔离器避免了部分反射光返回光源影响光源的稳定性，同时在光路中引入了参考光来有效地修正探测光源输出功率的慢漂移。此外，在数据处理方面，所用的光功率计的动态范围为从 $-90dBm$ 到 $3dBm$，并采用多次采样求平均的方法，有效地提高了测试结果的准确性。在整个实验过程中实时测量，照射点和测量点始终保持不动，有效地减少了人为因素造成的测量误差。通过采取上述措施，保证了薄膜折射率变化的测量精度能够达到 10^{-5} 并且是可靠的。

2.3.2　掺锡二氧化硅玻璃薄膜紫外激光谱特性

1. 薄膜受紫外激光照射前的紫外吸收谱

图 2.29(a)是依据 2.1.5 节方法测量的掺锡二氧化硅薄膜的吸收谱(图中用实线表示)，吸收谱在波长为 252nm 处吸收达到峰值，在 210nm 附近有一个小肩，在略小于 190nm 处达到吸收边沿。采用高斯拟合，把吸收谱分解为三个吸收分量(分别用虚线表示)：第一个分量的峰值在 183nm，第二个在 201nm，第三个在 252nm。其中峰值在 183nm、半高全宽(full width at half maxima，FWHM)为 17.3nm 和峰值在 201nm、FWHM 为 30.5nm 的吸收分量分别与缺陷 Si-ODC(Ⅱ) 和 Si-E′

(表面)的吸收带相对应。峰值在 252nm、FWHM 为 26.6nm 的吸收分量与掺锡二氧化硅薄膜的锡-氧缺陷中心(Sn-ODC)有关，这个锡-氧缺陷中心是在参考文献[68]中提到的。

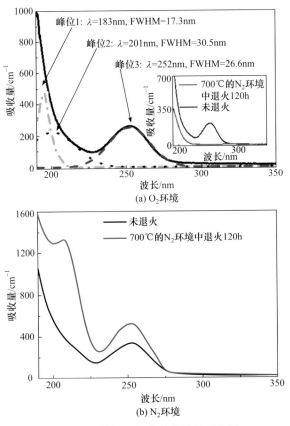

图 2.29　掺锡二氧化硅薄膜的吸收谱

　　图 2.29(a)是掺锡二氧化硅薄膜的吸收峰及三个高斯拟合分量，三个分量的峰分别为 183nm、201nm 和 252nm。图 2.29(a)插图是样品在约 4 个大气压、700℃的 O_2 中退火 120h 前后的吸收谱，252nm 吸收峰和 210nm 附近的吸收小肩在退火后消失。图 2.29(b)为样品在约 4 个大气压、700℃的 N_2 中退火 120h 前后的吸收谱，退火后波长小于 300nm 的吸收均有增加，252nm 吸收峰和 210nm 附近的吸收小肩在退火后增强更加明显。此现象表明：氮的介入获取了 Si 或 Sn 格位周围的氧，形成了 N—O 键，从而增加了 Sn-ODC 和硅氧缺陷中心(Si-ODC)的数量，因此在 252nm 和 210nm 附近的吸收增强，这也进一步验证了所制备的掺锡二氧化硅薄膜含有与氧有关的缺陷中心。

2. 薄膜受 248nm 紫外激光照射前后的紫外吸收谱变化

图 2.30 是掺锡二氧化硅薄膜受 1.5×10^4 个能量密度约为 $150 mJ/cm^2$ 的 248nm 的 KrF 准分子激光脉冲照射前后的吸收谱，照射后吸收峰从 252nm 移到 249nm，而吸收边沿向波长更短的方向移动。总的来说，照射后掺锡二氧化硅薄膜的紫外吸收有明显的减少。图 2.30 插图显示了掺锡二氧化硅薄膜受 248nm 激光诱导产生的吸收变化谱。由吸收变化谱发现，照射后，在 256nm 处出现了最大的负变化，并且在整个吸收区域内没有发现正的变化。

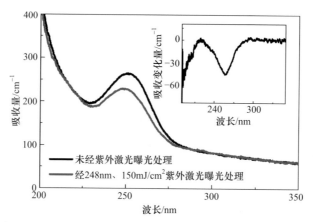

图 2.30　掺锡二氧化硅薄膜受 1.5×10^4 个能量密度约为 $150 mJ/cm^2$ 的 248nm 的 KrF 准分子激光脉冲照射前后的吸收谱(插图是照射前后的吸收变化谱)

3. 薄膜受 266nm 紫外激光照射前后的紫外吸收谱变化

为了能更详细地研究掺锡二氧化硅薄膜受紫外激光诱导的吸收谱变化情况，这里分别测量了掺锡二氧化硅薄膜受高能量密度(约为 $50 mJ/cm^2$)和低能量密度(约为 $10 mJ/cm^2$)的 266nm 的激光脉冲照射后的紫外吸收谱。

图 2.31 给出了掺锡二氧化硅薄膜受高能量密度(约为 $50 mJ/cm^2$)的 266nm 的激光脉冲照射前后的紫外吸收谱。从图 2.31 中可以看出，波长在 295nm 以下的吸收随着照射时间的增长而明显减少，同时吸收边沿向波长更短的方向移动。照射后，在 256nm 处出现了最大的吸收负变化，在整个吸收区域内没有观察到有正的吸收变化(见图 2.31 中的插图)。

图 2.32 给出了掺锡二氧化硅薄膜受低能量密度(约为 $10 mJ/cm^2$)的 266nm 激光脉冲照射前后的紫外吸收谱。图 2.32 中的插图显示了受照射前后的紫外激光吸收变化情况，与上面所观察到的相反，在小于 247nm 和大于 270nm 的波长区域，薄膜的吸收随着照射脉冲数量的增加而增长，并分别在 196nm、215nm 和 280nm 左右出现了 3 个吸收峰，在 256nm 处出现了一个吸收谷。同时，吸收边沿向波长

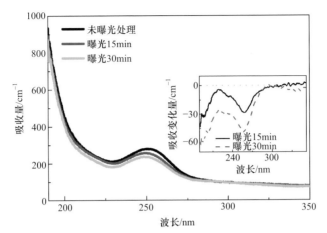

图 2.31　掺锡二氧化硅薄膜受高能量密度(约 50mJ/cm²)的 266nm 激光脉冲照射前后的紫外吸
收谱(插图显示了照射前后的吸收变化谱)

更长的方向移动。图 2.33 给出了薄膜受低能量密度的 266nm 激光脉冲照射 80min
后的紫外吸收变化谱，通过解卷积，获得四个高斯线形的吸收分量，其中三个正
分量分别是：吸收峰在 196nm、FWHM 为 11.9nm 的分量和吸收峰在 212nm、
FWHM 为 33.7nm 的分量，以及吸收峰在 263nm、FWHM 为 113.7nm 的分量，而
一个负分量的吸收谷在 256nm，其 FWHM 为 17.2nm。

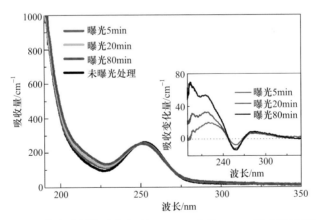

图 2.32　掺锡二氧化硅薄膜受低能量密度(约 10mJ/cm²)的 266nm 激光脉冲照射前后的紫外吸
收谱(插图显示了照射前后的吸收变化谱)

4. 掺锡二氧化硅玻璃薄膜紫外吸收谱变化分析和光敏性机理讨论

玻璃材料的折射率和吸收可以通过 K-K 关系式联系起来，折射率变化 Δn 表
示为吸收变化 $\Delta \alpha$ 的函数，即

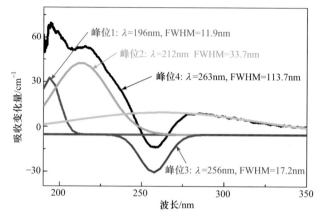

图 2.33 掺锡二氧化硅薄膜受低能量密度的 266nm 激光脉冲持续照射 80min 后的吸收变化谱

$$\Delta n(\lambda') = \frac{1}{2\pi^2} \int_{\lambda_1}^{\lambda_2} \frac{\Delta\alpha(\lambda)}{1-(\lambda/\lambda')^2} d\lambda \tag{2.52}$$

这里考虑了整个光谱范围内的吸收变化，λ_1 和 λ_2 为吸收谱范围的两个边界值；λ' 为折射率变化计算点的波长。在掺锡的二氧化硅玻璃中，Sn-ODC 在 240nm 处有一个很强的吸收峰，在紫外激光束照射后，该吸收带将部分被漂白并伴随有新的吸收带形成。因此，普遍认为掺锡的二氧化硅玻璃的光敏性机理可以由 K-K 关系式来解释。已有研究结果表明，掺锡二氧化硅光纤的光敏性可能与光纤本身(制作工艺、几何结构、内部应力等)有关，而且掺锡二氧化硅的光敏性不能简单地归结于光学活性缺陷的光致转化。研究结果表明，采用 MCVD 方法和液相掺杂工艺制作掺锡二氧化硅玻璃薄膜，由紫外激光诱导的紫外吸收变化与紫外激光脉冲的能量密度有关系。

从图 2.30 中的插图可以发现，样品受约为 1.5×10^4 个能量密度为 150mJ/cm^2、波长为 248nm 的激光脉冲照射后，217nm 以下波长的吸收系数有明显的下降，在 256nm 处出现了负吸收变化的极值。另外，图 2.31 显示了样品受能量密度为 50mJ/cm^2、波长为 266nm 激光脉冲持续照射 15min(约为 9×10^3 个脉冲)和 30min(约为 1.8×10^4 脉冲)后的吸收谱，其吸收系数在低于 295nm 波长区域明显下降。吸收变化谱在约为 256nm 和低于 190nm 波长处形成了两个吸收变化谷(极值)，当照射时间达 30min 时，在 331nm 处出现了第三个谷。表 2.7 概括了吸收分量的低谷位置和 FWHM 值。尽管目前还不能断定是什么缺陷引起了吸收分量低谷的出现，但从以往得到的数据可以推断，它们可能与 Sn-ODC、Si-ODC 和 Si-E′有关[66]。

表 2.7 吸收分量的低谷位置和 FWHM 值

248nm，150mJ/cm²		266nm，50mJ/cm²，15min		266nm，50mJ/cm²，30min	
位置	FWHM	位置	FWHM	位置	FWHM
196nm(6.3eV)	20.0nm	183nm(6.8eV)	30.0nm	149nm(8.3eV)	103.5nm
256nm(4.84eV)	22.4nm	256nm(4.84eV)	24.1nm	256nm(4.84eV)	30.7nm
				331nm(3.8eV)	75.1nm

在受相对高的能量密度的 248nm 或 266nm 的激光脉冲照射后，在 190～295nm 范围内出现了负的吸收变化，并在 256nm 处和其他不同位置形成明显的吸收分量的低谷，这些紫外激光导致的吸收变化特征与以往的结果[8]有所不同。这就意味着采用 MCVD 方法和液相掺杂工艺制作掺锡二氧化硅薄膜的光敏性不能简单地引用 K-K 关系式来解释。另外，本书对掺锡二氧化硅薄膜和纯二氧化硅基片的拉曼光谱(用 632.8nm 的 He-Ne 激光激励)做了比较(图 2.34)，在照射前，两种样品的拉曼光谱与典型的 SiO₂ 玻璃的拉曼光谱一样，而照射后，除了较强的荧光背景使得掺锡二氧化硅薄膜的拉曼光谱在强度上变得更强外，没有出现可观察到的结构变化。拉曼光谱出现强的荧光背景的事实表明：掺锡使得薄膜受相对高的能量密度的紫外激光脉冲照射后，导致网格中键的断裂。

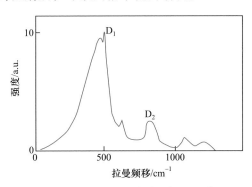

图 2.34 二氧化硅玻璃的拉曼光谱

以上两个事实表明：当掺锡二氧化硅薄膜受高能量密度的紫外激光脉冲照射后，其折射率的变化主要是由微观结构变化引起的，这种微观结构的变化始于与缺氧中心(Sn-ODC、Si-ODC、和 Si-E′)有关的键的断裂。

受相对低的能量密度(约 10mJ/cm²)的紫外激光(266nm)照射后，掺锡二氧化硅薄膜表现出一个新的吸收变化特征。为了与采用 VAD 制作的掺锗二氧化硅玻璃棒[26]做比较，把图 2.33 所示的吸收变化谱的峰值位置和相应的 FWHM 值列于表 2.8 中，除了已知的 212nm 吸收带来源于 E′-Sn 中心，当由 Sn-ODC 引起的 256nm 吸收带被紫外激光漂白时，在 194nm 和 263nm 处出现了两个新的吸收色心。尽管目前还不能确定这两个缺陷的结构以及这些光学活性缺陷之间转化的详细过程，但是这些结果仍然可以表明，在相对低的能量密度(约 10mJ/cm²)的紫外激光照射条件下，采用 MCVD 方法和液相掺杂工艺制作掺锡二氧化硅薄膜的光敏性主要归结于光学活性缺陷的光致转化，并可以用 K-K 关系式来解释。

表 2.8　吸收变化谱的峰值位置和 FWHM 值

掺锡二氧化硅薄膜的峰值位置	掺锗薄膜的峰值位置	掺锡中的 FWHM
194nm(6.39eV)	6.4eV(190nm)	11.9nm
212nm(5.85eV)	5.8eV(213nm)	33.7nm
256nm(4.84eV)	5.14eV(241nm)	17.2nm
263nm(4.7eV)	4.6eV(270nm)	113.7nm

2.3.3　掺锡二氧化硅玻璃薄膜受紫外激光照射后的拉曼光谱变化

图2.34给出了二氧化硅玻璃的典型拉曼光谱，谱线中峰值在450cm⁻¹、800cm⁻¹附近对应 ω_1、ω_3 网格模(network mode)，而谱峰在 1065cm⁻¹ 和 1200cm⁻¹ 一般认为是随机二面夹角 δ(图 2.35(a))的改变产生了高频分裂出现的 ω_4 的横模和纵模，而峰值在 495cm⁻¹ 和 606cm⁻¹ 附近的窄峰 D_1 和 D_2 分别对应于 SiO₄ 四面体的四元和三元平面环结构(图 2.35(b))，这种四面体引起的振动模式不与其他网格振动发生耦合(即退耦)，D_1 和 D_2 代表了二氧化硅内部结构的匀称性，其强度取决于无定形 SiO₂ 的中程环形结构，在致密的二氧化硅玻璃中它们的强度增加，反之，它们的强度将降低。

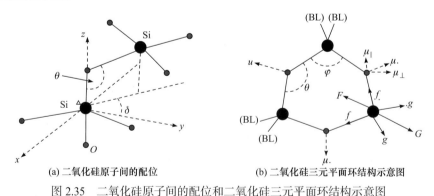

(a) 二氧化硅原子间的配位　　　　(b) 二氧化硅三元平面环结构示意图

图 2.35　二氧化硅原子间的配位和二氧化硅三元平面环结构示意图

1. 掺锡二氧化硅玻璃薄膜拉曼光谱随紫外激光照射时间的变化情况

拉曼光谱分析是研究玻璃光敏性机理的重要手段之一，本小节测量了薄膜受高能量密度的 266nm 激光脉冲照射前后的拉曼光谱，同时也测量了纯二氧化硅玻璃片的拉曼光谱(图 2.36)，图 2.37 和图 2.38 分别是在离薄膜表面深度为 4μm 和

6μm 处测得的薄膜受不同时间照射后的拉曼光谱，从这些拉曼光谱中可以看出它们均呈现出纯二氧化硅的拉曼光谱的典型特征。由图 2.36 可以发现，掺锡二氧化硅薄膜拉曼光谱的强度略高于纯二氧化硅玻璃片，且受紫外激光脉冲照射后存在红色荧光背景使得谱线的强度明显增强，而纯二氧化硅玻璃片受照射前后的拉曼光谱没有变化。由图 2.37 和图 2.38 可以清楚地看出，掺锡二氧化硅薄膜拉曼光谱的强度随照射时间的增加而不断增强，说明红色荧光背景的强度与照射总剂量有密切关系。

　　文献[69]指出，红色荧光来源于非桥氧中心，而非桥氧形成的两个主要机理分别是网格中键的断裂和 SiOH 团簇的光解，在研究对象中不存在与 OH 有关的机理。因此，可以判断这里的红色荧光主要来源于网格中键的断裂所形成的非桥氧。这两个事实说明高能量密度的 266nm 激光脉冲致使了掺锡二氧化硅薄膜网格中键的断裂，键的断裂数量随照射剂量的增加而增加。

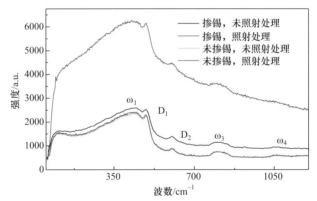

图 2.36　掺锡二氧化硅薄膜和纯二氧化硅玻璃受紫外激光脉冲照射前后的拉曼光谱

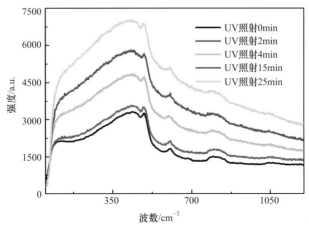

图 2.37　掺锡二氧化硅薄膜受不同时间的紫外激光脉冲照射后的拉曼光谱(4μm 深)

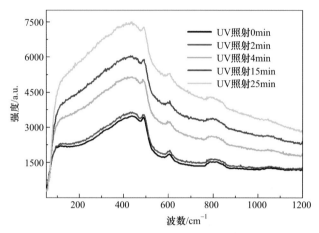

图 2.38　掺锡二氧化硅薄膜受不同时间的紫外激光脉冲照射后的拉曼光谱(6μm 深)

2. 掺锡二氧化硅玻璃薄膜在 O_2 和 N_2 中退火后拉曼光谱的变化情况

为了观察掺锡二氧化硅玻璃薄膜在约 4 个大气压、700℃条件下退火后其内部微观结构的变化情况，这里测量了样品在 O_2 中退火后的拉曼光谱(图 2.39)、在 N_2 中退火后不同深度的拉曼光谱(图 2.40)以及受紫外激光照射后在 N_2 中退火后不同深度的拉曼光谱(图 2.41)，作为比较，测量了纯二氧化硅薄片在约 4 个大气压、700℃的 N_2 中退火 120h 后不同深度的拉曼光谱(图 2.42)。由图 2.39 可以看到，样品在 O_2 退火后的拉曼光谱仍然呈现纯二氧化硅玻璃的基本特征，在谱线中未发现其他特征峰，而在 N_2 中退火后，在 $1000\sim1700\mathrm{cm}^{-1}$ 范围内出现了 4 个新的特征峰(图 2.40 和图 2.41)，其中在 $1332\mathrm{cm}^{-1}$ 附近的第 1 个峰和在 $1598\mathrm{cm}^{-1}$ 附近的第 2 个峰强度非常大，而且峰形较尖，已把属于 SiO_2 的 ω_4 覆盖掉，在这两个峰之间有两个分别在 $1449\mathrm{cm}^{-1}$ 和 $1530\mathrm{cm}^{-1}$ 附近的小峰(图中标为 3 和 4)。根据对比分析，在高温和相对高的气压条件下，氮原子 N 扩散进薄膜后，与网格中的氧原子 O(或硅原子 Si)形成不同形式的键结构，而这两个峰是由它们之中某两种典型结构键的伸缩产生的。由图 2.40 和图 2.41 可以看到，在薄膜同一表面位置的不同深度上测得的新的特征峰的强度不同，深度越深，峰的强度越小，这显然与氮原子扩散数量随薄膜深度分布的趋势是吻合的。另外，纯二氧化硅薄片在相同条件下退火后的拉曼光谱中也发现了在 $1332\mathrm{cm}^{-1}$ 和 $1598\mathrm{cm}^{-1}$ 附近有新的特征峰，但相对强度远远低于前者，主要是由于纯二氧化硅玻璃的密度比掺杂二氧化硅玻璃高，增加了氮原子 N 的扩散难度。所发现的氮在一定条件下容易扩散到采用 MCVD 工艺制作的掺杂二氧化硅薄膜的现象，意味着可以通过 MCVD 和气体扩散工艺来制作具有耐辐射特性的掺氮二氧化硅薄膜和光纤。

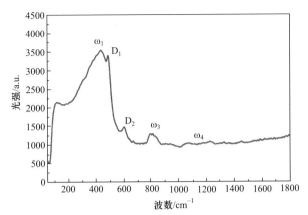

图 2.39　掺锡二氧化硅薄膜在约 4 个大气压、700℃的 O₂ 中退火 120h 后的拉曼光谱

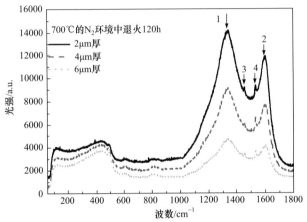

图 2.40　掺锡二氧化硅薄膜在约 4 个大气压、700℃的 N₂ 中退火 120h 后的拉曼光谱

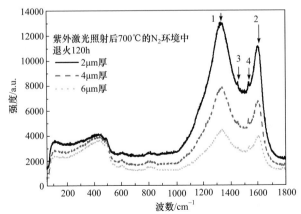

图 2.41　掺锡二氧化硅薄膜受紫外激光脉冲照射后，在约 4 个大气压、700℃的
N₂ 中退火 120h 后的拉曼光谱

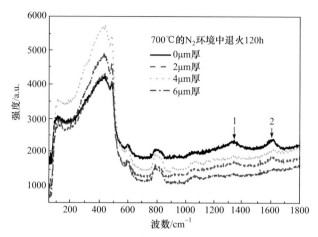

图 2.42　纯二氧化硅薄片在约 4 个大气压、700℃的 N₂ 中退火 120h 后的拉曼光谱

2.3.4　锡锡共掺二氧化硅光纤光敏性

1. 锡锡共掺二氧化硅光纤预制棒的吸收谱

为了研究锡锡共掺二氧化硅光纤的光敏机理,用调 Q 的 Nd:YAG 激光器的四倍频输出激光脉冲(波长为 266nm、脉冲宽度为 10ns、重复频率为 10Hz)作为样品的照射源,并分别用低能量密度(约 10mJ/cm²)和高能量密度(约 50mJ/cm²)对样品进行照射。用型号为 UV-3101PC(shimadzu corp)的分光光度计测量了薄片样品受 266nm 激光脉冲照射前后的紫外吸收谱,测量时,在光度计的参考臂中插入一块纯二氧化硅玻璃基片用于校正样品表面的菲涅耳反射。下面涉及的照射前后的紫外吸收变化谱是照射后的吸收变化谱减去照射前的吸收变化谱得到的。

图 2.43 中的红色实线是锡锡共掺光纤预制棒受 266nm 激光照射前的紫外吸收谱,采用高斯线型拟合把吸收谱分解为三个分量(用不同颜色的线表示),它们的峰值λ 和 FWHM 分别为 191nm、35nm,225nm、32nm,252nm、46nm。图 2.44 给出了锡锡共掺光纤从 950nm 到 1100nm 波长范围内的吸收谱,从中可以看到一个中心波长为 976nm 的很强的吸收带,吸收带的 FWHM 约为 8nm。

吸收谱中峰值为 252nm、FWHM 为 46nm 的分量对应于样品中的 Sn-ODC,而另外两个分量所对应的缺陷目前虽然不能确定,但可能与 Si-ODC 和 E′中心有关。不管怎样,这些结果已经足以说明所制备的锡锡共掺光纤预制棒中含有与氧有关的缺陷。因此,可以用类似分析掺锗二氧化硅玻璃的光敏性的方法来讨论这种光纤的光敏性。另外,观察到样品有一个中心波长为 976nm 的强吸收带,这个吸收带正好是掺锡二氧化硅光纤所具有的典型吸收特性,说明可以用波长约为 976nm 的光源来激励预制棒,测量其荧光,研究其增益特性。

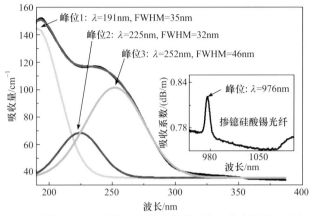

图 2.43 镱锡共掺光纤预制棒的紫外吸收谱及其三个高斯线型的拟合分量

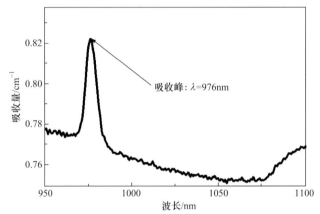

图 2.44 镱锡共掺光纤从 950nm 到 1100nm 波长范围内的吸收谱(吸收峰的中心波长为 976nm，FWHM 约为 8nm)

图 2.45 给出了镱锡共掺光纤预制棒受低能量密度(约为 10mJ/cm²)的 266nm 激光脉冲照射前后的紫外吸收谱，从图 2.45 中可以看到，在波长小于 213nm 和大于 286nm 的区域，吸收量在曝光后增加了，而在波长约为 262nm 周围出现了一个最大的负吸收变化区。通过图 2.46 中的吸收变化谱进行解卷积，可以发现它由四个分量组成，其中中心波长为 266nm、FWHM 为 29nm 的分量对应于 Sn-ODC，其他分量可能与硅或镱相关的缺陷中心有关。无论如何，发现镱锡共掺光纤预制棒受低能量密度(约为 10mJ/cm²)的 266nm 激光脉冲照射后，在与锡缺氧中心有关的吸收带被漂白的同时出现了新的吸收带(中心波长分别位于 157nm 和 283nm)，虽然还不知道这些吸收带与什么缺陷有关，但可以推断在相对低的能量密度照射下，这种光纤预制棒的光敏性可以通过 K-K 关系式来解释。

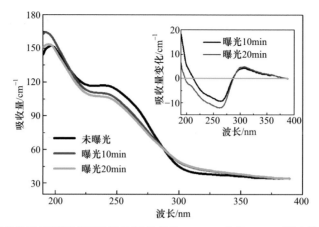

图 2.45　锑锡共掺光纤预制棒受低能量密度(约为 10mJ/cm²)的 266nm 激光脉冲照射前后的紫外吸收谱

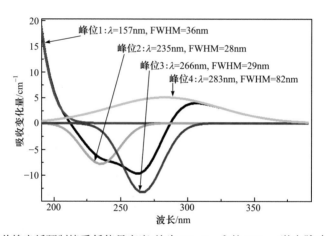

图 2.46　锑锡共掺光纤预制棒受低能量密度(约为 10mJ/cm²)的 266nm 激光脉冲照射 10min 后的吸收变化谱及其解卷积后的四个高斯线型分量

　　图 2.47 是样品受高能量密度(约为 50mJ/cm²)的 266nm 激光脉冲照射前后的吸收谱。与低能量密度的 266nm 激光脉冲照射前后吸收量变化相反，在所观察的波长范围内的吸收量明显随着照射时间的增加而减少，在整个吸收带内没有正的变化。通过对照射 20min 后的吸收变化谱进行解卷积(图 2.48)，发现在 $\lambda = 256$nm (FWHM = 42nm)和 $\lambda = 144$nm(FWHM = 120nm)处出现了两个负吸收变化的低谷，前者对应于锡缺氧中心(Sn-ODC)，后者可能与硅或锑相关的缺陷中心有关。这个结果意味着锑锡共掺光纤预制棒受高能量密度(约 50mJ/cm²)的 266nm 激光脉冲照射后的光致折射率变化不能简单地用 K-K 关系式来解释。

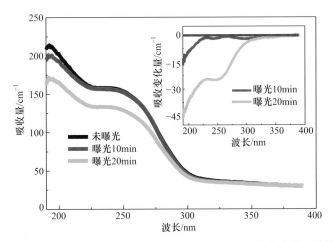

图 2.47　镱锡共掺光纤预制棒受 50mJ/cm² 能量密度的 266nm 激光脉冲照射前后的吸收谱

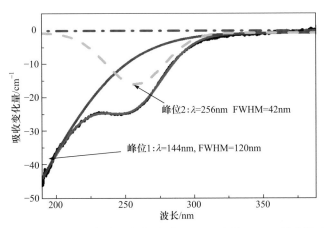

图 2.48　镱锡共掺光纤预制棒受高能量密度(约为 50mJ/cm²)的 266nm 激光脉冲照射 20min 后的吸收变化谱及其解卷积后的 2 个高斯线型分量

2. 镱锡共掺二氧化硅光纤预制棒的光致发光谱

图 2.44 中的镱锡共掺光纤预制棒在 976nm 处有一个很强的吸收带,因此采用一个中心波长为 978.8nm、FWHM 为 2.4nm 的激光二极管(LD)对一根长度约为 150mm 的预制棒进行端面泵浦,用于泵浦的 LD 的谱线如图 2.49 所示,在预制棒的另一端用一根芯径为 200μm 的光纤收集荧光,并送至型号为 AQ6317B(Ando)的光谱仪,获得了光致发光光谱(PL)。图 2.50 是镱锡共掺光纤预制棒受能量密度约为 50mJ/cm² 的 266nm 激光脉冲照射前后的光致发光光谱。从中可以发现,PL 的峰值在照射后向波长较短的方向做微小的移动,而其形状除了在小于 1040nm 波长区域有微小不同之外保持不变,经分析认为小于 1040nm

波长区域的谱线形状不同主要来源于测量误差。为了比较，图 2.50 的插图中给出了无掺锡的掺镱光纤的 PL，与无掺锡的掺镱光纤的 PL 相比，除峰值波长从 1051.5nm 移到 1070nm 外，镱锡共掺光纤预制棒的 PL 的形状与无掺锡的掺镱光纤的 PL 的形状很相似。这个结果说明，在所研究的镱锡共掺光纤预制棒中的锡离子基本上对光纤的发光性能不产生影响，也就是说这种镱锡共掺光纤将保留掺镱光纤的基本增益特性。

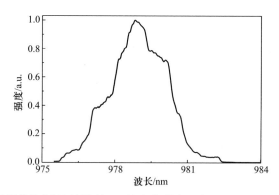

图 2.49　用于泵浦镱锡共掺光纤预制棒的 LD 的光谱(其中心波长为 978.8nm，FWHM 约为 2.4nm)

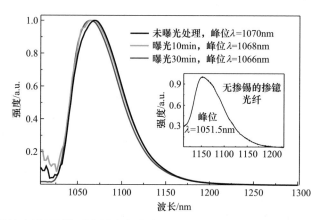

图 2.50　镱锡共掺光纤预制棒受能量密度约为 50mJ/cm² 的 266nm 激光脉冲照射前后的 PL(插图是用于比较的无掺锡的掺镱光纤的 PL)

3. 镱锡共掺二氧化硅光纤预制棒的光敏性

1) 镱锡共掺二氧化硅光纤预制棒的光致折射率变化

光致折射率变化的大小是直接衡量玻璃材料光敏性的唯一参数，因此准确测量玻璃材料的光致折射率变化是研究光敏性的关键，在已有的研究中，测量光纤光致折射率变化的方法是在光纤上刻写均匀的布拉格光栅后，通过测量光栅的反

射率 R_{max} 并利用式(2.53)来计算光致折射率变化量 Δn，即

$$R_{max} = \tanh^2 \left(\frac{\pi \Delta n L}{2 n_{eff} \Lambda} \right) \tag{2.53}$$

式中，L 为布拉格光栅的长度；n_{eff} 为光纤的有效折射率；Λ 为光栅的周期。这种方法要求光栅严格与光纤的轴向垂直，此时光栅的传输损耗可以忽略不计。这种方法测量出的光致折射率变化量 Δn 是整个光栅在其轴向上的平均折射率变化量，难以给出特定点上的折射率变化量。

采用分析仪(P104 NETTEST)来测量镱锡共掺光纤预制棒受 266nm 激光脉冲(约为 10ns，10Hz)照射前后的折射率分布，这种仪器是以一束平行光从光纤预制棒的侧面垂直入射并被折射后所形成的光强分布与被测光纤预制棒的折射率的分布之间的关系为基础，它不但能够提供被测光纤预制棒沿径向的折射率分布，而且测量的分辨率高达 1×10^{-6}。

图 2.51 给出了镱锡共掺光纤预制棒受 266nm 激光脉冲照射 30min 前后的折射率分布。可以发现，光纤预制棒受照射 30min 后最大的折射率变化量约为 2×10^{-4}，而且折射率分布几乎没有变化。得到的最大折射率变化量比以往的掺锡光纤的光致折射率变化量小，这可能与光纤中锡的含量有关。结果表明，镱锡共掺光纤预制棒保留了掺锡二氧化硅玻璃的光敏性。

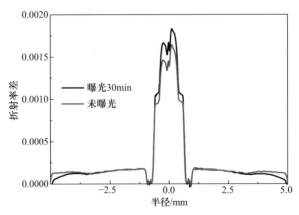

图 2.51　预制棒受 266nm 激光脉冲照射前后的折射率分布

2) 镱锡共掺二氧化硅光纤预制棒的拉曼光谱

拉曼光谱分析是研究玻璃光敏性机理的重要手段之一，本小节测量了预制棒的薄片受 266nm 激光脉冲照射前后的拉曼光谱，同时也测量了同一样品中纯二氧化硅包层区域的拉曼光谱，见图 2.52。在镱锡共掺光纤预制棒的拉曼光谱中未发现有其他特征峰出现，说明预制棒中的镱和锡之间不存在相互作用，结果

证实了锗锡共掺光纤预制棒中不存在伪相，呈良好的玻璃状态。

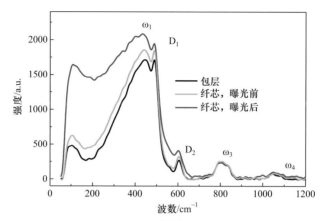

图 2.52　锗锡共掺光纤预制棒纤芯和包层受紫外激光脉冲照射前后的拉曼光谱(激励波长为632.8nm)

预制棒掺杂区域受高能量密度的 266nm 激光脉冲照射后的拉曼光谱仍然保留二氧化硅拉曼光谱的基本特征，但由于存在红色荧光背景，谱线的强度明显增强，而 D_1 和 D_2 两个峰的相对幅度变小。红色荧光来源于非桥氧中心，非桥氧形成的两个主要机理分别是网格中键的断裂和 SiOH 团簇的光解，而研究对象不存在与 OH 有关的机理。因此，可以断定这里的红色荧光主要来源于网格中键的断裂所形成的非桥氧。另外，D_1 和 D_2 两个峰的相对幅度变小意味着无定形 SiO_2 的中程环形结构数量的减少。这两个事实说明高能量密度的 266nm 激光脉冲致使了预制棒掺杂区域玻璃网格中键的断裂。

3) 锗锡共掺二氧化硅光纤预制棒的光敏性机理讨论

玻璃材料的折射率变化和吸收的变化可以通过 K-K 关系式联系在一起，K-K 关系式已经很好地解释了掺锗二氧化硅玻璃的光敏性产生的机理，并称为缺氧缺陷的光子转化模型。研究结果表明，掺锡二氧化硅光纤的光敏性与光纤的制作工艺、内部应力等因素有关，不能简单地归结于光学活性缺陷的光致转化。

紫外吸收的研究结果表明，紫外激光导致锗锡共掺光纤预制棒吸收的变化与紫外激光脉冲的能量密度密切相关。锗锡共掺光纤预制棒受能量密度相对较低(约 $10mJ/cm^2$)的紫外激光照射后，表现出与以前不同的吸收变化模式。紫外激光漂白了与 Sn-ODC 相关的 252nm 吸收带的同时，分别在波长为 286nm 处和小于 231nm 的波长区域出现了两个新的吸收带，虽然目前还不能确定这两个新的吸收带所对应的缺陷的微观结构，以及这些光学活性缺陷相互转化的复杂过程，但是结果表明，在低能量密度紫外激光照射条件下，锗锡共掺光纤预制棒的光敏性可以归结于光学活性缺陷的光致转化，并可以用 K-K 关系式来解释。

当预制棒受能量密度相对较高(约 50mJ/cm^2)的 266nm 激光脉冲照射后,在所观察的波长范围内出现了负的吸收变化,并且在与 Sn-ODC 有关的波长即 256nm 和 144nm 附近出现明显的吸收低谷。这个结果说明,在高能量密度紫外激光照射条件下,不能简单地用 K-K 关系式来解释锗锡共掺光纤预制棒的光敏性的来源。另外,预制棒受激光脉冲照射前后的拉曼光谱变化结果说明预制棒掺杂区域受照射后出现了网格键断裂的现象。基于这两个事实可以推断:锗锡共掺光纤预制棒的光致折射率变化主要是由微观结构的变化引起的,这些微观结构的变化来源于与缺氧缺陷有关的键在高能量密度紫外激光脉冲照射下产生断裂。

2.4　多组分玻璃光纤光敏性

光学玻璃中的光敏性取决于玻璃成分和生产工艺等因素。早期实验表明,光敏性仅与纤芯的掺锗量有关,目前更多类型的光学材料表现出相似的特性。多组分玻璃是重要的紫外激光光敏材料,主要包含:①锗硼硅酸盐钠玻璃,如 SiO$_2$-GeO$_2$-B$_2$O$_3$-Na$_2$O(SGBN);②氟锆酸盐玻璃,如 ZrF$_4$(HBLAN、ZBLAN、ZBLALi);③硫族化合物玻璃,如 As$_{40}$S$_{57}$Se$_3$、Ge$_{31}$S$_{63}$B$_{i6}$、GaLaS;④基于 B$_2$O$_3$ 的玻璃,如 PbO-B$_2$O$_3$、PbO-Bi$_2$O$_3$-B$_2$O$_3$(PBB)、PbO-Ga$_2$O$_3$-B$_2$O$_3$(PGB);⑤磷酸盐玻璃。硫族化合物、碲酸盐、氟化物等玻璃体系材料具有较低的声子能量,有利于近中红外荧光输出,硫系玻璃材料具有高非线性,在中远红外域有良好的透光性,在近中红外波段有广阔的应用前景,其光子器件将应用在通信、中红外波段的传感器、非线性信号处理和光纤激光等领域。硫系玻璃光纤的布拉格光栅是重要的光子器件,作为线性器件,它可应用于红外传感器;在非线性光学应用中,它可以实现全光开关、脉冲整形,还能提高超连续光谱的产生和减慢光速等。硅酸盐玻璃不仅具有石英玻璃较好的抗析晶稳定性和力学性能,还具有比石英玻璃高的稀土离子溶解度。氟化物玻璃具有低的声子能量和高的稀土离子溶解度,同时具有宽的红外光透射范围,是合适的红外光纤基质材料,其中最为突出的就是 ZBLAN。尽管在 ZBLAN 光纤中可以获得较高效率的激光输出,但是氟化物玻璃的力学性能和化学稳定性差,制备工艺复杂,抗激光损伤阈值低。

2.4.1　硅酸铅玻璃光敏性

由于掺二氧化锗的二氧化硅玻璃光纤在光通信中有着广泛的应用,因此人们对它的光敏性及其机理研究得较多。近些年来,人们发现在二氧化硅玻璃中掺入二氧化锡、氧化铅等可以大大提高玻璃材料的光敏性[40],其中在硅酸铅玻璃中得到了目前为止最大的光致折射率变化量(0.21±0.04),了解硅酸铅玻璃强光敏性的机理对光敏材料的应用有着重要的意义。对于掺锗二氧化硅玻璃,人们采用吸收谱、电子自旋共振谱、红外吸收谱以及拉曼光谱等手段对其光敏机理进行研究，本节通过对硅酸铅玻璃材料受紫外激光照射前后紫外-可见吸收谱、电子自旋共振谱等变化的研究，了解硅酸铅玻璃受紫外激光照射后微观结构的变化，从而了解其光敏机理。

1. 紫外-可见吸收谱

1) 低能量密度激光照射

图 2.53 给出不同组分的硅酸铅玻璃在低能量密度的 266nm 激光照射后的紫外-可见吸收谱，所有测量均在室温下(25℃)完成，测量所用仪器为分光光度计。从图 2.53 中可以看到，随着氧化铅含量(摩尔分数)的增加，吸收边向长波方向移动。一般定义吸收量为 50cm^{-1} 时的波长为样品的紫外吸收截止波长，硅酸铅玻璃体样品在低能量密度(50mJ/cm^2)266nm 激光照射前后 Urbazh 能量的变化如表 2.9 所示。从表中可以看到，随着氧化铅含量的增加，硅酸铅玻璃的紫外吸收截止波长向长波方向移动，这是因为在氧化物玻璃中，对紫外吸收波长的主要影响是非桥氧离子。氧化硅中掺入氧化铅后，铅离子半径比硅离子大，对氧离子电子壳层极化作用的影响小，导致非桥氧离子电子壳层结构更加疏松，从而使吸收截止波变长。

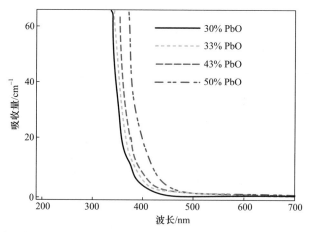

图 2.53　不同组分的硅酸铅玻璃在低能量密度的 266nm 激光照射后的紫外-可见吸收谱

对上述四种硅酸铅玻璃样品进行照射，激光波长为 266nm，脉冲宽度约为 10ns，脉冲频率为 10Hz，光斑为直径 5mm 的圆形光斑。首先采用低能量密度激光照射样品，脉冲能量为 10mJ，能量密度为 50mJ/cm^2，照射时间为 2h，累计脉冲数为 7.2×10^4 个，累计剂量为 3600mJ/cm^2。照射后的硅酸铅玻璃样品重新测量了其紫外-可见吸收谱，测量所用仪器仍为分光光度计。

表 2.9　硅酸铅玻璃体样品在低能量密度(50mJ/cm²)266nm 激光照射前后 Urbazh 能量的变化

氧化铅含量/%	紫外截止波长/nm	照射前 E_{Ur}/meV	照射后 E_{Ur}/meV
30	333	220	247
33	336.5	220	253
43	347	227	263
50	364	242	255

从表 2.9 中可以看到，硅酸铅玻璃受低能量密度 266nm 激光(50mJ/cm²)照射后的 Urbach 能量显著增大。对于玻璃材料，Urbach 能量是一个与带尾结构有关的量，它反映了玻璃结构的无序程度，它的值越大，带尾越伸向禁带中部，玻璃结构的无序程度越大。硅酸铅玻璃受低能量密度 266nm 激光照射后 Urbach 能量增大，说明其内部产生了某种缺陷，从而使其无序性增加。

2) 高能量密度激光照射

采用较高能量密度的 266nm 激光照射硅酸铅玻璃样品，照射条件与低能量密度 266nm 激光照射条件基本相同，将脉冲能量增加到了 30mJ，相应的能量密度为 150mJ/cm²。照射时间则缩短为 6min，脉冲数为 3600 个，累计剂量为 540J/cm²，比低能量密度照射时的累计剂量小，这主要是因为当激光的能量密度为 150mJ/cm² 时，照射 6min 后硅酸铅玻璃样品的紫外-可见吸收谱的变化已经饱和，再增加照射时间吸收谱已观察不到任何变化。每照射 2min 后测量一次吸收谱。

图 2.54 给出不同组分的硅酸铅玻璃在高能量密度的 266nm 激光照射后的紫外-可见吸收谱。从中可以看到，吸收量随铅含量的增加而增加。所有样品受高能量密度 266nm 激光照射后，在受照射区域均出现了褐色斑点，而且褐色斑点随着氧化铅含量的增加而加深，这说明褐色斑点的产生与材料中的氧化铅有关。

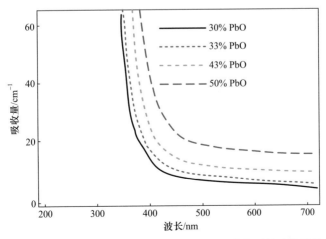

图 2.54　不同组分的硅酸铅玻璃在高能量密度的 266nm 激光照射后的紫外-可见吸收谱

3) 吸收谱与激光能量密度的关系

硅酸铅玻璃紫外-可见吸收谱的变化与 266nm 激光的照射能量密度有着密切的关系。用不同的能量密度照射硅酸铅玻璃样品,其吸收谱的变化有很大的不同:低能量密度照射时,尽管累计剂量较大,但样品在可见光区域的吸收量仅稍有增加,吸收边变平坦,Urbach 能量增加,样品受照射区域也无肉眼可见的斑点;在高能量密度照射时,尽管累计剂量不大,但样品在可见光区域的吸收量却显著增加,同时在样品受照射区域出现明显的褐色斑点,而且斑点的颜色随着氧化铅含量的增加而加深。

产生上述现象的一种可能是在紫外激光照射过程中硅酸铅玻璃产生双光子或多光子吸收,此时样品在可见光区域吸收量的变化应与 266nm 激光的照射能量密度呈平方或 n 次方关系;另一种可能是硅酸铅玻璃在紫外激光区域的吸收能力很强,因此高能量密度的 266nm 激光照射会使样品局部温度升高,样品在可见光区域吸收系数的增加是由温度效应引起的。在这种情况下 266nm 激光的照射能量密度应该有一个阈值:低于此阈值时,硅酸铅玻璃样品局部区域温度不够高,在可见光区域吸收系数的增加应不明显;高于此阈值时,硅酸铅玻璃样品局部区域温度已足够高,高温会引起硅酸铅玻璃结构的变化,从而导致可见光区域吸收系数显著增加。

通过对硅酸铅玻璃在 266nm 激光照射前后吸收谱的研究,可以得到以下结论:

(1) 照射硅酸铅玻璃样品的 266nm 激光的能量密度存在一个阈值,高于或低于此阈值,吸收谱会产生不同的变化,说明硅酸铅玻璃内部结构也产生了变化。

(2) 照射 266nm 激光能量密度较低时,硅酸铅玻璃在可见光区域的吸收系数增加很小,紫外吸收边变得更加平坦,Urbach 能量增加,说明其结构的无序性增大。

(3) 照射 266nm 激光能量密度较高时,硅酸铅玻璃的局部会由于温度效应而产生结构的变化,导致在可见光区域的吸收系数显著增大,并且出现褐色斑点,而且斑点的颜色随氧化铅含量的增加而加深,说明该斑点的产生与氧化铅有关。

2. 硅酸铅玻璃的电子自旋共振谱

在外磁场中,电子自旋磁矩与外磁场相互作用将导致磁能级的塞曼分裂。电子自旋共振(electron spin resonance,ESR)就是在这些塞曼分裂项之间,外加射频场而引起的微波共振吸收跃迁,又称电子顺磁共振(electron paramagnetic resonance,EPR)。含有未成对电子的分子、原子和离子才具有净自旋或净自旋磁矩,因而才可以成为 ESR 谱的研究对象,这些物质称为顺磁性物质。玻璃材料大多属于逆磁性物质,观测不到 ESR 谱,但在下面两种情况下可以用 ESR 谱对玻璃进行研究:一是玻璃中掺入了顺磁离子(如过渡金属离子或稀土离子),二是受到高能辐射产生某些顺磁性色心。实验采用 ESR 谱研究掺锗二氧化硅玻璃受紫外激光照射后结构的变化，发现受紫外激光照射后玻璃中出现了 GeE′顺磁中心，紫外激光照射使玻璃结构发生了如下变化，即

$$\equiv Ge—Ge \equiv \xrightarrow{hv} \equiv Ge\cdot + ^+Ge \equiv +e^-$$

$$\text{缺氧缺陷} \qquad \text{GeE′}$$
$$\text{(NOV)} \qquad \text{中心}$$

(2.54)

与掺锗二氧化硅玻璃类似，在紫外激光照射后的掺二氧化锡的二氧化硅玻璃中也可能观察到 ShE′顺磁中心。对掺氧化铅的二氧化硅玻璃(PbO 摩尔分数 50%)受紫外激光照射后的 ESR 谱进行测量。紫外激光源为四倍频的调 Q Nd:YAG 脉冲激光器，激光波长为 266nm，脉冲宽度约为 10ns，脉冲频率为 10Hz，光斑为直径 5mm 的圆形光斑。首先采用低能量密度激光照射样品，脉冲能量为 10mJ，能量密度为 50mJ/cm^2，照射时间为 2h，累计脉冲数为 7.2×10^4 个，累计剂量为 3600mJ/cm^2。用高能量密度激光照射样品，脉冲能量增加到了 30mJ，相应的能量密度为 150mJ/cm^2。照射时间则缩短为 6min，脉冲数为 3600 个，累计剂量为 540J/cm^2。

照射后的样品用 ER200D-SRC 型 ESR 光谱仪对 X 波段的 ESR 谱(v = 9.82GHz)进行了测量，场调制频率为 100kHz，在室温及 100K 的温度下均进行了测量，但都没有观察到 ESR 谱信号。这说明硅酸铅玻璃受 266nm 激光照射后并不会产生顺磁缺陷中心，这一点与掺二氧化锗或二氧化锡的二氧化硅玻璃不同，因此硅酸铅玻璃的光敏机理可能与掺锗二氧化硅玻璃不同。

3. 硅酸铅玻璃的光敏性

玻璃材料的光致折射率变化量一般比较小，例如，普通的标准通信光纤光致折射率变化量在 10^{-5} 量级，即使高压载氢后其光致折射率变化量也仅在 10^{-3} 量级。相比于掺锗的通信光纤，硅酸铅玻璃具有很强的光敏性。

这里采用 2.1.5 节中布儒斯特角法对紫外激光照射前各种组分的硅酸铅玻璃折射率进行测量，测量结果列在表 2.10 中。从表中可以看出，材料的折射率随着氧化铅含量的增大而增大。

表 2.10 不同组分硅酸铅玻璃的折射率

铅含量/%	折射率
30	1.68
33	1.71
41	1.77
43	1.78
50	1.88

采用四倍频的 Nd:YAG 激光对硅酸铅玻璃进行照射，激光波长为 266nm，脉

冲宽度为 10ns，频率为 10Hz，脉冲能量为 10mJ，光斑为直径 5mm 的圆形光斑，能量密度为 50mJ/cm²。图 2.55～图 2.58 是四种不同组分硅酸铅玻璃样品折射率随照射时间的变化。

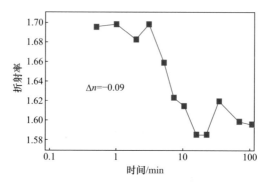

图 2.55　含 30% PbO 的硅酸铅玻璃折射率与 266nm 激光照射时间关系曲线(激光能量密度为 50mJ/cm²，频率为 10Hz)

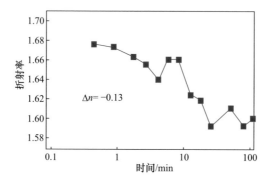

图 2.56　含 33% PbO 的硅酸铅玻璃折射率与 266nm 激光照射时间关系曲线(激光能量密度为 50mJ/cm²，频率为 10Hz)

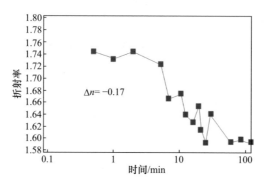

图 2.57　含 43% PbO 的硅酸铅玻璃折射率与 266nm 激光照射时间关系曲线(激光能量密度为 50mJ/cm²，频率为 10Hz)

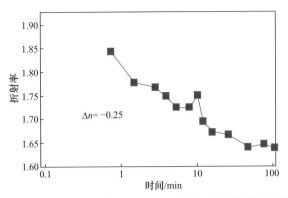

图 2.58　含 50% PbO 的硅酸铅玻璃折射率与 266nm 激光照射时间关系曲线(激光能量密度为 50mJ/cm², 频率为 10Hz)

采用高能量密度的 266nm 激光照射样品，脉冲能量为 30mJ，能量密度为 150mJ/cm²。硅酸铅玻璃样品受高能量密度的 266nm 激光照射后，其表面出现明显的褐色斑点，用布儒斯特角法测量折射率时，反射光弱而散，因此无法用其准确测量。

2.4.2　磷酸盐玻璃光敏性

1. 紫外激光引起的折射率变化

磷酸盐玻璃光纤的光敏性备受关注,因为磷酸盐玻璃是构建紧凑型高增益放大器和激光器的理想宿主介质。磷酸盐玻璃虽然具有高的稀土离子溶解度,但不会形成团簇,因此不会引起浓度猝灭进而影响激光转化效率。与石英玻璃的最大掺杂水平(<0.1%，摩尔分数)相比,磷酸盐玻璃的 Yb 和 Er 掺杂浓度可高达数个重量百分比。石英光纤中的这种低掺杂浓度使得光纤激光器的腔长达到数十米量级,才能产生足够的光学增益,相比之下,磷酸盐玻璃可以进行更高水平的稀土离子掺杂(最高可达百分之几(质量分数)),进而实现厘米量级光纤激光器谐振腔的制作。与长腔光纤激光器相比,短腔光纤激光器扩大了纵向模式间距,因此具有单纵模运行的潜力,单纵模使激光器具有所需的高相干性和低噪声性能。另外,若光纤激光器的长度短,则很容易实现小尺寸的器件集成。发展磷酸盐光纤激光器的主要挑战是难以在磷酸盐光纤中刻写光栅作为激光谐振腔镜,这是因为磷酸盐玻璃对紫外准分子激光的光敏性较差。

Pissadakis 等[70]研究了磷酸盐玻璃对标准紫外准分子激光辐射的光敏性,通过用 248nm 的纳秒脉冲 KrF 激光透过相位掩模曝光,将布拉格光栅写入非离子交换和离子交换的块状玻璃样品中。磷酸盐玻璃显示出较差的光敏性,因为在非离子交换样品中仅形成约 10^{-5} 的折射率调制。尽管附加的离子交换过程有助于实现

高达 2×10^{-3} 的大折射率调制，但这种变化仅限于深度约为 3μm 的浅层区域，这种物理尺寸对于形成高质量的波导或布拉格光栅太小。

锗掺杂是提高二氧化硅玻璃光敏性的有效方法，而在磷酸盐玻璃中几乎无效。Suzuki 等[71]尝试用倍频的 Ar+ 激光器产生的 244nm 连续光在 30%(质量分数)掺锗的磷酸盐玻璃上刻写光栅。在如此高浓度的锗掺杂的玻璃样品中，只能获得折射率变化量为 3.5×10^{-5} 的弱光栅。

使用强 193nm 的纳秒脉冲 ArF 准分子激光器，可以在掺 Er/Yb 和未掺杂的磷酸盐玻璃和玻璃基光纤中写入强布拉格光栅[72]。对于用于光栅制造的两个传统的紫外准分子激光器，由于光波长更接近玻璃的深紫外激光吸收边缘，与 248nm 激光器相比，193nm 激光器更容易引起折射率变化。对于用未掺杂 Er/Yb 磷酸盐玻璃光纤刻写的布拉格光栅，其折射率调制约为 7×10^{-5}。磷酸盐玻璃光纤中这些 193nm 辐射刻写的布拉格光栅的优势是：当在约 170℃的高温下进行热处理时，光栅的折射率调制会进一步提高到约 1.4×10^{-4}。

通过使用 248nm 的飞秒脉冲 KrF 激光器，Sozzi 等在磷酸盐玻璃光纤内刻写标准的一阶布拉格光栅，该光栅与紫外激光准分子激光器制造的光栅相同。光栅的激光诱导的折射率调制约为 1.1×10^{-4}，而平均折射率变化则高达约 10^{-3}。

除了这些常规的紫外准分子激光器，近年来，高强度的超快脉冲激光器已经普遍使用，通过诱导玻璃材料的折射率变化制造波导或光栅。飞秒激光器的高脉冲能量有助于产生非线性的多光子吸收过程，甚至在非光敏材料中也能产生较大的折射率变化。通过使用紫外或红外飞秒脉冲激光和相位掩模技术，成功地在掺 Er/Yb 的磷酸盐玻璃光纤中写入了稳定的布拉格光栅。Grobnic 等[73]通过使用 800nm 的 Ti 蓝宝石激光器实现了 1.5×10^{-3} 的折射率调制。Hofmann 等[74]用 800nm Ti 蓝宝石激光器获得了具有 1.1×10^{-4} 低水平折射率调制的布拉格光栅。这两项工作不同的光敏性归因于激光照射条件和磷酸盐光纤化学成分的不同。

前述红外飞秒激光诱导的布拉格光栅的一个缺点是只能形成二阶或三阶布拉格光栅以用于 C 波段波长，使用 800nm 的激光限制了刻写光栅的干涉条纹的空间分辨率。Dekker 等[75]还使用飞秒脉冲激光照射玻璃样品实现体布拉格光栅刻写，在这项工作中，用 800nm 的 Ti 蓝宝石激光器逐点刻写一阶布拉格光栅，并且在掺 Yb 的磷酸盐玻璃中实现了 2.7×10^{-4} 的折射率调制。

关于使用红外飞秒脉冲激光调制玻璃折射率的更多研究集中在掺 Er/Yb 的磷酸盐块状玻璃样品中激光写入的嵌入式波导结构上，在几种不同类型的磷酸盐玻璃中成功产生了具有大的平均折射率变化($>3\times10^{-3}$)的波导[76-79]。但是，这些研究之间存在折射率变化曲线的差异，文献[77]发现了一个具有相似幅度的负折射率变化的区域以及一个具有正折射率变化的区域，而文献[78]仅在波导中产生了正折射率调制。这表明，飞秒激光器和磷酸盐玻璃之间的激光材料相互作用是一个相当复杂的过程，它高度依赖于激光照射条件和玻璃成分。

表 2.11 给出了在不同激光光源下磷酸盐玻璃光纤的光敏性汇总[79]。对于磷酸盐玻璃的多组分玻璃，在不同研究中发现玻璃化学组成的差异在玻璃的光敏性中起重要作用。与飞秒激光器写入的布拉格光栅相比，193nm ArF 准分子激光诱导的布拉格光栅具有较低的折射率调制(约 1×10^{-4})，但足以产生实用的反射光栅，此外还具有光栅透射和反射的光谱质量好的优点。

表 2.11　在不同激光光源下磷酸盐玻璃光纤的光敏性汇总[79]

光源	工作模式	玻璃掺杂	折射率变化量
193nm ArF 准分子激光	纳秒脉冲	Er/Yb	约 1×10^{-4}
248nm KrF 准分子激光	纳秒脉冲	Er	约 10^{-5}
244nm 倍频氩离子激光	连续	30%GeO$_2$	约 3.5×10^{-5}
248nm KrF 准分子激光	飞秒脉冲	Er/Yb	约 1.1×10^{-4}
800nm Ti 蓝宝石激光	飞秒脉冲	Er/Yb	约 1.5×10^{-3}
800nm Ti 蓝宝石激光	飞秒脉冲	Yb	约 2.7×10^{-4}
800nm Ti 蓝宝石激光	飞秒脉冲	Zn/Yb	约 3×10^{-3}

2. 磷酸盐玻璃的结构

磷酸盐玻璃的光敏性高度依赖于玻璃的化学成分。为了研究磷酸盐玻璃的光敏机理，了解其组成和网格结构是必需的。

磷酸盐玻璃主要材料为五氧化二磷(P$_2$O$_5$)，以及与其他化合物的结合。一般将其以磷酸铝、磷酸钠、磷酸二氢铵、磷酸钙等形式引入玻璃原料中。磷酸盐玻璃具有较大的玻璃形成区间，既可以形成网格结构玻璃，也可以形成链状玻璃。

文献[80]给出的纤芯和包层预制成型的玻璃材料与磷酸盐玻璃相似，其基础玻璃成分为 62%P$_2$O$_5$、12%Al$_2$O$_3$ 和 26%Li$_2$O + Na$_2$O + BaO + CaO(摩尔分数)。这些氧化物根据其在玻璃网格形成中的作用通常分为三类：P$_2$O$_5$ 作为网格形成剂，通过共价键 P—O 形成高度交联的网格；Al$_2$O$_3$ 作为网格中间体，可以用作网格形成剂或改性剂，这是因为铝可以与氧形成共价键或离子键；Li$_2$O + Na$_2$O + BaO + CaO(碱金属和碱土金属的氧化物)作为网格改性剂，它们通过金属和氧原子之间的离子键终止网格连接。

磷酸盐玻璃基质的基本结构由磷四面体单元的短程连续随机网格组成。每个磷四面体具有一个被四个氧原子包围的磷原子，它们通过角共享的氧原子与相邻的磷四面体连接在一起。由于磷的五价性，磷原子必须与一个氧原子形成一个双键(P=O)，称为非桥连氧(non-bridge oxygen，NBO)，因为它终止了网格交联。其余三个氧原子可通过形成 P—O—P 键与相邻的磷原子相连，因此称为桥连氧(bridge oxygen，BO)。玻璃改性剂(如金属离子)的引入会破坏 P—O 键并在金属和氧原子之间形成离子键，并将氧原子从 BO 转化为 NBO。

磷四面体单元可以使用 Q_i 术语进行分类，其中 i 代表桥接氧原子的数量。磷四面体的所有 4 种形式包括 Q_3(交联)、Q_2(中间)、Q_1(末端)、Q_0(隔离)单元，如图 2.59 所示。在 Q_i 单元中带有一个电子的氧原子是非桥接氧原子，该氧原子与附近的金属离子形成离子键。每种类型的 Q_i 单元的比例取决于玻璃的组成，特别是氧原子与磷原子的比值([O/P])[81]。随着[O/P]从 2.5 变为 4，形成玻璃网格的主要成分从交联的 Q_3 四面体单元变为孤立的 Q_0 四面体单元。相应地，随着引入更多的改性剂，玻璃网格解聚为短链。

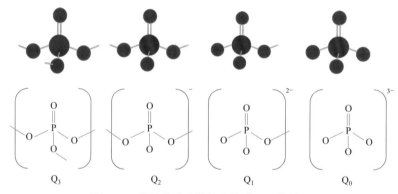

图 2.59　磷酸盐玻璃结构中的磷四面体单元

对于实验中的磷酸盐玻璃光纤，其中[O/P] = 3 或略小于 3，该磷酸盐玻璃的网格主要由 26 个 Q_2 单元组成磷[80]。在这种类型的玻璃中，Q_2 单元连接在一起以形成由 Q_1 单元终止的长聚合物状链。与网格通过四面体单元中的所有 4O 原子高度交联的石英玻璃相比，磷酸盐玻璃具有疏松和开放的网格，因此可以容纳更高浓度的稀土元素。另外，该网格的特征使磷酸盐玻璃软化，物理强度降低，低的瞬态温度(约 448℃)和软化温度(约 475℃)[77]。

3. 磷酸盐玻璃中的光敏机理

类似于石英玻璃，磷酸盐玻璃中光敏性的确切机理仍未得到很好的解释。研究人员通过不同的测试手段研究了磷酸盐玻璃中光诱导的折射率变化的机理，并提出了不同的模型来解释磷酸盐玻璃的光敏性。大多数研究表明，磷酸盐玻璃的光敏性是一个相当复杂的过程，通常涉及多种机制的相互作用，如色心模型和致密化模型通常被用于解释磷酸盐玻璃中的光致折射率变化。

1) 色心模型

在紫外激光或高强度飞秒激光照射下的磷酸盐玻璃中，可以观察到色心的形成。该模型提出，光致折射率变化取决于照射条件和玻璃成分，单光子吸收或多光子吸收引起磷酸盐玻璃材料的光电离。这种光电离过程会产生自由电子和空穴，这些自由电子和空穴可以在玻璃网格中传播，并且可以在缺陷前体中捕获，从而形成色心。这些色心(包括电子中心和空穴中心)会在紫外和可见光区域引起强烈吸收，可以解释玻璃的光致折射率变化，并通过 K-K 关系式与在短波长区域形成的这些吸收带相关联。

磷酸盐玻璃中形成的色心包括磷-氧空穴中心(phosphorus-oxygen hole center, POHC)和三种类型的电子中心，如 PO_2、PO_3 和 PO_4 色心。POHC 在可见光区域具有宽吸收带，其特征波长为 330nm、430nm 和 540nm。其他色心 PO_2、PO_3 和 PO_4 分别在 270nm、210nm 和 240nm 处具有吸收带。图 2.60 显示了磷酸盐玻璃中不同色心的紫外激光照射引起的吸收谱的示例。该测量所用的光源是紫外灯，也可以使用其他光源(如紫外激光准分子激光和飞秒激光)产生相同色心。色心种类的识别和表征通常使用辅助诊断工具进行。对于顺磁性色心(如这些 P 相关色心)，由于捕获的电子或空穴而没有中性电荷，因此可以使用 ESR 来检测未配对电子的非零电子自旋角动量。

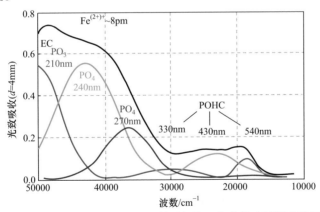

图 2.60　磷酸盐玻璃中不同色心的紫外激光照射引起的吸收谱的示例[81](辐射诱导的吸收谱(黑线)分解为不同色心的高斯峰(彩色线))

在所有这些与 P 相关的色心物种中，光照射后更容易观察到 POHC。它由捕获在 Q_2 磷四面体的非桥接氧上的自由孔形成。有关所有 P 相关色心物质的化学结构的详细信息，请参见文献[82]。如前所述，此 Q_2 磷四面体是这项工作研究的偏磷酸盐玻璃中的主要网格单元。

2) 致密化模型

除了形成色心，许多研究还发现，玻璃网格改性引起的密度变化也会导致磷酸盐玻璃的光致折射率变化。激光照射会导致磷酸盐玻璃网格的键断裂，如前所述，磷酸盐玻璃网格由连接的 Q_2 四面体的长聚合物状链组成，照射后在玻璃的拉曼光谱中观察到的变化表明，四面体之间的 P—O—P 键在激光照射下已断裂。结果，玻璃网格的长聚合物状链结构缩短并塌陷，使玻璃致密化。193nm 的紫外激光照射后在磷酸盐玻璃中观察到正折射率变化。

然而，作为多组分玻璃，磷酸盐玻璃的光敏性比二氧化硅玻璃的光敏性更复杂。其他一些研究表明，由激光照射引起的网格修饰导致玻璃密度方面的现象相反。通过测量照射玻璃样品的努氏硬度或拉曼光谱，还能够观察到磷酸盐玻璃的网格修饰。玻璃压实或膨胀的这种不同行为是玻璃成分和详细的激光照射条件不同的结果。

总之，磷酸盐玻璃的光敏性通常由色心模型和致密化模型来解释。大多数研究发现，光致折射率变化是两种模型共同作用的结果。

4. 磷酸盐光纤中紫外激光诱导的 FBG 的光敏机理

与石英玻璃一样，磷酸盐玻璃的光敏性被认为是由两个原因引起的：①玻璃网格中键的紫外(或多光子)断裂引起玻璃结构改性；②形成色心。由于玻璃依赖于多光子效应破坏玻璃的电子结构，采用超快激光照射与较低强度的紫外激光照射具有相似特性，因此提出了如图 2.60 所示的物理学模型来解释。根据玻璃光敏性理论，用于刻写光栅的干涉激光束的亮条纹中的高强度紫外辐射会破坏一些玻璃网格键，并引起磷酸盐玻璃网格的解聚，引起玻璃致密化，这是由于长链结构塌陷成短链结构，并且明亮的条纹中还产生了色心，在 467nm 处有很强的吸收，这两种作用都增加了亮条纹中的折射率，色心对折射率增加的贡献更大。

紫外激光辐射可提高玻璃在各处的折射率，但在明亮的边缘则更强，见图 2.61，结果是平均折射率和折射率调制同时增加。热处理会迅速消除色心的影响，并消除结构变化中热不稳定的部分，即暗条纹中的折射率下降比亮条纹中的折射率下降更快，从而导致折射率调制增加以及热的差异对写入时间较长的光栅衰减率更大。后一个过程两者唯一区别是，在非常短的照射情况下，亮条纹的折射率增加很小，这主要是由色心和相对不稳定的结构导致的，而暗条纹的折射率变化很小，这引起了折射率调制以及平均折射率的衰减。

使用超快激光照射能够使多种玻璃和其他材料实现较大的折射率变化。但是，当前的方法仍使用紫外激光照射在磷酸盐玻璃中实现折射率调制，采用常规的准分子激光器刻写高光谱质量和高热稳定的光栅。

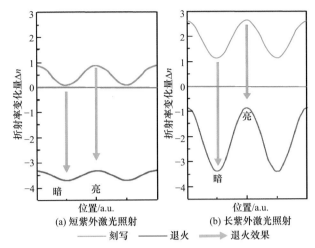

图 2.61 短紫外激光照射和长紫外激光照射的光致指数变化(蓝线)、热退火(绿色箭头)和最终指数变化(红线)的现象学模型

2.4.3 氟化物玻璃光敏性

最初人们不认为氟化物玻璃光纤是具有光敏性的，但近些年的研究表明情况并非如此，有学者在掺铈的氟锆酸盐玻璃(ZBLAN 和 ZBLALi)的块状样品和光纤中都实现了永久光栅的刻写。

稀土掺杂玻璃增加了光敏性，但是也产生了一些不利的影响。有学者研究发现，掺 Er 的 ZBLAN 玻璃中激光谐振的建立时间较长，而另一学者发现掺铥(Tm)的 ZBLAN 中有类似的行为。对于 Tm，这种行为归因于光暗化(在红外泵浦波长下)与光漂白(在绿色激光波长下)的竞争。

1. 铈掺杂 ZBLAN 玻璃的光敏性

图 2.62 显示的是具有两种不同铈掺杂剂量的 ZBLAN 玻璃的吸收谱。Ce^{3+} 的 $4f^1 \sim 5d^1$ 能级跃迁产生了 $200 \sim 300nm$ 的强吸收，这些跃迁可以用单个 248nm 的准分子激光直接激发。

在未掺杂的 ZBLAN 玻璃样品中无法写入光栅，在掺铈的样品中可以实现较弱光栅的刻写。光栅通常在曝光几分钟后就饱和了，一旦写光束被遮挡，衍射信号将在不到一分钟的时间内下降 10%~35%，而大多数剩余信号(约 90%)将在 24h 后出现。

在纯相位光栅中，衍射光的强度与最大折射率调制之间的关系为

$$\frac{I_{\text{diff}}}{I_0} = \sin\left(\frac{\pi \Delta nd}{\lambda \cos\alpha}\right) \qquad (2.55)$$

式中，I_{diff} 为衍射光的强度；I_0 为入射探测光的强度；Δn 为折射率调制深度；d 为

有效样品厚度；λ 为探测光的波长；α 为探测光的入射角。

对于曝光几何形状和条件，此表达式可简化为

$$\frac{I_{\text{diff}}}{I_0} \gg \left(\frac{\pi \Delta n d}{\lambda}\right)^2 \qquad (2.56)$$

在曝光饱和之前，折射率调制的变化率可表示为与光子数 m 相关的表达式，即

$$\left[\frac{\mathrm{d}(\Delta n)}{\mathrm{d}t}\right]_{\text{initial}} \propto I^m \qquad (2.57)$$

图 2.63 是 Δn 的饱和值与入射光强的关系曲线，可以看出两者之间呈线性关系，其中双光子生长过程与单光子漂白过程存在竞争，通过观察正常写入(干涉光束)和单光束交替曝光重复写入和擦除光栅，进一步证明了该假设。

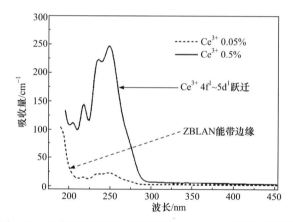

图 2.62　具有两种不同铈掺杂剂量的 ZBLAN 玻璃的吸收谱

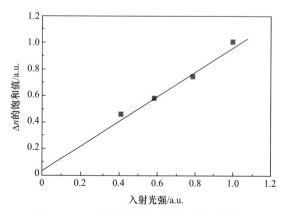

图 2.63　Δn 的饱和值与入射光强的关系曲线

可以通过测量紫外激光引起的光学和 ESR 光谱变化研究掺铈玻璃中形成色心的机理，图 2.64 显示的是在 248nm 激光下用与写入饱和光栅相同的强度和光通量所引起的吸收。在不含氯的样品中，至少需要四个特征来描述诱导吸收，即以 428nm(2.9eV) 和 275nm(4.5eV) 为中心的谱带、在小于 200nm 的波长处具有附加吸收、在 250nm 处叠加诱导吸收。在含氯的样品中，上述所有四个特征都存在，并且在 310nm(4.0eV) 处具有诱导吸收。在氟锆酸盐玻璃的电离辐射研究中，通过其生成和退火过程中诱导关联的玻璃 ESR 光谱特征，可以识别出许多诱导的吸收特征。然后将基于特定缺陷结构的数字模拟 ESR 光谱与观察到的光谱进行匹配，识别存在的中心。利用这些结果，可以发现 428nm 处的峰与 Zr^{4+} 到 Zr^{3+}(电子陷阱) 的转换有关，275nm 处的峰与基于氟的 V 型中心(空穴陷阱)相关。通过从诱导吸收中减去一小部分 Ce^{3+} 光谱，可以准确地描述 250nm 处的下降，这对应于某些从 Ce^{3+} 到 Ce^{4+}(或相关的空穴陷阱)的转换。先前已经在氧化物玻璃和氟化物基晶体中观察到 Ce^{3+} 的光电离，波长短于 200nm 的特征仍未被识别。在掺氯玻璃中，310nm 处的峰与 Cl^{2-} 中心(空穴陷阱)相关。

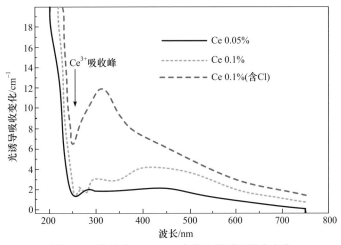

图 2.64 铈掺杂 ZBLAN 玻璃的光诱导吸收变化

248nm 激光照射前后，0.5%Ce 掺杂的 ZBLAN 玻璃中的 ESR 光谱和微分光谱如图 2.65 所示。曝光条件与写入光栅的条件相同。曝光前光谱中，可以在掺有稀土离子 Gd^{3+} 的玻璃(也掺有等电子 Eu^{2+} 的玻璃)中观察到标记为(a)、(b)和(c)的三个特征，在用于制造玻璃的 CeF_3 中，Gd^{3+} 可能会作为杂质出现。在差异光谱中观察到三个特征。3600Gs 附近的谐振与 Zr^{3+} 的产生有关，靠近光谱中心的尖峰具有不寻常的形状，可能是实验伪像。目前正在进行更详细的研究，以确定该尖峰是否是真正的共振。第三个特征，即差异频谱中基线的表观漂移，也是进一步研究的主题。众所周知，Ce^{3+} ESR 共振非常宽，尤其是在室温下，Ce^{4+} 没有 ESR 光谱，

因此从 Ce^{3+} 到 Ce^{4+} 的漂白，通过 ESR 检测都能明显观察到。

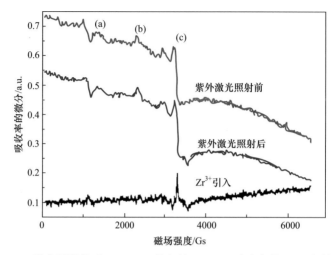

图 2.65　248nm 激光照射前后，0.5%Ce 掺杂的 ZBLAN 玻璃中的 ESR 光谱和微分光谱

2. 稀土掺杂 ZBLAN 玻璃的光敏性

尽管永久性光栅写在掺有镨(Pr)、Tm 和铽(Tb)的 ZBLAN 玻璃样品中，但它们远小于用 Ce:ZBLAN 刻写的光栅。有趣的是，只有在掺铈的玻璃中，248nm 的光才能直接激发强烈的稀土 $4f^1 \sim 5d^1$ 能级跃迁。

在 Tb 样品中写有和不包含 4% Cl 阴离子掺杂的第二强光栅。两种 Tb 样品在受激准分子光束照射下均呈亮绿色，表明 Tb^{3+} 被 248nm 光激发。图 2.66 为稀土掺杂 ZBLAN 样品的紫外激光诱导吸收谱。为了对引起折射率变化的 K-K 解释，引起的吸收的变化与所获得的光栅强度之间存在相关性。光谱上所有三个样品都类似于掺铈的玻璃(除了在 250nm 处的浸入，仅在掺铈玻璃中出现)。与掺铈玻璃一样，在掺氯玻璃中观察到 310nm 附近有一个非常明显的峰。但是，与掺铈玻璃不同(表 2.12)，氯的添加显著提高了玻璃的光敏性。添加 4% 的氯时，光吸收初始增加速率和光吸收饱和值均接近 2 倍。

表 2.12　各种稀土掺杂的 ZBLAN 玻璃光致饱和折射率变化的比较

材料	饱和吸收的 Δn
Ce (0.5%)	0.8×10^{-5}
Tb (0.5%)(含 Cl)	3.7×10^{-7}
Tb (0.5%)	6.7×10^{-7}
Pr (1.0%)	1.0×10^{-7}
Tm (1.0%)	2×10^{-8}
ZBLAN	—

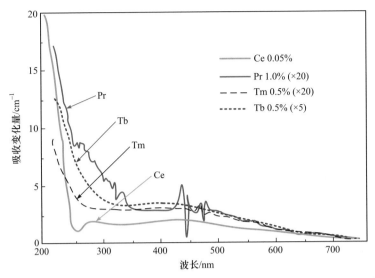

图 2.66　稀土掺杂 ZBLAN 样品的紫外激光诱导吸收谱(Tb 样品光谱按比例放大 5 倍，Pr 和 Tm 光谱按比例放大 20 倍)

在掺铈的 ZBLAN 玻璃中，248nm 光敏性的机理涉及两个光子的逐步吸收与单光子漂白过程的竞争。对于光诱导的色心生成，其中 Ce^{3+} 被部分漂白，生成 Zr^{3+}。其他掺杂 ZBLAN 的玻璃也表现出光敏性，但是含量远低于掺铈玻璃。

2.4.4　硫系玻璃光敏性

1. 硫系玻璃光纤

硫系玻璃是以硫族元素 S、Te、Se 作为基础，再结合一些其他元素(如 As、Sb、Ge、Ga 等)制成的一种非晶态玻璃材料——具有低声子能量、高折射率和高非线性(高于石英玻璃 $10^2 \sim 10^3$ 倍的非线性系数)，在光通信波段有较低的双光子吸收率且不存在自由载流子吸收，在中远红外域有良好的透光性($1 \sim 12\mu m$ 的宽广红外透射窗口)等，因此在光通信领域有广泛的应用。硫系玻璃的折射率改变量在 $3 \sim 5\mu m$ 波段和 $8 \sim 12\mu m$ 波段具有规律性。通常情况下，增加卤族元素后，折射率也会随之增加；若卤族元素被替换，则折射率会降低。例如，在 As_2S_3 玻璃中，增加硫元素或者硒元素等的含量后，折射率会增加；将硫元素替换为硅元素或者镉元素等，则折射率降低。硫系玻璃还具有光致转变的能力。在外界光照下，若光子能量(电子能量、离子能量)与硫系玻璃的光能隙相等，则硫系玻璃将吸收光子(电子、离子)，从非晶态玻璃转变为其他形态(如气态、液态、晶体状等)。同时，硫系玻璃还具有热学特性，并且其热学特性与硫系玻璃中卤族元素含量有关。增加卤族元素的含量，硫系玻璃温度降低，热膨胀系数增加。利用硫系玻璃在中远红外域的良好透光性，可以将其制作为透红外光学器件等；利用硫系玻璃材料光致转变的特性，可以将其制作为阈值或者全光开关，还可以用在平版印刷中，充当保护层。此外，硫系玻璃材料还可以制作硫系玻璃光纤、硫系玻璃光纤光栅等，因此具有广泛的应用。

通过常规的制备方法，如熔体淬冷技术、气相沉积技术、热蒸发、溅射、化学气相沉积、旋转镀膜法等，可以将硫系玻璃制备成硫系玻璃光纤。例如，利用As-S 硫系玻璃材料良好的热稳定性和玻璃形成能力，以及小于光纤拉制温度的形态转变温度，可以将 As-S 硫系玻璃材料制备成 As-S 硫系玻璃光纤。制备的As-S 硫系玻璃光纤的本征损耗比较低，比较容易绕曲且不易断裂，化学性能也较为稳定。值得一提的是，美国海军研究实验室成功开发了制备低损耗 As_2S_3 硫系玻璃光纤的技术，在波长 $5\mu m$ 的情况下仍然能维持约 0.1dB/m 的低损耗。该技术平台已经被加拿大 CorActive 公司商业化。硫系玻璃光纤已经在红外二氧化碳激光能量传输、红外生物、化学传感器，以及中红外光纤激光器等方面得到广泛应用。

常用的硫化物玻璃光纤有砷-硫(As-S)、砷-硒(As-Se)、锗-砷-硒(Ge-As-Se)、锗-砷-硫(Ge-As-S)，以及锗-砷-硒-碲(Ge-As-Se-Te)等。其中，As-S 光纤包括 As_2S_3 光纤和 As_2S_5 光纤等；As-Se 光纤包括 As_2Se_3 光纤、$As_{38}Se_{62}$ 光纤、As_2Se_2 光纤和 $As_{40}Se_6$ 光纤等；Ge-As-Se 光纤包括 $Ge_{10}As_{23.4}Se_{66.6}$ 光纤、$Ge_{10}As_{21}Se_{69}$ 光纤和 $Ge_{10}As_{22}Se_{68}$ 光纤等；Ge-As-S 光纤包括 $Ge_{10}As_{24}S_{66}$ 光纤等；Ge-As-Se-Te 光纤包括 $Ge_{30}As_{10}Se_{30}Te_{30}$ 光纤等。

2. 硫系玻璃光敏性

制备硫系玻璃光纤光栅的过程较复杂，主要是硫系玻璃光纤的包层和纤芯层的成分类似，都具有光敏性，如 As_2S_3 硫系玻璃光纤的纤芯/包层对应成分为 $As_{39}S_{61}/As_{38}S_{62}$，只存在摩尔数的改变，折射率差异约为 0.3%，都会吸收光。这点与石英光纤不同，石英光纤是在纤芯中掺杂一些元素，如锗、铒和氟等，在特定波长的光照射下纤芯会吸收光从而发生永久性的折射率变化，即表现为光敏性。目前已有商业化的掺锗、铒和氟石英光纤。

1996 年，Asobe 等首先通过横向全息曝光的方法，用 633nm 波长的 He-Ne 激光在 As_2S_3 硫系玻璃光纤上制作出了光纤布拉格光栅。但是，横向全息曝光方法的机械稳定性不高，制作出来的光纤布拉格光栅质量较差。后来，Florea 等[83]和 Bernier 等[84]分别提出采用机械稳定性较高的相位掩模板技术刻写光栅。他们利用相位掩模板和 633nm 激光作为曝光源在 As_2S_3 硫系玻璃光纤上刻写光栅。但是，曝光时间需要几十分钟，甚至数小时，且光栅透射峰值或反射率依旧较差，因此仍然存在一定的缺陷。原因可能是 633nm 的曝光源波长属于 As_2S_3 硫系玻璃材料的亚带隙光波段，而 As_2S_3 硫系玻璃材料对亚带隙光波段的光吸收较少，光敏性弱。虽然照射光被包层吸收较少，但大部分光也能够透过纤芯层(纤芯层对光的吸收也较少)，使得纤芯的光敏性较弱，写入光栅的透射率和反射率都较低。另外，其他刻写方法，如声波谐振法[85]和飞秒激光点对点写法[86]，更适合刻写长周期光栅。

综上所述，如果曝光源的波长太靠近材料的吸收边缘(带隙光波段)，所有的光都会被包层吸收，而不能到达纤芯层形成光栅；反之，如果选择远离材料的吸收边缘光波，大部分光会透过光纤使纤芯吸收太少而几乎不发生折射率改变，光敏性很弱。因此，选择合适的光源在硫系玻璃光纤上刻写光栅和选用机械稳定性较高的写入系统，是制备高质量光栅的关键。

2.5　光纤增敏方法

光纤光敏性是衡量光纤受紫外激光照射后光纤纤芯折射率变化大小的量。自从在掺锗二氧化硅光纤中发现光敏性并首次成功演示光栅的形成后，人们已经开展了许多探索光纤光敏性和增加光敏性的研究工作。最初是在高掺锗，或在降低氧含量的条件下制造出的光纤被证实具有高光敏性。目前，已经有载氢、火焰刷及共掺(硼锡共掺等)等手段用于增强二氧化硅光纤的光敏性。

2.5.1　载氢

载氢是在高压和高温下将氢分子扩散到光纤纤芯中的一种光纤处理工艺，可以增强光纤的紫外激光光敏性。载氢的光纤在紫外激光辐射后可产生高达 0.01 的折射率变化。

通过载氢增强光敏性具有几个优点。首先，也是最重要的一点是，载氢使得光栅可以刻写在任何掺锗二氧化硅光纤中，包括低锗含量和低固有光敏性的标准通信光纤；其次，永久性折射率变化仅发生在受紫外激光照射的区域；最后，在光纤其他部分，没有反应的氢会慢慢散发出去，所以在通信窗口残留的损耗可以忽略不计。必须指出的是，在载氢光纤上刻写光栅导致的 OH^- 在 $1.39\mu m$ 和 $1.41\mu m$ 的吸收带尾会引起损耗。这个损耗对于通信网络系统设计者通常是难以接受的。用载氘代替载氢，可以把紫外吸收峰移到 $1.55\mu m$ 以外更长的波段。

众所周知，氢分子的存在会增加光纤中的损耗，氢同氧发生反应会形成氢氧根离子。与氢分子相关的另一个重要效应是氢与锗原子作用形成 GeH，会在很大程度上改变紫外区域的能带结构，而这些变化会影响光纤有效折射率。1993 年，贝尔实验室的 Lemaire 等[66]首次引入了简单、高效的载氢增敏技术。他们将掺锗

3%(摩尔分数)的光纤放入充满氢气的容器中，容器温度为 25~70℃，气压为 2~76MPa(典型值为 15MPa)，通过这种方法可以使氢分子扩散到光纤纤芯中。当载氢光纤受到紫外激光照射或加热时，氢气与掺锗石英玻璃之间将发生化学反应，形成与折射率变化有关的 Ge—OH、Si—OH 等化学键和缺陷中心。低温载氢技术可以使掺锗石英光纤材料的光敏性提高 1~2 个数量级。

氢分子的浓度和它们向纤芯的扩散率取决于容器内氢气的压力和温度，容器内氢气的平衡溶解度(纤芯中氢分子的饱和浓度)可表示为

$$d_{H_2} = 2.83 \times 10^{-4} \, p \exp\left(\frac{-40.19\text{kJ/mol}}{RT}\right)(\text{cm}^2/\text{s}) \tag{2.58}$$

式中，p 为标准大气压的个数；R 为气体常数；T 为绝对温度；氢分子在硅中的扩散率可以表示为

$$d_{H_2} = 2.83 \times 10^{-4} \, p \exp\left(\frac{-40.19\text{kJ/mol}}{RT}\right)(\text{cm}^2/\text{s}) \tag{2.59}$$

饱和氢气浓度随压力的增加线性增加，随温度的上升而指数降低。可以看出，扩散速率随温度的上升而增加，因此温度越高就越快达到饱和。结合圆柱体扩散几何学，可得氢分子在光纤中的扩散率，即

$$\frac{\kappa}{\kappa_{\text{sat}}} = 1 - 2\sum_{n=1}^{\infty} \frac{1}{\beta_n J_1(\beta_n)} \exp\left(\beta_n^2 \frac{d_{H_2}t}{r^2}\right) \tag{2.60}$$

式中，κ 为纤芯中氢分子的浓度；β_n 为零阶贝塞尔函数的第 n 个零点；$J_1(\beta_n)$ 为一阶贝塞尔函数；t 为时间；r 为光纤半径。

室温环境中，200 个大气压的氢气在 125μm 纤径的光纤中的扩散情况如图 2.67 所示[87]。

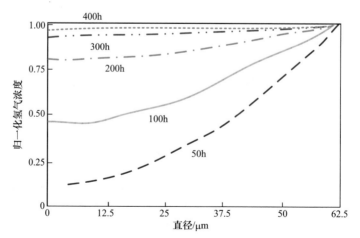

图 2.67 氢气在直径 125μm 的光纤中的扩散情况(200atm，25℃)

2.5.2　火焰扫描

火焰扫描(火焰刷)是增强锗硅酸盐光纤光敏性的一种简单有效的技术。通过火焰刷引入的光敏性在重要的高透射率通信窗口处的损失可忽略不计。光波导的待处理区被充满氢气和少量氧气的火焰反复刷洗，温度达到1700℃。光敏过程大约需要 20min。在这个温度下，氢可以非常快地扩散到光纤纤芯中，并与锗硅酸盐玻璃反应生成 GODC，从而在 240nm 处产生很强的吸收带，并使纤芯具有高度的光敏性。火焰刷技术可以将标准电信光纤的光敏性提高 10 倍以上，从而实现折射率变化量大于 $10^{-1[88]}$。在标准光纤和刷毛光纤之间进行比较，在相似的激光写入条件下，它们的折射率变化分别为 1.6×10^{-2} 和 1.75×10^{-2}。

火焰刷和载氢增强光敏技术遵循相同的概念，氢都与锗硅酸盐玻璃发生化学反应，形成光敏性 GODC。火焰刷过的锗硅酸盐光纤中的布拉格光栅的形成无疑涉及热和光解机理。除了在这种情况，随着氢在升高的温度下扩散到纤芯中，热驱动的化学反应同时发生。随后的紫外激光照射使 GODC 波段褪色，导致折射率变化。通过火焰刷提高光纤的光敏性有几个优点，光纤中增加的光敏性是永久性的，这与载氢相反；载氢中，氢从光纤中扩散出来后，光纤便失去光敏性。这种持久性有利于在不表现出固有光敏性的标准电信光纤中制造出坚固的布拉格光栅。用氢氧焰灼烧后的标准通信掺锗二氧化硅光纤可以得到大于 1 的折射率变化量，是灼烧处理前标准通信掺锗二氧化硅光纤折射率变化量的十几倍，并且不会像采用载氢增敏技术那样产生折射率不稳定的现象，同时由于只是对曝光区域的光纤进行处理，因此几乎不会对两个主要的通信窗口产生影响。然而，该技术的主要缺点是高温灼烧对光纤具有破坏作用，会使光纤变得脆弱，所以由这种增敏方法处理过的光纤存在长期稳定性问题，不适合高温传感。

2.5.3　静电极化

Takahashi 等[22]研究发现，GeE_2 中心的形成与通过用 193nm 的辐射作用诱导的二阶不透明性有关。当样品暴露在 193nm 的光照下时，通过使用 15V/μm 电场，可以将紫外激光的光折变速率提高 1.5 倍。通过研究高静电场作用下布拉格光栅生长的动力学机理发现，当光纤受到电场作用时，折射率调制会显著提高，并且光纤的平均有效折射率随曝光时间的增加会发生非单调变化。电场诱导的 Ge(1) 和 Ge(2)电子俘获中心的扩散可以解释这一点。采用 193nm 或 244nm 的紫外激光刻写被极化(施加静电场)的光纤，并实时监控光纤调制折射率和平均折射率。如图 2.68 所示，使用 193nm 激光的光敏度比 244nm 的大 1.2 倍。

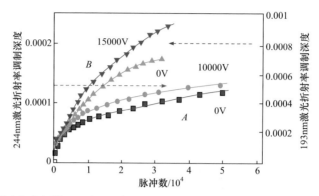

图 2.68　有无静电场作用情况下光纤光栅折射率调制深度(A 为 244nm 曝光，B 为 193nm 曝光)

2.5.4　施加应力

目前，已知光敏性的影响因素包括光纤拉伸技术、共掺剂、温度和氢负荷。研究表明，拉紧光纤可以显著提高其光敏性，紫外激光在光纤纤芯中引起的结构变化会改变纤芯的折射率[89]，同时应变也会影响这些结构变化。

通过增加光纤的应力适用于所有 I 型光纤光栅刻写过程中的增敏，即使去除了应变，光纤上的折射率调制仍会保留较大的指数变化。Salik 等研究应变对光纤光敏性的影响，施加应变后刻写的光栅(正折射率变化)反射率低于未施加应变时的光纤。刻写过程对光纤施加了较大的应力，没有使用脉冲的准分子激光刻写光栅，而是使用 244nm 倍频 Ar^+ 激光器或 334nm Ar^+ 激光器的连续光对光纤进行曝光。为了拉紧光纤，将其两端缠绕在两个心轴上并拉开，通过预先写入光纤的布拉格光栅的共振位移来测量光纤中的实际应变。使用光纤 Mach-Zehnder 干涉仪测量应变和非应变光纤中折射率变化对通量的依赖性，光诱导折射率变化测量的灵敏度为 10^{-7}。

图 2.69 显示了在施加或未施加应变的情况下通信光纤(NA = 0.12)的折射率变化与 244nm 紫光激光照射剂量的关系。用 50mW 的紫外激光照射 2mm 的光纤，激光束光斑尺寸可以聚焦到 12μm(强度 40kW/cm²)。因为 AT&T 电信光纤的感光度很低，因此，需要更高的照射剂量(2mm 的光纤区域经过 70min 的曝光，剂量 1mJ/cm²)。在光纤中施加 3%的应变，达到折射率变化量 $\Delta n = 10^{-4}$ 所需的紫外激光照射剂量是未施加应变情形的 1/18。对于固定的照射剂量，与未施加应变的光纤相比，施加应变为 3%时，折射率变化量增加了 5 倍。

在所有测试的光纤中，施加应变条件下的光纤的光敏性均增加，如标准电信光纤康宁 SMF-28e、Fibercore SM1500HG 高锗浓度的光纤和 Fibercore PS1500 光敏光纤。实验中所有光纤都没有载氢，施加应变可提高这些光纤的光敏性，增强的量因不同的光纤而有所差异，缺陷浓度较高的光纤会表现出更大的增强作用。

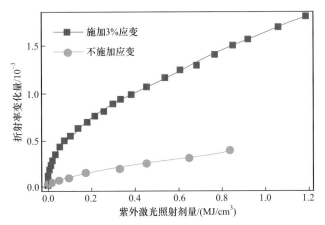

图 2.69　在施加和未施加应变的情况下标准 AT&T 光纤的折射率变化与 244nm 紫外激光照射剂量的关系(3%的应变会大大增加光敏性和最终指数的变化)

应变只有在紫外激光照射下才可以提高光敏性，并且释放所施加的应变后，所得增强的指数变化仍然存在，在紫外激光照射前后对光纤进行拉紧处理都不会明显改变光栅的强度。

　　施加的应变会增强布拉格光栅的光敏性。例如，在施加应变的情况下，用 244nm 激光在 Fibercore AD270 光纤中写入的布拉格光栅的反射率为 18dB，而在相同曝光剂量下，不施加应变，写入的布拉格光栅的反射率为 7dB。使用 334nm 的紫外激光，可以观察到相似的光诱导变化规律。众所周知，在没有载氢的情况下，掺锗玻璃在暴露于紫外激光下会变得更致密。锗氧缺陷中心是光致折射率变化的诱因，当这些缺陷中心被紫外激光激发时，玻璃网格将重新排列并变得更加紧凑。为了解释应变光纤中光敏性的增强，可以考虑以下可能性。

　　(1) 应变是否会增加每个缺陷中心的紫外激光吸收横截面。

　　(2) 应变是否会增加紫外激光激发的缺陷被漂白(从而转变为另一种状态)的可能性。

　　(3) 应变是否会为每个漂白缺陷产生更大的指数变化。

　　可以发现，在应变光纤和非应变光纤中，紫外激光吸收率、缺陷漂白率和转化缺陷引起的红色发光均相同，因此可以排除原因(1)和(2)。电子自旋共振可以确定缺陷反应的产物，并且未发现应变和非应变光纤的电子自旋共振谱存在差异，因此可以认为原因(3)解释了观察到的应变光纤折射率变化的增强。显然，当纤芯受到应变时，每个紫外激光漂白的缺陷都会引起较大的折射率变化。当光纤处于应变状态时，每个紫外激光激发缺陷附近的玻璃基体会崩溃得更多。

　　为了理解折射率变化和纤芯应力之间的关系，使用光弹性效应测量纤芯中的应力。应力使玻璃双折射，沿两个轴偏振的光的折射率差与沿两个轴的应力差成

正比。光程差 δ 为

$$\delta = (n_1 - n_2)d = C(\sigma_1 - \sigma_2)d \tag{2.61}$$

式中，C 为光弹性常数；d 为样品的厚度。

裸光纤样品放置在交叉偏振器之间，并从侧面照亮进行双折射测量。透射光强度 I 为

$$I = I_0 \sin^2(\pi\delta / \lambda) \tag{2.62}$$

式中，I_0 为最大透射强度。

在这些实验中，使用低功率 He-Ne 激光器发出 633nm 的光，He-Ne 光线从侧面聚焦到光纤纤芯上的 10mm 点，光纤纤芯直径为 10μm。

光线相对于光纤的轴偏振为 45°。为了减少透镜现象，可将光纤浸入含有折射率匹配液的玻璃池中。

显然，将光纤暴露在紫外激光下可使纤芯中的应力松弛。在未施加应变的光纤中，纤芯最初处于压缩状态，并且该压缩在紫外激光照射区域中松弛。在施加 3% 应变的光纤中，整个光纤都处于拉应力状态，紫外激光照射的区域向着较小的拉应力松弛。但是，当释放该光纤中施加的应变时，整个光纤的应力会移回其原始值，并且紫外激光照射的区域比未照射的区域具有更大的压缩力，使用等时退火发现，施加和未施加应变的光栅的热稳定性相差极小。图 2.70 表明，在应变下写入的光栅的稳定性几乎与无应变下写入的光栅的稳定性相同。在应变作用下写入的光栅的稳定性优于在载氢光纤中写入的光栅，因此要去除光化学反应的不稳定和有损产物，需要进行大量的退火程序。总之，在紫外激光照射过程中，拉紧光纤可以大大增强光诱导的折射率变化，外部应变可用于控制紫外激光诱导的纤芯结构变化。在制造光纤时，将应力锁定到光纤中可以增加其光敏性。在光纤中制造光栅，通过施加应力方法一定程度上可以代替载氢。

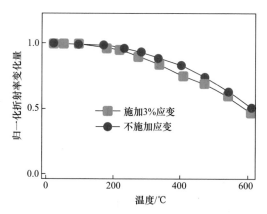

图 2.70　施加应变与不施加应变的折射率变化特性对比

2.5.5　热处理

通过热处理也可以提高锗硅酸盐光纤的光敏性。在刻写布拉格光栅之前，先对光纤做热处理，如高温炉、CO_2 激光照射和高温等离子体，通过预热处理再进行光栅的刻写，相同的曝光剂量，折射率调制深度可以高出几倍。这项技术可以扩展到其他掺杂剂(如 Sn、B、Ce)的光纤增敏，基于缺陷的模型可以解释这种光敏性增强技术的主要特征。

Brambilla 等[90]研究了热处理对样品吸收谱的影响，并建立了一个包含 GODC 的模型。根据缺陷的热力学平衡来解释 GODC 的浓度，缺陷的比例取决于两个相互竞争的反应，从玻璃网格中生成 GODC 的过程如方程(2.63)所示，产生其他缺陷的退化过程如方程(2.64)和(2.65)所示，即

$$SiO_3\text{—O—}GeO_3 = GODC + O_{(int)} \tag{2.63}$$

$$GODC = GeE' + SiO_3 + e^- \tag{2.64}$$

$$GODC + GeO_4 = GEC + Ge(2) \tag{2.65}$$

式中，$O_{(int)}$ 为玻璃网格中的间隙氧；GEC 为 G 电子中心。

目前有两种在 242nm 波段具有吸收的 GODC。第一种称为中性氧单空位，可在低强度紫外激光照射下观察到，被认为是造成大多数 GeE' 中心反应的原因，如方程(2.64)所示。另一种称为中性氧空位，演变成 GEC 中心反应，如方程(2.65)所示，仅在高强度紫外激光照射下才能观察到。

温度升高会使方程(2.63)和(2.64)的反应平衡从左向右发生变化，方程(2.65)从右向左发生变化，即方程(2.63)和(2.65)反应过程产生 GODC，而方程(2.64)反应过程分解 GODC。在低温下，反应(2.63)和(2.64)的收率比反应(2.63)低，并且 GODC 的浓度降低，在高温下则相反。热处理允许形成高浓度的缺陷，然后在将光纤冷却到室温时将其冻结在网格中。

同样，尽管掺锡光纤中的整个光敏过程似乎涉及缺陷动力学引发的中小型结构重组，但是可以使用一种类似于在掺锗光纤中观察到的机理来解释引发缺陷的动力学过程，在这些实验中观察到光敏性增强。最近发现，用 Sn 原子替代二氧化硅网格 Ge 的位置，可产生与 Ge 相同的氧缺陷中心(Sn-ODC)和 E′缺陷。

就像掺锗的光纤一样，掺锡光纤中的热处理可能会改变涉及 Sn-ODC 反应的平衡：Sn-ODC 的数量可以在高温下增加，然后在光纤中冻结在玻璃网格中冷却下来，相反掺 Ce 的光纤未显示任何明显的光敏性增强。在掺 Ce 的玻璃中，光敏性是由 Ce 原子的价数变化(从 Ce^{3+} 到 Ce^{4+})引起的，恒定的 Ce^{3+} 和 Ce^{4+} 浓度可以解释光敏性对热处理的敏感性。掺杂磷和稀土的光纤在热处理后没有表现出任何

诱导的光敏性。在这些光纤中均未检测到紫外激光折变，可能是因为热处理在248nm 处没有吸收产生任何缺陷。

总之，刻写光栅之前对光纤进行热处理可显著提高光敏性。对不同光纤纤芯成分的测试表明，提高光敏性的基本要求是存在 Ge 或 Sn 作为掺杂剂。在锗硅酸盐光纤中，这种效应与热效应引起的 GODC 缺陷的增加有关。

2.6 聚合物光纤光敏性

2.6.1 聚合物光纤光敏机理

聚合物光纤(polymer optical fiber，POF)具有低成本、易处理等优点，不但在短距离通信领域有巨大潜力，而且可用于制备光学器件，如聚合物光纤布拉格光栅(polymer optical fiber Bragg grating，POFBG)和 LPFG 等。与石英光纤光栅相比，聚合物光纤光栅不但具有柔软、易弯、质轻、生物兼容性等优点，而且因为聚合物的低杨氏模量，所以具有灵敏度高、响应范围宽等优良特性。第一支聚合物光纤布拉格光栅早在 1999 年就已问世[91]，随后各种不同类型的聚合物光纤光栅也相继被报道，但是商业化的光纤光栅传感器还是基于石英光纤光栅。聚合物光纤的材料通常以聚甲基丙烯酸甲酯(polymethyl methacrylate，PMMA)为主，近年来基于新型材料的聚合物光纤及其光栅的制备也被相继报道，如环烯烃共聚物、透明无定形氟聚物、聚碳酸酯和聚苯乙烯等。

光纤的光敏性主要是光纤的光致折射率变化，如掺锗石英光纤的紫外诱导折射率变化机理有色心模型和致密化模型。此外，高温高压载氢技术可以提高掺锗石英光纤的光敏性，增加最大折射率变化量。聚合物光纤的光致折射率变化机理有多种，如光致异构化、致密化和光化学反应等。

1. 光解作用

193nm 和 248nm 紫外激光照射引起的 PMMA 光解简化过程如图 2.71 所示。不同大小的照射能量会引起不同的化学过程，导致不同数量的侧链分裂或主链断裂。248nm 紫外激光的能量密度低于 $15mJ/cm^2$ 时，PMMA 的侧链完全断裂，能量密度为 $30mJ/cm^2$ 时，PMMA 的主链断裂；相同条件下的 193nm 紫外激光只能使 PMMA 的部分侧链断裂。主链或侧链的断裂会导致聚合物材料的密度变化，从而引起折射率的变化。

基于光解机制可在不掺杂的聚合物光纤中制备光栅，而不需要特制的光纤。然而，掺杂的好处之一是可以选择合适波长的激光器。此外，波长小于 350nm 的紫外激光对 PMMA 聚合物的穿透深度非常低，因此激光能否到达纤芯还取决于光纤的几何形状和尺寸。

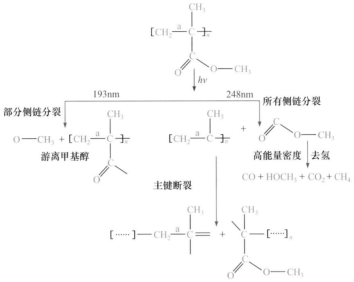

图 2.71　PMMA 光解简化过程

2. 光聚合反应

在聚合物光纤制备过程中，通过调节引发剂和链转移剂的含量可以控制残余单体分子的含量，而残余单体的光聚合会引起光纤的局部密度变化，从而产生光致折射率结构。已有报道称，含有残余单体的纯 PMMA 具有光敏性，且在含单体的聚合物光纤中制备 POFBG 也已有报道。然而，对光聚合机理而言，残余单体含量少的 PMMA 光纤的光敏性可能很弱，甚至没有光敏性。此外，含残余单体的聚合物光纤的长期稳定性和均匀性也较差。

3. 光交联反应

聚合物光纤功能性侧链的激活可以诱导交联反应，导致光纤密度的增加。PMMA 氧化处理生成的主链中的氧化物基团可以作为交联引发剂，在激光照射作用下引起密度的增加。使用 325nm 和 365nm 紫外激光照射氧化的 PMMA，折射率增加量可以高达 3×10^{-3}。

4. 光致异构化

如果不同的异构体态具有不同的折射率，且激光照射可以诱导不同异构体态之间的转化，则掺杂异构体的聚合物光纤具有光敏性。4STILBENEMETHANOL 是一种典型的异构体，可在 325nm 激光照射下从高折射率态向低折射率态转变，如图 2.72 所示。采用光致异构化机理可以在聚合物光纤中制备光纤布拉格光栅。

然而，采用该机制制备光纤光栅需要特定的聚合物光纤，因此增加了光纤的制备难度和成本。

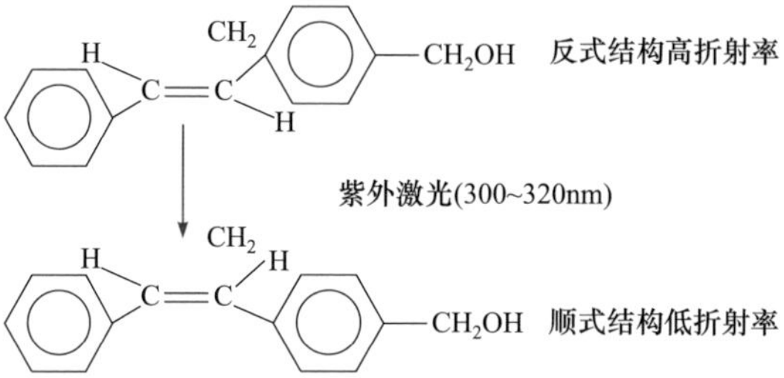

图 2.72　紫外激光诱导 4STILBENEMETHANOL 的异构化

5. 飞秒激光诱导的光敏性

聚焦飞秒激光的能量密度高，聚合物光纤因多光子电离吸收导致光纤结构产生永久性变化。飞秒激光制备聚合物光纤光栅的机理包括致密化和光解作用，聚焦光束使材料局部熔化，再凝聚的不均匀性会导致密度变化。此外，对高能量密度的飞秒激光诱导 PMMA 光解技术进行研究，纯 PMMA 平板中光栅的最大折射率调制量为$(5 \pm 0.5) \times 10^{-4}$。

2.6.2　光敏聚合物材料

目前最受欢迎的光敏聚合物材料有 PMMA、聚碳酸酯(polycarbonate，PC)、聚苯乙烯(polystyrene，PS)和环烯烃共聚物(cycloolefin copolymer，CYTOP)。

PMMA 俗称有机玻璃，绝大部分聚合物光纤是基于 PMMA 制备的。其紫外激光光敏性使聚合物光纤光栅的制备成为可能。聚合物光纤光栅的中心波长调谐范围宽，可覆盖密集波分复用技术的整个波长窗口，但在第三通信窗口的传输损耗高。

PC 作为一种工程塑料，具有优异的透明度和冲击强度，可作为 PMMA 的替代材料。PC 的应变极限高且易弯，是玻璃态转化温度最高的一种透明塑料，工作温度范围更宽。然而，由于聚碳酸酯对湿度敏感，因此 PC 聚合物光纤的温度或应变传感会受湿度交叉灵敏度的影响。PC 在力学性能方面优于 PMMA，但它的聚合和改性不如 PMMA 容易，相对于 PMMA 没有明显的优势，因此很少用于制造光敏 POF。

CYTOP 光纤光栅是基于商业多模(multi-model，MM)渐变指数(gradient index，GI)的聚合物光纤。具有 CYTOP 芯的单模聚合物光纤已通过在 MM-GI 聚合物光纤周围用甲基丙烯酸甲酯(methylmethacrylate，MMA)进一步聚合而通过预成型件拉制而成。CYTOP 具有最低的传输损耗。

尽管已经测试了多种材料并用于制造聚合物光纤光栅，PMMA 仍然是最常见和最受欢迎的材料。对于聚合物光纤光栅的刻写，材料的光敏性非常重要。目前关于光敏性和 PMMA 材料光敏机理仍然存在各种不同的解释。关于聚合物光敏性的研究可以追溯到 20 世纪 70 年代初，贝尔实验室发现 PMMA 样品在 325nm 的光照射后，其折射率可增加 10^{-3}，并且可用光交联解释其光敏性。汞灯在纯 PMMA 中形成光栅时，也发现了残留单体的光聚合作用，但是在最终增加 10^{-2} 之前，折射率会降低。最初的折射率下降可能归因于 PMMA 在紫外激光辐射下的光降解，这将产生单体和自由基基团，用于以后的化学反应，如光聚合和光交联。光降解和光聚合作用是竞争与共存的。

一般地，POF 材料(如 PMMA)的光敏度较低。低的光敏度将带来一系列的缺点，如写入时间短、刻写的光栅反射率低，大剂量曝光刻写不仅会增加刻写时间，还会导致 POF 光栅的光学损伤，较低的机械强度和长期稳定性差。

POF 光栅的光敏性可分为可逆和不可逆。偶氮苯[92-94]和光溶胶 7-049 这两种材料的光敏性是可逆的，可以将前者在线性偏振光下进行刻写，并通过圆偏振光将其擦除，这将写入/擦除光感生双折射，以形成/擦除光纤光栅；后者的掺杂剂可通过光致开环反应在两种异构形式之间交替，并在此期间折射率发生变化。材料的光敏性可能与反式二苯乙烯-4-甲醇(TSB)的光异构化有关，与 MMA 和甲基乙烯基酮(methyl vinyl ketone，MVK)共聚的聚合物的光降解、基于蒽基的光加成的光交联、残余物的光聚合有关。目前，大多数 POF 光栅都是由具有不可逆光敏性的材料制成的。刻写 POF 光栅的光源和机理如表 2.13 所示。

表 2.13　刻写 POF 光栅的光源和机理

光源	波长	机理
紫外灯	多条谱线	光降解
KrF 准分子激光	248nm	—
XeCl 准分子激光	308nm	—
OPO 脉冲激光 He-Cd 染料激光	325nm	光交联；光聚合； 光致异构化；光解作用；高吸收光解
Nd:YAG 激光	355nm	光聚合；光解作用；光交联
Ti 蓝宝石飞秒激光	387nm	
Ti 蓝宝石飞秒激光	400nm	双光子吸收
He-Cd 激光	421.8nm	光致双折射
Ar+ 激光	501.7nm	光学环断裂
Ar+ 激光	514nm	
飞秒激光	517nm	—
Nd:YVO4 倍频激光	532nm	光致双折射
Ti 蓝宝石飞秒激光	800nm	双光子吸收

2.6.3 聚合物光敏光源

光栅的形成对应于与波长有关的光-物质相互作用，因此光敏性的高低取决于激光的波长。如表 2.13 所示，POF 光栅制造的激光波长范围为从深紫外激光 248nm 到近红外波段 800nm。目前，用于 POF 光栅刻写的光源包括 KrF 或 XeCl 准分子激光器、具有不同输出波长的飞秒激光器、Nd:YAG 或 Nd:YVO₄ 激光器、Ar⁺ 激光器、He-Cd 激光器(442nm)，甚至是紫外波段的水银灯。但是，325nm 是经典的写入波长[95]，当前它主要来自 He-Cd 激光器，已在大多数 POF 光栅制造中使用。

POF 光栅的另一个重要参数是工作波长。图 2.73 绘出了 PMMA-POF 光栅工作波长的历史演变。自从 1999 年首次对 POF 光栅在 1570nm 下工作进行演示以来，POF 中的大多数布拉格光栅仍在 1550nm 范围内工作[96]，与现有的石英光纤光栅的应用系统是兼容的。但是，与 PMMA-POF 的典型衰减谱相比，由于高损耗，1550nm(第 1 区)确实不是最理想的。相反，如图 2.73 所示，更短的波长，即在 600~700nm(第 5 区)具有最低的损耗，因此更具优势。

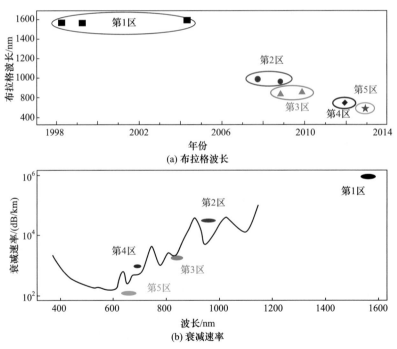

(a) 布拉格波长

(b) 衰减速率

图 2.73 自 1999 年以来 PMMA-POF 布拉格光栅的工作波长的历史演变及 PMMA-POF 的典型衰减谱

一些研究小组已经开始制作工作在可见光或近红外区域波长的 POF 光栅[97-100]。

其中的一项重要进展是成功地将其从近红外光谱(near infrared，NIR)波段(第 1 区，尤其是 1550nm)移动到 POF 的透射窗(第 5 区，约 650nm)。Bundalo 等[98]在此达到了约 633nm 的工作波长。Zhou 等[100]甚至将 COC-POF 中 FBG 的最长工作波长扩展到了太赫兹区域。

参 考 文 献

[1] Hill K O, Fujii Y, Johnson D C, et al. Photosensitivity in optical fiber waveguides: Application to reflection filter fabrication[J]. Applied Physics Letters, 1978, 32(10): 647-649.

[2] Uchino T, Takahashi M, Yoko T. Structure and paramagnetic properties of defect centers in Ge-doped SiO$_2$ glass: Localized and delocalized GeE' centers[J]. Physical Review B, 2000, 62(23): 15303-15306.

[3] Lam D K W, Garside B K. Characterization of single-mode optical fiber filters[J]. Applied Optics, 1981, 20(3): 440-445.

[4] Griscom D L, Friebele E J. Fundamental radiation-induced defect centers in synthetic fused silicas: Atomic chlorine, delocalized E' centers, and a triplet state[J]. Physical Review B, 1986, 34(11): 7524-7533.

[5] Meltz G, Dunphy J R, Glenn W H, et al. Fiber optic temperature and strain sensors[J]. Proceedings of SPIE-The International Society for Optical Engineering, 1987, 798: 104-114.

[6] Hand D P, Russell P S J. Photoinduced refractive-index changes in germanosilicate fibers[J]. Optics Letters, 1990, 15(2): 102-104.

[7] Simmons K D, LaRochelle S, Mizrahi V, et al. Correlation of defect centers with a wavelength-dependent photosensitive response in germania-doped silica optical fibers[J]. Optics Letters, 1991, 16(3): 141-143.

[8] Anedda A, Carbonaro C M, Serpi A, et al. Vacuum ultraviolet absorption spectrum of photorefractive Sn-doped silica fiber preforms[J]. Journal of Non-Crystalline Solids, 2001, 280(1-3): 287-291.

[9] Radic S, Essiambre R J, Boyd R, et al. Photorefraction in lead-tin-fluorophosphate glasses[J]. Optics Letters, 1998, 23(22): 1730-1732.

[10] Dong L, Cruz J L, Tucknott J A, et al. Strong photosensitive gratings in tin-doped phosphosilicate optical fibers[J]. Optics Letters, 1995, 20(19): 1982-1984.

[11] Long X C, Brueck S R J. Large photosensitivity in lead-silicate glasses[J]. Applied Physics Letters, 1999, 74(15): 2110-2112.

[12] Long X C, Brueck S R J. Composition dependence of the photoinduced refractive-index change in lead silicate glasses[J]. Optics Letters, 1999, 24(16): 1136-1138.

[13] Brambilla G, Pruneri V, Reekie L, et al. Bragg gratings in ternary SiO$_2$: SnO$_2$: Na$_2$O optical glass fibers[J]. Optics Letters, 2000, 25(16): 1153-1155.

[14] 贾宏志, 陈光辉, 刘丽英, 等. 硅酸铅玻璃光敏性研究[J]. 光学学报, 2004, 24(1): 140-144.

[15] Jarvis R A, Love J D, Durandet A, et al. UV-induced index change in hydrogen-free germano-silicate waveguides[J]. Electronics Letters, 1996, 32(6): 550-552.

[16] Bazylenko M V, Moss D, Canning J. Complex photosensitivity observed in germanosilica planar waveguides[J]. Optics Letters, 1998, 23(9): 697-699.

[17] Sceats M G, Atkins G R, Poole S B. Photolytic index changes in optical fibers[J]. Annual Review of Materials Science, 1993, 23: 381-410.

[18] Mailis S, Anderson A A, Barrington S J, et al. Photosensitivity of lead germanate glass waveguides grown by pulsed laser deposition[J]. Optics Letters, 1998, 23(22): 1751-1753.

[19] Brambilla G, Pruneri V, Reekie L. Photorefractive index gratings in SnO_2: SiO_2 optical fibers[J]. Applied Physics Letters, 2000, 76(7): 807-809.

[20] Chen G, Li Y, Liu L, et al. The photosensitivity and ultraviolet absorption change of Sn-doped silica film fabricated by modified chemical vapor deposition[J]. Journal of Applied Physics, 2004, 96(11): 6153-6158.

[21] Gaff K, Durandet A, Weijers T, et al. Strong photosensitivity in tin-doped silica films[J]. Electronics Letters, 2000, 36(9): 842-843.

[22] Takahashi M, Shigemura H, Kawamoto Y, et al. Photochemical reactions of Ge-related defects in $10GeO_2 \cdot 90SiO_2$ glass prepared by sol-gel process[J]. Journal of Non-crystalline Solids, 1999, 259(1-3): 149-155.

[23] Bazylenko M V, Gross M, Moss D. Mechanisms of photosensitivity in germanosilica films[J]. Journal of Applied Physics, 1997, 81(11): 7497-7505.

[24] Potter G B J, Simmons-Potter K. Photosensitive point defects in optical glasses: Science and applications[J]. Nuclear Instruments and Methods in Physics Research Section B: Beam Interactions with Materials and Atoms, 2000, 166: 771-781.

[25] Atkins R M, Espindola R P. Photosensitivity and grating writing in hydrogen loaded germanosilicate core optical fibers at 325 and 351 nm[J]. Applied Physics Letters, 1997, 70(9): 1068-1069.

[26] Essid M, Brebner J L, Albert J, et al. Ion implantation induced photosensitivity in Ge-doped silica: Effect of induced defects on refractive index changes[J]. Nuclear Instruments and Methods in Physics Research, 1999, 141(1-4): 616-619.

[27] Mizuguchi M, Skuja L, Hosono H, et al. Photochemical processes induced by 157-nm light in H_2-impregnated glassy SiO_2: OH[J]. Optics Letters, 1999, 24(13): 863-865.

[28] Jang J H, Koo J, Bae B S. Photosensitivity of germanium oxide and germanosilicate glass sol-gel films[J]. Journal of Non-crystalline Solids, 1999, 259: 144-148.

[29] Warren W L, Simmons-Potter K, Potter B G, et al. Charge trapping, isolated Ge defects, and photosensitivity in sputter deposited GeO_2: SiO_2 thin films[J]. Applied Physics Letters, 1996, 69(10): 1453-1455.

[30] Tsai T E, Williams G M, Friebele E J. Index structure of fiber Bragg gratings in Ge-SiO_2 fibers[J]. Optics Letters, 1997, 22(4): 224-226.

[31] Dalle C, Cordier P, Depecker C, et al. Growth kinetics and thermal annealing of UV-induced H-bearing species in hydrogen loaded germanosilicate fibre preforms[J]. Journal of Non-Crystalline Solids, 1999, 260(1-2): 83-98.

[32] Kuswanto H, Goutaland F, Yahya A, et al. Temperature, H_2 loading and ultra violet irradiation effects in germanosilicate optical fibers: Laser spectroscopy measurements[J]. Journal of Non-

Crystalline Solids, 2001, 280(1-3): 277-280.

[33] DeLong K W, Mizrahi V, Stegeman G I, et al. Color-center dynamics in a lead glass fiber[J]. Journal of the Optical Society of American B, 1990, 7(11): 2210-2216.

[34] Chiodini N, Meinardi F, Morazzoni F, et al. Identification of Sn variants of the E′ center in Sn-doped SiO$_2$[J]. Physical Review B, 1998, 58(15): 9615.

[35] Fiori C, Devine R A B. Ultraviolet irradiation induced compaction and photoetching in amorphous, thermal SiO$_2$[J]. MRS Online Proceedings Library, 1985, 61(1): 187-195.

[36] Gusarov A I, Doyle D B. Contribution of photoinduced densification to refractive-index modulation in Bragg gratings written in Ge-doped silica fibers[J]. Optics Letters, 2000, 25(12): 872-874.

[37] Birch R D, Payne D N, Varnham M P. Fabrication of polarisation-maintaining fibres using gas-phase etching[J]. Electronics Letters, 1982, 18(24): 1036.

[38] Limberger H G, Fonjallaz P Y, Salathe R P, et al. Compaction-and photoelastic-induced index changes in fiber Bragg gratings[J]. Applied Physics Letters, 1996, 68(22): 3069-3071.

[39] Erdogan T, Mizrahi V, Lemaire P J , et al. Decay of ultraviolet-induced fiber Bragg gratings[J]. Journal of Applied Physics, 1994, 76(1): 73-80.

[40] Skuja L, Hosono H, Hirano M. Laser-induced color centers in silica[J]. Laser-Induced Damage in Optical Materials, 2001, 4347: 155-168.

[41] Nikogosyan D. Multi-photon high-excitation-energy approach to fibre grating inscription[J]. Measurement Science and Technology, 2007, 18(1): R1-R29.

[42] Albert J, Malo B, Bilodeau F, et al. Photosensitivity in Ge-doped silica optical wave guides and fibers with 193-nm light from an ArF excimer laser[J]. Optics Letters, 1994, 19(6): 387-389.

[43] Dianov E M, Stardubov D S, Vasiliev S A, et al. Refractive-index gratings written by near-ultraviolet radiation[J]. Optics Letters, 1997, 22(4): 221-223.

[44] Starodubov D S, Grubsky V, Feinberg J, et al. Bragg grating fabrication in germanosilicate fibers by use of near-UV light: A new pathway for refractive-index changes[J]. Optics Letters, 1997, 22(4): 1086-1088.

[45] Herman P R, Beckley K, Ness S. 157-nm photosensitivity in germanosilicate waveguides[C]. Proceedings of the Conference on Bragg Gratings, Photosensitivity and Poling in Glass Fibers and Waveguides: Applications and Fundamentals, Washington D. C., 1997: 154.

[46] Lnog X C, Brueck S R J. Large photosensitivity in lead-silicate glasses[J]. Applied Physics Letters, 1999, 74(15): 2110-2112.

[47] 王铿, 贾宏志, 姜博实, 等. 高掺锡二氧化硅玻璃薄膜的制作及折射率测量[J]. 激光杂志, 2009, 30(1): 36-37.

[48] 张东生, 开桂云, 姜莉, 等. 光敏光纤光致折射率增量与曝光量关系的研究[J]. 光电子·激光, 2005, 16(5): 523-525, 533.

[49] 李剑芝. 掺锗石英光纤紫外光敏性的研究[D]. 武汉: 武汉理工大学, 2004.

[50] Groothoff N, Canning J, Buckley E, et al. Bragg gratings in air-silica structured fibers[J]. Optics Letters, 2003, 28(4): 233-235.

[51] Albert J, Fokine M, Margulis W. Grating formation in pure silica-core fibers[J]. Optics Letters, 2002, 27(10): 809-811.

[52] Kajihara K, Skuja L, Hirano M, et al. In situ observation of the formation, diffusion, and reactions of hydrogenous species in F_2-laser-irradiated SiO_2 glass using a pump-and-probe technique[J]. Physical Review B, 2006, 74(9): 094202.

[53] Dianov E M, Golant K M, Mashinsky V M, et al. Highly photosensitive nitrogen-doped germanosilicate fibre for index grating writing[J]. Electronics Letters, 1997, 33(15): 1334-1336.

[54] Dianov E M, Golant K M, Khrapko R R, et al. Grating formation in a germanium free silicon oxynitride fibre[J]. Electronics Letters, 1997, 33(3): 236.

[55] Strasser T A, White A E, Yan M F, et al. Strong Bragg phase gratings in phosphorus-doped fiber induced by ArF excimer radiation[C]. Optical Fiber Communication Conference, 1995: 159-160.

[56] Broer M M, Bruce A J, Grodkiewicz W H. Photoinduced refractive-index changes in several Eu^{3+}-, Pr^{3+}-, and Er^{3+}-doped oxide glasses[J]. Physical Review B, 1992, 45(13): 7077-7083.

[57] Dong L, Archambault J L, Reekie L, et al. Bragg gratings in Ce^{3+}-doped fibers written by a single excimer pulse[J]. Optics Letters, 1993, 18(11): 861-863.

[58] Carter A L G, Poole S B, Sceats M G. Flash-condensation technique for the fabrication of high-phosphorus-content rare-earth-doped fibres[J]. Electronics Letters, 1992, 28(21): 2009-2011.

[59] Chiodini N, Ghidini S, Paleari A, et al. Photoinduced processes in Sn-doped silica fiber preforms[J]. Applied Physics Letters, 2000, 77(23): 3701-3703.

[60] Grimsditch M. Polymorphism in amorphous SiO_2[J]. Physical Review Letters, 1984, 52(26): 2379-2381.

[61] Cordier P, Dupont S, Douay M, et al. Evidence by transmission electron microscopy of densification associated to Bragg grating photoimprinting in germanosilicate optical fibers[J]. Applied Physics Letters, 1997, 70(10): 1204-1206.

[62] Wang Y, Phillips L, Yelleswarapu C, et al. Enhanced growth rate for Bragg grating formation in optical fibers with titania-doped outer cladding[J]. Optics Communications, 1999, 163 (4-6): 185-188.

[63] Yuen M J. Ultraviolet absorption studies of germanium silicate glasses[J]. Applied Optics, 1982, 21(1): 136-140.

[64] Hosono H, Abe Y, Kinser D L, et al. Nature and origin of the 5-eV band in SiO_2: GeO_2 glasses[J]. Physical Review B, 1992, 46(18): 11445-11451.

[65] Fujimaki M, Watanabe T, Katoh T, et al. Structure and generation mechanisms of paramagnetic centers and absorption bands responsible for Ge-doped SiO_2 optical-fiber gratings[J]. Physical Review B, 1998, 57(7): 3920-3926.

[66] Lemaire P J, Atkins R M, Mizrahi V, et al. High pressure H_2 loading as a technique for achieving ultrahigh UV photosensitivity and thermal sensitivity in GeO_2 doped optical fibres[J]. Electronics Letters, 1993, 29(13): 1191-1193.

[67] Heaney A D, Erdogan T, Borrelli N. The significance of oxygen-deficient defects to the photosensitivity of hydrogen-loaded germano-silicate glass[J]. Journal of Applied Physics, 1999, 85(11): 7573-7578.

[68] Skuja L. Optically active oxygen-deficiency-related centers in amorphous silicon dioxide[J]. Journal of Non-crystalline Solids, 1998, 239(1-3): 16-48.

[69] Skuja L. The origin of the intrinsic 1. 9eV luminescence band in glassy SiO2[J]. Journal of Non-Crystalline Solids, 1994, 179: 51-69.

[70] Pissadakis S, Ikiades A, Hua P, et al. Photosensitivity of ion-exchanged Er-doped phosphate glass using 248nm excimer laser radiation[J]. Optics Express, 2004, 12(14): 3131-3136.

[71] Suzuki S, Schülzgen A, Sabet S, et al. Photosensitivity of Ge-doped phosphate glass to 244nm irradiation[J]. Applied Physics Letters, 2006, 89(17): 171913.

[72] Albert J, Schülzgen A, Temyanko V L, et al. Strong Bragg gratings in phosphate glass single mode fiber[J]. Applied Physics Letters, 2006, 89(10): 101127.

[73] Grobnic D, Mihailov S J, Walker R B, et al. Bragg gratings made with a femtosecond laser in heavily doped Er-Yb phosphate glass fiber[J]. IEEE Photonics Technology Letters, 2007, 19(12): 943-945.

[74] Hofmann P, Voigtlander C, Nolte S, et al. 550-mW output power from a narrow linewidth all-phosphate fiber laser[J]. Journal of Lightwave Technology, 2013, 31(5): 756-760.

[75] Dekker P, Ams M, Marshall G D, et al. Annealing dynamics of waveguide Bragg gratings: Evidence of femtosecond laser induced colour centres[J]. Optics Express, 2010, 18(4): 3274-3283.

[76] Fletcher L B, Witcher J J, Troy N, et al. Direct femtosecond laser waveguide writing inside zinc phosphate glass[J]. Optics Express, 2011, 19(9): 7929-7936.

[77] Fletcher L B, Witcher J J, Troy N, et al. Femtosecond laser writing of waveguides in zinc phosphate glasses[J]. Optical Materials Express, 2011, 1(5): 845-855.

[78] Little D J, Ams M, Dekker P, et al. Mechanism of femtosecond-laser induced refractive index change in phosphate glass under a low repetition-rate regime[J]. Journal of Applied Physics, 2010, 108(3): 33110.

[79] Xiong L. Photosensitivity and photodarkening of UV-induced phosphate glass fiber Bragg gratings and application in short fiber lasers[D]. Ottawa: Carleton University, 2014.

[80] Seneschal K, Smektala F, Bureau B, et al. Properties and structure of high erbium doped phosphate glass for short optical fibers amplifiers[J]. Materials Research Bulletin, 2005, 40(9): 1433-1442.

[81] Brow R K. Review: The structure of simple phosphate glasses[J]. Journal of Non-crystalline Solids, 2000, 263-264: 1-28.

[82] Ehrt D, Ebeling P, Natura U. UV transmission and radiation-induced defects in phosphate and fluoride-phosphate glasses[J]. Journal of Non-crystalline Solids, 2000, 263-264: 240-250.

[83] Florea C, Sanghera J S, Shaw B, et al. Fiber Bragg gratings in As2S3 fibers obtained using a 0/-1 phase mask[J]. Optical Materials, 2009, 31(6): 942-944.

[84] Bernier M, Asatryan K E, Vallee R, et al. Second-order Bragg gratings in single-mode chalcogenide fibres[J]. Quantum Electronics, 2011, 41(5): 465-468.

[85] Littler I C M, Fu L B, Mägi E C, et al. Widely tunable, acousto-optic resonances in chalcogenide As2S3 fiber[J]. Optics Express, 2006, 14(18): 8088-8095.

[86] Florea C, Sanghera J S, Aggarwal I D. Direct-write gratings in chalcogenide bulk glasses and fibers using a femtosecond laser[J]. Optical Materials, 2008, 30(10): 1603-1606.

[87] Bhakti F, Larrey J, Sansonetti P, et al. Impact of in-fiber and out-fiber diffusion on central

wavelength of UV-written long period gratings[J]. Bragg Gratings, Photosensitivity, and Poling in Glass Fibers and Waveguides, 1997, 97: 55-57.

[88] Bilodeau F, Malo B, Albert J, et al. Photosensitization of optical fiber and silica-on-silicon/silica waveguides[J]. Optics Letters, 1993, 18(12): 953-955.

[89] Salik E, Starodubov D S, Feinberg J. Increase of photosensitivity in Ge-doped fibers under strain[J]. Optics Letters, 2000, 25(16): 1147-1149.

[90] Brambilla G, Pruneri V. Enhanced photosensitivity in silicate optical fibers by thermal treatment[J]. Applied Physics Letters, 2007, 90(11): 111905.

[91] Xiong Z, Peng G D, Wu B, et al. Highly tunable Bragg gratings in single-mode polymer optical fibers[J]. IEEE Photonics Technology Letters, 1999, 11(3): 352-354.

[92] Tyler D R. Mechanistic aspects of the effects of stress on the rates of photochemical degradation reactions in polymers[J]. Journal of Macromolecular Science, Part C: Polymer Reviews, 2004, 44(4): 351-388.

[93] Luo Y, Zhang Q, Liu H, et al. Gratings fabrication in benzildimethylketal doped photosensitive polymer fibers using 355nm nanosecond pulsed laser[J]. Optics Letters, 2010, 35(5): 751-753.

[94] Li Z, Tam H Y, Xu L, et al. Fabrication of long-period gratings in poly(methyl methacrylate-co-methyl vinyl ketone-co-benzyl methacrylate)-core polymer optical fiber by use of a mercury lamp[J]. Optics Letters, 2005, 30(10): 1117-1119.

[95] Peng G D, Xiong Z, Chu P L. Photosensitivity and gratings in dye-doped polymer optical fibers[J]. Optical Fiber Technology, 1999, 5(2): 242-251.

[96] Zhang Z F, Zhang C, Tao X M, et al. Inscription of polymer optical fiber Bragg grating at 962nm and its potential in strain sensing[J]. IEEE Photonics Technology Letters, 2010, 22(21): 1562-1564.

[97] Stefani A, Yuan W, Markos C, et al. Narrow bandwidth 850-nm fiber Bragg gratings in few-mode polymer optical fibers[J]. IEEE Photonics Technology Letters, 2011, 23(10): 660-662.

[98] Bundalo I L, Nielsen K, Markos C, et al. Bragg grating writing in PMMA microstructured polymer optical fibers in less than 7 minutes[J]. Optics Express, 2014, 22(5): 5270-5276.

[99] Johnson I P, Kalli K, Webb D J. 827nm Bragg grating sensor in multimode microstructured polymer optical fibre[J]. Electronics Letters, 2010, 46(17): 1217-1218.

[100] Zhou S F, Reekie L, Chan H P, et al. Characterization and modeling of Bragg gratings written in polymer fiber for use as filters in the THz region[J]. Optics Express, 2012, 20(9): 9564-9571.

第3章

光纤光栅理论与特性

3.1 光纤波导理论基础

光纤光栅的理论研究来源于光纤波导理论，目前最常用的有基于几何光学的光线理论和波动光学的波动理论。本章主要讲述与光纤光栅理论密不可分的光纤光学理论，读者可重点掌握光纤波导的基本概念、研究思路和分析方法，理解其物理内涵而不必拘泥于复杂的数学公式推导。

3.1.1 波动方程

光纤是一种介质光波导，具有无传导电流、无自由电荷、线性各向同性的特点[1-3]。在光纤中，传输的电磁波应遵从麦克斯韦方程组，即

$$\begin{cases} \nabla \times \boldsymbol{H} = \dfrac{\partial \boldsymbol{D}}{\partial t} \\[2mm] \nabla \times \boldsymbol{E} = -\dfrac{\partial \boldsymbol{B}}{\partial t} \\[2mm] \nabla \cdot \boldsymbol{B} = 0 \\[2mm] \nabla \cdot \boldsymbol{D} = 0 \end{cases} \tag{3.1}$$

式中，$\boldsymbol{E}$、$\boldsymbol{D}$、$\boldsymbol{H}$ 和 $\boldsymbol{B}$ 分别为电场强度、电位移矢量、磁场强度和磁感应矢量；∇ 为哈密顿算子，在直角坐标系中为

$$\nabla = \boldsymbol{e}_x \frac{\partial}{\partial x} + \boldsymbol{e}_y \frac{\partial}{\partial y} + \boldsymbol{e}_z \frac{\partial}{\partial z} \tag{3.2}$$

由电磁学可知，电位移矢量 $\boldsymbol{D}$ 和电场强度 $\boldsymbol{E}$、磁场强度 $\boldsymbol{H}$ 和磁感应矢量 $\boldsymbol{B}$ 之间存在如下关系，即

$$\boldsymbol{D} = \varepsilon \boldsymbol{E} = \varepsilon_0 n^2 \boldsymbol{E} \tag{3.3}$$

$$\boldsymbol{B} = \mu \boldsymbol{H} = \mu_0 \boldsymbol{H} \tag{3.4}$$

式中，ε 为材料的介电常数；ε_0 为真空中的介电常数；μ 为材料的磁导率，在真空中为 μ_0；n 为材料的折射率。

将式(3.3)和式(3.4)代入麦克斯韦方程组并取散度，整理后可得

$$\nabla^2 \boldsymbol{E} + \nabla\left(\boldsymbol{E} \cdot \frac{\nabla \varepsilon}{\varepsilon}\right) = \mu\varepsilon \frac{\partial^2 \boldsymbol{E}}{\partial t^2} \tag{3.5}$$

$$\nabla^2 \boldsymbol{H} + \left(\frac{\nabla \varepsilon}{\varepsilon}\right) \times \nabla \times \boldsymbol{H} = \mu\varepsilon \frac{\partial^2 \boldsymbol{H}}{\partial t^2} \tag{3.6}$$

式(3.5)和式(3.6)称为矢量波方程，是电磁波普遍适用的精确方程。考虑光纤中折射率(或介电常数)的变化非常缓慢，因此可认为$\nabla\varepsilon \approx 0$，则矢量波方程可简化为标量波方程，即

$$\nabla^2 \boldsymbol{E} = \mu\varepsilon \frac{\partial^2 \boldsymbol{E}}{\partial t^2} \tag{3.7}$$

$$\nabla^2 \boldsymbol{H} = \mu\varepsilon \frac{\partial^2 \boldsymbol{H}}{\partial t^2} \tag{3.8}$$

式(3.7)和式(3.8)称为波动方程。在麦克斯韦方程组，即式(3.1)中，既有电场又有磁场，两者交互变化。波动方程则利用分离变量的方法实现电场矢量与磁场矢量分离，以便方程的求解。

3.1.2 亥姆霍兹方程

若光纤中传输的是单色波，其时间函数为简谐函数，则代表电场矢量 $\boldsymbol{E}$ 或磁场矢量 $\boldsymbol{H}$ 的某一场分量 $\varPhi$ 可表示为

$$\varPhi(x,y,z,t) = \varPsi(x,y,z)\mathrm{e}^{\mathrm{i}\omega t} \tag{3.9}$$

将式(3.9)代入标量波方程中，可得亥姆霍兹方程，即

$$\nabla^2 \varPsi(x,y,z) + k^2 \varPsi(x,y,z) = 0 \tag{3.10}$$

式中，k 为光纤中光波的波数，且

$$k = \frac{2\pi}{\lambda} = \omega\sqrt{\varepsilon\mu_0} = n\omega\sqrt{\varepsilon_0\mu_0} = nk_0 \tag{3.11}$$

$k_0 = \dfrac{2\pi}{\lambda_0} = \omega\sqrt{\varepsilon_0\mu_0}$ 为真空中光波的波数。

由此可得

$$\nabla^2 \boldsymbol{E}(x,y,z) + k^2 \boldsymbol{E}(x,y,z) = 0 \tag{3.12}$$

$$\nabla^2 \boldsymbol{H}(x,y,z) + k^2 \boldsymbol{H}(x,y,z) = 0 \tag{3.13}$$

该方程即直角坐标系下的亥姆霍兹方程，可以实现时间与空间坐标的有效分离。由亥姆霍兹方程可知，拉普拉斯算符∇^2作用在函数$\varPsi$上的结果等于该函数$\varPsi$与常数$-k^2$的乘积。这一类方程在数学上称为本征值方程，常数k称为本征值。结合边界条件即可唯一确定光纤中光波场的场分布。其解表示光波场在空间的分布，每一种可能的形式通常称为模式。

3.1.3　波导场方程

在光纤波导中，电磁波在光纤纵向(轴向)以行波形式存在，在横向以驻波形式存在。若规定光纤轴向为 z 方向，则其场分布具有 $\mathrm{e}^{-\mathrm{i}\beta z}$ 的形式，其中 β 为 z 方向传播常数。因此，可对亥姆霍兹方程进行空间坐标纵、横分离，从而有助于求解本征值方程。为计算方便，本书在柱坐标系下求解亥姆霍兹方程。

令 $\Psi(r,\phi,z) = \psi(r,\phi)\mathrm{e}^{-\mathrm{i}\beta z}$，代入柱坐标系下的亥姆霍兹方程可得

$$\left(\nabla^2 - \frac{\partial^2}{\partial^2 z}\right)\psi(r,\phi) + \chi^2\psi(r,\phi) = 0 \tag{3.14}$$

该方程称为波导场方程。其中，χ 和 β 分别为横向与纵向传播常数，且有如下关系，即

$$\chi^2 = n^2 k_0^2 - \beta^2 \tag{3.15}$$

$$\beta = nk_0\cos\theta_z \tag{3.16}$$

式中，θ_z 为波矢 $\boldsymbol{K}$ 与 z 轴的夹角。

设光纤中允许存在的模式的电场矢量 $\boldsymbol{E}$ 和磁场矢量 $\boldsymbol{H}$ 的六个场分量分别为 $\boldsymbol{E}_r$、$\boldsymbol{E}_\phi$、$\boldsymbol{E}_z$ 和 $\boldsymbol{H}_r$、$\boldsymbol{H}_\phi$、$\boldsymbol{H}_z$。一般而言，只有将这六个场分量全部求解出后才认为模式的场分布唯一确定。但是实际上，电场或磁场的横向分量与纵向分量之间存在一定的关系(纵横关系)，即

$$\chi^2 \boldsymbol{E}_r(r,\phi) = -\mathrm{i}\left(\omega\mu\frac{1}{r}\cdot\frac{\partial \boldsymbol{H}_z}{\partial\phi} + \beta\frac{\partial \boldsymbol{E}_z}{\partial r}\right) \tag{3.17}$$

$$\chi^2 \boldsymbol{E}_\phi(r,\phi) = -\mathrm{i}\left(\omega\mu\frac{\partial \boldsymbol{H}_z}{\partial r} + \beta\frac{1}{r}\cdot\frac{\partial \boldsymbol{E}_z}{\partial\phi}\right) \tag{3.18}$$

$$\chi^2 \boldsymbol{H}_r(r,\phi) = -\mathrm{i}\left(\omega\varepsilon\frac{1}{r}\cdot\frac{\partial \boldsymbol{E}_z}{\partial\phi} + \beta\frac{\partial \boldsymbol{H}_z}{\partial r}\right) \tag{3.19}$$

$$\chi^2 \boldsymbol{H}_\phi(r,\phi) = -\mathrm{i}\left(\omega\varepsilon\frac{\partial \boldsymbol{E}_z}{\partial\phi} + \beta\frac{1}{r}\cdot\frac{\partial \boldsymbol{H}_z}{\partial r}\right) \tag{3.20}$$

由此可见，只要求出场的纵向分量 $\boldsymbol{E}_z$ 和 $\boldsymbol{H}_z$，就可以通过纵横关系式求出场的横向分量，这给求解波导场方程带来很大方便。

柱坐标系下的纵向分量 $\boldsymbol{E}_z$ 和 $\boldsymbol{H}_z$ 的波导场方程可表示为

$$\left(\nabla^2 - \frac{\partial^2}{\partial^2 z}\right)\begin{bmatrix}\boldsymbol{E}_z\\\boldsymbol{H}_z\end{bmatrix} + \chi^2\begin{bmatrix}\boldsymbol{E}_z\\\boldsymbol{H}_z\end{bmatrix} = 0 \tag{3.21}$$

3.1.4　模式及模式耦合

当给定光纤波导的边界条件时，求解波导场方程即可得到本征解和相应的本征值。通常将本征解定义为光纤中存在的模式，对应于某一本征值并满足全部边

界条件[4]。每一个模式对应于沿光纤轴向传输的一种电磁波。值得注意的是，模式是波导结构固有电磁波共振属性的表征。一旦光纤波导确定，其能够存在的模式及性质就确定了，外界的激励只能激励光纤中允许存在的模式，而不会改变模式的固有性质。

根据场的纵向分量 E_z 和 H_z 的存在与否，可对模式进行如下命名。

(1) 横电磁模(transverse electromagnetic mode，TEM)

$$E_z = H_z = 0$$

(2) 横电模(transverse electric mode，TE)

$$E_z = 0, \quad H_z \neq 0$$

(3) 横磁模(transverse magnetic mode，TM)

$$E_z \neq 0, \quad H_z = 0$$

(4) 混杂模(hybrid mode，HE 或 EH)

$$E_z \neq 0, \quad H_z \neq 0$$

光纤波导中的模式代表能够被激励的电磁波的存在形式。若光纤波导无缺陷、规则且均匀，光纤波导中传输的光可以沿着传播方向保持场结构无改变地向前传播。但实际的光纤波导总会存在材料或结构上的缺陷，即微小的不均匀或不规则。此时，光纤波导的模式条件将受到扰动，产生与局部缺陷相应的局部场。局部场中包含多种模式的谐波分量，因此原来的光纤模式在传播过程中，一部分功率会转换到辐射模式或者其他模式中，这就是模式耦合。

3.1.5 阶跃折射率光纤的模式理论

如图 3.1 所示，采用理想化的数学模型，假定光纤为无限大的圆柱系统，光纤的纤芯半径为 a，包层沿径向无限延伸，即无限大；纤芯的折射率为 n_1，包层的折射率为 n_2；光纤材料为线性、各向同性的电介质。

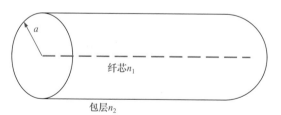

纤芯n_1

包层n_2

图 3.1 阶跃折射率光纤的结构

1. 波导场方程及导模本征解

由上述知识可知，阶跃折射率分布光纤的场矢量有六个分量，分别为 E_r、E_ϕ、E_z 和 H_r、H_ϕ、H_z。由式(3.21)可得，纵向分量 E_z 和 H_z 满足柱坐标系下的波

导方程，即

$$\left(\nabla^2 - \frac{\partial^2}{\partial_z^2} \right) \begin{bmatrix} E_z \\ H_z \end{bmatrix} + \chi^2 \begin{bmatrix} E_z \\ H_z \end{bmatrix} = 0 \tag{3.22}$$

式(3.22)可进一步变形为

$$\left(\frac{\partial^2}{\partial n^2} + \frac{1}{r} \cdot \frac{\partial}{\partial r} + \frac{1}{r^2} \cdot \frac{\partial^2}{\partial \phi^2} \chi_j^2 \right) \begin{bmatrix} E_z \\ H_z \end{bmatrix} = 0 \tag{3.23}$$

式中，χ_j 为横向传播常数，$j = 1, 2$，分别对应光纤的纤芯和包层，即

$$\chi_j^2 = n_j^2 k_0^2 - \beta^2 = \begin{cases} n_1^2 k_0^2 - \beta^2, & \text{纤芯} \\ n_2^2 k_0^2 - \beta^2, & \text{包层} \end{cases} \tag{3.24}$$

针对式(3.23)进行坐标分离，可得关于径向坐标 r 的 $F(r)$ 满足方程[5]，即

$$\frac{\mathrm{d}^2 F(r)}{\mathrm{d}r^2} + \frac{1}{r} \frac{\mathrm{d}F(r)}{\mathrm{d}r} + \left[\left(k_i^2 - \beta^2 \right) - \frac{l^2}{r^2} \right] F(r) = 0 \tag{3.25}$$

式中，l 为整数；$k_i^2 = \omega^2 \varepsilon_i \mu_0 = n_i^2 k_0^2 (i = 1, 2)$。式(3.25)称为 l 阶贝塞尔方程。

图 3.2 为第一类贝塞尔函数 J_l。图 3.3 为第二类贝塞尔函数 Y_l。图 3.4 为第一类变型贝塞尔函数 I_l。图 3.5 为第二类变型贝塞尔函数 K_l。根据上述图形，为了使 l 阶贝塞尔方程的解具有物理意义，在光纤纤芯处只能选择第一类贝塞尔函数 J_l 作为 l 阶贝塞尔方程的解，在光纤包层处选择第二类变型贝塞尔函数 K_l 作为 l 阶贝塞尔方程的解，则有

$$F(r) = \begin{cases} A J_l(r\chi), & 0 \leqslant r \leqslant a \\ A' K_l(-\mathrm{i}r\chi), & r > a \end{cases} \tag{3.26}$$

式中，A 和 A' 为常数。

对于角向坐标 ϕ 的函数 $g(\phi)$，满足

$$\frac{\mathrm{d}^2 g(\phi)}{\mathrm{d}\phi^2} + l^2 g(\phi) = 0 \tag{3.27}$$

解为

$$g(\phi) = \mathrm{e}^{\mathrm{i}l\phi} \tag{3.28}$$

那么波导场的纵向分量 E_z 和 H_z 可表述为

$$E_z = \begin{cases} A J_l\left(\dfrac{Ur}{\alpha} \right) \mathrm{e}^{\mathrm{i}l\phi}, & 0 \leqslant r \leqslant a \\ C K_l\left(\dfrac{Wr}{\alpha} \right) \mathrm{e}^{\mathrm{i}l\phi}, & r > a \end{cases} \tag{3.29}$$

111

$$H_z = \begin{cases} BJ_l\left(\dfrac{Ur}{\alpha}\right)e^{il\phi}, & 0 \leqslant r \leqslant a \\[2mm] DK_l\left(\dfrac{Wr}{\alpha}\right)e^{il\phi}, & r > a \end{cases} \tag{3.30}$$

式中，U 和 W 称为场的横向传播常数，$U = a\chi_1 = a\sqrt{n_1^2 k_0^2 - \beta^2}$ ，$W = -\mathrm{i}a\chi_2 = a\sqrt{\beta^2 - n_2^2 k_0^2}$ 。

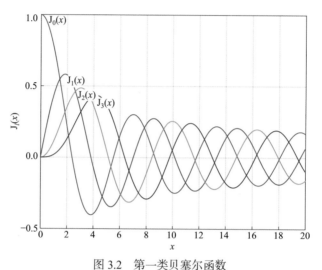

图 3.2　第一类贝塞尔函数

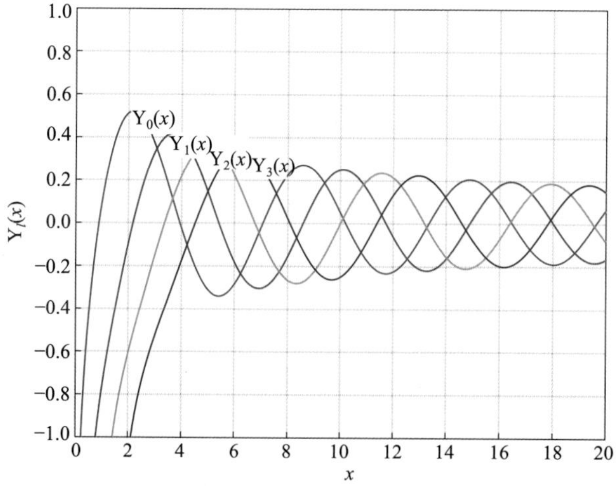

图 3.3　第二类贝塞尔函数

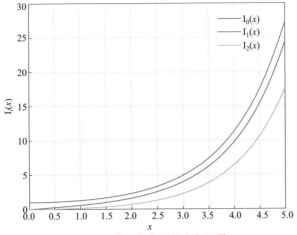

图 3.4　第一类变型贝塞尔函数

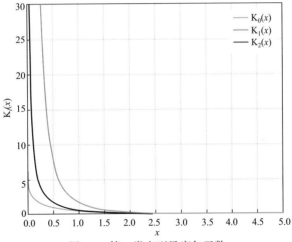

图 3.5　第二类变型贝塞尔函数

利用纵横关系式(3.17)～式(3.20)可以得出横向分量 $\boldsymbol{E}_r$、$\boldsymbol{E}_\phi$ 和 $\boldsymbol{H}_r$、$\boldsymbol{H}_\phi$ 分别为

$$\boldsymbol{E}_r = \begin{cases} -\mathrm{i}\left(\dfrac{a}{U}\right)^2\left[\beta\left(\dfrac{U}{a}\right)A\mathrm{J}'_l\left(\dfrac{Ur}{a}\right)+\dfrac{\mathrm{i}\omega\mu l}{r}B\mathrm{J}_l\left(\dfrac{Ur}{a}\right)\right]\mathrm{e}^{\mathrm{i}l\phi}, & 0\leqslant r\leqslant a \\[4mm] \mathrm{i}\left(\dfrac{a}{W}\right)^2\left[\beta\left(\dfrac{W}{a}\right)C\mathrm{K}'_l\left(\dfrac{Wr}{a}\right)+\dfrac{\mathrm{i}\omega\mu l}{r}D\mathrm{K}_l\left(\dfrac{Wr}{a}\right)\right]\mathrm{e}^{\mathrm{i}l\phi}, & r>a \end{cases} \tag{3.31}$$

$$\boldsymbol{E}_\phi = \begin{cases} -\mathrm{i}\left(\dfrac{a}{U}\right)^2\left[\dfrac{\mathrm{i}\beta l}{r}A\mathrm{J}_l\left(\dfrac{Ur}{a}\right)-\omega\mu\dfrac{U}{a}B\mathrm{J}_l\left(\dfrac{Ur}{a}\right)\right]\mathrm{e}^{\mathrm{i}l\phi}, & 0\leqslant r\leqslant a \\[4mm] \mathrm{i}\left(\dfrac{a}{W}\right)^2\left[\dfrac{\mathrm{i}\beta l}{r}C\mathrm{K}_l\left(\dfrac{Wr}{a}\right)-\omega\mu\dfrac{W}{a}D\mathrm{K}_l\left(\dfrac{Wr}{a}\right)\right]\mathrm{e}^{\mathrm{i}l\phi}, & r>a \end{cases} \tag{3.32}$$

$$H_r = \begin{cases} -\mathrm{i}\left(\dfrac{a}{U}\right)^2\left[-\mathrm{i}\dfrac{\omega\varepsilon_1 l}{r}A\mathrm{J}_l\left(\dfrac{Ur}{a}\right)+\dfrac{U}{a}\beta B\mathrm{J}_l\left(\dfrac{Ur}{a}\right)\right]\mathrm{e}^{\mathrm{i}l\phi}, & 0\leqslant r\leqslant a \\[3mm] \mathrm{i}\left(\dfrac{a}{W}\right)^2\left[-\mathrm{i}\dfrac{\omega\varepsilon_2 l}{r}C\mathrm{K}_l\left(\dfrac{Wr}{a}\right)+\dfrac{W}{a}\beta D\mathrm{K}_l\left(\dfrac{Wr}{a}\right)\right]\mathrm{e}^{\mathrm{i}l\phi}, & r>a \end{cases}\tag{3.33}$$

$$H_\phi = \begin{cases} -\mathrm{i}\left(\dfrac{a}{U}\right)^2\left[\dfrac{U}{a}\omega\varepsilon_1 A\mathrm{J}_l'\left(\dfrac{Ur}{a}\right)+\mathrm{i}\dfrac{\beta l}{r}B\mathrm{J}_l\left(\dfrac{Ur}{a}\right)\right]\mathrm{e}^{\mathrm{i}l\phi}, & 0\leqslant r\leqslant a \\[3mm] \mathrm{i}\left(\dfrac{a}{W}\right)^2\left[\dfrac{a}{W}\omega\varepsilon_2 C\mathrm{K}_l'\left(\dfrac{Wr}{a}\right)+\mathrm{i}\dfrac{\beta l}{r}D\mathrm{K}_l\left(\dfrac{Wr}{a}\right)\right]\mathrm{e}^{\mathrm{i}l\phi}, & r>a \end{cases}\tag{3.34}$$

2. 本征值方程

边界条件要求场的切向分量 E_z、H_z 和 E_ϕ、H_ϕ 连续，由 E_z、H_z 在 $r=a$ 处连续可得

$$\frac{A}{C}=\frac{B}{D}=\frac{\mathrm{K}_l(W)}{\mathrm{J}_l(U)}\tag{3.35}$$

由式(3.35)及 E_ϕ、H_ϕ 在 $r=a$ 处连续可得

$$\mathrm{i}\beta l\left(\frac{1}{U^2}+\frac{1}{W^2}\right)A-\omega\mu\left(\frac{1}{U}\frac{\mathrm{J}_l'(U)}{\mathrm{J}_l(U)}+\frac{1}{W}\frac{\mathrm{K}_l'(W)}{\mathrm{K}_l(W)}\right)B=0\tag{3.36}$$

$$\omega\left(\frac{\varepsilon_1}{U}\frac{\mathrm{J}_l'(U)}{\mathrm{J}_l(U)}+\frac{\varepsilon_2}{W}\frac{\mathrm{K}_l'(W)}{\mathrm{K}_l(W)}\right)A+\mathrm{i}\beta l\left(\frac{1}{U^2}+\frac{1}{W^2}\right)B=0\tag{3.37}$$

要获得 A 和 B 不全为零的解，须使式(3.36)和式(3.37)组成方程组的特征行列式为零，由此可得

$$l^2\beta^2\left(\frac{1}{U^2}+\frac{1}{W^2}\right)^2=\left(\frac{1}{U}\frac{\mathrm{J}_l'(U)}{\mathrm{J}_l(U)}+\frac{1}{W}\frac{\mathrm{K}_l'(W)}{\mathrm{K}_l(W)}\right)\cdot\left(\frac{k_1^2}{U}\frac{\mathrm{J}_l'(U)}{\mathrm{J}_l(U)}+\frac{k_2^2}{W}\frac{\mathrm{K}_l'(W)}{\mathrm{K}_l(W)}\right)\tag{3.38}$$

式中，$k_1=\omega^2\mu\varepsilon_1=n_1k_0$，$k_2=\omega^2\mu\varepsilon_2=n_2k_0$。式(3.38)称为本征值方程，又称特征方程或色散方程。

由于贝塞尔函数及其导数具有周期振荡性质，所以本征值方程可以有多个不同的解 $\beta_{lm}(l=0,1,2,\cdots; m=1,2,3,\cdots)$，每一个 β_{lm} 都对应一个导模。

3. 模式分析

一般而言，光纤中的传输模式可以是 TE 或 TM，也可以是 EH 或 HE。在光纤中传输的模式场的横向分量为偏振波，其中 TE 与 TM 是偏振方向相互正交的线偏振波；HE 与 EH 则是椭圆偏振波。可以证明，HE 模偏振旋转方向与光波行进方向一致(符合右手定则)，EH 偏振旋转方向则与光波行进方向相反。从场强关

系来看，EH 电场占优势，HE 磁场占优势；从相位关系来看，EH 的 $\boldsymbol{H}_z$ 分量相位超前于 $\boldsymbol{E}_z$ 90°，HE 的 $\boldsymbol{H}_z$ 分量相位落后于 $\boldsymbol{E}_z$ 90°。因此，光纤中模式的分类取决于 l 值以及 $\boldsymbol{E}_z$ 和 $\boldsymbol{H}_z$ 的相位与幅值关系。

1) TE 本征值方程

对于 TE，有 $\boldsymbol{E}_z, \boldsymbol{H}_z \neq 0, l = 0$，要使系数 $A = 0$、$B \neq 0$，由式(3.36)和式(3.37)可知

$$\frac{1}{U} \frac{J'_l(U)}{J_l(U)} + \frac{1}{W} \frac{K'_l(W)}{K_l(W)} = 0 \tag{3.39}$$

代入 $l = 0$，并利用 $J'_0(x) = -J_1(x)$，$K'_0(x) = -K_1(x)$，可得

$$\frac{1}{U} \frac{J_1(U)}{J_0(U)} + \frac{1}{W} \frac{K_1(W)}{K_0(W)} = 0 \tag{3.40}$$

式(3.40)即 TE 的本征值方程。

2) TM 本征值方程

对于 TM，有 $\boldsymbol{H}_z = 0$，$\boldsymbol{E}_z \neq 0$，$l = 0$，要使系数 $A \neq 0$，$B = 0$，由式(3.36)和式(3.37)可知

$$\frac{n_1^2}{U} \frac{J'_l(U)}{J_l(U)} + \frac{n_2^2}{W} \frac{K'_l(W)}{K_l(W)} = 0 \tag{3.41}$$

代入 $l = 0$，并利用 $J'_0(x) = -J_1(x)$，$K'_0(x) = -K_1(x)$，可得

$$\frac{n_1^2}{U} \frac{J_1(U)}{J_0(U)} + \frac{n_2^2}{W} \frac{K_1(W)}{K_0(W)} = 0 \tag{3.42}$$

式(3.42)即 TM 的本征值方程。

3) EH 和 HE 本征值方程

当 $l \neq 0$ 时，系数 A 和 B 均不能为零，即 $\boldsymbol{E}_z$ 和 $\boldsymbol{H}_z$ 同时存在，该电磁场模式为混杂模，即 EH 和 HE 的混合模式。

方便起见，重新定义

$$J = \frac{1}{U} \frac{J'_l(U)}{J_l(U)} \tag{3.43}$$

$$K = \frac{1}{W} \frac{K'_l(W)}{K_l(W)} \tag{3.44}$$

则式(3.38)可变形为

$$l^2 \beta^2 \left(\frac{1}{U^2} + \frac{1}{W^2} \right)^2 (J + K) \cdot (k_1^2 J + k_2^2 K) \tag{3.45}$$

将其视为关于 J 的一元二次方程，可得

$$J = -\frac{1}{2}\left(1+\frac{k_2^2}{k_1^2}\right)K \pm \frac{1}{2}\sqrt{\left(1+\frac{k_2^2}{k_1^2}\right)^2 K^2 - 4\frac{k_2^2}{k_1^2}K^2 + 4l^2\left(\frac{1}{U^2}+\frac{1}{W^2}\right)\left(\frac{1}{U^2}+\frac{k_2^2}{k_1^2 W^2}\right)} \quad (3.46)$$

式(3.46)中取"+"时，对应 EH；取"−"时，对应 HE。相应的表达式分别表示 EH 和 HE 的本征值方程。该方程是精确的，因此可以求得传播常数。

模式分布表示在一给定的光纤中允许存在的导模及其本征值 β 的取值范围。给定光纤中允许存在的导模由其结构参数限定，光纤的结构参数可由其归一化频率 V 表征，即

$$V = \frac{2\pi}{\lambda_0}a\sqrt{n_1^2 - n_2^2} = k_0 a n_1\sqrt{2\Delta} \quad (3.47)$$

式中，$\Delta = (n_1^2 - n_2^2)/(2n_1^2)$，称为相对折射率差。

V 值越大，允许存在的导模数就越多。除了基模之外，其他导模都可能在某一个 V 值以下不允许存在，称为导模的"截止"，这时导模转化为辐射模。使某一导模截止的 V_c 值称为导模的截止条件。

当导模的本征值 $\beta \to n_1 k_0$ 时，导模场紧紧束缚于纤芯中传输，称为导模的远离截止。每一个导模都对应一个合适的 V 值使其远离截止，称为导模的远离截止条件。

下面对引入的几个重要参量做进一步说明，以阐明光纤的模式特征和结构。令

$$U = a\chi_1 = a\sqrt{n_1^2 k_0^2 - \beta^2} \quad (3.48)$$

$$W = -\mathrm{i}a\chi_2 = a\sqrt{\beta^2 - n_2^2 k_0^2} \quad (3.49)$$

式中，U 为横向相位常数，其值反映导模在芯区中驻波场的横向振荡频率；W 为横向衰减常数，其值反映导模在包层消逝场的衰减速度。

两者都是无量纲参量，与模式有关。U 与 W 的关系为

$$V^2 = U^2 + W^2 \quad (3.50)$$

W 的取值为 $0 \sim \infty$，当 $W \to 0$ 时，场在包层中不衰减，导模转化为辐射模，对应于导模截止；当 $W \to \infty$ 时，场在包层中不存在，导模场的约束最强，对应于导模远离截止。U 的取值范围由导模的截止条件与远离截止条件确定，导模截止时，$W \to 0$，$U \to V_c$；导模远离截止时，$W \approx V \to \infty$，$U \to 0$(但一般不等于 0)，U 也称导模的本征值。

模式的本征值 β 可由 U 或 W 求得，一般情况下由本征值方程求本征值很复杂，只能利用计算机进行数值计算。但有两种情形可以很容易地确定本征值，这就是导模处于临近截止和远离截止状态。下面根据本征值方程进行分析。

在分析中将用到如下贝塞尔函数关系式，即

$$J'_l(U) = \frac{1}{2}\big(J_{l-1}(U) - J_{l+1}(U)\big) \tag{3.51}$$

$$\frac{l}{U}J_l(U) = \frac{1}{2}\big(J_{l-1}(U) + J_{l+1}(U)\big) \tag{3.52}$$

$$\lim_{U\to 0} J_l(U) = \frac{1}{l!}\left(\frac{U}{2}\right)^l \tag{3.53}$$

$$\lim_{U\to\infty} J_l(U) = \sqrt{\frac{2}{\pi U}}\cos\left(U - \frac{\pi}{4} - \frac{l\pi}{2}\right) \tag{3.54}$$

$$K'_l(W) = -\frac{1}{2}\big(K_{l-1}(W) + K_{l+1}(W)\big) \tag{3.55}$$

$$\frac{l}{W}K_l(W) = -\frac{1}{2}\big(K_{l-1}(W) - K_{l+1}(W)\big) \tag{3.56}$$

$$\lim_{W\to 0} K_l(W) = \begin{cases} (l-1)!2^{l-1}W^{-l}, & l \geq 1 \\ \ln\left(\dfrac{2}{W\gamma}\right) = \ln\left(\dfrac{1.123}{W}\right), & l = 0 \end{cases} \tag{3.57}$$

$$\lim_{W\to\infty} K_l(W) = \sqrt{\frac{\pi}{2W}}e^{-W} \tag{3.58}$$

4) $TE_{0m}(l = 0)$临近和远离截止时的本征值

本征值方程可由式(3.40)得到，即

$$\frac{1}{U}\frac{J_1(U)}{J_0(U)} + \frac{1}{W}\frac{K_1(W)}{K_0(W)} = 0 \tag{3.59}$$

当 TE_{0m} 截止，即 $W \to 0$ 时，有 $\dfrac{1}{W}\dfrac{K_1(W)}{K_0(W)} \to -\infty$，本征值方程(3.59)变为

$$\frac{1}{U}\frac{J_1(U)}{J_0(U)} = \infty \tag{3.60}$$

因此，截止条件为

$$J_0(U^c_{0m}) = 0 \tag{3.61}$$

式中，U^c_{0m} 即 TE_{0m} 截止时的本征值，它是 $J_0 = 0$ 的根，分别为 $U^c_{01} = 2.405$，$U^c_{02} = 5.520$，$U^c_{03} = 8.654$，$U^c_{04} = 11.792$，$U^c_{05} = 14.931$，$U^c_{06} = 18.071$，$\cdots$，如图 3.6 所示。

当 TE_{0m} 远离截止，即 $W \to \infty$ 时，有 $\dfrac{1}{W}\dfrac{K_1(W)}{K_0(W)} \to 0$，式(3.59)变为

$$\frac{1}{U}\frac{J_1(U)}{J_0(U)} = 0 \tag{3.62}$$

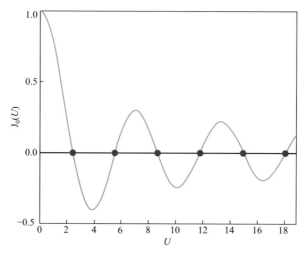

图 3.6　零阶贝塞尔函数及其零点对应的根

因此，远离截止条件为

$$J_1(U_{0m}^\infty) = 0, \quad U_{0m}^\infty \neq 0 \tag{3.63}$$

式中，U_{0m}^∞ 即 TE_{0m} 远离截止时的本征值，是 $J_1 = 0$ 的根。

当 $U \to 0$ 时，$\dfrac{1}{U}\dfrac{J_1(U)}{J_0(U)} \to 0.5$，所以 $U = 0$ 不满足远离截止时的本征值方程 (3.52)。因此，TE_{0m} 远离截止时的本征值不包括 $U = 0$，同理可求得远离截止时的本征值为 $U_{01}^\infty = 3.832$，$U_{02}^\infty = 7.016$，$U_{03}^\infty = 10.173$，$U_{04}^\infty = 13.323$，$U_{05}^\infty = 16.471$，$U_{06}^\infty = 19.616$，$\cdots$，如图 3.7 所示。

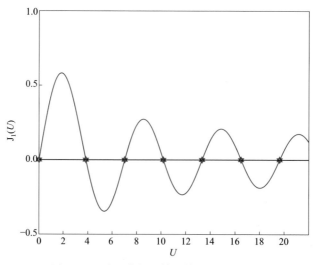

图 3.7　一阶贝塞尔函数及其零点对应的根

5) $TM_{0m}(l = 0)$临近和远离截止时的本征值

根据 TM 的本征值方程(3.42)，由类似的分析可得到 TM_{0m} 截止和远离截止条件，即

$$J_0(U_{0m}^c) = 0 \tag{3.64}$$

$$J_1(U_{0m}^\infty) = 0, \quad U_{0m}^\infty \neq 0 \tag{3.65}$$

由此可见，TE_{0m} 与 TM_{0m} 在截止与远离截止时具有相同的本征值。将具有相同本征值的模式称为简并态。但是，在截止与远离截止，两者各自满足不同的本征值方程(3.40)与(3.42)，其本征值并不相同。

6) $HE_{lm}(l = 1$ 和 $l \geqslant 2)$临近和远离截止时的本征值

应用 β、k_0、U 和 W 之间的关系，本征值方程(3.45)可变形为

$$l^2\left(\frac{1}{U^2} + \frac{1}{W^2}\right)\left(\frac{n_1^2}{U^2} + \frac{n_2^2}{W^2}\right) = \left(\frac{1}{U}\frac{J_l'(U)}{J_l(U)} + \frac{1}{W}\frac{K_l'(W)}{K_l(W)}\right) \cdot \left(\frac{n_1^2}{U}\frac{J_l'(U)}{J_l(U)} + \frac{n_2^2}{W}\frac{K_l'(W)}{K_l(W)}\right) \tag{3.66}$$

(1) $l = 1$ 时的 HE_{lm}。

当 $l = 1$ 时，其本征值方程由式(3.66)得到，即

$$\frac{n_1^2}{n_2^2}\frac{1}{U}\frac{J_1'(U)}{J_1(U)} + \frac{1}{W}\frac{K_1'(W)}{K_1(W)} = -\left(\frac{n_1^2}{n_2^2}\frac{1}{U^2} + \frac{1}{W^2}\right) \tag{3.67}$$

即

$$\frac{n_1^2}{n_2^2}\frac{1}{U}\frac{J_0(U)}{J_1(U)} - \frac{1}{W}\frac{K_0(W)}{K_1(W)} = 0 \tag{3.68}$$

当 HE_{lm} 截止，即 $W \to 0$ 时，有 $\frac{1}{W}\frac{K_0(W)}{K_1(W)} \to \infty$，本征值方程(3.68)变为

$$\frac{n_1^2}{n_2^2}\frac{1}{U}\frac{J_0(U)}{J_1(U)} = \infty \tag{3.69}$$

截止条件为

$$J_1(U_{1m}^c) = 0 \tag{3.70}$$

式中，U_{1m}^c 为 HE_{lm} 截止时的本征值，它是 $J_1 = 0$ 的根。

这里 $U = 0$ 满足本征值方程(3.69)，因此本征值取为 $U_{11}^c = 0$，$U_{12}^c = 3.832$，$U_{13}^c = 7.016$，$U_{14}^c = 10.173$，$U_{15}^c = 13.323$，$U_{16}^c = 16.471$，$\cdots$。

当 HE_{lm} 远离截止，即 $W \to \infty$ 时，有 $\frac{1}{W}\frac{K_0(W)}{K_1(W)} \to 0$，本征值方程(3.68)变为

$$\frac{n_1^2}{n_2^2}\frac{1}{U}\frac{J_0(U)}{J_1(U)}=0 \tag{3.71}$$

远离截止条件为

$$J_0(U_{1m}^{\infty})=0 \tag{3.72}$$

式中，U_{1m}^{∞} 为 HE$_{lm}$ 远离截止时的本征值，它是 $J_0=0$ 的根，分别为 $U_{11}^{\infty}=2.405$，$U_{12}^{\infty}=5.520$，$U_{13}^{\infty}=8.654$，$U_{14}^{\infty}=11.792$，$U_{15}^{\infty}=14.931$，$U_{16}^{\infty}=18.071$，…。

(2) $l \geqslant 2$ 时的 HE$_{lm}$。

本征值方程可由式(3.66)得到，即

$$\frac{n_1^2}{n_2^2}\frac{1}{U}\frac{J_l'(U)}{J_l(U)}+\frac{1}{W}\frac{K_l'(W)}{K_l(W)}=-l\left(\frac{n_1^2}{n_2^2}\frac{1}{U^2}+\frac{1}{W^2}\right) \tag{3.73}$$

可变形为

$$\frac{n_1^2}{n_2^2}\frac{1}{U}\frac{J_{l-1}(U)}{J_l(U)}-\frac{1}{W}\frac{K_{l-1}(W)}{K_l(W)}=0 \tag{3.74}$$

当 HE$_{lm}$ 截止，即 $W \to 0$ 时，有 $\dfrac{1}{W}\dfrac{K_{l-1}(W)}{K_l(W)} \to \dfrac{1}{2(l-1)}$，本征值方程(3.74)变为

$$\frac{J_{l-2}(U)}{J_l(U)}=\frac{n_2^2}{n_1^2}-1 \tag{3.75}$$

式(3.75)为 HE$_{lm}$ 截止时的本征值方程，可确定 HE$_{lm}$ 截止时的本征值。当 $n_2 \approx n_1$ 时，式(3.75)变为

$$J_{l-2}(U_{lm}^{c})=0, \quad U_{lm}^{c} \neq 0 \tag{3.76}$$

式中，$U_{lm}^{c} \neq 0$ 是因为 $U \to 0$ 时，$\dfrac{J_{l-2}(U)}{J_l(U)} \to \dfrac{4l(l-1)}{U^2}$，所以 $U=0$ 不满足本征值方程(3.75)。

$U_{lm}^{c}(U_{lm}^{c} \neq 0)$ 为 HE$_{lm}$ 截止时的本征值。

当 HE$_{lm}$ 远离截止，即 $W \to \infty$ 时，有 $\dfrac{1}{W}\dfrac{K_{l-1}(W)}{K_l(W)} \to 0$，本征值方程(3.74)变为

$$\frac{n_1^2}{n_2^2}\frac{1}{U}\frac{J_{l-1}(U)}{J_l(U)}=0 \tag{3.77}$$

同理可得远离截止条件为

$$J_{l-1}(U_{lm}^{\infty})=0, \quad U_{lm}^{\infty} \neq 0 \tag{3.78}$$

7) $EH_{lm}(l \geqslant 1)$临近和远离截止时的本征值

本征值方程可由式(3.66)得到，即

$$\frac{1}{U}\frac{J_l'(U)}{J_l(U)} + \frac{1}{W}\frac{K_l'(W)}{K_l(W)} = l\left(\frac{1}{U^2} + \frac{1}{W^2}\right) \tag{3.79}$$

可变形为

$$\frac{1}{U}\frac{J_{l+1}(U)}{J_l(U)} = -\frac{1}{W}\frac{K_{l+1}(W)}{K_l(W)} \tag{3.80}$$

当 EH_{lm} 截止，即 $W \to 0$ 时，有 $\frac{1}{W}\frac{K_{l+1}(W)}{K_l(W)} \to \infty$，本征值方程(3.80)变为

$$\frac{1}{U}\frac{J_{l+1}(U)}{J_l(U)} = -\infty \tag{3.81}$$

当 $U \to 0$ 时，$\frac{1}{U}\frac{J_{l+1}(U)}{J_l(U)} \to \frac{1}{2(l+1)}$，因此 EH_{lm} 截止的条件为

$$J_l(U_{lm}^c) = 0, \quad U_{lm}^c \neq 0 \tag{3.82}$$

当 EH_{lm} 远离截止，即 $W \to \infty$ 时，有 $\frac{1}{W}\frac{K_{l+1}(W)}{K_l(W)} \to 0$，本征值方程(3.80)变为

$$\frac{1}{U}\frac{J_{l+1}(U)}{J_l(U)} = 0 \tag{3.83}$$

当 $U \to 0$ 时，$\frac{1}{U}\frac{J_{l+1}(U)}{J_l(U)} \to \frac{1}{2(l+1)}$，因此 EH_{lm} 远离截止的条件为

$$J_{l+1}(U_{lm}^\infty) = 0, \quad U_{lm}^\infty \neq 0 \tag{3.84}$$

4. 色散曲线

由上述分析可知,在光纤的结构参数,如光纤纤芯半径 a、光纤纤芯折射率 n_1、光纤包层折射率 n_2，以及光波长已知的情况下，光纤归一化频率 V 就确定了，其允许存在的模式也固定了。根据本征值方程(3.38)利用数值计算可以得到各导波模式传播常数 β 与光纤归一化频率 V 值的关系曲线，称为色散曲线[6]，这也是本征值方程又称色散方程的原因。图 3.8 给出了几组低阶模式的光纤色散曲线，图中横坐标为 V，纵坐标为有效折射率 $n_{eff} = \beta / k_0$。可知，n_{eff} 取值为 $n_1 \sim n_2$。图中每一条曲线都对应一个导模。对于给定 V 值的光纤 ($V = V_c$)，过 V_c 点作平行于纵轴的竖线，它与色散曲线的交点数就是该光纤中允许存在的导模数。由交点纵坐标可求出相应导模的传播常数 β。由此可知，V_c 越大，导模数就越多；V_c 越小，导模数就越少。

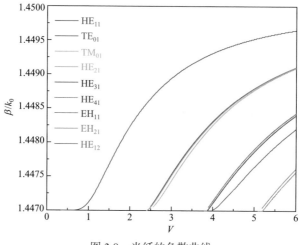

图 3.8　光纤的色散曲线

当 $V_c < 2.405$ 时，光纤中只存在 HE_{11}，其他导模均截止。由此得到的单模光纤的工作条件为

$$V_c = \frac{2\pi}{\lambda_0} a \sqrt{n_1^2 - n_2^2} < 2.405 \tag{3.85}$$

可见，在 n_1、n_2 和 λ_0 确定的情况下，要实现单模传输，光纤的纤芯半径应满足

$$a < \frac{2.405\lambda_0}{2\pi\sqrt{n_1^2 - n_2^2}} \tag{3.86}$$

例如，$\lambda_0 = 1.55\mu\mathrm{m}$，数值孔径 $\mathrm{NA} = \sqrt{n_1^2 - n_2^2} = 0.1$，要实现单模传输，光纤的芯径 $a < 5.93\mu\mathrm{m}$。可见，单模光纤芯径一般很细才能保证只存在 HE_{11} 传输，但也使得光纤在连接耦合上有一定的困难。

另外，当 n_1、n_2 和 a 确定时，要实现单模传输，光波长必须满足

$$\lambda_0 > \frac{2\pi a}{2.405}\sqrt{n_1^2 - n_2^2} \tag{3.87}$$

此时，在光纤中传输的是 HE_{11}，称为基模或主模。紧邻 HE_{11} 的高阶模是 TE_{01}、TM_{01} 和 HE_{21}，其截止值均为 $V_c = 2.405$。需要注意的是，基模 HE_{11} 是光纤中唯一不能截止的模式，因为当 HE_{11} 截止时，其本征值 $U_{11}^c = 0$，这相当于 $V_c = 0$，因此要求 $\lambda_0 \to \infty$、$a \to 0$ 或 $\Delta = 0$，这都是实际中不可能出现的情况，所以 HE_{11} 在任何情况下都不会截止。实际上，在任何对称波导中基模都不会截止。

此外，选择单模光纤工作点时，在保证单模传输的条件下，V 值应尽可能取

高值，以免弯曲损耗。实际上，取 $V < 3$ 仍可基本上保证单模工作(高阶模已出现，但衰减得很快)。

5. 弱导光纤与线偏振模

由式(3.31)～式(3.34)可知，横向分量与纵向分量的幅度比为

$$\left|\frac{E_r}{E_z}\right| = \left|\frac{E_\phi}{E_z}\right| = \left|\frac{H_r}{H_z}\right| = \left|\frac{H_\phi}{H_z}\right| = \frac{\beta}{\sqrt{n_1^2 k_0^2 - \beta^2}} \approx \frac{n_1}{\sqrt{n_1^2 - n_2^2}} = \frac{1}{\sqrt{2\Delta}} \tag{3.88}$$

光纤的 Δ 通常为 $10^{-3} \sim 10^{-2}$，因此可认为式(3.88)的值远大于 1，这说明场的纵向分量是很小的，因此场的横向分量更能反映场的分布特征。

由式(3.74)和式(3.80)可知，当 $n_1 \approx n_2$ 时，有

$$\frac{1}{U}\frac{J_{l-1}(U)}{J_l(U)} - \frac{1}{W}\frac{K_{l-1}(W)}{K_l(W)} = 0 \tag{3.89}$$

$$\frac{1}{U}\frac{J_{l+1}(U)}{J_l(U)} + \frac{1}{W}\frac{K_{l+1}(W)}{K_l(W)} = 0 \tag{3.90}$$

利用贝塞尔递推公式可以证明式(3.89)和式(3.90)是等价的。当 $n_1 \approx n_2$ 时，表明光纤的纤芯折射率与包层折射率相差很小，此时光纤对电磁波的约束和导引大为减弱，因此称为弱导光纤。由此可知，$HE_{l+1,m}$ 和 $EH_{l-1,m}$ 的本征值方程完全相同，可以说 $HE_{l+1,m}$ 和 $EH_{l-1,m}$ 的模式是简并的。由色散曲线可知，HE_{31} 和 EH_{11} 的色散曲线也很接近。在弱导光纤中，电场和磁场的横向分量存在如下关系，即

$$\left|\frac{E_r}{H_r}\right| = \left|\frac{E_\phi}{H_\phi}\right| = \frac{1}{n_1}\sqrt{\frac{\mu_0}{\varepsilon_0}} \tag{3.91}$$

由此可见，该结果与平面波的特性一致。因此，光纤中场的特性可以参考平面波方式，即用电磁场的直角分量描述其偏振特性。此时，不管是水平偏振还是垂直偏振，弱导光纤中的电场与磁场几乎与纵向垂直，传播过程中场矢量始终保持偏振状态不改变，因此称为线偏振模，简称 LP 模。

可以选用直角坐标系，使 LP 模的场矢量与坐标轴方向一致，从而使问题简化。利用柱坐标系下的场矢量解(以电场矢量为例)，做坐标变换即可得到直角坐标系下的场矢量解。

TE_{0m} 的纤芯电场矢量为

$$\begin{cases} E_x = \dfrac{ia\omega\mu B}{UJ_0(U)} J_1\left(\dfrac{Ur}{a}\right)\sin\phi \\[4mm] E_y = \dfrac{ia\omega\mu B}{UJ_0(U)} J_1\left(\dfrac{Ur}{a}\right)(-\cos\phi) \end{cases} \tag{3.92}$$

TM_{0m} 的纤芯电场矢量为

$$\begin{cases} E_x = \dfrac{\mathrm{i}a\omega\mu B}{UJ_0(U)}J_1\left(\dfrac{Ur}{a}\right)\cos\phi \\[3mm] E_y = \dfrac{\mathrm{i}a\omega\mu B}{UJ_0(U)}J_1\left(\dfrac{Ur}{a}\right)\sin\phi \end{cases} \tag{3.93}$$

HE_{lm} 的纤芯电场矢量为

$$\begin{cases} E_x = -\dfrac{\mathrm{i}a\beta A}{UJ_l(U)}J_{l-1}\left(\dfrac{Ur}{a}\right)\sin((l-1)\phi) \\[3mm] E_y = -\dfrac{\mathrm{i}a\beta A}{UJ_l(U)}J_{l-1}\left(\dfrac{Ur}{a}\right)\cos((l-1)\phi) \end{cases} \tag{3.94}$$

EH_{lm} 的纤芯电场矢量为

$$\begin{cases} E_x = \dfrac{\mathrm{i}a\beta A}{UJ_l(U)}J_{l+1}\left(\dfrac{Ur}{a}\right)\sin((l+1)\phi) \\[3mm] E_y = \dfrac{\mathrm{i}a\beta A}{UJ_l(U)}J_{l+1}\left(\dfrac{Ur}{a}\right)(-\cos((l+1)\phi)) \end{cases} \tag{3.95}$$

对于确定的 m 值，由特征方程(3.89)或(3.90)会求得一系列满足导模条件的解，记为 LP_{lm}，每一组 l 和 m 对应一种场分布和传播特性，也就是光纤中的一个线偏振模式。LP_{lm} 模的径向函数 $J_l\left(\dfrac{Ur}{a}\right)$，电场沿着 x 方向偏振时，E_x 的角向分布函数既可以选 $\cos(l\phi)$，也可以选 $\sin(l\phi)$ [7]。同理，电场沿着 y 方向偏振时，E_y 的角向分布函数既可以选 $\cos(l\phi)$，也可以选 $\sin(l\phi)$。因此，一个 LP_{lm} 模有四种可能的线偏振模式，即四重简并的。特别地，当 $l=0$ 时，LP_{0m} 模的场分布与 ϕ 无关，因此其线偏振模式退化为二重简并。表 3.1 为 LP_{lm} 模的电场矢量分布及电场强度分布。

表 3.1 LP_{lm} 模的电场矢量分布及电场强度分布

精确模	LP 模	LP 电场矢量分布		LP 电场强度分布
HE_{11}	LP_{01}	x偏振	y偏振	

精确模	LP 模	LP 电场矢量分布	LP 电场强度分布
TE_{01}	LP_{11}	 x偏振	
HE_{21}	LP_{11}	 x偏振 　　 y偏振	
TM_{01}	LP_{11}	 y偏振	
HE_{31}	LP_{21}	 x偏振 　　 y偏振	
EH_{11}	LP_{21}	 x偏振 　　 y偏振	
HE_{12}	LP_{02}	 x偏振 　　 y偏振	

3.2　光纤光栅解释理论

随着光纤光栅写入技术的逐步成熟及市场需求的快速增长，新型结构的光纤光栅及以其作为基元、性能各异的光子器件不断出现。为了优化器件性能以及研发新型的光子器件，人们需要从物理意义、运作机制和制作方法上对这些光子器件进行深入研究。因此，一些理论和方法被陆续提出并逐步发展与完善，对于光纤布拉格光栅，典型的有耦合模理论、傅里叶变换法、传输矩阵法和多层膜法[8,9]。

这四种分析光纤光栅的理论和方法各有所长，相辅相成，分别适用于不同结构和边界条件的光纤光栅。其中，耦合模理论强调光波行为的物理运行机制、演化的细致过程及前后因果关系；傅里叶变换法是物理演化图像在不同相空间快速变换的工具，特别适用于信号分析与处理；传输矩阵法侧重求解问题的效率、描述的直观性及化繁为简的技巧；多层膜法侧重于相邻界面光场及能量的连续性，分析过程简洁明了。前两者优势互补，与后两者结合使用效果更好。

3.2.1 耦合模理论

耦合模理论最初由 Yariv 于 1973 年提出[10]，后来被 Mizrahi 和 Erdogan 等成功用于光纤光栅的分析[11-13]。耦合模理论分析方法是研究光纤光栅最基本的方法。其突出的优势在于能够解释光波在波导中的物理行为，即波导中类型相同的模之间、不同类型的模之间的功率交换。调制光场采用波导，扰动波导区域内的光波，进而耦合转变为其他形式的光波。耦合模理论可以更加全面、详细、充分地分析光波耦合行为过程。所以，该理论能够定量化地对光纤光栅衍射效率和谱分布进行描述，有着简洁、完整、对称的数学方程，并且具备严谨的推理过程，能够精确和直观地分析。但是，耦合模理论不适用于非均匀光纤光栅的分析和推导，在求解时会比较复杂且边界条件的限制会加大计算的难度，对于解析解的获取是有限的。综合麦克斯韦方程、近似慢变振幅、波导的微扰条件、模式之间的正交性，以及相应的边界条件，经烦琐的推导能够得到耦合模方程。

耦合模理论重点如下，通常情况下，依据耦合模理论的近似化处理，可以将电场横向分量在光纤光栅区域内看成没有微扰的、多种理想条件下的模式叠加，即

$$E_t(r,\phi,z,t) = \sum_j \left(A_j(z)e^{i\beta_j z} + B_j(z)e^{-i\beta_j z} \right) e_{jt}(r,\phi)e^{i\omega t} \tag{3.96}$$

式中，系数 A_j 和 B_j 分别为沿 $-z$ 和 $+z$ 方向第 j 个模式振幅的慢变；β_j 和 $e_{jt}(r,\phi)$ 分别为模式的传播常数与横向模场，$\beta_j = (2\pi/\lambda)n_{eff}$，$e_{jt}(r,\phi)$ 为波导模。

在理想条件下，波导模式之间是正交的并且没有能量的交换。当变化的折射率带来微扰时，第 j 个模式的变化的振幅 A_j 和 B_j 沿着 z 方向的规律满足如下方程，即

$$\frac{\mathrm{d}A_j}{\mathrm{d}z} = \mathrm{i}\sum_k A_k (K_{kj}^t + K_{kj}^z)\mathrm{e}^{\mathrm{i}(\beta_k - \beta_j)z} + \mathrm{i}\sum_k B_k (K_{kj}^t - K_{kj}^z)\mathrm{e}^{-\mathrm{i}(\beta_k + \beta_j)z} \tag{3.97}$$

$$\frac{\mathrm{d}B_j}{\mathrm{d}z} = -\mathrm{i}\sum_k A_k (K_{kj}^t - K_{kj}^z)\mathrm{e}^{\mathrm{i}(\beta_k + \beta_j)z} - \mathrm{i}\sum_k B_k (K_{kj}^t + K_{kj}^z)\mathrm{e}^{-\mathrm{i}(\beta_k - \beta_j)z} \tag{3.98}$$

式(3.97)中第 j 模和第 k 模之间的横向耦合系数 K_{kj}^t 可表示为

$$K_{kj}^t(z) = \frac{\omega}{4}\int_0^a\int_0^{2\pi}\Delta\varepsilon(r,\phi,z)\boldsymbol{e}_{kt}(r,\phi)\cdot\boldsymbol{e}_{jt}^*(r,\phi)r\mathrm{d}\phi\mathrm{d}r \tag{3.99}$$

式中，$\Delta\varepsilon(r,\phi,z)$ 是介电常数引起的微扰，且 $\delta n \ll n$ 时，$\Delta\varepsilon(r,\phi,z) = 2n\delta n$，纵向的耦合系数 K_{kj}^z 和 K_{kj}^t 有类似的形式，一般有 $K_{kj}^z \ll K_{kj}^t$，因此 K_{kj}^z 可以略去。

仅考虑导模引起的折射率扰动情况，紫外曝光后的光纤折射率分布可表达为

$$\delta n_{\mathrm{eff}}(z) = \overline{\delta n_{\mathrm{eff}}}(z)\left(1 + \mu\cos\left(\frac{2\pi z}{\Lambda} + \phi(z)\right)\right) \tag{3.100}$$

式中，$\overline{\delta n_{\mathrm{eff}}}(z)$ 为平均折射率的变化；Λ 为光栅周期；$\phi(z)$ 为啁啾的变化量；μ 为折射率变化的条纹可见度。

针对大多数的光纤光栅，$\overline{\delta n_{\mathrm{eff}}}(z)$ 在纤芯中可看成均匀的，但是在纤芯之外是不存在的。所以，可以使用类似式(3.100)的形式对纤芯折射率进行描述，但是必须用 $\overline{\delta n_{\mathrm{core}}}(z)$ 代替 $\overline{\delta n_{\mathrm{eff}}}(z)$。

定义两个新参数 $\sigma_{kj}(z)$ 和 $\kappa_{kj}(z)$，即

$$\sigma_{kj}(z) = \frac{\omega n_{\mathrm{core}}}{2}\overline{\delta n_{\mathrm{core}}}\int_0^a\int_0^{2\pi}\boldsymbol{e}_{kt}(r,\phi)\cdot\boldsymbol{e}_{jt}^*(r,\phi)r\mathrm{d}\phi\mathrm{d}r \tag{3.101}$$

$$\kappa_{kj}(z) = \frac{\mu}{2}\sigma_{kj}(z) \tag{3.102}$$

则式(3.99)可变形为

$$K_{kj}^t(z) = \sigma_{kj}(z) + 2\kappa_{kj}(z)\cos\left(\frac{2\pi z}{\Lambda} + \phi(z)\right) \tag{3.103}$$

式中，$\sigma_{kj}(z)$ 为直流耦合系数，是未调制项，表明光纤中的模式在各个周期内的平均耦合效应；$\kappa_{kj}(z)$ 为交流耦合系数，是式(3.103)中的调制项，表明光纤中的模式在各个周期内偏离平均耦合效应的程度。

利用耦合模方程，可以对光纤光栅的光谱特性进行细致分析。

3.2.2　傅里叶变换法

傅里叶变换法是 Kogelnik 于 1976 年提出的[14]，是光纤光栅分析的重要方法，是用来模拟反射率较低的光纤光栅光谱特性非常强大的工具，具有明显的特点(简

单快捷),但是对于处理反射率较高的光纤光栅,具有较大偏差[15]。

函数 $f(x)$ 的傅里叶变换为

$$F(v) = \int_{-\infty}^{\infty} f(x) e^{-i2\pi vx} dx \tag{3.104}$$

而傅里叶逆变换为

$$f(x) = \int_{-\infty}^{\infty} F(v) e^{i2\pi vx} dv \tag{3.105}$$

式中,$v = 1/\Lambda$ 为空间频率;$f(x)$ 是形式为 $e^{i2\pi vx}$ 函数的组合,各个分量的幅度可以表示为 $F(v)dv$;由 $f(x)$ 求得的 $F(v)$ 是一种 $e^{i2\pi vx}$ 谱密度,可以起到滤波的作用。

排除系统的非线性条件,根据布拉格公式,当栅格常数为 Λ 时,反射波的波长为 $\lambda = 2n\Lambda$。于是,假设光栅的折射率分布函数为 $f(x)$,则周期为 $\Lambda = \lambda/(2n)$ 的傅里叶分量为

$$F\left(\frac{1}{\Lambda}\right) = \int_{-\infty}^{\infty} f(x) \left[e^{i\frac{2\pi x}{\Lambda}} \right]^* dx = \int_{-\infty}^{\infty} f(x) \left[e^{-i\frac{2\pi nx}{\lambda}} \right] dx \tag{3.106}$$

式(3.106)表明,傅里叶分量的谱密度 $F(v)$ 是通过 $f(x)$ 求得的,其数值的大小关系到波长为 $\lambda = 2n\Lambda$ 的光是否能够被反射。令 $y = 2nx$,代入式(3.106)可得

$$F\left(\frac{1}{\Lambda}\right) = \frac{1}{2n} \int_{-\infty}^{\infty} f\left(\frac{y}{2n}\right) e^{-i\frac{2\pi y}{\lambda}} dy = \frac{1}{2n} \int_{-\infty}^{\infty} f\left(\frac{x}{2n}\right) e^{-i\frac{2\pi x}{\lambda}} dx \tag{3.107}$$

函数 $f\left(\dfrac{x}{2n}\right)$ 的傅里叶变换和傅里叶逆变换分别为

$$F\left(\frac{1}{\Lambda}\right) = \int_{-\infty}^{\infty} f\left(\frac{x}{2n}\right) e^{-i\frac{2\pi x}{\lambda}} dx \tag{3.108}$$

$$f\left(\frac{x}{2n}\right) = \int_{-\infty}^{\infty} F\left(\frac{1}{\Lambda}\right) e^{i\frac{2\pi x}{\lambda}} d\frac{1}{\lambda} \tag{3.109}$$

可得

$$F\left(\frac{1}{\Lambda}\right) = \frac{1}{2n} F\left(\frac{1}{\lambda}\right) \tag{3.110}$$

由此可见,只要求得函数 $f\left(\dfrac{x}{2n}\right)$ 的傅里叶变换,折射率分布为 $f(x)$ 的光纤光栅的反射谱便可求出,在光纤光栅模板设计、取样光纤光栅的光谱分析等方面傅里叶变换具有重要的应用价值。

3.2.3　传输矩阵法

传输矩阵法是 Agrawal 等于 1988 年提出的[16]，后来由 Chern 等[17]成功用于光纤光栅的分析中。传输矩阵法是对光纤光栅分析的一种重要方法，最大的优点就是无需烦琐的数学推导，利用数值计算方法，从电磁场的麦克斯韦方程进行数值计算，模拟分析光波在不同波导中的传输行为。该方法能够模拟具有复杂结构的光纤光栅的光谱性质，具有灵活、快速和精确的优势，特别适合分析非均匀结构的光纤光栅。由于计算机硬件性能的不断发展和进步、编程语言的快速增长、数值计算方法的优化、计算程序的模块化和商品化，一些波导结构与边界条件非常复杂的问题的解决成为可能。不足之处是，在突变区域折射率的失效对于波导结构复杂的器件，其计算量会非常大，并且计算过程的自动化会一定程度上影响人们对一些物理过程的深刻理解，模拟过程的真实性有时会受到限制。

从耦合模方程出发，在理解光栅物理意义的基础之上，模式耦合机制，以及模场的分布状况非常直观。但是，进行仿真计算时，计算量特别大，尤其在研究非均匀光纤光栅时，采用传输矩阵法求解频谱会更加便捷。

传输矩阵法是利用耦合模方程得到的，即采用边界条件，用一个二维传输矩阵表示正向与反向传输模复振幅，然后计算出光纤光栅的反射率或透射率。下面对传输矩阵法进行详细的阐述。

在传输矩阵法中，将光栅分为 N 段，每一段光栅均可看成均匀光栅小段，每一小段光栅的输入和输出按照均匀光栅的传输矩阵联系起来，即前一段的输出就是后一段的输入，再考虑初始条件，将 N 段光栅串联起来。

$$\begin{bmatrix} a(L) \\ b(L) \end{bmatrix} = T \begin{bmatrix} a(0) \\ b(0) \end{bmatrix} \tag{3.111}$$

式中，T 为传输矩阵，即

$$T = T_N T_{N-1} \cdots T_n \cdots T_1 = \begin{bmatrix} T_{11} & T_{12} \\ T_{21} & T_{22} \end{bmatrix} \tag{3.112}$$

其中

$$T_{11} = (1-r^2)^{-1}(e^{iql} - r^2 e^{-iql}) \tag{3.113}$$

$$T_{22} = (1-r^2)^{-1}(e^{-iql} - r^2 e^{iql}) \tag{3.114}$$

$$T_{21} = -T_{12} = (1-r^2)r(e^{iql} - e^{-iql}) \tag{3.115}$$

式中，$q = \sqrt{k^2 - (\delta\beta)^2}$；$r = (q - \delta\beta)/k$，$k = \pi\delta n/\lambda_a$ 为光纤光栅的耦合系数，$\delta\beta = 2\pi(\lambda^{-1} - \lambda_a^{-1})$，$l$、$\lambda$ 分别为光纤光栅的长度和布拉格波长。

对于非均匀周期光纤光栅的反射谱特性，分析时采用矩阵法研究反射谱特性，比采用求解耦合模的方程更加简单方便。

3.2.4 多层膜法

多层膜法源于薄膜理论，已成功用于光纤光栅分析。该方法的本质是对光波导的一个量化近似，分析方法与传输矩阵法类似[18,19]。设光传输介质的界面垂直于 z 轴，在第 m 层和第 $m+1$ 层介质中沿 z 轴正向传输和后向传输的光分别表示 $E_{m,a}$、$E_{m,b}$、$E_{m+1,a}$、$E_{m+1,b}$，d 为每层薄膜的厚度。令光波的传输常数为 β_m，可得

$$\begin{cases} E_{m+1,a} = E_{m,a}\mathrm{e}^{-\mathrm{i}\beta_m[z-(m-1)d]}e_t, & (m-1)d < z < md \\ E_{m+1,b} = E_{m,b}\mathrm{e}^{-\mathrm{i}\beta_m[z-(m-1)d]}e_t, & (m-1)d < z < md \\ E_{m+1,a} = E_{m+1,a}\mathrm{e}^{-\mathrm{i}\beta_{m+1}[z-(m-1)d]}e_t, & md < z < (m+1)d \\ E_{m+1,b} = E_{m+1,b}\mathrm{e}^{-\mathrm{i}\beta_{m+1}[z-(m-1)d]}e_t, & md < z < (m+1)d \end{cases} \tag{3.116}$$

根据边界条件，在 $z = md$ 处，有

$$\begin{cases} E_{m,a}\mathrm{e}^{-\mathrm{i}\beta_m d} + E_{m,b}\mathrm{e}^{\mathrm{i}\beta_m d} = E_{m+1,a} + E_{m+1,b} \\ E_{m,a}\mathrm{e}^{-\mathrm{i}\beta_m d} - E_{m,b}\mathrm{e}^{\mathrm{i}\beta_m d} = c_m(E_{m+1,a} - E_{m+1,b}) \end{cases} \tag{3.117}$$

式中，$c_m = n_{m+1}/n_m$ 为相邻层的折射率比，n_m 为第 m 层介质折射率，n_{m+1} 为第 $m+1$ 层介质折射率。

式(3.117)给出的相邻两层光场间的关系可以用一个转移矩阵来表示，即

$$\begin{bmatrix} E_{m+1,a} \\ E_{m+1,b} \end{bmatrix} = \boldsymbol{B}_{mt} \begin{bmatrix} E_{m,a} \\ E_{m,b} \end{bmatrix} \tag{3.118}$$

式中

$$\boldsymbol{B}_{mt} = \frac{1}{2c_m} \begin{bmatrix} c_m+1 & c_m-1 \\ c_m-1 & c_m+1 \end{bmatrix} \tag{3.119}$$

光线穿过两个界面之间的传输层后，光场的改变可以用传输矩阵表示为

$$\boldsymbol{B}_{mp} = \begin{bmatrix} \mathrm{e}^{\mathrm{i}\beta_m d} & 0 \\ 0 & \mathrm{e}^{-\mathrm{i}\beta_m d} \end{bmatrix} \tag{3.120}$$

因此，对于整个膜系有

$$\begin{bmatrix} E_{1,a} \\ E_{1,b} \end{bmatrix} = \boldsymbol{B}_{0t}\boldsymbol{B}_{0p}\boldsymbol{B}_{1t}\boldsymbol{B}_{1p}\cdots\boldsymbol{B}_{(N-1)t}\boldsymbol{B}_{(N-1)p}\boldsymbol{B}_{Nt} \begin{bmatrix} E_{N,a} \\ E_{N,b} \end{bmatrix} \tag{3.121}$$

多层膜法将整个膜分解成传输层和转移层，只要知道光传输介质的折射率分布，就可以获得这段介质的传输矩阵。

利用多层膜法计算反射谱时，由于光纤布拉格光栅的周期较小，一般光栅可能有上万个周期，而每个周期所分的层数不应太小，显然用这样的方法计算量会很大。对于均匀光纤光栅，可以以每个周期为单元进行计算，将一个周期分为 M 层(一般 $M > 20$)，若光栅有 N 个周期，则总的传输矩阵为

$$\boldsymbol{B} = (\boldsymbol{B}_1 \boldsymbol{B}_2 \cdots \boldsymbol{B}_i \cdots \boldsymbol{B}_{M+1})^N \tag{3.122}$$

这样，计算量就可以大大减少。

3.3 光纤光栅的光谱特性

光纤光栅的折射率分布与光纤类型、曝光条件及退火条件等多种因素相关，而折射率的分布情况将直接影响光纤光栅的反射谱。因此，在实际设计与制作光纤光栅时，需要综合考虑上述多种因素。下面给出几种典型光纤光栅的光谱情况。

3.3.1 光纤布拉格光栅

光纤布拉格光栅的栅格周期沿纤芯轴向均匀分布，设 n_0 为光纤纤芯的折射率，Δn 为折射率调制，Λ 为光纤光栅的栅格周期，则折射率分布的函数形式为[13]

$$n(z) = n_0 + \Delta n \cos\left(\frac{2\pi z}{\Lambda}\right) \tag{3.123}$$

在布拉格波长中，某一模式的振幅 $A(z)$ 与反射到相同反向传播模式的振幅 $B(z)$ 相互作用，通过仅保留涉及特定模式幅度的项，然后进行同步逼近可以简化式(3.97)和式(3.98)。后者等于忽略了包含快速振荡相关性的微分方程右侧的项，因为这些项对振幅的增长和衰减的贡献很小。因此，式(3.97)和式(3.98)可以写为

$$\frac{\mathrm{d}R}{\mathrm{d}z} = \mathrm{i}\hat{\sigma}R(z) + \mathrm{i}\kappa S(z) \tag{3.124}$$

$$\frac{\mathrm{d}S}{\mathrm{d}z} = -\mathrm{i}\hat{\sigma}S(z) - \mathrm{i}\kappa^* R(z) \tag{3.125}$$

式中，振幅 $R(z) = A(z)\mathrm{e}^{\mathrm{i}\delta z - \phi/2}$；振幅 $S(z) = B(z)\mathrm{e}^{-\mathrm{i}\delta z + \phi/2}$；$\kappa$ 为交流耦合系数；$\hat{\sigma}$ 为广义自耦合系数，定义为

$$\hat{\sigma} = \delta + \sigma - \frac{1}{2}\frac{\mathrm{d}\phi}{\mathrm{d}z} \tag{3.126}$$

其中，$\delta = \beta - \frac{\pi}{\Lambda}$，称为相位失配度；$\sigma = \frac{2\pi}{\lambda}\overline{\delta n_{\mathrm{eff}}}$。

对于均匀的光纤布拉格光栅，其平均折射率变化 $\overline{\delta n_{\mathrm{eff}}}$ 是常量，而且 $\frac{\mathrm{d}\phi}{\mathrm{d}z} = 0$。结合边界条件 $R(-L/2) = 1$、$S(-L/2) = 0$，可求得均匀光纤布拉格光栅的反射率为

$$r = \frac{\sinh^2 \sqrt{\kappa^2 - \hat{\sigma}^2} L}{-\dfrac{\hat{\sigma}^2}{\kappa^2} + \cosh^2 \sqrt{\kappa^2 - \hat{\sigma}^2} L} \tag{3.127}$$

由式(3.127)可求得均匀光纤布拉格光栅对应的最高反射率,即

$$r_{\max} = \tanh^2(\kappa L) \tag{3.128}$$

当光栅获得最高反射率时,其对应的中心波长为

$$\lambda_{\max} = \left(1 + \frac{\overline{\delta n_{\mathrm{eff}}}}{n_{\mathrm{eff}}}\right) \cdot 2 n_{\mathrm{eff}} \Lambda \tag{3.129}$$

描述光纤光栅的反射带宽最常用的是反射谱的 FWHM,然而从理论上讲这个值不能得到一个解析表达式。但是,可以将最高峰两侧反射率等于零的两波长处的差值作为光栅带宽评价标准。由式(3.127)可知,若式中分子等于零,则反射率为零,此时对应

$$\sqrt{\kappa^2 - \hat{\sigma}^2} L = \mathrm{i} \cdot 2 m \pi \tag{3.130}$$

式中,m 为整数,当 $m = \pm 1$ 时,对应反射率为零,也就是最高峰两侧的第一对零点。

由此可以求得该两个波长间的距离,即

$$\Delta \lambda_0 = \lambda_{\mathrm{D}} \frac{v \overline{\delta n_{\mathrm{eff}}}}{n_{\mathrm{eff}}} \sqrt{1 + \left(\frac{\lambda_{\mathrm{D}}}{v \overline{\delta n_{\mathrm{eff}}} L}\right)^2} \tag{3.131}$$

由式(3.131)可以看出,光纤光栅的长度 L 越大,其反射谱的带宽越窄;光栅的折射率调制越强,其反射谱的带宽越宽。对于弱光纤光栅,其折射率调制较小,即在 $v \overline{\delta n_{\mathrm{eff}}} \ll \dfrac{\lambda_{\mathrm{D}}}{L}$ 时,由式(3.131)可得 $\Delta \lambda_0 \approx \dfrac{\lambda_{\mathrm{D}}^2}{n_{\mathrm{eff}} L}$,也就是说光纤光栅的长度是决定其反射谱带宽的主要因素;对于强光纤光栅,其折射率调制较大,即在 $v \overline{\delta n_{\mathrm{eff}}} \gg \dfrac{\lambda_{\mathrm{D}}}{L}$ 的情况下,由式(3.131)可得 $\Delta \lambda_0 \approx \dfrac{\lambda_{\mathrm{D}} v \overline{\delta n_{\mathrm{eff}}}}{n_{\mathrm{eff}}}$,可以看出此时折射率的调制程度是影响反射谱带宽的主要因素。

当满足相位匹配条件时,有

$$\delta = \beta - \frac{\pi}{\Lambda} = 0 \tag{3.132}$$

也就是说,光纤布拉格光栅中耦合模的两个模均为纤芯模,但是反向传播,利用 $\beta = \dfrac{2\pi}{\lambda} n_{\mathrm{eff}}$,可得

$$\lambda_{\mathrm{B}} = 2 n_{\mathrm{eff}} \Lambda \tag{3.133}$$

式(3.133)称为光纤布拉格光栅的谐振条件，也称布拉格条件。

从耦合模理论出发，利用传输矩阵可得光纤布拉格光栅的反射谱与透射谱，如图3.9所示。可以看出，均匀光纤布拉格光栅的反射谱边模(旁瓣)干扰很严重，这些明显的边模振荡对光纤光栅的实际应用非常不利，所以要尽量抑制反射谱中的边模。

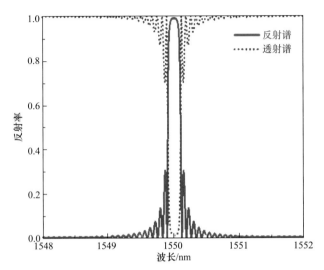

图3.9 光纤布拉格光栅的反射谱与透射谱

1. 光栅长度与反射率的关系

反射率是光纤光栅的一个重要参数，图3.10描述了不同折射率调制下光纤光

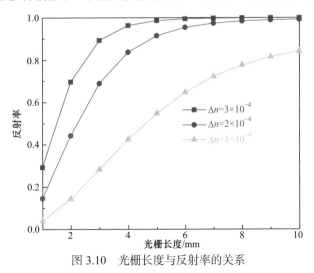

图3.10 光栅长度与反射率的关系

栅的长度与反射率的关系。可见，在相同的折射率调制下，随着光纤光栅长度的增加，其反射率也逐渐增加。对于折射率调制较深的光栅，光栅长度较短时也可以达到较高的反射率。

2. 折射率调制与反射率的关系

图 3.11 为光纤光栅长度一定的情况下，折射率调制与反射率的关系。可以看出，光纤光栅的长度为固定值时，反射率的峰值随着折射率调制深度的加深而增大。

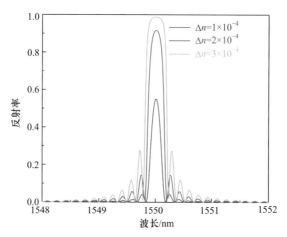

图 3.11　折射率调制与反射率的关系

3.3.2　啁啾光纤光栅

啁啾光纤光栅是一种周期不均匀的光纤光栅，其周期沿 z 轴缓慢变化，这种变化可以是线性的，也可以是非线性的，当周期沿着 z 方向做线性变化时，称为线性啁啾光纤光栅，否则为非线性啁啾光纤光栅。对于正弦型的光栅，折射率变化仍可写为[13]

$$n_1(z) = n_1\left[1 + \sigma\left(1 + \cos\left(\frac{2\pi z}{\Lambda} + \phi(z)\right)\right)\right] \tag{3.134}$$

式中，$\phi(z)$ 为 z 的线性函数。

下面仅讨论线性啁啾光纤光栅。啁啾光纤光栅的周期可以写为

$$\Lambda' = \frac{\Lambda}{1 + \dfrac{F}{L}z}, \quad 0 < z < L \tag{3.135}$$

式中，L 为光栅长度；Λ 为光栅起始端的周期；F 为啁啾系数，反映啁啾量的大

小，当 $F=0$ 时为均匀光纤光栅。

图 3.12 为啁啾光纤光栅的反射谱，可以看出其反射谱的边模并不明显，但是其反射谱在带宽内有较显著的振荡，造成该现象的原因是光栅两端的折射率突变引起的法布里-珀罗效应。采用切趾方法后可有效抑制反射谱的边模和带宽内的振荡。如图 3.13 所示，切趾后带宽内振荡得到了有效改善，但是反射谱的带宽却明显减小。

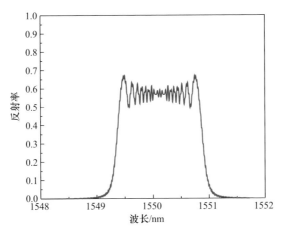

图 3.12　啁啾光纤光栅的反射谱

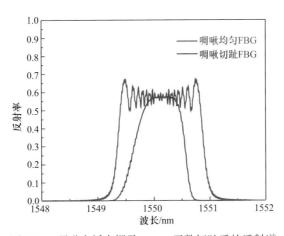

图 3.13　啁啾光纤光栅及 Gauss 函数切趾后的反射谱

光经过光纤光栅时，光在光栅的不同位置处被反射，因此光经过光纤光栅反射或透射时，无法用光纤的时延表征光栅的时延。可以把光纤光栅看成一个黑匣子，仅考虑入射光和反射光，而不研究光在光纤光栅中的传播，如图 3.14 所示。考虑两个频率很接近的单色光，频率分别为 ω_1 和 ω_2，两者均沿 z 方向传播，振幅

均为 A_0 ，它们在光栅的始端 P 截面处的光振动可表示为

$$A_1 = A_0 \cos(\omega_1 t + \varphi_{10})$$
$$A_2 = A_0 \cos(\omega_2 t + \varphi_{20})$$

(3.136)

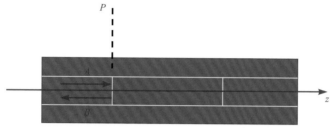

图 3.14   光纤光栅的时延示意图

这两个频率的光经光纤光栅反射后，由于两个频率很接近，可以认为反射光的两个振幅也相同，均为 B_0 ，则反射光在 P 截面处的光振动可表示为

$$B_1 = B_0 \cos(\omega_1 t - \varphi_1 + \varphi_{10})$$
$$B_2 = B_0 \cos(\omega_2 t - \varphi_2 + \varphi_{20})$$

(3.137)

φ_1 和 φ_2 为由光栅引起的相位延迟，其合振动可表示为

$$B = 2B_0 \cos\left(\Delta\omega t - \Delta\varphi + (\varphi_{10} - \varphi_{20})/2\right) \cos\left(\omega t - \varphi + (\varphi_{10} + \varphi_{20})/2\right)$$ (3.138)

式中，$\Delta\omega = (\omega_1 - \omega_2)/2$ ；$\omega = (\omega_1 + \omega_2)/2$ ；$\Delta\varphi = (\varphi_1 - \varphi_2)/2$ ；$\varphi = (\varphi_1 + \varphi_2)/2$ 。

由此可知，P 处的反射波振动由慢变和快变两部分组成，慢变部分形成反射的包络，快变部分形成反射波的高频载波。所以，式(3.138)可以变为

$$B = 2B_0 \cos\left(\Delta\omega\left(t - \frac{\Delta\varphi}{\Delta\omega}\right) + (\varphi_{10} - \varphi_{20})/2\right) \cos\left(\omega t - \varphi + (\varphi_{10} + \varphi_{20})/2\right)$$ (3.139)

由光栅引起的反射光波包络的时延为

$$\tau = \frac{\Delta\varphi}{\Delta\omega}$$ (3.140)

当 $\Delta\omega \to 0$ 时，有 $\tau = \dfrac{\mathrm{d}\varphi}{\mathrm{d}\omega}$ 。

所以，光纤光栅的时延是指某一段光纤光栅产生的时延，而不是单位长度光纤光栅产生的时延，因此其时延也可表示为

$$\tau = \frac{\mathrm{d}\varphi}{\mathrm{d}\omega} = -\frac{\lambda_0^2}{2\pi c}\frac{\mathrm{d}\varphi}{\mathrm{d}\lambda_0}$$ (3.141)

在波长间隔 $\Delta\lambda_0$ 范围内的平均时延差为

$$\Delta\tau = D\Delta\lambda_0 = \Delta\lambda_0 \frac{\mathrm{d}\tau}{\mathrm{d}\omega}$$ (3.142)

式中，D 为色散系数(单位 ps/nm)，即

$$D = \frac{\mathrm{d}\tau}{\mathrm{d}\lambda_0} = -\frac{\lambda_0}{\pi c}\frac{\mathrm{d}\varphi}{\mathrm{d}\lambda_0} - \frac{\lambda_0^2}{2\pi c}\frac{\mathrm{d}^2\varphi}{\mathrm{d}\lambda_0^2} = \frac{2\tau}{\lambda_0} - \frac{\lambda_0^2}{2\pi c}\frac{\mathrm{d}^2\varphi}{\mathrm{d}\lambda_0^2} \tag{3.143}$$

图 3.15 给出了均匀光纤光栅反射谱及时延曲线，可以看出，均匀光纤光栅的时延在反射带宽内，以中心波长对称，在中心区域随波长的改变变化很小，在带的边缘处有较大的变化。因此，均匀光纤光栅在整个中心带宽内没有色散补偿作用。

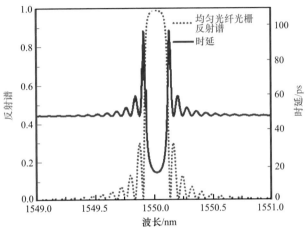

图 3.15　均匀光纤光栅反射谱及时延曲线

图 3.16 为啁啾均匀光纤光栅的反射谱及时延曲线。可以看出，在光栅的带宽范围内，短波长一边的时延要比长波长一边的时延大，这正好能够起到色散补偿的作用。但是，该啁啾均匀光纤光栅在带宽内的时延有一定幅度的振荡，这对色散补偿极为不利，可通过切趾函数调制并改善。图 3.17 为 Gauss 函数切趾后的反

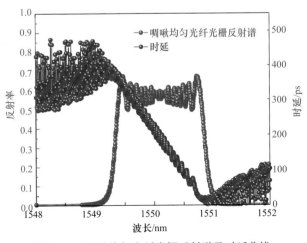

图 3.16　啁啾均匀光纤光栅反射谱及时延曲线

射谱及时延曲线。可以看出，采用恰当的切趾方法可以实现反射谱边峰与时延的抖动抑制。

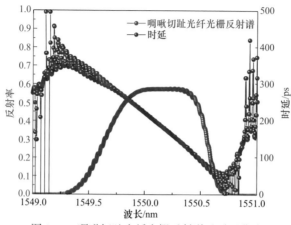

图 3.17　啁啾切趾光纤光栅反射谱及时延曲线

3.3.3　相移光纤光栅

在均匀的折射率余弦调制光纤中，相移光纤光栅在某个或某些位置上出现相位偏移，进而在反射谱中出现一个较窄的缺口，可以有多个相移，相应会出现多个缺口。

对相移光纤光栅，折射率变化是分段连续的，因此不能再用一个函数来表示，需要用分段函数来表示。折射率调制可以写为[13]

$$\Delta n_1(z) = n_1\sigma(z)\left(1+\cos\left(\frac{2\pi z}{\Lambda}+\phi_i(z)\right)\right) = \overline{\Delta n}(z)\left(1+\cos\left(\frac{2\pi z}{\Lambda}+\phi_i(z)\right)\right) \quad (3.144)$$

式中，$z_i < z < z_{i+1}$，$i \geqslant 1$，$\phi_i(z)$ 为第 i 个相移点的相移量。

1. 相移量大小对光谱特性的影响

设置光纤光栅的栅区长度为 2mm，相移点在光栅中心，相移量分别为 π/2、π 和 3π/2，光栅反射谱如图 3.18 所示。

可以看出，相移的存在使反射谱出现了一个很窄的透射窗口。而当相移量为 0 时，反射谱没有透射窗口；当相移量为 π 时，透射窗口正好对着布拉格中心波长；当相移量为 π/2 和 3π/2 时，透射窗口发生偏移，关于中心波长呈非对称状。

2. 相移位置与光栅透射率的关系

设置光纤光栅的栅区长度为 2mm，当相移量为 π，相移点的位置分别为 1/5、1/2 和 3/5 栅区长度时，光栅反射谱如图 3.19 所示。

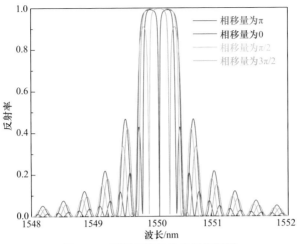

图 3.18　不同相移量的光栅反射谱

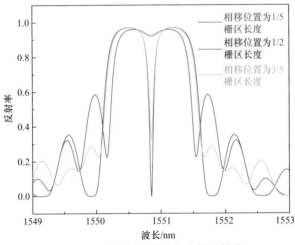

图 3.19　不同相移位置的光栅反射谱

可以看出，当相移位置为 1/2 栅区长度时，中心波长处出现透射窗口，并且透射窗口的深度最大。当相移点偏离光纤光栅的栅区中心位置时，透射窗口的透射率会逐渐减小，中心波长附近的反射率反而会逐渐增大。由此可见，相移点位置影响的是相移光纤光栅的光谱所显示的透射窗口的透射率大小，即若相移点靠近光栅中心位置，则透射窗口的透射率高；若相移点偏离中心，甚至靠近光栅的两端位置，则透射窗口的透射率会越来越低。

3. 多相移光纤光栅

多相移光纤光栅与常规单点相移光纤光栅的透射谱或反射谱有很多异同，因而研究多相移光纤光栅的光谱特性对新型光纤光栅器件的开发具有重要意义。

假设光纤光栅的长度为 5mm，周期为 534.5nm，纤芯有效折射率为 1.45，折射率调制为 5×10^{-4}。如图 3.20 所示，分别在光栅的 2/5、3/5 处插入 π 相移，可以看出反射谱单峰分裂成 3 个，对应于 2 个透射窗口。图 3.21 描述了三个相移点的光纤光栅反射谱，其相移点的位置分别在 7/20、1/2、13/20 处，可见其反射谱分裂成 4 个尖峰，与 3 个透射窗口相对应。如图 3.22 所示，当在光栅 8/25、11/25、14/25、17/25 处插入 4 个 π 相移点时，其反射谱主峰分裂成 5 个小峰，与 4 个透射窗口相对应。由图 3.20～图 3.22 可知，随着插入相移点数的增加，光纤光栅反射谱的带宽逐渐增加。

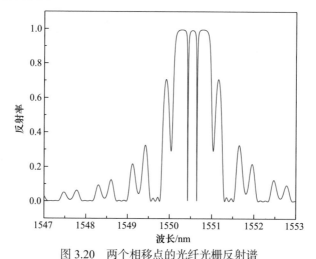

图 3.20　两个相移点的光纤光栅反射谱

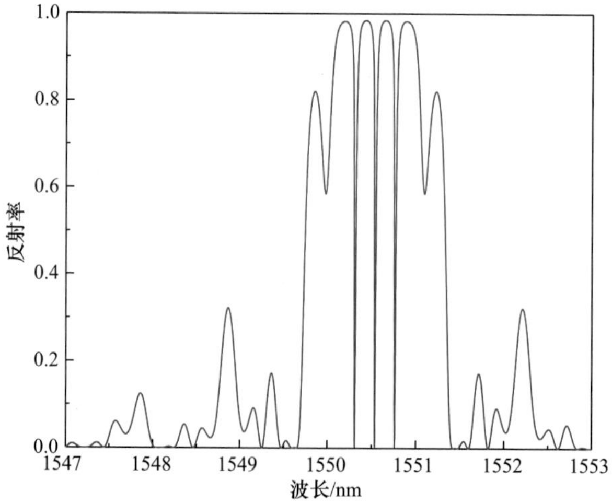

图 3.21　三个相移点的光纤光栅反射谱

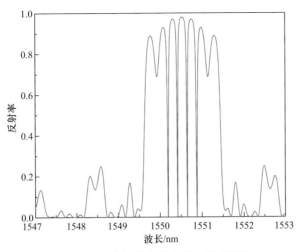

图 3.22　四个相移点的光纤光栅反射谱

　　需要注意的是，光纤光栅反射谱分裂所致的小峰的波峰间隔近似相等，但是插入相移点的位置却是非等间隔的。图 3.23 是非等间距插入 2 个 π 相移和等间距插入 2 个 π 相移后的光纤光栅反射谱对比图。可见，两者的反射谱带宽相同，但是反射谱分裂后的小峰的波峰强度和波峰宽度却不一样。等间距插入 π 相移时，小峰强度高低不同，中间小峰的强度最低，并且小峰的宽度也相差很多。全面了解多相移光纤光栅的这些特点有助于将其应用于窄线宽或单频光纤激光器、波分复用或解复用系统等光纤传感领域和光通信领域。

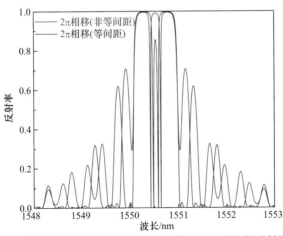

图 3.23　非等间距与等间距插入两个相移点的光纤光栅反射谱对比

3.3.4　复合光纤光栅

　　光纤叠栅是在光纤同一区域写入多个光栅[20]。在浅调制情况下，光纤布拉格

叠栅对纤芯有效折射率的调制可认为是多个光栅的折射率调制的线性叠加，即

$$\Delta n_{\text{eff}}(z) = \Delta n_{\text{eff}}^1(z) + \Delta n_{\text{eff}}^2(z) + \cdots + \Delta n_{\text{eff}}^v(z) \tag{3.145}$$

第 v 次写入的光栅引起的折射率变化为

$$\Delta n_{\text{eff}}^v(z) = \overline{\Delta n_{\text{eff}}^v}(z)\left(1 + s\cos\left(\frac{2\pi}{\Lambda}z + \phi(z)\right)\right) \tag{3.146}$$

式中，$\overline{\Delta n_{\text{eff}}^v}(z)$ 为平均折射率变化；s 为折射率变化条纹的可见度；Λ 为光栅的周期；$\phi(z)$ 为啁啾参量，若均匀光纤布拉格光栅中平均折射率变化恒定，则有 $\phi(z) = 0$。

根据折射率分布规律，可定义两个新的耦合系数，即

$$\zeta_{lj}(z) = \frac{\omega\varepsilon_0 n_{\text{core}}\overline{\Delta n_{\text{core}}}(z)}{2}\iint\limits_{\text{core}} e_{lt}(x,y)e_{jt}^*(x,y)\mathrm{d}x\mathrm{d}y \tag{3.147}$$

$$\kappa_{lj}(z) = \frac{s}{2}\zeta_{lj}(z) \tag{3.148}$$

式中，$\zeta_{lj}(z)$ 为自耦合系数；$\kappa_{lj}(z)$ 为互耦合系数。

其横向耦合系数为

$$C_{lj}^t(z) = \zeta_{lj}(z) + 2\kappa_{lj}(z)\cos\left(\frac{2\pi}{\Lambda}z + \phi(z)\right) \tag{3.149}$$

由于光纤重叠光栅的栅区周期较短，模式的耦合主要发生在前向传输的纤芯基模和反向传输的纤芯基模之间，可简化得到叠栅的耦合方程组，即

$$\frac{\mathrm{d}A^{\text{co}}}{\mathrm{d}z} = \mathrm{i}\left(\sum_v \zeta_{01\text{-}01}^v\right)A^{\text{co}} + \mathrm{i}\frac{s}{2}\left(\sum_v \zeta_{01\text{-}01}^v\right)B^{\text{co}}\mathrm{e}^{-\mathrm{i}2\delta_{01\text{-}01}^{\text{co-co}}z} \tag{3.150}$$

$$\frac{\mathrm{d}B^{\text{co}}}{\mathrm{d}z} = -\mathrm{i}\left(\sum_v \zeta_{01\text{-}01}^v\right)B^{\text{co}} - \mathrm{i}\frac{s}{2}\left(\sum_v \zeta_{01\text{-}01}^v\right)A^{\text{co}}\mathrm{e}^{\mathrm{i}2\delta_{01\text{-}01}^{\text{co-co}}z} \tag{3.151}$$

若光纤叠栅各子光栅间的周期差 $\Delta\Lambda$ 和光栅长度 L 满足

$$\Delta\Lambda \cdot L \gg \frac{\Lambda^2}{\pi} \tag{3.152}$$

则光纤叠栅间各子光栅关联度较小，叠栅反射谱可认为是各子光栅反射特性的线性叠加。由上述叠栅的耦合方程和边界条件可以得到光纤叠栅的反射谱。

当光栅长度分别为 10mm 和 5mm，不同子光栅间的周期差 $\Delta\Lambda = 0.2$nm 时，五波长光纤叠栅的反射谱如图 3.24 所示。可见，光纤叠栅的输出光谱的强度具有很好的一致性，五个中心波长并没有改变，并且波长具有等间隔特点。通过调整子光栅的长度，所得叠栅的 3dB 带宽有所改变，栅长越长，其 3dB 带宽越窄。

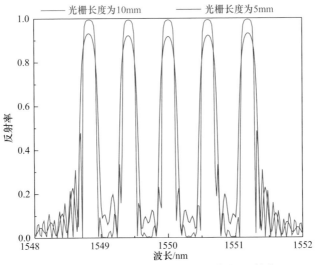

图 3.24　不同栅长的五波长光纤叠栅的反射谱

当子光栅间的周期差分别为 0.1nm、0.2nm 和 0.4nm 时，四波长光纤叠栅反射谱如图 3.25 所示。当光栅周期差不同时，输出四波长光纤叠栅的波长间隔也随之发生变化，并且可以看出，光栅周期差越大，输出的四波长光纤叠栅的波长间隔也越大。

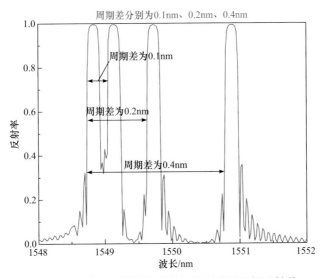

图 3.25　子光栅不同周期差的四波长光纤叠栅反射谱

综上所述，光纤叠栅具有一定的灵活性，通过调整参数，不但能够得到波长不同的光纤叠栅，而且可以对叠栅的波长间隔和 3dB 带宽进行调整。这一特性使得光纤叠栅在多波长可调谐光纤激光器中具有潜在的应用价值。

3.3.5 长周期光纤光栅

LPFG 具有与光纤布拉格光栅不同的特性和应用场合，目前主要应用于带阻滤波器和掺铒光纤放大器的增益均衡。LPFG 在前向传播的纤芯模与同向传播的包层模之间产生耦合，因此涉及的模式包括纤芯模和包层模，在一定条件下还涉及纤芯模与辐射模的耦合。

LPFG 的周期比光纤布拉格光栅的周期大得多，在几十微米到几百微米，虽然仅仅是周期比较大，但是这样的结构引起的模的模式已完全不同于光纤布拉格光栅，其光谱也有较大差别。

LPFG 的透射谱较宽，一定周期的光纤光栅不止形成一个损耗峰，往往还可以形成数个损耗峰，这些峰之间的间隔也比较大，有些在几十纳米以上。每一个损耗峰对应纤芯模被耦合在一个包层模中。

对于紫外激光写入的 LPFG，只有纤芯的折射率发生了扰动，而包层的折射率并未发生改变。与光纤布拉格光栅类似，栅区的折射率分布为[13]

$$n_1(z) = n_1\left(1 + \cos\left(\frac{2\pi z}{\varLambda} + \phi(z)\right)\right), \quad r < r_1 \tag{3.153}$$

式中，$\phi(z)$ 为与光栅的相移或啁啾有关的附加相位。纤芯的折射率改变量为

$$\Delta n_1(z) = n_1\sigma(z)\left(1 + \cos\left(\frac{2\pi z}{\varLambda} + \phi(z)\right)\right) = \overline{\Delta n}(z)\left(1 + \cos\left(\frac{2\pi z}{\varLambda} + \phi(z)\right)\right) \tag{3.154}$$

均匀 LPFG 使纤芯模和同方向包层模发生耦合，而包层模间的耦合很弱。LPFG 的耦合模方程可以由一般的耦合模方程简化得到。LPFG 的透射率为

$$T = \cos^2(sL) + \frac{\overline{\sigma}^2}{\overline{\sigma}^2 + \kappa^2}\sin^2(sL) = 1 - \frac{\kappa^2}{\overline{\sigma}^2 + \kappa^2}\sin^2(sL) \tag{3.155}$$

其中，$s^2 = \overline{\sigma}^2 + \kappa\kappa^* = \overline{\sigma}^2 + \kappa^2$，$\overline{\sigma} = \delta + \frac{\kappa_{11} - \kappa_{22}}{2} - \frac{1}{2}\frac{d\phi}{dz}$，$\delta = \frac{1}{2}\left(\beta^{\text{co}} - \beta^{\text{cl}} - \frac{2\pi}{\varLambda}\right)$。

从图 3.26 中可以看出，随着 LPFG 的周期增大，谐振波长也在增大。较小周期所对应的谐振峰半高宽值较小，而较大周期一侧对应的谐振峰半高宽值较大。由于 LPFG 的周期影响有此性质，在作为传感或通信元件时，适当地设计 LPFG 的周期能够满足不同应用领域的需要。例如，作为敏感元件时，制作小周期的光纤光栅因其峰宽较小，可以适当提高元件的敏感度，当制作带阻滤波器时，又应该制备较大周期的光纤光栅，这样的光栅峰值带宽大，能够提高滤波的能力。

除了周期的影响，LPFG 的栅区长度也是影响光栅光谱的一个重要因素。LPFG 的栅区长度对谐振峰的深度和带宽有影响。将某固定周期的 LPFG 透射谱

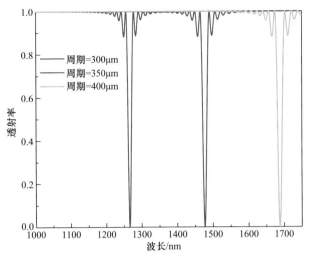

图 3.26 不同光栅周期的透射谱

在不同栅区长度的情况下进行数值模拟，可以得到如图 3.27 所示的三条曲线，对应的栅区长度分别是 17.5mm、26.25mm 和 35mm。可以看出，随着光纤光栅长度的增加，LPFG 的透射谱谐振峰的深度逐渐增加，而带宽逐渐减小。

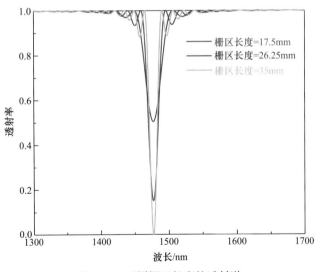

图 3.27 不同栅区长度的透射谱

3.3.6 其他光纤光栅

1. 取样光纤光栅

取样光纤光栅又称超结构光纤光栅[21]，其结构如图 3.28 所示。子光栅的长度

为 p，子光栅间的间隔为 q，取样周期为 $d = p + q$，整体光栅的长度为 L，取样总个数为 $k = L/d$，占空比为 $t = p/d$。

周期为 $\varLambda$、长度为 L 的均匀光纤布拉格光栅被矩形取样函数取样时，取样光纤光栅的折射率调制函数为

$$f_s(z) = f(z)s(z) \tag{3.156}$$

式中，$f(z)$ 为均匀光栅的折射率改变量；$s(z)$ 为取样函数。

$$f(z) = \Delta n(z) = n_1\sigma\left(1 + \cos\left(\frac{2\pi z}{\varLambda}\right)\right) = \overline{\Delta n}\left(1 + \cos\left(\frac{2\pi z}{\varLambda}\right)\right) \tag{3.157}$$

$$s(z) = \sum_{m=-\infty}^{\infty} g_p(z - md) \tag{3.158}$$

式中，$g_p(z)$ 为宽度为 p、高为 1 的矩形脉冲函数。

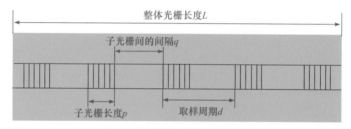

图 3.28　取样光纤光栅的结构

图 3.29 给出了占空比对取样光纤光栅反射谱的影响，只改变占空比的情况下观察取样光纤光栅反射谱。可以看出，随着占空比的增加，反射波长的反射率增大，每个波长的带宽增大，相邻通道之间的间隔也在增大。

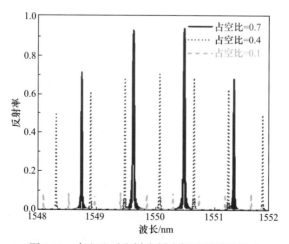

图 3.29　占空比对取样光纤光栅反射谱的影响

在其他参数相同的情况下，观察折射率调制对取样光纤光栅反射谱的影响，如图 3.30 所示。可以看出，随着折射率调制的增大，反射谱中的反射率增大，同时光谱带宽也增大，但是相邻两个通道之间的间隔不变，通道数目也没有变化。

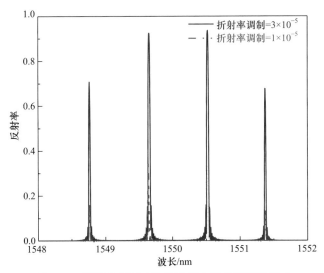

图 3.30　折射率调制对取样光纤光栅反射谱的影响

在只改变光栅总长度的情况下，观察光栅总长度对取样光纤光栅反射谱的影响，如图 3.31 所示。可以看出，随着取样光纤光栅总长度的增加，边模效应在减小，光谱的带宽在减小，光谱的反射率在增加。

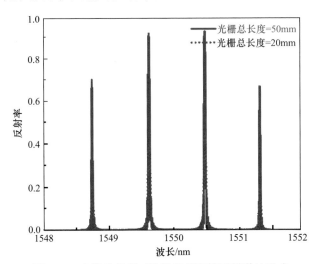

图 3.31　光栅总长度对取样光纤光栅反射谱的影响

设定光纤光栅总长度为 50mm，在仅改变取样光纤光栅取样周期的情况下，观察光栅取样周期对取样光纤光栅反射谱的影响，如图 3.32 所示。随着取样周期的增加，相邻通道之间的间隔在减小，但是相同通道的波长几乎没有发生改变。

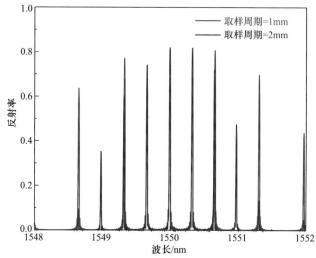

图 3.32 光栅取样周期对取样光纤光栅反射谱的影响

2. 倾斜光纤光栅

由于倾斜光纤光栅(titled fiber Bragg grating，TFBG)具有特殊且复杂的透射谱，很多研究人员对其进行了理论模型的分析，这里首先使用耦合模式理论对TFBG 进行分析。

以传统的紫外激光相位掩模板曝光法致使光纤中产生折射率调制来分析，由曝光形成的总导模有效折射率变化可以表示为[13]

$$\delta n_{\text{eff}}(z) = \overline{\delta n_{\text{eff}}}(z)\left(1 + s\cos\left(\frac{2\pi}{\Lambda}z + \phi(z)\right)\right) \tag{3.159}$$

式中，s 为折射率调制的条纹可见度；Λ 为平均光栅周期；$\phi(z)$ 为光栅的啁啾与相移；$\overline{\delta n_{\text{eff}}}(z)$ 为一个光栅周期内的平均有效折射率变化。

在光纤波导理想模型中，光场的横向分量可以看成很多模式的叠加，根据

$$\boldsymbol{E}^{\text{T}}(x,y,z,t) = \sum\left(A_m(z)\exp(\mathrm{i}\beta_m z) + B_m(z)\exp(\mathrm{i}\beta_m z)\right)\boldsymbol{e}_m^{\text{T}}(x,y)^{-\mathrm{i}\omega t} \tag{3.160}$$

式中，$A_m(z)$ 和 $B_m(z)$ 分别为沿光纤+z 和−z 方向传播的第 m 阶模式的振幅；$\beta_m = (2\pi / \lambda)n_{\text{eff}}$ 为该光纤的传播常数，由光纤自身折射率决定；$\boldsymbol{e}_m^{\text{T}}(x,y)$ 为纤芯模与包层模的横向模场。

由于考虑的是理想状态，各阶模式之间不存在串扰，但在写入光栅过程中，光致折射率调制使得各阶模式之间的光发生了耦合，此时 $A_m(z)$ 和 $B_m(z)$ 沿光纤轴向 z 求导可得到其变化趋势

$$\frac{\mathrm{d}A_m}{\mathrm{d}z} = \mathrm{i}\sum_q A_q \left(C_{qm}^{\mathrm{T}} + C_{qm}^{\mathrm{L}}\right)^{\mathrm{i}\left(\beta_q - \beta_m\right)z} + \mathrm{i}\sum_k B_k \left(C_{qm}^{\mathrm{T}} - C_{qm}^{\mathrm{L}}\right)^{-\mathrm{i}\left(\beta_q + \beta_m\right)z} \tag{3.161}$$

$$\frac{\mathrm{d}B_m}{\mathrm{d}z} = -\mathrm{i}\sum_q A_q \left(C_{qm}^{\mathrm{T}} - C_{qm}^{\mathrm{L}}\right)^{\mathrm{i}\left(\beta_q + \beta_m\right)z} - \mathrm{i}\sum_k B_k \left(C_{qm}^{\mathrm{T}} + C_{qm}^{\mathrm{L}}\right)^{-\mathrm{i}\left(\beta_q - \beta_m\right)z} \tag{3.162}$$

式中，C_{qm}^{T} 为光纤传输过程中第 m 阶和第 q 阶模式的横向耦合系数，且

$$C_{qm}^{\mathrm{T}}(z) = \frac{\omega}{4}\iint\limits_{\infty}\Delta\varepsilon(x,y,z)\boldsymbol{e}_q^{\mathrm{T}}(x,y)\cdot\boldsymbol{e}_m^{\mathrm{T*}}(x,y)\mathrm{d}x\mathrm{d}y \tag{3.163}$$

式中，$\Delta\varepsilon$ 为光纤微扰，当折射率调制量远小于纤芯折射率时，近似等于 $2n_{\mathrm{eff}}\delta n_{\mathrm{eff}}$，若忽略包层折射率变化，则可以定义

$$\xi_{qm}^{\mathrm{T}}(z) = \frac{\omega}{2}n_0\overline{\delta n_{\mathrm{co}}}(z)\iint\limits_{\mathrm{co}}\boldsymbol{e}_q^{\mathrm{T}}(x,y)\frac{1}{2}\boldsymbol{e}_m^{\mathrm{T*}}(x,y)\mathrm{d}x\mathrm{d}y \tag{3.164}$$

互耦合系数为

$$\gamma_{qm}(z) = \frac{s}{2}\xi_{qm}(z) \tag{3.165}$$

总耦合系数为

$$C_{qm}^{\mathrm{T}}(z) = \xi_{qm}(z) + 2\gamma_{qm}(z)\cos\left(\frac{2\pi}{\Lambda}z + \phi(z)\right) \tag{3.166}$$

　　除了存在纤芯模之间的耦合，TFBG 还存在纤芯模与包层模之间的耦合。根据前面推导的耦合模理论，当栅线倾斜角度不为零时，耦合系数可表示为

$$\gamma_{qm}^{\mathrm{T}}(z) = \frac{s\omega n_{\mathrm{co}}}{4}\delta n(z\cos\theta)\iint\limits_{\mathrm{co}}\exp\left(\mathrm{i}\frac{2\pi}{\Lambda}x\tan\theta\right)\boldsymbol{e}_q^{\mathrm{T}}(x,y)\boldsymbol{e}_m^{\mathrm{T*}}(x,y)\mathrm{d}x\mathrm{d}y \tag{3.167}$$

式中，ω 为入射光频率；n_{co} 为光纤纤芯折射率；倾斜角度 θ 对耦合系数的影响很大，进而影响光栅透射谱与反射谱。

　　TFBG 的折射率调制公式可以表示为

$$\Delta\varepsilon(x,y,z,\theta) = 2\varepsilon_0(x,y,z,\theta) \tag{3.168}$$

式中，ε_0 为介电常数。

　　光纤纤芯的折射率变化量可以表示为

$$\delta n_{\mathrm{co}}(x,z) = \overline{\delta n}(z_t)\left(1 + s\cos\left(\frac{2\pi}{\Lambda_{\mathrm{g}}}z + \phi(z_t)\right)\right) \tag{3.169}$$

式中，$z_t = x\sin\theta + z\cos\theta$；$\Lambda$ 为 TFBG 的周期且 $\Lambda = \Lambda_{\mathrm{g}}/\cos\theta$；因为 $\overline{\delta n}(z_t)$ 和 $\phi(z_t)$ 为缓变函数，所以 z_t 约等于 $z\cos\theta$。

　　耦合系数 $\gamma_{qm}^{\mathrm{T}}(z)$ 可改写为

$$\gamma'_{\pm}(z) = \xi(z) + 2\gamma_{\pm}(z)\cos\left(\frac{2\pi}{\Lambda}z + \phi(z\cos\theta)\right) \tag{3.170}$$

式中，"±"表示光纤中光的传播方向，"+"代表前向传播模式，"−"代表后向传播模式。

由式(3.170)可以推导 TFBG 的自耦合系数与互耦合系数，即

$$\xi^{\mathrm{T}}(z) = \frac{\omega n_{\mathrm{co}}}{2}\overline{\delta n}_{\mathrm{co}}(z\cos\theta)\iint\limits_{\mathrm{co}}\mathrm{d}x\mathrm{d}y\, \boldsymbol{e}_{-i}^{\mathrm{T}}(x,y)\boldsymbol{e}_{+i}^{\mathrm{T}}(x,y) \tag{3.171}$$

$$\gamma'_{\pm}(z,\theta) = \frac{s}{2}\frac{\omega n_{\mathrm{co}}}{2}\overline{\delta n}_{\mathrm{co}}(z\cos\theta)\iint\limits_{\mathrm{co}}\mathrm{d}x\mathrm{d}y\, \exp\left(\pm\mathrm{i}\frac{2\pi}{\Lambda}x\tan\theta\right)\boldsymbol{e}_{-i}^{\mathrm{T}}(x,y)\boldsymbol{e}_{+i}^{\mathrm{T*}}(x,y) \tag{3.172}$$

对于互耦合系数，存在 $\gamma'_{+} = (\gamma'_{-})^{*}$，从式(3.172)中可以明显看出，随着 TFBG 栅线倾斜角度的增加，光纤内部耦合效率降低。条纹可见度 s 可表达为

$$\frac{s_{\pm}(\theta)}{s} = \frac{\iint\limits_{\mathrm{co}}\mathrm{d}x\mathrm{d}y\,\exp\left(\pm\mathrm{i}\dfrac{2\pi}{\Lambda}x\tan\theta\right)\boldsymbol{e}_{-i}^{\mathrm{T}}(x,y)\boldsymbol{e}_{+i}^{\mathrm{T*}}(x,y)}{\iint\limits_{\mathrm{co}}\mathrm{d}x\mathrm{d}y\,\boldsymbol{e}_{-i}^{\mathrm{T}}(x,y)\boldsymbol{e}_{+i}^{\mathrm{T*}}(x,y)} \tag{3.173}$$

结合 TFBG 自耦合系数、互耦合系数与条纹可见度，可以得到三者的关系，即

$$\gamma_{\pm}(z,\theta) = \frac{s_{\pm}(\theta)}{z}\xi(z) \tag{3.174}$$

对比 FBG 的条纹可见度，TFBG 的条纹可见度明显弱于 FBG，原因主要是其倾斜的栅线使得光在纤芯中传输时，有一部分由于反射作用进入包层，TFBG 反射率随光栅倾斜角度 θ 的增加而减小，特征波长发生红移。

仿真参数选取光栅的栅区长度 20mm 作为固定值，将光栅周期 Λ 设置为 0.5288855μm，此时对应的布拉格波约为 1550nm。耦合模式数量 i 设置为 20，越多的耦合模式会得到越丰富的包层模，光栅调制系数 Δn 设置为 5×10^{4}，之后分别将光栅倾斜角度设置为 2°、4°、6°、8°。仿真结果对比如图 3.33 所示。

由图 3.33 可以看到，倾斜角度为 2°时，TFBG 透射谱中的纤芯模部分透射功率较大，与之对应的包层模谐振峰集中在长波方向，且功率较高。其原因主要是在小倾斜角度时，光栅栅线对光的反射作用较弱，有更多能量的光透射，造成高功率的透射谱。当倾斜角度逐渐增大时，可以看到纤芯模透射谷功率明显下降，并且逐渐尖锐，包层模式更加丰富，谐振波长分布逐渐向短波方向移动，且功率逐渐降低。其原因主要是更大的倾斜角度使得更多部分的光被反射进包层参与包层模耦合，其产生的模式也逐渐增多，能量分布也更加均匀。由于纤芯中的光能

量降低，因此纤芯模功率降低。与此同时，θ 逐渐增大导致 $\Lambda = \Lambda_{\mathrm{g}}/\cos\theta$ 增大，造成 TFBG 谐振波长的整体红移。

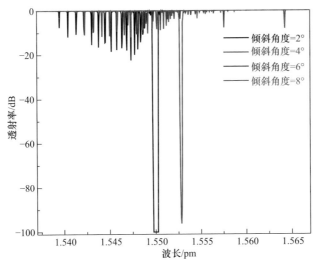

图 3.33　不同倾斜角度 TFBG 透射谱仿真结果对比

设定光栅的栅区长度为 20mm，光栅周期 Λ 设置为 0.5288855μm，光栅倾斜角度设置为 6°，将光栅调制系数 Δn 设置为 5×10^{-4}，分别将包层模阶数设置为 10、20、30、40 并对其光谱进行仿真，如图 3.34 所示。

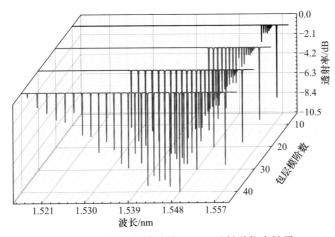

图 3.34　不同包层模阶数 TFBG 透射谱仿真结果

由图 3.34 可知，包层模阶数对 TFBG 透射谱中的谐振峰影响较大，包层模阶数越多，谐振峰模式越丰富，波形完整度越高。随着包层模阶数的增多，透射谱短波方向出现更多的谐振峰，对包层模及纤芯模能量与波长无明显影响。

参 考 文 献

[1] 张伟刚. 光纤光学原理及应用[M]. 北京: 清华大学出版社, 2012.

[2] 宋贵才. 光波导原理与器件[M]. 北京: 清华大学出版社, 2016.

[3] 刘德明, 孙军强, 鲁平. 光纤光学[M]. 3 版. 北京: 科学出版社, 2016.

[4] Snyder A W, Love J. Optical Waveguide Theory[M]. London: Chapman and Hall, 1983.

[5] Marcuse D. Theory of Dielectric Optical Waveguides[M]. 2nd ed. New York: Academic Press, 1974.

[6] Agrawal G P. Fiber-Optic Communication Systems[M]. 4th ed. Hoboken: Wiley, 2010.

[7] 李淑凤, 李成仁. 光波导理论基础[M]. 2 版. 北京: 电子工业出版社, 2018.

[8] 张自嘉. 光纤光栅理论基础与传感技术[M]. 北京: 科学出版社, 2009.

[9] 李川, 张以谟, 赵永贵. 光纤光栅: 原理、技术与传感应用[M]. 北京: 科学出版社, 2005.

[10] Yariv A. Coupled-mode theory for guided-wave optics[J]. IEEE Journal of Quantum Electronics, 1973, 9(9): 919-933.

[11] Mizrahi V, Sipe J E. Optical properties of photosensitive fiber phase gratings[J]. Journal of Lightwave Technology, 1993, 11(10): 1513-1517.

[12] Erdogan T. Cladding-mode resonances in short- and long-period fiber grating filters[J]. Journal of the Optical Society of America A, 1997, 14(8): 1760-1773.

[13] Erdogan T. Fiber grating spectra[J]. Journal of Lightwave Technology, 1997, 15(8): 1277-1294.

[14] Kogelnik H. Filter response of nonuniform almost-periodic structures[J]. Bell System Technical Journal, 1976, 55(1): 109-126.

[15] Verly P G, Dobrowolski J A, Wild W J, et al. Synthesis of high rejection filters with the Fourier transform method[J]. Applied Optics, 1989, 28(14): 2864-2875.

[16] Agrawal G P, Bobeck A H. Modeling of distributed feedback semiconductor lasers with axially-varying parameters[J]. IEEE Journal of Quantum Electronics, 1988, 24(12): 2407-2414.

[17] Chern G W, Wang L A, Lin C Y. Transfer-matrix approach based on modal analysis for modeling corrugated long-period fiber gratings[J]. Applied Optics, 2001, 40(25): 4476-4486.

[18] Yeh P. Optical Waves in Layered Media[M]. New York: Wiley, 1988.

[19] 冯德军, 开桂云, 丁镭, 等. 光纤布喇格光栅的多层膜分析方法[J]. 光通信技术, 1999, 23(4): 278-281.

[20] Othonos A, Measures R M, Lee X. Superimposed multiple Bragg gratings[J]. Electronics Letters, 1994, 30(23): 1972-1974.

[21] 蒲会兰. 取样光栅的特性仿真及其在光纤系统中的应用[J]. 光纤与电缆及其应用技术, 2008, (5): 39-42.

第4章

光纤光栅的紫外激光刻写技术

氩离子激光具有良好的空间相干性，其输出激光的线宽窄，同时出射的光束指向稳定性使得它非常适合光纤光栅的刻写。然而，氩离子激光为连续型激光输出，限于输出功率，目前常推荐用于 I 型光纤光栅的刻写，若要实现 II 型光纤光栅的刻写，一般使用脉冲型激光。

KrF 准分子激光器具有单脉冲能量高、脉冲重复频率高等技术特点，因此适合光纤光栅的大批量生产和光栅阵列的制作。其极高的峰值功率可用于 II 型光纤光栅的刻写。通过空间滤波等技术可提高 KrF 准分子激光空间相干质量。通过优化光学、机械结构可进行双包层光纤光栅、多芯光纤光栅、双折射光纤光栅、超短光纤光栅、超长光纤光栅、重叠光纤光栅等特种光纤光栅的刻写。

4.1 节首先对光纤光栅刻写技术发展进行概述；4.2 节具体介绍紫外激光刻写光栅的流程，并且以课题组所在实验室的两套光栅刻写制造系统为例，详细介绍准分子激光刻写系统和氩离子激光刻写系统，并针对刻写参数对光栅刻写的影响进行分析和实验研究；4.3 节详细介绍两套光栅刻写系统制作切趾、啁啾、超短、保偏、相移、级联等特种光纤光栅及其特性；4.4 节和 4.5 节分别介绍基于准分子激光刻写系统的多芯光纤光栅和双包层光纤光栅的制作方法；4.6 节介绍基于氩离子激光刻写系统制作再生光纤光栅的方法。

4.1 光纤光栅刻写技术概述

1978 年，Hill 等[1]在掺锗光纤端面耦合输入 488nm 氩离子激光。这次偶然的实验过程发现透射谱和反射谱的奇异性，同时发现掺锗光纤具有紫外激光敏性，制成世界上第一支光纤光栅。光纤光栅领域的研究人员将这一传奇发现定位为光纤光栅发展的里程碑贡献。氩离子激光器发出的 488nm 波长的激光经过透镜耦合进入光纤中，与光纤端面反射光相互干涉，在光纤纤芯中形成驻波，产生周期性强度分布，因此这种方法称为驻波法。此时，如果纤芯对光强敏感，纤芯折射率就会被改变，形成周期性的折射率调制，进而刻写 FBG。这种写入方法又称内部写入法，刻写得到的 FBG 周期与干涉形成的强弱交替光场的空间周期相同，即刻写周期受限于激光器的波长，利用内部写入法只能制作与写入光波长一致的FBG。同时，由于对光纤的掺锗含量、纤芯尺寸，以及光纤端面反射率等要求严格，大大限制了光纤光栅在实际中的应用，使得十年内光纤光栅方面的研究进展缓慢，而这种写入方法也未得到广泛的应用和开发。

随着技术的发展，人们提出光纤光栅外部写入法，相较基于驻波机制的内部写入法，外部写入法的系统更灵活，对光源的要求更宽泛，因此得到了迅速发展。其主要包括双光束干涉法、相位掩模法和逐点刻写法等。刻写光源有紫外激光、CO_2 激光、飞秒激光等，也有一部分研究人员提出电弧放电熔融和电离方式的光纤光栅刻写方法。

4.1.1 光纤光栅的类型

采用紫外激光制作 FBG 的成栅过程及其实现方法为人们理解光纤的光敏性提供了重要的实验依据。由于光纤光敏性机理的多样性，光纤光栅的形成与多种影响光纤光敏性的因素有关，如光纤种类、紫外激光波长、激光能量大小等。总体来说，光纤光栅可以分为三种基本类型，即折射率变化在损伤阈值以下的 I 型光纤光栅、在损伤阈值以上的 II 型光纤光栅，以及再生光纤光栅。

表 4.1 列出几种光纤光栅的主要区别。这些光栅类型的物理特性可以通过它们的生长动力学和热致衰减的测量来推断。每种光栅类型的加速衰减都不同，考虑温度因素，类型 I 与局部电子缺陷有关，因此最不稳定，类型 II 最稳定，II A 型介于两者之间。分别用脉冲或连续波激光器刻写光栅，在两种刻写条件下，I 型光纤光栅生长的成栅机理基本一致，用脉冲激光写入 I 型光纤光栅比用连续激光效率更高，II A 型光纤光栅可以通过脉冲激光和连续激光写入，而 II 型光纤光栅只能通过高能脉冲激光刻写。

表 4.1　II A、II、I 型光纤光栅之间的主要区别

光栅类型	累计照射剂量/(J/cm²)	脉冲能量/(mJ/cm²)	刻写方式		成栅模型
			连续	脉冲	
I 型	≥500	100	√	√	色心模型
II A 型	>500	100	√	√	致密化模型
II 型	—	1000	×	√	光纤的熔融和损伤

1. I 型光纤光栅

普通 I 型光纤光栅是一种正折射率调制光栅($\delta_n > 0$)，在光栅写入过程中，折射率调制深度与平均折射率均呈单调增长。折射率变化往往与缺陷中心有关，缺陷中心被紫外激光或者达到相同能量水平的多光子过程激发。对于大量刻写光栅的标准锗硅光纤,这些能量水平与氧缺陷中心(oxygen defect center,ODC)在 244nm 和 320nm 附近的吸收带有关。通过氩离子激光器倍频(连续 244nm)、KrF(脉冲 248nm)和 ArF(脉冲 193nm)的准分子激光器、四倍频(脉冲 266nm)和三倍频(脉冲 355nm)的 Nd:YAG 和其他钕掺杂晶体激光器等激光光源,ODC 吸收都是可以实现的。这些 ODC 吸收带也可以被一些波长更长的飞秒激光器通过多光子效应激发。普通 I 型光纤光栅在很多传感和激光器应用中有极其重要的地位,但是这种光栅的温度稳定性相对较差,有效工作范围一般为 –40～80℃。

2. ⅡA 型光纤光栅

ⅡA 型光纤光栅是在普通 I 型光纤光栅的基础上延续和进化而来的。通常,ⅡA 型光纤光栅成栅于高掺锗(>25mol)和大数值孔径的光纤中,光栅的生长(折射率调制)出现反转,这是 ⅡA 型光纤光栅产生的标志。在连续曝光下,可以明显看出光栅中心波长向长波方向漂移,同时出现负折射率调制,如果写入强度足够强,在光栅生长曲线第二部分的光栅强度可以超过第一部分。实验观察到的典型耐受温度为 500℃,通过强度的优化,这个温度耐受值可以提高到超过 700℃。

3. Ⅱ 型光纤光栅

当光纤接受能量密度大于 1000mJ/cm^2 的照射时,高能紫外激光脉冲导致纤芯-包层边缘的小部分区域内折射率的巨大改变(10^{-2} 量级)。这种效应会使光纤纤芯发生物理性损伤,此时形成的光栅称为 Ⅱ 型光纤光栅。Ⅱ 型光纤光栅的制备需要能量密度较高的激光器,制备过程中存在激光的非线性吸收效应,从而导致光纤中的玻璃晶格结构的熔融,产生较大的折射率调制,因此 Ⅱ 型光纤光栅具备优越的高温稳定性,能够在 800℃的高温环境下正常工作。通过显微镜观察 Ⅱ 型光纤光栅,可以清晰地看到光纤因玻璃熔融而产生的结构变化。

目前,用于刻写 Ⅱ 型光纤光栅的激光器主要有大功率的准分子激光器和飞秒激光器。利用准分子激光器制备 Ⅱ 型光纤光栅的方法主要有相干写入法和相位掩模法,而利用飞秒激光器刻写光栅的方法可归为相位掩模法和逐点刻写法。

4.1.2　双光束干涉法

1989 年,美国联合技术研究中心 Meltz 等[2]提出了双光束干涉写入 FBG,使得 FBG 的制作和应用逐渐拉开序幕。这种写入方法的核心是将入射光分束,两束光重新相遇时会发生干涉,然后将光纤放置在干涉场中曝光,从而形成永久的周期性折射率调制。根据形成干涉场方式的不同,可以分为分振幅干涉法和分波前干涉法。Meltz 等最早提出的就是分振幅干涉法,实验装置示意图如图 4.1 所示。实验采用波长范围为 486～500nm 的可调谐准分子泵浦染料激光器,将倍频得到紫外激光作为写入光源。入射的紫外激光经分束镜分为等强度的两束光。两束光经柱透镜会聚后重新相遇并产生与光纤轴向垂直的干涉条纹，采用宽带光源和高分辨率的单色器，用于对光栅的反射谱和透射谱进行实时监测。驻波法是在光纤端面输入激光从而形成光栅，而双光束干涉法是在光纤侧面进行曝光照射，因此也称光纤侧面写入法，或侧向全息法。

与驻波法相比，该方法可以大大提高写入效率，且可以通过改变两相干光的波长和它们之间的夹角来调节所刻写的光纤光栅周期。但是，双光束干涉法也有缺点，即它对光源的相干性和系统的稳定性要求较高。

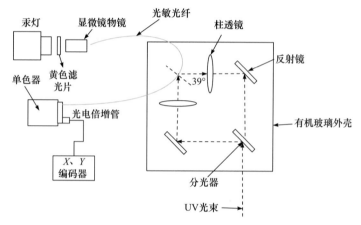

图 4.1　Meltz 等提出的双光束干涉法实验装置示意图[2]

分振幅干涉法通过多个光学器件组合成光学系统后，将光源光束经光学系统得到干涉波，进行光纤纤芯的调制，然后制作 FBG。分振幅干涉光路如图 4.2(a)所示。分振幅干涉法中两束光在各自的光路中经历了不同的反射次数，因此干涉光束具有不同的切向方向，这会导致光束的空间相干性降低，继而影响干涉条纹的

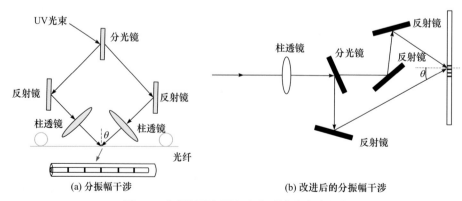

(a) 分振幅干涉　　　　　　　　　(b) 改进后的分振幅干涉

图 4.2　分振幅侧向写入全息干涉法光路组成

质量。Dockney 等[3]提出一种新的干涉仪结构来解决上述问题(图 4.2(b))。在反射次数少的光路中增加一个反射镜进行补偿，可以使两束光重新相遇之前经历相同的反射次数，从而提高两束光的空间相干性。

在干涉法中，光栅的周期与干涉条纹的周期一致，因此得到的光栅周期为

$$\Lambda = \frac{\lambda_s}{2\sin\theta} \tag{4.1}$$

式中，λ_s 为激光波长；θ 为两束光夹角的一半。

根据布拉格条件，光栅的布拉格谐振波长可以表示为

$$\lambda_B = \frac{n_{eff}\lambda_s}{\sin\theta} \tag{4.2}$$

从式(4.2)中可以看出，光栅的布拉格波长可以随激光波长和光束夹角的变化而改变，改变光纤的放置方式或者改变双光束的夹角可以方便地改变光栅的波长。因此，分振幅干涉法突破了驻波法对光栅波长的本征限制，同时通过在刻写光路中引入光学器件来改变光栅结构成为可能。例如，可以通过引入一个或多个圆柱透镜来制备啁啾光纤光栅[4]。另外，由于光学系统和光纤不接触，这种方法可以在一些特殊场合使用。例如，可以在光纤拉丝过程中写入光栅[5]，避免光纤涂覆层的剥离，保证光栅的机械强度。但是，分振幅干涉对机械振动、空气流动等因素都非常敏感，任何亚微米级的光学器件移动都可能导致刻写失败。此外，这种方法对光源的空间相干性和时间相干性都有很高的要求，使得很多单色性不好或者多横模输出的激光器不适合作为写入光源。最后，光栅波长精确定位非常困难，根据式(4.2)可以推算，采用 240nm 的激光刻写 1550nm 波长的光栅，设光纤有效折射率为 n_{eff}^s，若 θ 偏差 0.01°，则布拉格波长漂移量将达到 67nm。

另外一种干涉法是分波前干涉法，是仅用一个光学器件将光源光束生成干涉波的方法。典型的分波前干涉仪包括洛埃镜干涉仪[6]和棱镜干涉仪[7]，二者光路如图 4.3 所示。Limberger 等[6]提出利用洛埃镜可将入射光的波前分为两束，其中一束经平面镜反射后与另一束发生干涉，这种方法的不足是需要极为精确的调整方可达到实现所需的光栅周期。与洛埃镜原理类似，两束被分开的波前，一束在棱镜内部传播，另一束经内表面反射后，二者重新相遇发生干涉。根据棱镜折射和双光束干涉的相关原理，可得

$$\Lambda = \frac{\lambda_s}{2\sin\theta\left(\sqrt{n_1^2 - \sin^2\alpha} - \cos\alpha\right)} \tag{4.3}$$

式中，θ 为入射激光与棱镜入射面法向的夹角；α 为棱镜倾角；n_1 为棱镜对应 λ_s 的折射率。

较洛埃镜干涉仪有改进的是，可以通过控制棱镜的倾角 α 来精确调整光栅周期，在一定程度上降低系统调整的难度。分波前干涉法的突出优点是只需要一个

光学器件，可以解决分振幅干涉法对机械振动极其敏感的不足。另外，两束光的光程差很小，对激光光源时间相干性的要求降低。但是，光栅的刻写长度无法调节，仅取决于入射光斑大小，而且对光源空间相干性的要求仍然很高。

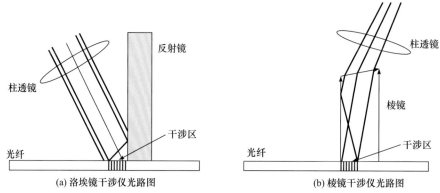

(a) 洛埃镜干涉仪光路图   (b) 棱镜干涉仪光路图

图 4.3　分波前干涉法装置图

虽然分波前干涉法与分振幅干涉法都需要光源具有良好的空间相干性，但是分波前干涉法因其只需一个光学器件，干涉装置简单，更适合在一些不对光栅长度及光栅波长调谐范围多做要求的场合应用。

4.1.3　相位掩模法

1993 年，加拿大通信研究中心 Hill 等[8]提出相位掩模法。实验装置如图 4.4 所示。将光纤紧贴相位掩模板放置，紫外激光经过掩模板后的±1 阶衍射光在光敏光纤上形成强弱交替的干涉条纹，对光纤纤芯进行调制，从而在光纤中刻写光纤光栅。激光正入射的方式照射光纤成功制作出反射率为 16%的 FBG。几乎同时，美国 Anderson 等[9]采用激光斜入射的方式成功制作出反射率为 94%的 FBG。

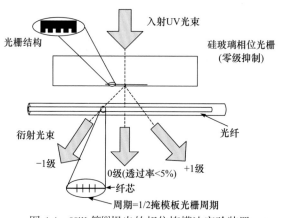

图 4.4　Hill 等[8]提出的相位掩模法实验装置

假设相位掩模板前表面(到达光)的光场强振幅为 1,相位是 0,吸收忽略不计,则相位掩模板后表面(射出光)的光场强分布为

$$\begin{cases} E_0(x) = e^{i\delta_1}, & \Lambda_{pm}/4 < |x| < 3\Lambda_{pm}/4 \\ e^{i\delta_2}, & -\Lambda_{pm}/4 < x < \Lambda_{pm}/4 \end{cases} \tag{4.4}$$

即掩模板的齿和槽部分分别引入附加相位 δ_1 和 δ_2。假设凹凸部分宽度相等,则后表面的光场强分布可按傅里叶级数展开为

$$E_0(x) = \sum_{n=-\infty}^{\infty} C_n \exp\left(in\frac{2\pi x}{\Lambda_{pm}}\right) \tag{4.5}$$

式中

$$\begin{aligned} C_n &= \frac{1}{\Lambda_{pm}} \int_{-\Lambda_{pm}/2}^{\Lambda_{pm}/2} E_0(x) \exp\left(in\frac{2\pi x}{\Lambda_{pm}}\right) dx \\ &= \exp(i\delta_1)\mathrm{sinc}(n\pi) + \frac{1}{2}\left(\exp(i\delta_2) - \exp(i\delta_1)\mathrm{sinc}(n\pi/2)\right) \end{aligned} \tag{4.6}$$

由此可见

$$C_0 = \frac{1}{2}(\exp(i\delta_2) - \exp(i\delta_1)), \quad C_{2(k+1)} = 0$$

$$C_{2(k+1)} = \frac{1}{2(k+1)\pi}(\exp(i\delta_2) - \exp(i\delta_1)), \quad k = 0,1,2,\cdots \tag{4.7}$$

当满足条件 $\delta_1 - \delta_2 = \pi$ 和 $h = \lambda_{UV}/2(n_{UV}-1)$ 时, $C_0 = 0$,说明零阶衍射光强为零。从两束相干光干涉极大条件可得 ± 1 阶相干光场条纹间距为 $x = \Lambda_{pm}/2$,即所产生的光栅周期为 $\Lambda = \Lambda_{pm}/2$。由此求出的光纤光栅的布拉格波长为

$$\lambda_B = 2n_{eff}\Lambda = n_{eff}\Lambda_{pm} \tag{4.8}$$

式中, n_{eff} 为光纤纤芯有效折射率。

因此,相位掩模板的干涉周期与入射光波长无关。一般情况下,为了确保干涉条纹的可见度,应使写入激光正入射相位掩模板。

紧贴相位掩模存在的问题是,如果光纤紧贴模板放置,有可能损害模板精细的光栅结构。因此,一些研究人员提出非接触式的相位掩模板写入方法。1996 年,Dyer 等[10]提出基于 Talbot 干涉仪的非接触相位掩模写入法。装置的干涉区不在模板的近场, ± 1 阶衍射光经过一定光程后发生干涉,如图 4.5 所示。光栅周期与两光束的交角 θ 和写入波长 λ_s 有关,即 $\Lambda = \lambda_s/(2\sin\theta)$。由于干涉区在空间呈菱形分布,光栅的长度取决于光纤在干涉区的位置,通过调节平面镜的位置和角度可以实现大范围光栅周期的调节。

在反射镜中央加入一块挡片可用于消除 0 阶衍射光,虽然相位掩模板的特殊设计可以抑制 0 阶衍射光,但是在强激光的条件下,0 阶衍射光仍然会对写入光栅

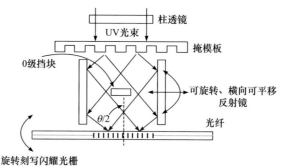

图 4.5　基于 Talbot 干涉仪的非接触相位掩模写入法原理[10]

的质量造成影响。为了能更好地消除 0 阶衍射光，偏移式的 Talbot 干涉仪被提出。其写入原理如图 4.6 所示。调整两个平面镜的位置，可将成栅区域和 0 阶衍射光分开。

利用干涉仪结构实现的非接触式相位掩模法在光路形式上与分振幅干涉法很相近，相位掩模板充当分光器的作用，并确定基本的光栅波长范围。这种方法与接触式相位掩模法相比，可以实现光栅周期的大范围调整，还可以对 0 阶衍射光进行抑制或消除。但是，这种方法同样受机械振动的困扰，在实用性上与接触式写入法存在差距。针对接触式相位掩模法，也有一些光栅周期的调节方法。在曝光之前对光纤进行拉伸，然后在维持拉力不变的情况下进行光栅写入[11]，可以改变写入光栅的周期。不同拉力下产生的光栅波长不同，受光纤机械强度的限制，利用外加应变的方法一般可以在 5nm 的范围内调节光栅的波长。

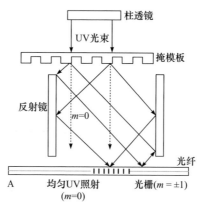

图 4.6　消除 0 阶衍射影响的 Talbot 干涉仪写入原理图

相位掩模法最关键的器件是相位掩模板。它是一维周期性表面刻蚀光栅，一般是经电子束曝光或全息干涉刻蚀于硅片表面的一维周期性结构。其实质是具有特殊结构的透射相位光栅。当紫外激光垂直照射相位掩模板时产生衍射，通过抑制 0 阶衍射光，利用对称的±1 阶衍射光产生干涉条纹，从而在光纤纤芯上曝光写

入 FBG。如图 4.7 所示 Ibsen 公司优化过的±1 阶相位掩模板能够最大限度地在+1
阶和−1 阶衍射。两阶之间的自干涉产生一个周期为相位掩模周期一半的干涉图
样。Ibsen 公司制造了一系列具有高度 0 阶抑制的±1 阶相位掩模板，光栅周期覆
盖 400～2500nm，入射光波长可在 193～800nm，掩模板材料一般为紫外波段的熔
融石英，典型的 0 阶抑制在 0～2%，但是不同长度栅区长度的 0 阶均匀性不同。

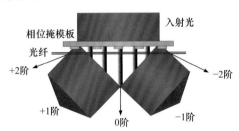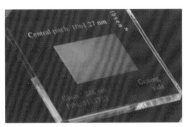

图 4.7　Ibsen 公司用于 FBG 刻写的相位掩模板产品

　　光纤光栅的相位掩模法写入装置简单。光栅周期仅由掩模周期决定，与写入
光源波长无关，只需一个光学元件就可以稳定地写入高质量的光纤光栅，它的出
现是光纤光栅发展历史中一个重要的里程碑。由于光纤受模板近场衍射的调制，
可以降低系统对机械振动等因素的影响，制作过程相对简单。因为两束衍射光形
成干涉的光程基本一致，所以激光时间相干性的影响几乎可以忽略，对系统的稳
定性和光源的相干性要求不高。需要考虑的因素是激光的空间相干性，光纤和模
板距离越大对空间相干性的要求越高。其主要缺点在于相位掩模板价格相对昂贵，
且中心波长固定，调节难度较大，更适合中心波长调节范围较小的光纤光栅的制
作，单条生产线的生产能力不高限制了其大批量生产的商业应用。因此，很多学
者致力于自动化刻写或以流水线作业的方式与掩模板写入技术相结合。

4.1.4　逐点刻写法

　　逐点刻写法又称扫描写入法，或逐点扫描法，是采用透镜把光斑聚焦成很小
的高能脉冲，不需要任何相位掩模板直接在光纤上逐点进行曝光，通过高精度电
机控制光纤移动速度，隔一个周期曝光一次，形成任意周期的光纤光栅[12]。

　　1990 年，Hill 等[13]首次采用 KrF 准分子激光器在光纤中逐点写入栅距为
0.59μm 的光栅。入射的准分子激光通过狭缝后被柱透镜聚焦到光纤纤芯，使得纤
芯局部的折射率发生变化，然后控制光斑沿光纤轴向平移距离 d，重复上述过程
直至光栅结构形成，d 就是光栅的周期。这种方法对电机和传动机构的精度及重
复性的要求非常严格。1993 年，他们又提出一种改进的方法，通过逐点刻写法制
备高阶衍射光栅[14]。如图 4.8 所示，该系统采用 248nm 高功率准分子激光，聚焦
后尺寸为 500μm×1.5μm 的光斑照射光敏光纤。这样聚焦部分的光致折射率变化的
宽度约为 0.7μm，然后通过精确移动光纤实现逐点曝光。由于栅距间隔较大，一

阶光栅的波长也相应较大，但是可以利用光栅的高阶光谱响应获得通信波段的光栅。实验中可以观察到波长 1500nm 处的三阶衍射光栅。

逐点刻写法的主要优点是利用光斑品一部分或者聚焦后的光斑，对光源的相干性没有严格要求，并且光纤光栅参数，如长度、周期、折射率范围可灵活调控，可以制备多种类型的光栅，如啁啾光纤光栅的刻写。但是，该方法受光斑会聚尺寸、移动台精度等因素的影响，对电机及传动系统的控制精度要求极高，而且光栅的周期不能太小，因此只有周期大于 100μm 的 LPFG 或某些在线写入时才采用紫外激光逐点刻写法，而对于光纤布拉格光栅等短周期(小于 1μm)光栅仍广泛采用相位掩模法。

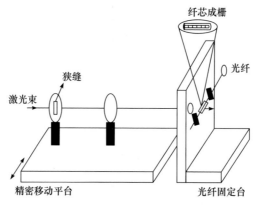

图 4.8　光纤光栅逐点刻写法原理示意图

4.2　紫外激光刻写光纤光栅技术

4.2.1　光栅刻写流程和工艺

紫外激光结合掩模板直接写入光纤光栅的制作流程包括光纤载氢、涂覆层剥除、曝光刻写、光纤光栅退火、栅区再涂覆。刻写工艺流程和操作流程如图 4.9 所示。

1. 光纤载氢

光纤中的氢分子与空气中的氧分子反应形成氢氧根离子，会增加光纤损耗，而且氢与锗原子作用形成 GeH，很大程度上会改变紫外区域的能带结构，进而影响光纤的有效折射率。1993 年，贝尔实验室 Lemaire 等[15]首次引入简单、高效的载氢增敏技术。他们将掺锗 3%(摩尔分数)的光纤放入充满氢气的容器中，容器温度为 25～70℃，气压为 2～76MPa(典型值为 15MPa)。通过这种方法可以使氢分

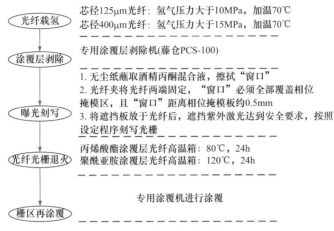

图 4.9　光纤光栅的制作流程

子扩散到光纤纤芯中，当载氢光纤受到紫外激光照射或加热时，氢气与掺锗石英光纤材料之间发生化学反应，形成与折射率变化有关的 Ge—OH、Si—OH 等化学键和缺陷中心。低温载氢技术可以使掺锗石英光纤材料的光敏性提高 1～2 个数量级。

　　光纤载氢是为了提高掺锗光纤光敏性，这是能否写入光纤光栅和写入质量优劣的基础。光纤载氢系统如图 4.10 所示。氢气罐内气压值设置为 13MPa，如果常温载氢一般要 7～8 天，为了加快载氢速度，可以利用温控装置使载氢罐保持在 60～80℃。通过这种方法可以使氢分子迅速扩散到光纤纤芯中。当载氢光纤受到紫外激光照射或加热时，氢气与掺锗石英光纤材料之间将发生化学反应，形成与折射率变化有关的 Ge—OH、Si—OH 等化学键和缺陷中心。

　　对于大芯径的光纤，需要增加载氢时间，如 LMA20/400 的双包层光纤需要载氢 30 天以上，才能实现反射率大于 99.5% 的高反射率光栅的刻写。

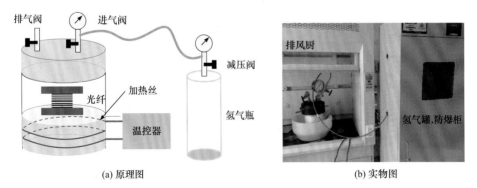

(a) 原理图　　　　　　　　　　　　(b) 实物图

图 4.10　光纤载氢系统

2. 涂覆层剥除

目前采用红外飞秒激光和 355nm 波段的紫外激光可以透过涂覆层完成光栅的刻写，特殊的透紫外涂层光纤也无需剥除涂覆层即可实现光栅的刻写，但是这类光纤的制作工艺仍需改进。目前技术成熟的通信光纤、高功率激光器使用的大芯径光纤常用丙烯酸酯涂覆层，光纤传感用的耐高温光纤常用聚酰亚胺涂覆层，采用紫外激光刻写光纤光栅时，仍需要高效、无损伤的涂覆层剥离技术。尤其是，刻写应用于高功率光纤激光器中的光纤光栅时，涂覆层的剥除质量对光纤光栅的高功率特性有重要的影响，必须保证剥除过程对光纤内包层无损伤。

常规剥离光纤涂覆层的方法有机械式剥离法、化学式剥离法、热力机械式剥离法和热气流式剥离法[16]。机械式剥离法对光纤包层损伤度比较大，很容易在包层上遗留划痕，剥离长度不是很容易精确控制。化学式剥离法对剥离长度是有极限要求的，并且对环境有一定程度的污染。热力机械式剥离法可以控制剥离长度，但是光纤两端位置存在损伤的弊端。

1) 化学式剥离法

化学式腐蚀法是将溶剂(强极性有机溶液、强酸、强碱等)加热到一定温度，使涂层发生溶胀或氧化分解，最终得以去除。这种方法需要消耗较长的时间来加热较多的溶剂，效率较低。

英国 Simpkins 等[17]最早在 1976 年提出用浓硫酸腐蚀光纤涂覆层。把光纤浸入 215℃的浓硫酸中 30s 左右，用清水把光纤冲洗干净，用热风机进行干燥处理。化学式剥离法一般应用在实验室中，它利用有机溶液溶解有机物质的原理[18]，通过有机溶液对光纤涂覆层进行软化溶解，然后在外力作用下使涂覆层脱落，主要过程就是把待剥离光纤涂覆层的光纤浸泡在有机溶液中，经过一段时间浸泡，用试纸清理光纤表面，最后干燥即可。

化学式剥离法使用的溶剂很多，如浓硫酸、乙醇、二氯甲烷等。针对不同涂覆层的光纤需要选择不同的化学试剂，对于聚酰亚胺涂覆层目前常用98%的浓硫酸加热80℃进行去除。剥离过程中提高加热温度可以加快剥除速度，但是温度过高会加快光纤中氢气的扩散速度，使得光纤的光敏性降低，因此需要综合考虑剥除速度和光敏性。

2) 热力机械式剥离法

聚合物材料通过对光纤表面的高温烧蚀即可将涂层碳化分解，然后用无尘纸蘸取酒精擦拭即可去除，但光纤芯层的抗拉强度会受到一定的影响。

热力机械式剥离法就是通过加热方式使待剥离光纤涂覆层受热软化，然后利用刀具进行剥离，这种方法目前主要应用在批量生产的自动剥离机器方面。自动剥离机由加热装置、固定装置和刀具装置三部分组成。光纤固定在固定装置上，通过加热载体对待剥离涂覆层加热，使待剥离涂覆层达到软化状态，然后由电子线路控制的刀具进行剥离。刀具按照设定好的轨迹剥离涂覆层，不过这种剥离后的裸光纤表面还是存在着一些杂质，还需要用无水乙醇进行表面处理。不同剥离机器的设计不同，对待剥离光纤的要求也不同。例如，光纤热剥离器 HJR-7 使用的是横向剥离方法，剥离的长度可以调节，光纤插入剥离器就可以实现迅速剥离。日本藤仓株式会社的 FUJIKURA HJS-02 操作简单方便，整个过程都是通过微型单片机电路控制电加热，待光纤涂覆层加热软化后，控制刀具进行剥离。热力机械式剥离机器的涂覆层在受热软化后，刀片更加容易接近光纤的包层，刀片剥离光纤涂覆层的径向力相对剥离没有软化涂覆层的径向力小很多。刀片呈往复直线运动，每次剥离面很小，会增加刀片和光纤包层表面的接触次数，同时加大刀片对包层产生刮痕的概率。这样就提高了对刀片的要求，维护保养频率比较高。此外，热力机械式剥离法不能剥离光纤任意位置，一般都是剥离光纤端部。

美国 3SAE 公司的 EPU II 光纤涂层电离剥除机采用 3 个电极放电产生高温等离子对光纤涂覆层热处理进行剥除，其产生的上千摄氏度的瞬态高温可以将聚酰亚胺涂覆层迅速碳化，然后通过无尘纸擦拭即可去除涂覆层。

3) 机械式剥离法

机械式剥离法是应用最广泛的，其优点是操作简单、方便实用，适用于对剥离后裸光纤质量要求不高的实验室和野外加工作业；缺点是在剥离过程中，光纤比较容易断裂，裸光纤的应用强度较低，并且很难实现光纤中间任意部位的剥离，对操作人员的熟练程度要求较高。米勒钳是目前机械式剥离法中应用最广泛的工具，其钳口有不同的孔径，只要将待剥离光纤对应米勒钳钳口上的孔径，用适当力度握紧手柄，始终保持手柄和光纤呈垂直姿势，迅速抽离光纤就可以得到裸光纤。需要注意的是，使用米勒钳之前，一定要保证钳口干净并且完好率系数比较高，同时在剥离涂覆层过程中，控制力度要均匀。各种不同剥离实验裸光纤的效果图如图 4.11 所示。

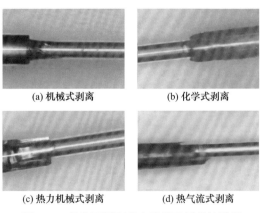

(a) 机械式剥离　　　　　(b) 化学式剥离

(c) 热力机械式剥离　　　(d) 热气流式剥离

图 4.11　各种不同剥离实验裸光纤的效果图

PCS-100 是日本藤仓株式会社开发的一款全能型全自动光纤涂层剥除器，适用于剥除聚酰亚胺材料涂覆层及普通树脂型涂覆层，通过配合精密马达精确控制剃刀角度及位置，类似"削铅笔"的动作，可实现近乎零包层损伤的剥除工艺。对于聚酰亚胺涂层光纤，可以实现最安全的高质量剥除，同时该剥除机附带拉力测试功能，可实时测量剥除后光纤的抗拉强度。

3. 光纤光栅退火

经过载氢处理之后的光纤，其光敏性可以得到明显的增强。为了能够使光栅长久有效地使用，高温退火可以加速氢分子脱离光纤。通过光栅退火处理，一方面可以稳定纤芯内的分子结构，提高光纤光栅的性能稳定性；另一方面，可以使得光纤光栅折射率在退火温度以下工作不受外界温度变化影响，从而提高光纤光栅工作的可靠性。在退火实验之后，会发现光栅的反射波中心波长往短波长方向漂移，这是由于退火导致光栅区域的平均折射率和折射率调制强度均变小。在实际操作中，退火的温度不应该设置太高，这样会对光纤结构造成永久性损伤，导致光栅性能降低甚至失效，设置为 150℃左右即可。

1) 高温炉方法

将刻写好的光纤光栅放入高低温循环箱，设置温度 80℃，放置 24h，观察光纤光栅的透射谱和反射谱变化。如图 4.12 所示，当温度从 20℃升高至 120℃后，光纤布拉格光栅的透射峰往短波长方向出现漂移。等温度稳定在 120℃之后每隔 1h 记录透射谱的变化情况(图 4.13)，5h 以后，透射谱、中心波长和 3dB 带宽基本不再发生变化。

2) 高温等离子处理

高温炉方法存在退火时间较长且会破坏光纤表面涂覆层的问题，因此找到一种快速可靠的退火方法对缩短光纤光栅制备周期具有重要的意义。电弧等离子体放电时，产生的温度场分布均匀，瞬时高温可达 1800℃，目前已经广泛应用于大

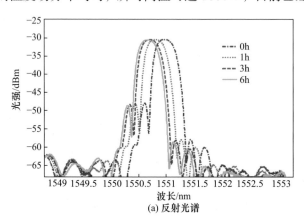

(a) 反射光谱

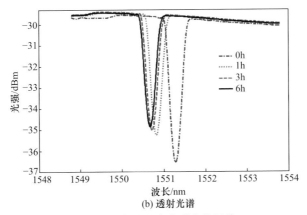

(b) 透射光谱

图 4.12 高温退火光谱变化规律

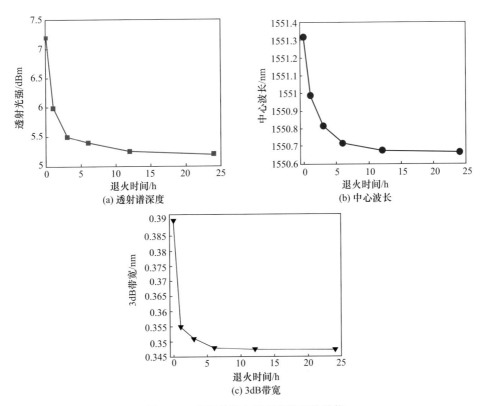

(a) 透射谱深度

(b) 中心波长

(c) 3dB带宽

图 4.13 高温炉退火光栅参数变化趋势

芯径特殊光纤的熔接、特殊光纤微结构和新型光纤光栅的制备。我们利用高温等离子体的瞬态高温特性对光纤光栅进行热处理，系统研究其对光栅光谱的影响，开发高效的光纤光栅退火方法[19-22]。

如图 4.14 所示,光纤光栅的两端分别固定在电弧等离子发生器的光纤夹具上,从宽带光源出来的光波经环形器进入光纤光栅,一部分光波被光纤光栅反射回来,再经环形器进入光开关 1 端口。另一部分光波经光纤光栅后透射出来,进入光开关的 2 端口,光开关的 3 端口与光谱仪相连。通过来回切换光开关,可以实现使用同一台光谱仪监测光纤光栅的反射谱和透射谱。其中,光谱仪为 YOKOGAWA 公司生产,型号为 AQ6370C,分辨率为 0.02nm,扫描波长范围为 600~1700nm。宽带光源为实验室自行研制的放大自发辐射光源,输出功率为 13.3dBm,波段为 C+L 波段(1525~1610nm)。实验采用 Corning SMF-28e 光纤,光纤有效折射率为 1.4472。光栅刻写方法采用相位掩模板下准分子激光器紫外曝光的方法。为保证刻写效率,获得高质量的光纤光栅,刻写之前,将光纤放入 80℃、12MPa 载氢罐中进行载氢增敏处理,载氢时间为 72h。

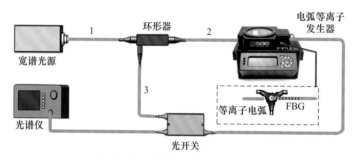

图 4.14　电弧等离子体放电激励光纤光栅实验装置

电弧等离子发生设备为美国 3SAE 公司生产的光纤涂层自动剥除机(3SAE FPUII),放电扫描方式为从左至右对整个栅区进行扫描。实验分两组,首先进行单次电弧等离子体放电扫描实验,设置电弧等离子体放电功率为固定值 55mW,以光纤光栅的最左端为起始点,电弧等离子体放电从左至右,以 0.15mm/s 的速度对整个栅区来回扫描,扫描次数记为 N。光纤光栅初始透射谱深度 14dB,中心波长 1552.57nm,3dB 带宽 0.2057nm,栅区长度 10mm。光纤光栅标记为 14dB-FBG。

图 4.15 为第 0、1、10、20、50 次放电扫描结束后记录的 14dB-FBG 透射谱。可以看出,经过第 1 次电极扫描放电后,透射谱深度、3dB 带宽明显下降,中心波长蓝移明显。

光纤光栅透射谱深度、中心波长、3dB 带宽随扫描放电次数的变化趋势如图4.16所示。随着放电次数的增多,FBG 的透射谱深度、中心波长、3dB 带宽变化逐渐平缓,最终保持不变,达到饱和。饱和状态下的光纤光栅透射谱深度为 5dB,中心波长为 1551.90nm,3dB 带宽为 0.135nm。将饱和后的光纤光栅放入高温炉中进行退火处理,对比退火前与退火后的透射谱和反射谱,如图 4.17 所示。

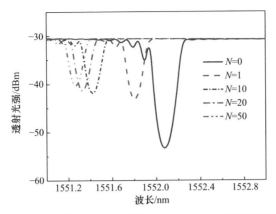

图 4.15　不同扫描放电实验次数下的 14dB-FBG 透射谱变化规律

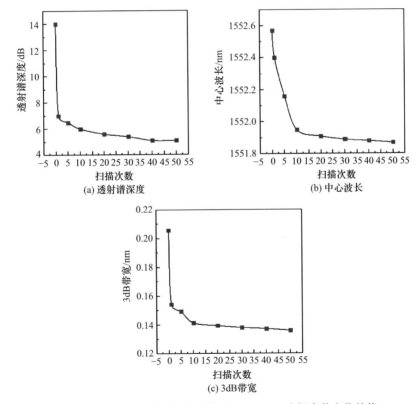

(a) 透射谱深度

(b) 中心波长

(c) 3dB带宽

图 4.16　不同扫描放电实验次数下 14dB-FBG 光栅参数变化趋势

退火前后，光栅光谱特性一致。该现象表明，以一定放电功率的电弧等离子体，多次扫描栅区可实现 FBG 的退火。然而，此时 14dB-FBG 的透射谱深度仅为 5dB，会影响光纤光栅的反射率。为了提高电弧等离子体退火 FBG 的透射谱深度，采用初始透射谱深度更大的 FBG 进行实验。

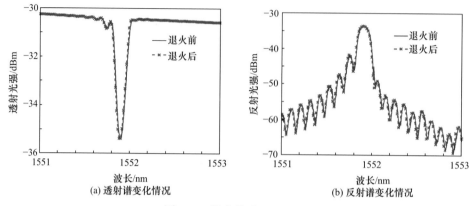

(a) 透射谱变化情况   (b) 反射谱变化情况

图 4.17　退火前后 14dB-FBG

电弧等离子体放电功率依然为固定值 55mW，以同样的速度和方法对透射谱深度为 23dB、中心波长为 1552.09nm、3dB 带宽为 0.2784nm、栅区长度为 10mm 的光纤光栅栅区进行放电扫描。光纤光栅标记为 23dB-FBG。随着实验次数的增加，其透射谱变化规律和透射谱深度、中心波长、3dB 带宽的变化趋势分别如图 4.18 和图 4.19 所示。

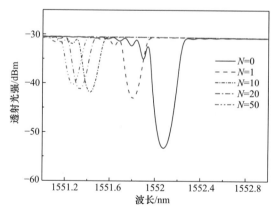

图 4.18　不同扫描放电实验次数下的 23dB-FBG 透射谱变化规律

从图 4.19 中可以看到，随着实验次数的增加，23dB-FBG 透射谱深度、中心波长、3dB 带宽变化逐渐平缓，最终保持不变，达到饱和。实验结果与 14dB-FBG 类似。饱和状态下的 23dB-FBG 透射谱深度为 10dB，中心波长为 1551.25nm，3dB 带宽为 0.1771nm。透射谱深度大于 14dB-FBG 饱和状态下的 5dB。

对比退火前与退火后的透射谱与反射谱(图 4.20)，光栅光谱特性一致。这说明，经电弧等离子体多次放电扫描后，23dB-FBG 可以实现完全退火，并且此时仍旧具有较大的透射谱深度。

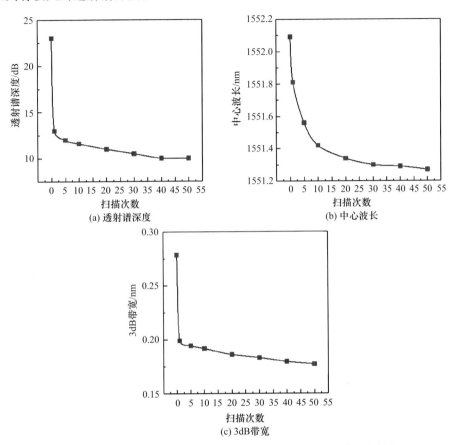

图 4.19　不同扫描放电实验次数下 23dB-FBG 各光栅参数变化趋势

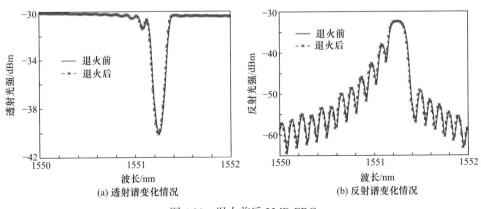

图 4.20　退火前后 23dB-FBG

4. 栅区再涂覆

光纤刚成形时的初始强度相当高,大约在 14GN/m²,但经过一段时间后,光纤强度会急剧下降,这是因为光纤成形后表面不可避免地存在微裂纹或其他缺陷。由于环境中存在的水汽与石英玻璃反应会造成 Si—O 键的断裂,破坏石英玻璃的网格结构。当光纤受到应力时,微裂纹的尖部会形成应力集中区,如果应力超过光纤的结构强度,光纤将发生断裂。光纤表面的涂敷材料可以将光纤与环境隔离,起到阻挡水分与石英玻璃进行化学反应的作用,延缓光纤强度的下降。常规光纤的涂层是丙烯酸酯、硅树脂、聚酰亚胺等,这些材料在光纤拉丝过程中涂覆于光纤包层外表面来保护光纤强度。在光纤光栅的紫外刻写前,栅区位置是先剥除光纤原有的涂覆层,在刻写、退火等工艺完成后,为了避免腐蚀、改善机械强度,需要进行光纤光栅剥除段的再涂覆。下面针对主要的涂覆层种类和实验室常用的涂覆设备及再涂覆内容进行介绍。

1) 涂覆层种类

(1) 聚合物涂层。

聚合物涂层可以为光纤提供机械和化学保护,使其不受周围环境的影响。常见的聚合物涂层有丙烯酸酯、聚酰亚胺、硅橡胶、特氟龙、硬质光学材料和混合涂层等。

① 丙烯酸酯。

丙烯酸酯(acrylate)涂层几乎适用于所有光纤,成本低、易于去除,主要用于通信光纤和常规使用的传感用光纤。也有研究表明,两层以上的丙烯酸酯涂层可以减少微弯损耗。典型的丙烯酸酯最高温度在 80℃左右,特制的丙烯酸酯涂料也可用于高于 150℃的环境。

② 聚酰亚胺。

在中等使用温度条件下,选用有机聚合物作为涂覆材料是较经济合理的方案。聚酰亚胺(polyimide, PI)是较为常见的耐高温高聚物,它的分子主链中含有酰亚胺环状结构的环链高聚物,能在−200~300℃温度范围内长期使用,并维持优良的力学性能和电绝缘性,具有突出的耐温性和热氧化稳定性、耐辐射、耐溶剂、低密度,以及优异的力学性能和电学性能。因此,聚酰亚胺涂层的石英光纤广泛应用于恶劣环境中,如辐射、化学腐蚀和高温等环境中。

聚酰亚胺涂层光纤的工作温度范围最宽,可在低温条件下工作(低于−65℃),也可以在 ≥300℃持续使用,最高可达 400℃。聚酰亚胺涂层薄,是一种性能优良的环氧树脂,便于成光纤束。该涂层光纤具有良好的化学抗性和生物相容性。聚酰亚胺涂覆操作相对困难,因为高温固化条件(时间、温度、环境湿度等)是获得高质量涂层的关键。聚酰亚胺涂层的石英光纤的主要技术指标如表 4.2 所示。

表 4.2　聚酰亚胺涂层石英光纤的主要技术指标

性能	指标
颜色	琥珀色
涂层厚度/μm	10～200
衰减(@850/1350nm)/(dB/km)	≤3.2/1.0
通光芯径/μm	50～1000
筛选强度/kpsi	≥100

注：1kpsi = 6.9MPa。

③ 硅橡胶。

硅橡胶(silicone)涂层是带黏性涂层，相对丙烯酸酯来说难以剥离干净。硅橡胶涂覆的光纤通常被进一步承揽防护。虽然有机硅耐高温(约 200℃)，但有机硅涂层光纤外的防护材料往往是影响其工作温度的限制因素。

④ 特氟龙。

特氟龙名称来源于"Teflon"音译，为聚四氟乙烯(polytetrafluoroethylene，PTFE)，是一种使用了氟取代聚乙烯中所有氢原子的人工合成高分子材料。这种材料具有抗酸抗碱、抗各种有机溶剂的特点，几乎不溶于任何溶剂，同时聚四氟乙烯具有耐高温、摩擦系数极低的特点。特氟龙包层光纤兼具超高数值孔径、高强度及宽带光谱传输等特性。因其可见光光谱保真度高，所以它是硼硅酸盐光纤的最佳替代品。特氟龙包层光纤配置适用于需要纯合成熔凝二氧化硅芯光纤且具有超高数值孔径的用户。例如，Polymicro 生产的此种光纤可配备多种缓冲层和/或护套，纤芯尺寸范围为 125～760μm。

⑤ 硬质光学材料。

硬质光学聚合物(hard optical polymer)常用作硅玻璃芯外的光纤包层，以形成低到中功率应用的硬质聚合物包层光纤(hard polymer clad fiber，HPCF)。数值孔径在 0.37 或 0.48 的 HPCF 比典型的 0.22 的石英光纤成本更低，并且具有更大的光锥角。由于每个制造商通常使用自己的化学配方，某种硬质聚合物包层比另一种可能具有更高的耐化学性。硬质聚合物光纤具有一定的生物相容性，被广泛应用于激光手术。同时，硅芯/硅包层光纤有时会被涂上硬质聚合物涂层，形成双包层HPCF，多应用于大功率光纤激光器。

⑥ 混合涂层。

混合涂层(hybrid coating)一般由聚合物与无机材料混合调制而成。目前，比较成熟的、用于 FBG 的混合涂层是 FBGS 公司开发的一种用于拉丝塔直接写制光纤光栅后再涂覆的有机改性陶瓷(organic modified ceramics，ORMOCER)涂层。它是一种有机/无机高分子聚合材料，由无机物和有机物以原子或分子复合而成，其中无机物以网络状态存在，而有机聚合物起着韧化无机网络的作用。这种混合材料因其独特的结构性能适用于多种应用。

这种涂层的固化通常由紫外线照射完成，因此十分适用于光纤领域。FBGS 公司生产的拉丝塔光栅(DTG®)的高强度、宽温范围等特殊性能得益于 ORMOCER®涂层材料的特性。FBGS 公司提供两种 ORMOCER®涂层材料，即用于应变测量的标准 ORMOCER®涂层和用于温度测量的 ORMOCER®-T 涂层。ORMOCER®-T 涂层能阻止因湿度变化而产生的应变被传递到光纤，以此提高温度测量结果的可靠性。与 ORMOCER®涂层相似，使用 ORMOCER®-T 涂层的光纤材料具有优异的机械强度，并且易于操作，可在较宽的温度范围(−180～200℃)内使用。此外，ORMOCER®-T 涂层可实现在高达 200℃或更高温度下稳定的温度测量，上限工作温度范围取决于传感器配置及其暴露在高温环境下的时长。不过 ORMOCER®-T 涂层弹性模量较低，并不适合高温环境下的应变测量，因为高温可导致涂层变软而不能将应变无损地传递到光纤，因此高温测量时建议使用标准 ORMOCER®涂层。

(2) 金属涂层。

金属涂层光纤(metal coated fiber)是在光纤的表面涂上 Cu、Al、Tin 等金属层，它是应用于严苛外界环境的超长寿命光纤之一，也可作为电子电路的部件。该涂层光纤适用的温度范围为−270～700℃，湿度条件可高达 100%，因此在高温、真空和严苛环境条件下，密封金属涂层光纤是最好的选择。

光纤上用到的金属涂覆材料一般有铝、金、镍、锡、铅、铟、银、铜等，这些材料以电镀、化学镀、化学气相沉积或物理气相沉积的方式涂覆于光纤，能够耐 700℃以上的高温，可以用于光栅的金属化封装，方便焊接传感器，增加光栅的灵敏度。各种金属涂层石英光纤的主要技术指标如表 4.3 所示。

表 4.3　各种金属涂层石英光纤的主要技术指标

性能	Al	Cu	Tin
涂层厚度/μm	15～150	15～50	15～50
筛选强度/kpsi	≥100	≥100	≥100
抗拉强度/GPa	3.5～6	2.0～3.0	6.0～9.0
使用温度/℃	−270～400	−270～700	−270～230

(3) 碳涂层。

碳涂层属于非金属介电涂覆材料，在光纤表面涂装碳化硅(SiC)、碳化铁(FeC)、碳(C)等无机材料，制造的密封涂层光纤(hermetically coated fiber，HCF)能够保持光纤的机械强度并使损耗长时间保持不变。目前，一般是在 CVD 法生产过程中，用碳层高速堆积来实现充分密封效应。碳涂覆光纤(carbon coated fiber，CCF)表面的碳膜结构致密、在光纤表面收缩小、化学性能稳定，对氢具有堵塞效应，能有效防止光纤表面微裂纹的扩展，提高光纤疲劳性能和密封性。据报道，它在室温下的氧气环境中可维持 20 年不增加损耗，因此已广泛应用于海底光缆、军用制导光纤，以及严苛环境下的光纤传感系统中。

2) 再涂覆工艺流程

目前，实验室常用且易操作的再涂覆材料仍然是丙烯酸酯和聚酰亚胺。这两种涂层的相关涂覆设备也比较成熟。除应变传递外，丙烯酸酯和聚酰亚胺涂层的性能相当。丙烯酸酯涂层光纤在短时间、低温和低应变下的性能良好，无明显蠕变。图 4.21 为丙烯酸酯和聚酰亚胺涂层光纤显微照片。

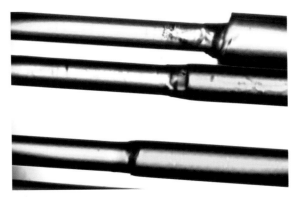

图 4.21　丙烯酸酯和聚酰亚胺涂层光纤显微照片

(1) 丙烯酸酯涂覆。

丙烯酸酯涂覆可以依靠涂覆机完成，基本原理如图 4.22 所示。光纤再涂覆的涂覆层直径可以覆盖 195～1000μm。通过树脂自动注入功能，需要精准地控制每一次涂覆的注胶量。丙烯酸酯涂覆胶储存在储存瓶中，利用压力泵可以实现丙烯酸酯涂覆胶的快速填充或更换。涂覆前后可以对光纤进行轴向拉力测试，评估光纤涂覆后性能。光纤涂覆后，也可以根据实际需要使用的热缩套管进一步防护。

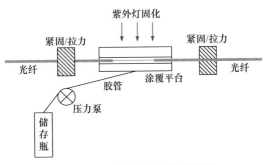

图 4.22　丙烯酸酯涂覆基本原理

丙烯酸酯涂覆参数要根据光纤栅区段涂覆需求综合考虑模具、涂层厚度、拉力要求进行设置，主要包括出胶速率、出胶量(涂覆长度)、涂覆层数、紫外固化时间、拉力测试值等，如图 4.23 所示。利用无尘纸擦拭待涂覆光纤，将待涂覆栅区位置放置到模具出胶区域中间位置，利用紧固装置绷紧光纤，压紧模具盖，梳理好尾纤后，开始涂覆。涂覆过程放置光纤流程如图 4.24 所示。

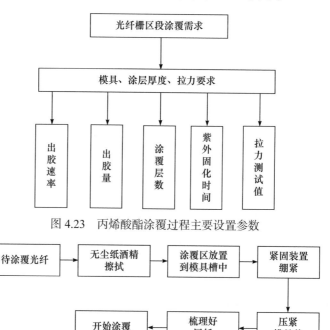

图 4.23　丙烯酸酯涂覆过程主要设置参数

图 4.24　涂覆过程放置光纤流程

(2) 聚酰亚胺涂覆。

聚酰亚胺涂覆主要利用热固化方式实现。 聚酰亚胺光纤涂覆基本原理如图 4.25 所示。在涂覆过程利用一个平移的模具沿着涂覆区域的长度施加聚酰亚胺树脂，一次平移可施加直径为 $3\sim10\mu m$ 的树脂涂层，利用多次平移实现更可靠和更大的涂层直径。涂覆过程通过设定注入速率和模具速度等参数，可设置每一次平移时涂覆的直径。利用加热灯丝在每次平移时将光纤被涂覆的部分热固化。

在光纤涂覆机上可集成直线型拉力测试，以最大 20N(4.5lbs)的负载测试光纤强度。拉力测试过程可选择负载大小、施加负载的速度和保持时间等参数。为了确保光纤的长期可靠性，拉力测试级别应该约为熔接光纤额定负载的三倍。与标准的热收缩保护套管不同的是，经过重涂覆的光纤可以正常操作和卷绕，同时保护光纤的熔接部分。

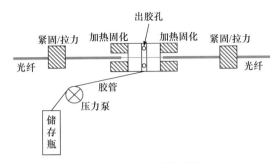

图 4.25　聚酰亚胺光纤涂覆基本原理

涂覆过程首先将光纤的熔接部分置于模具路径的中间(光纤夹持座的中间)，如图 4.26 所示。一旦设置到位，光纤夹持座的顶部闭合以将熔接光纤固定到位，将涂覆材料泵送到模具中，将聚酰亚胺涂覆胶经压力泵送到出胶孔，它再随着光纤通过涂覆光纤。光纤每次通过时包含涂覆和热固化两步。

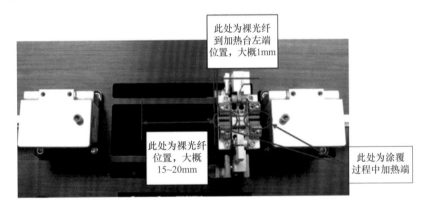

图 4.26　涂覆光纤放置位置

剥纤要注意以下情况，图 4.27(a)是正确的，图 4.27(b)在涂覆时容易出现气泡。尤其要注意的是，聚酰亚胺涂覆设备在一周以上不用的情况下，需要将管道中的材料全部清洗干净，否则容易造成堵塞和设备损坏。

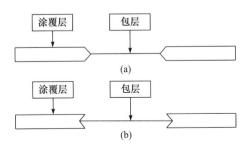

图 4.27　剥除形式对涂覆的影响

聚酰亚胺涂覆胶一般比较黏稠，容易堵塞导胶管和出胶孔，因此需要用有机溶剂稀释使用，推荐使用 1-甲基-2-吡咯烷酮。聚酰亚胺可以溶于 1-甲基-2-吡咯烷酮溶液，同时 1-甲基-2-吡咯烷酮易挥发，涂覆高温固化后即可挥发。但是，1-甲基-2-吡咯烷酮具有强腐蚀性，因此在配比涂覆胶混合液及涂覆的过程中需要特别注意操作安全。

4.2.2 准分子激光光纤光栅刻写系统

1. 光路系统

光纤光栅刻写的光路系统主要包括准分子激光器、扩束整形光学系统(空间滤波扩束模块)、幅度掩模板变迹切趾系统(切趾模块)、相位掩模板和监测系统，如图 4.28 所示。

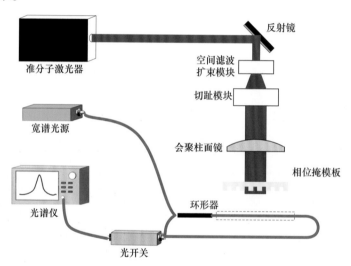

图 4.28 光栅刻写系统原理图

倍频氩激光器具有接近衍射极限的光束质量，因此光束的空间相干性极好。当两束激光干涉时具有清晰的干涉条纹，因此刻写的光栅具有极高的折射率调制对比度，无需其他技术手段即可实现高性能 FBG 刻写。准分子激光器直接输出的激光束的光束质量较差。为了提高激光束的光束质量，可以采用基于柱面镜的 $4f$ 系统对准分子激光器出射的激光进行空间滤波如图 4.29 所示，4 个柱面镜的焦距 f 是相等的，在柱面镜 1 和柱面镜 2 中心处放置水平狭缝，在柱面镜 3 和柱面镜 4 中心处放置竖直狭缝。经过上述 $4f$ 系统，出射光束为矩形光束，其空间相干性和均匀性均大幅提高。两个狭缝的间距越小，出射光束的空间相干性越好，但是出射光束的光功率也越小。刻写光源采用工业级的准分子激光器，其单脉冲能量高达 200mJ，而刻写光纤光栅仅需 10mJ 左右，因此采用上述 4f 系统进行空间滤波可以提高激光的空间相干性。

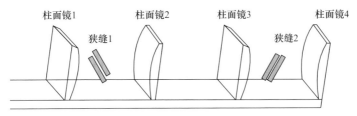

图 4.29 基于柱面镜的 4f 系统滤波扩束装置

2. 光纤光栅刻写监测控制系统

为了提高刻写光栅的效率和质量，优化刻写光路监测控制系统是重要的技术手段。准分子激光光纤光栅刻写系统如图 4.30 所示。

图 4.30 准分子激光光纤光栅刻写系统

其中，准分子激光器放置在刻写系统之外的另一个光学平台上，通过一个反射镜将出射激光反射到刻写系统所在的光学平台。准分子激光在经过 4f 系统后，光束的空间相干性得到提升。激光束再经过切趾光阑装置和相位掩模板，投射到光纤上进行光栅刻写。其中，切趾光阑和相位掩模板更换装置都由步进电机驱动。系统可以实现光栅刻写过程的在线监测，通过切换光开关可实现透射谱和反射谱监测的切换。用电荷耦合器件(charge coupled device，CCD)相机监测经过掩模板和光纤后指示光的特征衍射图样可以判断光路的准直情况是否满足光纤光栅的刻写要求。

为了提高光栅制作的效率和质量，需要对刻写系统进行集成化设计。整个系统由激光器控制模块、电机驱动控制模块、光谱检测和反馈采集模块、刻写光路监测模块组成。各个模块的功能如下。

激光器控制模块控制激光输出、关闭、能量(单脉冲能量和重复频率)。其指令来源于光谱检测和反馈采集模块、电机驱动控制模块、刻写光路监测模块。

电机驱动控制模块执行切趾光闸、掩模板升降、聚焦光斑自校准的控制。其指令来自光谱检测和反馈采集模块、刻写光路监测模块。

光谱检测和反馈采集模块完成 FBG 刻写过程中反射谱的实时监测，并提供判据，形成驱动指令控制激光器和电机。

刻写光路监测模块完成聚焦刻写光斑与光纤位置关系的检测，是判断能否实现光栅刻写的重要判据，采用视觉方法实现。

4.2.3 氩离子激光光纤光栅刻写系统

氩离子激光光束扫描刻写光纤光栅光路系统原理如图 4.31 所示。该系统由氩离子激光器、UV 反射镜、精密平移台、柱透镜、相位掩模板、光谱监测系统等部分组成。氩离子激光刻写光纤光栅系统实物照片如图 4.32 所示。

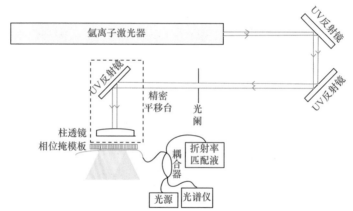

图 4.31　氩离子激光光束扫描刻写光纤光栅光路系统原理图

激光由氩离子激光器发出后，首先经过由计算机控制的光开关，然后经过两个 45°反射镜光束发生 180°偏转，经过用于滤除高阶衍射模式的孔径光闸，再依次经过一片 45°反射镜。此时，紫外激光束进入光纤光栅的写入方向，其中 UV 反射镜和柱透镜固定在计算机控制的精密平移台上。光纤固定在两侧的光纤固定夹上，放置于柱透镜的焦距处以获得最大的折射率调制。相位掩模板固定在安装有压电陶瓷的基座上，可以方便地进行高度和角度的调整。最终，紫外激光束经柱透镜会聚后将相位掩模板投影在光纤上。此外，系统外围设备还包括 ASE 宽带光源、光纤耦合器和光谱仪。

1. 氩离子激光器

氩元素是一种单原子分子，是一种无色、无臭、无味的气体，是稀有气体中

图 4.32　氩离子激光刻写光纤光栅系统实物

空气含量最多的一种，且化学性质稳定。原子或分子因某种原因失去或获得电子的过程称为电离，原子失去电子称为正离子，反之则称为负离子。氩离子激光器就是利用了氩离子的能级跃迁。其激发的主要过程一般分为两步：首先气体放电后，放电管中的高速电子与中性氩离子碰撞，从氩离子中打出一个电子使之电离，形成处在基态上的氩离子；该基态上的氩离子与高速电子碰撞，激发到高能态，当激光上下能级间产生粒子数反转时，即可产生氩离子激光。氩离子激光器的激活粒子是氩离子。

氩离子激光器是一种气体激光器，为利用氩离子中气体放电实现光放大的气体激光器，通常可以产生几瓦的绿光或者蓝光，光束质量很高。氩离子激光器的基本结构主要包括放电毛细管、电极、水冷装置、布氏窗、谐振腔和轴向磁场线圈。氩离子激光器的核心部件是充满氩气的放电毛细管。由于氩离子激光器的工作电流密度高达数百安/平方厘米，放电毛细管的管壁温度往往在 1000℃以上，因此需采用耐高温、导热性能好、气体清除速率低的材料制成，通常会采用氧化铍陶瓷管、石英管、分段石墨管等。

图 4.33 是一个氩离子激光器的结构，充满氩气的放电管由氧化铍陶瓷制成，其中空心阳极和阴极通过高压放电产生高密度氩离子等离子体。围绕电子管的螺线管(图 4.33)可以产生磁场，从而通过更好地限制等离子体来增加输出功率。其中中腔内棱镜可以旋转，从而能够选择工作波长。

通常氩离子激光装置内部会包含一个长度为 1.5m 左右的等离子放电管。它可以发出蓝绿色光，以离子态的氩为工作介质。大多数器件以连续方式工作，但是也有少量以脉冲方式运转。氩离子激光器可以有 35 条以上的谱线，其中 25 条是波长在 408.9～686.1nm 范围的可见光，10 条以上是 275～363.8nm 范围的紫外激光，并且 488nm 和 514.5nm 的两条谱线最强，连续输出功率可达 100W。光谱在 514.5nm 的绿光区域，一般需要几十千瓦的电功率。管子中的电压降约为 100V

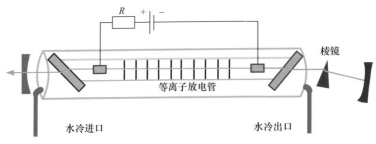

图 4.33 氩离子激光器结构

或者更高,而电流可能为几十安培。由于放电管工作时会产生很多热量使内部温度升高,因此需要采用水冷装置对其进行降温来移除产生的热量,从而使器件能够稳定工作。闭环冷却系统通常包括一个制冷机,这会进一步增大能量的消耗。总的电光转换效率通常比较低,一般小于 0.1%。更小型的气体冷却氩离子激光器可以产生几十毫瓦的输出功率,消耗的电功率为几百瓦。

激光器可以通过选装腔内棱镜调整输出 457.9nm、488.0nm、351nm 波段的激光,最高的输出功率在 514.5nm 波长处。如果没有腔内棱镜,氩离子激光器会同时产生多个波长的光。

2. 光束扫描刻写系统组成与控制

基于相位掩模技术,采用光束扫描式方法可以制作各种光纤光栅。通过精确控制电机运动距离和线型,配合光纤固定系统的调整,同时能够与氩离子激光器光斑尺寸较小的特点相适应,制作出多种类型的光纤光栅。相位掩模板置于固定的光学调整平台上,通过软件控制系统对精密平移台进行高精度的移动控制,将整形的光束系统置于电动平台上,这样可实现光束的灵活控制。扫描光路的组成有宽带光源、计算机、控制器、相位掩模板、精密平移台和光纤夹具。

软件控制系统基于 LabVIEW 平台开发,通过调用硬件系统内子模块进行硬件通信。软件系统由调整模块、均匀光栅写入模块、相移光栅写入模块、切趾光栅写入模块等组成,可根据需要选择相应的模块。光纤光栅刻写系统软件控制界面如图 4.34 所示。

3. 光束扫描式光纤光栅刻写流程

图 4.35 是氩离子激光照射掩模板刻写光纤光栅的示意图。氩离子激光器产生的激光束经过两个反射镜的反射后到达光阑小孔处,通过小孔聚集光后产生小孔衍射现象,最后到达柱透镜,通过柱透镜后由相位掩模板进行衍射,并通过精密平移台移动光纤控制光纤光栅刻写在光纤中的位置,最终将产生干涉的条纹写入光纤中,从而形成光纤光栅。

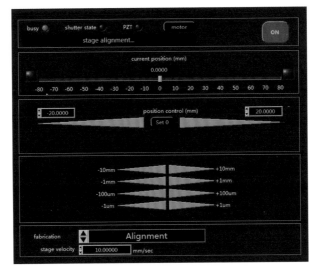

图 4.34　光纤光栅刻写系统软件控制界面

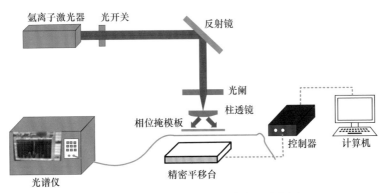

图 4.35　光束扫描式刻写系统流程示意图

4.2.4　光纤光栅刻写参数分析

相位掩模法中的一些工艺制作因素对实际制作的光纤光栅性能影响颇为明显。这里选取准分子激光器的脉冲能量、脉冲频率和曝光时间、施加在光纤两端的预紧力和激光束特性等刻写参数为研究对象，搭建光纤光栅制作系统，测试上述参数对光纤光栅光谱特性的影响规律。

1. 脉冲能量

选用载氢三周的普通抗弯光纤作为研究对象，写入光栅长度为 10mm，设定准分子激光器脉冲频率为 10Hz，光纤两端施加恒定 0.5N 的预紧力，使用同一块相位掩模板，依次调节激光器输出 20kV、21kV、22kV 和 23kV 的激光，测试不同脉冲能量下写入光栅的特性差异。

在写制过程中发现，随着脉冲能量增大，刻写相同反射率光纤光栅所需的曝光时间减少，所能达到的最大反射率增大。由图 4.36 可知，随着脉冲能量增大，写入光纤光栅的中心波长红移，3dB 带宽展宽。由图 4.37 可知，随着脉冲能量增大，透射谱不断加深，峰顶部平坦并展宽。

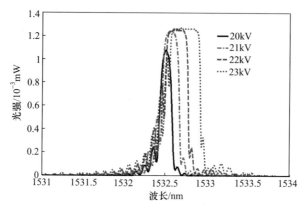

图 4.36 不同脉冲能量写入光纤光栅的反射谱

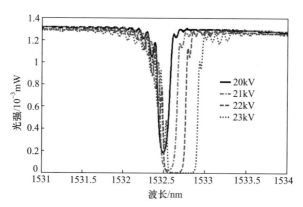

图 4.37 不同脉冲能量写入光纤光栅的透射谱

可见较大能量写制光纤光栅时，写入速度快，较易达到饱和状态，出现这一现象的典型特征是透射谱中透射凹陷的顶端变得平坦且明显展宽，同时出现各种杂乱的线谱。因此，当折射率调制深度较大时，应采用较小的能量写制光纤光栅以获得完美的谱形，达到所需的反射率后应立即停止曝光，避免过度曝光导致反射谱出现饱和、展宽、不平坦等问题。图 4.38 是不同脉冲能量写入光纤光栅的中心波长和 3dB 带宽的变化曲线。

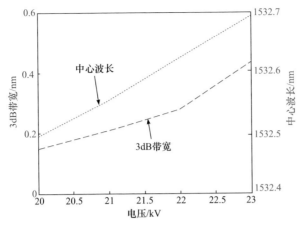

图 4.38　不同脉冲能量写入光纤光栅的中心波长和 3dB 带宽的变化曲线

2. 脉冲频率和曝光时间

写入光栅的光纤类型不变，写入光栅长度为 10mm，准分子激光器输出能量为 22kV，光纤两端施加恒定 0.5N 的预紧力，改变写制曝光时间，测试不同曝光时间下写入光纤光栅的特性差异。

如图 4.39 所示，左侧第一个最小的透射凹陷为曝光 100 个脉冲得到的光纤光栅透射谱，从左到右透射凹陷逐渐增大的透射谱依次为 300、800、1200 和 2000 个曝光脉冲得到的光谱，可看出随着曝光时间增加，写制光纤光栅的中心波长红移，透射率增加，3dB 带宽展宽。

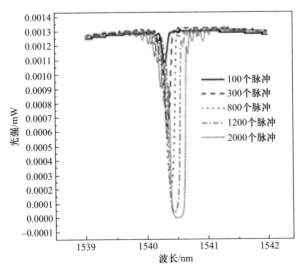

图 4.39　不同曝光时间写入光纤光栅的透射谱

3. 光纤固定的预紧力

1) 应力与应变引起的光纤弹光效应

光纤是由玻璃拉制的纤维状波导，在一定的限度内，若在光纤轴线上施加一定的应力，将导致光纤长度沿轴线方向改变。在上千微应变的范围内，光纤的应变与其所受的应力满足线性胡克定律，即

$$F = G \cdot \varepsilon = G \cdot \frac{\Delta L}{L} \tag{4.9}$$

式中，F 为光纤所受的轴向应力；G 为光纤的弹性模量；ε 为在应力下光纤产生的应变；ΔL 为在应力下光纤产生的长度变化量；L 为未施加应力下的光纤长度。

光纤是由玻璃拉制而成的，而材料的折射率与材料所处的状态有关。当光纤受轴向应力产生轴向应变时，其沿横向的折射率会发生变化，改变光纤内的模式。由应变引起光纤折射率变化的现象称为弹光效应。通常用弹光系数来表示光纤折射率的变化与光纤应变的关系，即

$$\Delta n = n \cdot \varepsilon \cdot \gamma \tag{4.10}$$

式中，n 为未施加应变时光纤纤芯的有效折射率；γ 为光纤纤芯的弹光系数。

2) 预刻写标尺刻写光纤光栅中的弹光效应应用

对于采用预刻写标尺方法的光纤光栅刻写，按其刻写过程，首先是在微小应变状态下采用低能量单发脉冲获得一个反射率极弱的反射峰，并测量其中心波长。令光纤夹持状态所受的应变为 ε_0，由于采用的掩模周期为 Λ，此时光纤纤芯的有效折射率 n_{eff}^s 为

$$n_{\text{eff}}^s = n + \varepsilon_0 \cdot n \cdot \gamma \tag{4.11}$$

此时若获得反射峰的中心波长为 λ_{Br0}，则有

$$\lambda_{\text{Br0}} = n_{\text{eff}} \cdot \Lambda = (n + n \cdot \gamma \cdot \varepsilon_0) \cdot \Lambda \tag{4.12}$$

光纤从夹持状态释放将处于松弛状态。由于采用弱曝光方式，忽略弱能量单次曝光带来的折射率调制，光纤纤芯的有效折射率恢复为 n，由于应变消失，光纤上的预刻写光栅物理周期发生改变。由于夹持状态下的光纤处于拉伸状态，松弛后光栅物理周期缩短，其对应的物理周期改变为

$$\Lambda_1 = \frac{\Lambda}{1 + \varepsilon_0} \tag{4.13}$$

松弛状态下测量获得的反射峰中心波长为

$$\lambda_{\text{Br1}} = n_1 \cdot \Lambda_1 = n \cdot \frac{\Lambda}{1 + \varepsilon_0} \tag{4.14}$$

　　按照需求要在使用同一个掩模板下，获得反射峰中心波长为 λ_{Br} 的光纤光栅。为提高光纤光栅刻写精度，采用预刻写技术，通过对 λ_{Br1} 的应变调制和对应变下反射峰中心波长的监测实现反射峰中心波长为 λ_{Br} 的光纤光栅制作。

　　对于松弛状态下反射峰中心波长为 λ_{Br} 的光栅，其对应的光栅有效折射率为 $n + \Delta n_{\mathrm{eff}}$，对应的光栅物理周期为

$$\Lambda_{\mathrm{Br}} = \frac{\lambda_{\mathrm{Br}}}{n + \Delta n_{\mathrm{eff}}} \tag{4.15}$$

式中，Δn_{eff} 为光纤光栅刻写完成后折射率调制的平均值。

　　采用的掩模板物理周期为 Λ，要获得周期为 Λ_{Br} 的光栅，采用预刻写方法，给光纤施加应变后刻写周期为 Λ 的光栅，刻写完成后释放应变。光纤由于恢复自由状态而将刻写光栅的物理周期缩短，从而获得反射峰中心波长为 λ_{Br} 的光纤光栅。令对应自由周期为 Λ_{Br} 的光栅周期改变到 Λ，应该施加的应变为 $\varepsilon_{\mathrm{Br}}$，则有

$$\Lambda = (1 + \varepsilon_{\mathrm{Br}})\Lambda_{\mathrm{Br}} \tag{4.16}$$

　　此时，由于原光纤上已有预刻写的标尺光栅 λ_{Br1}，在应变 n_{eff}^{s} 的作用下，光纤纤芯的有效折射率将发生改变，预刻写标尺光栅的周期同样发生变化，预刻写光纤光栅的反射峰中心波长 λ_{Brref} 变为

$$\lambda_{\mathrm{Brref}} = n_{\mathrm{effref}} \cdot \Lambda_{\mathrm{ref}} = (n + n \cdot \varepsilon_{\mathrm{Br}} \cdot \gamma) \cdot \Lambda_{\mathrm{l}} \cdot (1 + \varepsilon_{\mathrm{Br}}) \tag{4.17}$$

　　要获得 $\varepsilon_{\mathrm{Br}}$ 的应变，通过测量获得 λ_{Brref} 即可得到。当预刻写标尺光栅的中心波长由 λ_{Br1} 在应力下改变到 λ_{Brref} 时，对应光纤的应变即 $\varepsilon_{\mathrm{Br}}$。在此状态下利用物理周期为 Λ 的掩模板刻写光纤光栅，当释放应力后，光纤光栅的物理周期改变为 Λ_{Br}，对应获得反射峰中心波长为 λ_{Br} 的光纤光栅。

　　将式(4.14)代入式(4.17)可得

$$\lambda_{\mathrm{Brref}} = n \cdot \Lambda_{\mathrm{l}} \cdot (1 + \gamma \cdot \varepsilon_{\mathrm{Br}}) \cdot (1 + \varepsilon_{\mathrm{Br}}) = \lambda_{\mathrm{Br1}} \cdot (1 + \gamma \cdot \varepsilon_{\mathrm{Br}}) \cdot (1 + \varepsilon_{\mathrm{Br}}) \tag{4.18}$$

　　由式(4.18)可以看出，对于预刻写标尺光栅，虽然其物理周期在应变作用下呈线性变化，但是由于弹光效应的影响，其反射峰中心波长与所加应变却是二次曲线关系，而非简单的线性关系，因此预刻写标尺光栅制作方法是具有弹光效应影响的光栅制作方法。

　　将式(4.18)代入式(4.16)可得

$$(n + \Delta n_{\mathrm{eff}}) \cdot \Lambda = \lambda_{\mathrm{Br}} \cdot (1 + \varepsilon_{\mathrm{Br}}) \tag{4.19}$$

进一步可得

$$\frac{n \cdot \Lambda}{\lambda_{\mathrm{Br}}} + \frac{\Delta n_{\mathrm{eff}} \cdot \Lambda}{\lambda_{\mathrm{Br}}} = 1 + \varepsilon_{\mathrm{Br}} \tag{4.20}$$

进一步有

$$\varepsilon_{Br} = \frac{n \cdot \Lambda}{\lambda_{Br}} + \frac{\Delta n_{eff} \cdot \Lambda_{Br} \cdot (1+\varepsilon_{Br})}{\lambda_{Br}} \cdot \frac{1+\gamma \cdot \varepsilon_{Br}}{1+\gamma \cdot \varepsilon_{Br}} - 1$$

$$= \frac{n \cdot \Lambda}{\lambda_{Br}} + \frac{\Delta n_{eff} \cdot (1+\gamma \cdot \varepsilon_{Br}) \cdot \Lambda_{Br} \cdot (1+\varepsilon_{Br})}{\lambda_{Br}} \cdot \frac{1}{1+\gamma \cdot \varepsilon_{Br}} - 1$$

(4.21)

对于式(4.15)，令

$$\Delta n_{eff} \cdot \Lambda_{Br} = \Delta\lambda$$ (4.22)

式(4.22)表示由光栅刻写引入的折射率增量而导致的光栅反射峰中心波长的漂移量。

对于式(4.20)，令

$$\Delta n_{eff} \cdot (1+\gamma \cdot \varepsilon_{Br}) \cdot \Lambda_{Br} \cdot (1+\varepsilon_{Br}) = \Delta\lambda'$$ (4.23)

它表示在光栅刻写过程引入的折射率增量而导致刻写过程中光栅反射峰中心波长的漂移量。对预刻写标尺光栅制作方法，有 $\varepsilon_{Br} > 0$，$\gamma < 0$，因此可以估算获得式(4.22)与式(4.23)的差值。相对于它们的值来讲为 10^{-3} 量级，可以认为它们的值相等，而式(4.23)的值可以从刻写检测过程直接获得。当 $\varepsilon_{Br} \ll 1$ 时，$1+\gamma \cdot \varepsilon_{Br} \approx 1$，引入的误差在 10^{-3} 量级，完全满足皮米量级的光栅中心波长控制。通常对于反射率约为 90% 的光纤光栅，引入折射率调制导致的中心波长漂移量约0.3nm。

将式(4.21)代入式(4.18)，即可得到反射峰中心波长为λ_{Br}的光栅，同时将预刻写波长为λ_{Br1}的标尺光栅应力调制到λ_{Brref}，并在此情况下刻写中心波长漂移量为$\Delta\lambda$的光栅。当释放应力后，即可获得反射峰中心波长为λ_{Br}的光纤光栅，而光栅的反射率是通过$\Delta\lambda$来控制的，因为中心波长的漂移量与引入的光栅调制折射率增量有式(4.22)和式(4.23)的关系。

由式(4.18)可得

$$\varepsilon_{Br} = -\sqrt{\frac{\lambda_{Brref} - \lambda_{Br1}}{\lambda_{Br1} \cdot \gamma} + \left(\frac{1+\gamma}{2\gamma}\right)^2} - \frac{1+\gamma}{2\gamma}$$ (4.24)

由式(4.19)、式(4.23)和式(4.24)可得

$$\lambda_{Br} = \frac{n \cdot \Lambda + \Delta\lambda}{1 - \sqrt{\frac{\lambda_{Brref} - \lambda_{Br1}}{\lambda_{Br1} \cdot \gamma} + \left(\frac{1+\gamma}{2\gamma}\right)^2} - \frac{1+\gamma}{2\gamma}}$$ (4.25)

可以看出，欲获得反射峰中心波长为λ_{Br}的光栅，其与预刻写标尺光栅的调谐是非线性的关系。

采用预刻写标尺光栅方法，不获得光纤纤芯在自由状态下的有效折射率 n 及所采用的掩模板物理周期 Λ，也不会影响获得波长为 λ_{Br} 的光栅的制作。其原因是，预刻写标尺光栅对应的拉伸状态的反射峰中心波长 λ_{Br0} 及释放应变状态下的反射峰中心波长 λ_{Br1} 如式(4.12)和式(4.14)所示，它们之间存在如式(4.13)所示的关系。

由式(4.12)～式(4.14)可得

$$\varepsilon_0 = -\sqrt{\frac{\lambda_{Br0} - \lambda_{Br1}}{\lambda_{Br1} \cdot \gamma} + \left(\frac{1+\lambda}{2\gamma}\right)^2} - \frac{1+\lambda}{2\gamma} \tag{4.26}$$

$$n \cdot \Lambda = \lambda_{Br1} \cdot \left[1 - \sqrt{\frac{\lambda_{Br0} - \lambda_{Br1}}{\lambda_{Br1} \cdot \gamma} + \left(\frac{1+\lambda}{2\gamma}\right)^2} - \frac{1+\lambda}{2\gamma} \right] \tag{4.27}$$

可见，通过对预刻写标尺光栅两种状态的测量，完全可以获得刻写所需光栅的参数。若掩模周期已知，则通过该方法还可以获得所用光纤的纤芯有效折射率 n。

将式(4.27)代入式(4.25)可得

$$\lambda_{Br} = \frac{\lambda_{Br1} \cdot \left[1 - \sqrt{\dfrac{\lambda_{Br0} - \lambda_{Br1}}{\lambda_{Br1} \cdot \gamma} + \left(\dfrac{1+\lambda}{2\gamma}\right)^2} - \dfrac{1+\lambda}{2\gamma} \right]}{1 - \sqrt{\dfrac{\lambda_{Br0} - \lambda_{Br1}}{\lambda_{Br1} \cdot \gamma} + \left(\dfrac{1+\lambda}{2\gamma}\right)^2} - \dfrac{1+\lambda}{2\gamma}} \tag{4.28}$$

式(4.28)更加明确地表明所需波长光栅刻写与预刻写标尺光纤参数的关系。

3) 弹光效应对预刻写标尺光纤光栅精度的影响

式(4.27)表明所需刻写的光纤光栅与预刻写标尺光栅的关系，由于弹光效应，需要光栅反射峰中心波长与预刻写标尺光栅调谐波长呈非线性关系。由于光纤的制作受测量仪器及机械设备精度的限制，制作的光纤光栅并不完全满足原设计的波长，而是满足式(4.28)的关系。

在测量仪器及机械设备精度的影响下，理论上可以获得制作光栅的误差分布情况，由于各个量的测量是独立的，它们构成的总的测量不确定度符合正态分布。由式(4.28)，对各个量求偏导，可得

$$\frac{\partial \lambda_{Br}}{\partial \Delta\lambda} = \frac{1}{1 - \sqrt{\dfrac{\lambda_{Brref} - \lambda_{Br1}}{\lambda_{Br1} \cdot \gamma} + \left(\dfrac{1+\gamma}{2\gamma}\right)^2} - \dfrac{1+\gamma}{2\gamma}} \tag{4.29}$$

总的合成标准不确定度为

$$\Delta\lambda_{Br} = \sqrt{\left(\frac{\partial \lambda_{Br}}{\partial \gamma} \cdot \mathrm{d}\gamma\right)^2 + \left(\frac{\partial \lambda_{Br}}{\partial \Delta\lambda} \cdot \mathrm{d}\lambda\right)^2 + \left(\frac{\partial \lambda_{Br}}{\partial \lambda_{Br0}} \cdot \mathrm{d}\lambda_{Br0}\right)^2 + \left(\frac{\partial \lambda_{Br}}{\partial \lambda_{Br1}} \cdot \mathrm{d}\lambda_{Br1}\right)^2 + \left(\frac{\partial \lambda_{Br}}{\partial \lambda_{Brref}} \cdot \mathrm{d}\lambda_{Brref}\right)^2}$$

$$\tag{4.30}$$

4. 预刻写标尺对光纤光栅波长控制精度的影响

掩模周期 Λ_{pm} 为 528.97nm 的相位掩模板和载氢增敏光纤，根据光栅波长公式 $\lambda = 2n_{eff}\Lambda$（$\lambda$ 为光栅布拉格波长；n_{eff} 为光纤的有效折射率，对于实例中使用的载氢增敏的光纤，n_{eff} = 1.45；Λ 为栅格周期），其理论刻写波长为 1533.999nm。现在对其加载不同大小的预紧力，要求刻写出波长 1531.000nm、1531.500nm、1532.000nm、1532.500nm、1533.000nm、1533.500nm 的光纤光栅。

具体的刻写方法如下。

(1) 将光纤上待刻写部分进行剥除且仅剥除一个 10mm 窗口(与剥除两个不同窗口是一样的)，再将光纤两端接入光纤刻写在线监测系统。

(2) 将光纤安装至光纤定位系统上，并施加微小的预紧力。预紧力大小保证光纤绷直即可。

(3) 控制准分子脉冲紫外激光源以最小输出功率输出 1 个脉冲，对光纤进行预刻写，同时使用光纤刻写在线监测系统监测 FBG 的反射谱，可以监测到一个微弱的预刻写反射峰，使当前反射中心波长为 λ_{Br0}。

(4) 将光纤从光纤定位系统中取出，并保持松弛状态。同时，监测当前反射中心波长为 λ_{Br1}。

(5) 根据式(4.28)计算 λ_{Br2}。

(6) 监测在线监测系统预刻写反射峰的反射中心波长，控制预紧力施加装置，改变预紧力大小来改变刻写反射峰的反射中心波长至 λ_{Br2}。

(7) 控制准分子脉冲紫外激光源以正常输出功率输出若干脉冲，对光纤进行刻写，同时使用光纤刻写在线监测系统监测 FBG 的反射谱及透射谱，直至其满足 FBG 刻写参数要求，然后停止准分子脉冲紫外激光源输出。

(8) 将 FBG 光纤从定位系统中取出，并保持松弛状态，检测并记录其布拉格反射波长等相关参数。

使用预刻写标尺刻写方法刻写掩模板对应可调节范围的波长，实验结果数据如表 4.4 所示。

表 4.4　实验结果数据

序号	要求波长/nm	实际波长/nm	误差/nm
1	1531.000	1531.024	0.024
2	1531.500	1531.541	0.041
3	1532.000	1531.968	−0.032
4	1532.500	1532.486	−0.014
5	1533.000	1532.993	−0.007
6	1533.500	1533.583	0.083

由表 4.4 可得实际刻写得到波长与要求值的误差(图 4.40)，其平均误差为 0.007nm，标准差为 0.027nm，合成误差为(0.007±0.027)nm。实验结果说明，预刻写标尺刻写方法确实能有效地控制刻写的光栅波长。其误差源来自两处，一是施加预紧力使预刻写标尺反射峰的反射中心波长至 λ_{Br2} 时，微分头控制不够精确，此处会引入约 0.010nm 的随机误差；二是放置刻写光纤时，光纤与光路不严格垂直，导致刻写波长具有一定偏差。此两处误差均为人员操作引入误差，若进一步优化实验方案，或许能降低此误差源对结果的影响。

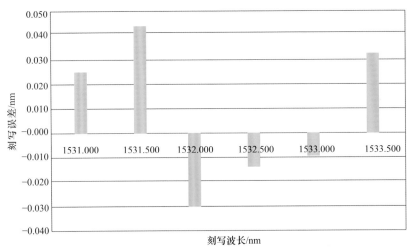

图 4.40　光纤刻写实验结果

5. 激光空间相干性对光纤光栅刻写的影响

随着紫外写入光纤光栅技术的日趋成熟，已有多种方法用于光纤光栅的制作，如双光束干涉、逐点曝光、扫描曝光及相位掩模法等。其中，相位掩模法对光源的相干性要求不高，具有重复性好、光学系统简单、可靠性高等优点，适合光纤光栅批量生产，因此被光纤光栅研究者广泛采用并得到很大的发展。

一般情况下，在用相位掩模法制作光纤光栅时，都采用紫外激光垂直入射且要求光敏光纤靠近掩模板。当光纤远离掩模板时，制作光栅的性能和效率大大降低。在实际中，光源一般只具有有限的时间和空间相干性，当采用普通准分子激光器进行光纤光栅的相位掩模法写入时，情况更是如此。研究表明，在紫外激光垂直入射情况下，当入射光的空间相干性极其有限时，近场光栅图形的对比度将随着与掩模板表面距离的增加而迅速减小，同时高阶衍射，以及高阶与低阶衍射之间的相干性将依次逐渐失去。入射光的时间相干性只影响不同衍射阶次之间的干涉作用，对+1 和−1 阶、+2 和−2 阶等相同阶次衍射之间的干涉则不产生影响。因此，在垂直入射情形下，与光源的时间相干性相比，光源的空间相干性显得更为重要。

    对相位掩模法紫外写入光纤光栅技术中紫外激光源的空间相干性对光纤光栅特性的影响进行详细的理论与实验研究[23]。结果表明，紫外写入光源的空间相干性对光纤光栅的特性有一定的影响，只有在紫外激光垂直入射且光敏光纤靠近相位掩模板的情况下，才能制作出性能优良的光纤光栅。

    在相位掩模条件下，由于布拉格波长位于 1550nm 波段光纤光栅的周期约为530nm，光栅写入紫外激光的波长一般为 248nm 或 193nm，如采用斜入射法将会在掩模板后的光强分布图案上出现振幅较小的高频分量。同时，为了方便实验准直系统调整，一般采用紫外激光垂直入射法写入光纤光栅。如图 4.41 所示，波长为λ的紫外激光入射到周期为Λ的相位掩模板上，该光源的发散角为$\Delta\theta$，在$\Delta\theta$内光强均匀分布，在$\Delta\theta$外光强为零。

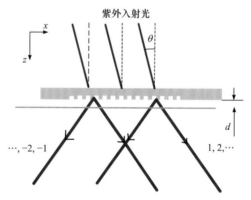

图 4.41　倾斜入射光场示意图

    经过理论推导，掩模板后的光强分布为

$$I(x,z)=2\left(1+\frac{\sin\left(\dfrac{2\pi\cdot\Delta\theta\cdot z}{\Lambda\sqrt{1-(\lambda/\Lambda)^2}}\right)}{\dfrac{2\pi\cdot\Delta\theta\cdot z}{\Lambda\sqrt{1-(\lambda/\Lambda)^2}}}\right)\cos\left(\frac{4\pi}{\Lambda}\right)\tag{4.31}$$

    由式(4.31)可以看出，$\Delta\theta$与z的乘积决定了干涉场强分布的反衬度。两者乘积越小，反衬度越大，这表明在运用相位掩模法制作光纤光栅过程中，光纤应尽可能地靠近掩模板的后表面。根据实验的具体情况，取$\Lambda=1.068\mu m$、$\lambda=0.248\mu m$，代入式(4.31)并经过简单的分析可得掩模板近场光强分布的反衬度r与$\Delta\theta\cdot z$的关系，即

$$r=\frac{\sin(6.0485\cdot\Delta\theta\cdot z)}{6.0485\cdot\Delta\theta\cdot z}\tag{4.32}$$

掩模板的近场光强分布呈 sinc 函数的形式,随着紫外激光源的发散角 $\Delta\theta$ 和与掩模板距离 z 的增加,干涉场的反衬度急剧恶化。因此,在运用相位掩模法制作光纤光栅时,紫外激光源的发散角要小,而且光敏光纤要尽量靠近掩模板。考虑对掩模板的保护和光纤本身有一定的线径,z 值一般为 100μm,不超过 500μm。

图 4.41 中的入射光束是经扩束整形后具有一定发散角的准平行光束。光束在沿光纤长度方向上可调整宽度,高度方向上已满足完全覆盖光纤,刻写的光纤光栅未切趾。距离 d 表示光纤与掩模板后表面的距离,显然此值与模拟中所用的 z 相差了光纤的半径,但是并不影响实验验证。

首先为了保证所刻写的光栅具有相同的光栅长度,并且只有 z 的作用,根据衍射理论,对于垂直入射波长为 λ 的激光衍射,其对应的衍射关系为

$$m\lambda = \Lambda\sin\alpha \tag{4.33}$$

根据式(4.33),一般相位掩模选取±1 阶衍射产生的干涉光场作为刻写场,代入所用光源波长 248nm 及掩模板物理周期可求得衍射角的正弦值。当距离 d 取不同的值时,对于宽度一定的入射光束,其光栅长度将随 d 变化,为保证刻写光栅长度一致,在调整 d 的同时,调整光束宽度,需调整宽度与 d 的关系为

$$D' = 2d\tan\alpha \tag{4.34}$$

相应地,初始 $d=0$ 时,光阑宽度为 D_1,对应于 d 的光阑宽度为

$$D = D' + D_1 \tag{4.35}$$

在调整光纤与掩模板距离时,根据式(4.34)和式(4.35)调整光束宽度,保证所有刻写光栅的长度一致,其刻写只与激光空间相干性相关。

实验所用光纤为载氢光纤,所有验证光栅均刻写在长度 4m 内的同一根光纤上,以消除光敏性波动带来的影响。每刻写测试完一个光栅,则将此光栅截取,采用同一个掩模板刻写下一个光栅,并调整掩模板的位置,保持光纤位置不变。实验是在几乎相同的光源条件下完成的,激光空间相干性对结果的影响表现在最终的光栅反射率和透射率上。刻写完成的光纤光栅进行退火处理,再次测量反射谱和透射谱,以观测激光空间相干性对折射率调制的直流分量。与靠近掩模板的同反射率的光栅相比,这个分量将导致光栅边模的变化,这也是未对光栅进行切趾的原因。

为验证近距离刻写情况下光栅的优良性能,根据上面的光栅反射率,在靠近掩模区域,通过降低曝光时间获得相同反射率的光栅,测量其反射谱和透射谱,比较中心波长的差异及边模的强度。由于直流分量的影响,相同反射率下,距离较远情况下刻写的光栅中心波长应该向长波方向漂移。

通过实验获得的光谱反射率随距离 d 的变化如表 4.5 所示。

表 4.5　实验结果

序号	$d/\mu m$	反射率/%	带宽/nm
1	500	90%	0.12
2	1000	85%	0.124
3	1500	80%	0.132
4	2000	70%	0.135
5	25000	50%	0.141

图 4.42(a)是刻写光栅的反射谱，其中第一个反射谱是在光纤距离掩模板 z 为 500μm 的情况下写入的，曝光 15min，脉冲重复频率为 30Hz，紫外激光单脉冲能量为 80mJ。从图 4.42(b)中可以看出，得到的光栅透射谱形状规则，带宽比较窄。然后，移动光纤与掩模板之间的距离，在 z 分别为 1000μm、1500μm、2000μm 和 2500μm 的位置上再写入 4 个光栅，曝光剂量相同，其中 3 个反射谱如图 4.42(a)所示，3 个透射谱如图 4.42(b)所示。实验发现，当增大光纤与掩模板之间的距离写入下一个光栅时，光栅生长速度降低。这表明，随着与掩模板距离的增加，干涉场反衬度降低，距离 z 超过 2500μm 时，反衬度已经变得很小。

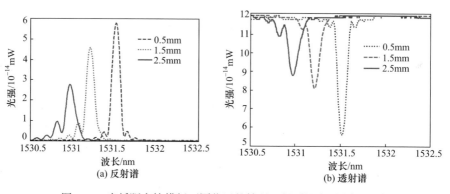

(a) 反射谱　　(b) 透射谱

图 4.42　光纤距离掩模板不同位置的情况下得到的光纤光栅光谱

理论和实验研究表明，在紫外激光源的空间相干性一定的条件下，随着离开掩模板距离的增加，掩模板后干涉场的反衬度迅速降低，所以要得到性能优良的光纤光栅，就必须使光敏光纤尽可能地靠近相位掩模板。

4.3　特种光纤光栅的制作及其特性

4.3.1　切趾光纤光栅

光纤光栅的光学切趾是指，在光栅中光感折射率调制的振幅沿着光栅长度有一个钟形函数的形状变化。人们发现，光学切趾能避免光栅的短波损耗，有效抑制光纤布拉格光栅反射谱，并能减少啁啾光纤光栅时延特性的振荡，因此对切趾光纤光栅的研究具有十分重要的意义，制作方法如下。

1. 切趾相位掩模板

利用切趾相位掩模板[24]是一种传统的切趾光纤光栅制造方法。用聚焦离子束和湿法刻蚀技术可以得到板槽尺寸不均匀的相位掩模板，通过激光照射此掩模板，一阶衍射光的强度将沿光纤呈现钟形函数分布，从而改变条纹反差和光致折射率调制的大小(图 4.43)。

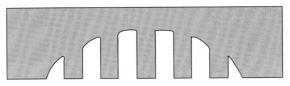

图 4.43 切趾相位掩模板

2. 扫描法

使用均匀相位掩模板制作较长的光栅时，光源光斑很小，不足以对整个掩模板曝光，一般需要移动光纤和掩模板或者移动扫描光束来解决。如果同时改变沿光栅方向的曝光时间，就可以在光纤中写入任意的光栅周期、啁啾和切趾函数[25,26]。图 4.44 所示的实验装置与一般的扫描设备不同，光纤是安装在计算机控制的具有反馈回路的压电转换器载物台上，可相对于相位掩模板缓慢移动，在写入光束扫描时，可以耦合相移到光栅中，通过适当的恒加速度移动光纤可以形成不同包络切趾的线性啁啾光纤光栅。与写入方法相比，这种方法沿光纤光栅轴向的平均折射率变化不是一个常数，并且由于光纤光栅的自致啁啾，这样的切趾光纤光栅对较短波长的旁瓣抑制效果有限。

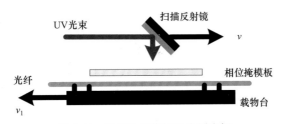

图 4.44 扫描法制作切趾光纤光栅

3. 紫外脉冲相干写入法

利用紫外脉冲相干写入切趾光纤光栅，平均折射率的变化沿切趾光栅方向是均匀的。如图 4.45 示，反射镜 M 可沿 z 轴方向移动扫描相位掩模板，扫描长度为相位掩模的长度，光纤置于相位掩模板处。相位掩模板充当分束器，将入射紫外脉冲光束分成±1 阶衍射光，衍射光束在镜 M_1、M_2 上反射。在 M_1、M_2 之间放置柱透镜，使光束在纤芯聚焦。当紫外脉冲光束从掩模板右端入射时，干涉图形就会在光纤左端产生干涉，反之亦然。当紫外脉冲光束入射到相位掩模板的中心时，两反向传播的光束的光程差为零；当紫外激光向掩模板边缘移动时光程差会线性增加。假设脉冲是高斯脉冲，两脉冲沿光栅方向进行卷积产生高斯切趾函数，而且平均折射率的变化沿切趾光栅方向是均匀的。用一个微位移控制器控制反射镜 M_1 的转动，就可用同一相位掩模板写入任意波长的切趾或切趾啁啾布拉格光栅[27]。

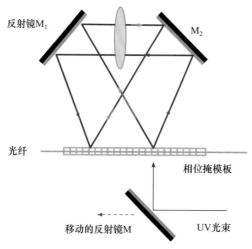

图 4.45 用 Sagnac 干涉仪写入切趾光栅

4. 多次曝光法

如图 4.46 所示，多次曝光法制作高斯切趾光纤光栅的基本思想是通过相位掩模板产生的±1 阶衍射光束来提高 FBG 两端的平均折射率。首先，利用平面波照射模板制作一个反射率达 99.5% 的光栅，然后利用高斯光束重复这一过程。具体做法是，首先将掩模板放到距光纤 25mm 的地方用 12mm 宽的光束曝光，然后将掩模板放到距光纤 17mm 的地方用 6mm 宽的光束曝光。光圈放在激光光束的前方来控制曝光长度，使用的光敏光纤数值孔径为 0.12，光纤的曝光长度为 12mm。实验证明，使用这种多次曝光法[28]制成的光栅的平均折射率几乎保持不变，并且在较短的波长上，边模能抑制 20dB。通过此法制成的 FBG 很适合密集波分复用 (dense wavelength division multiplexing，DWDM) 系统。

此外，有一种新手段通过使用二次曝光法制作切趾 FBG[29]，仅通过改变旋转

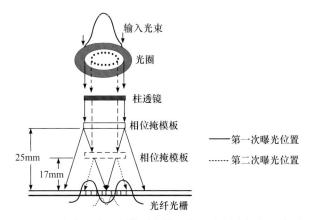

图 4.46   多次曝光法制作升高斯型切趾光纤光栅的示意图

参数和紫外脉冲数量，不同切趾形式的 FBG 就可以获得，而且 FBG 的长度可通过改变狭缝的长度而改变，使边模被大大抑制。此种方法的特点是，简单灵活、重复性强、低成本、抑制边模而且适合大规模生产，尤其适合短长度光栅的制作。

光栅耦合强度是 FBG 折射率调制的函数，各种各样的切趾耦合强度可通过光栅两端紫外激光的曝光量为零来获得，因此可制得各式切趾 FBG。如图 4.47 所示，狭缝固定在一个机动旋转台上，当驱动其旋转时，狭缝与之同步旋转。当狭缝与紫外激光垂直时，光通过狭缝的实际宽度达到最大值，即狭缝的宽度。在其他形式下，当旋转台运转时，光纤有效曝光长度为

$$L = a\cos\varphi - b\sin\varphi \tag{4.36}$$

式中，a 为狭缝宽度；b 为狭缝厚度；φ 为旋转台的旋转角。

当旋转角改变时，就会达到相应的脉冲数量，因此折射率调制在光栅中部达到最大。脉冲的数量与旋转角之间的关系决定了 FBG 的切趾形式。

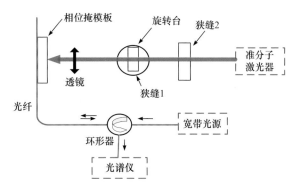

图 4.47   二次曝光法制作切趾光纤光栅的实验装置

切趾光栅制作包括两个阶段：第一阶段，旋转台由计算机控制，紫外脉冲的

数量少于 1000 时，折射率调制与脉冲数量呈线性关系，在长波段切趾边模被抑制，但是在短波段存在很强的边模；第二阶段，用薄壁代替狭缝 1，并移走掩模板，使旋转角与脉冲数目成一定的关系。此时，FBG 的平均折射率相等，短波段的边模被抑制。实验表明，5mm 长的 FBG 有 99.5%的大反射率，边模抑制比大于 25dB。

5. 氩离子激光切趾光纤光栅

首先，对标准单模通信光纤 SMF-28e 进行载氢处理，完成后将其任意处剥除 3～15mm 的涂覆层，并用无尘纸蘸取无水乙醇对剥除涂覆层处的光纤进行擦拭，完成后将其放在高精度的电动平移台上，用夹具夹住光纤并保持拉紧状态，将光纤剥除涂覆层处的中心对准相位掩模板中心。完成光纤的放置后进行调光，直到激光通过剥除涂覆层的光纤最左侧，在后方形成一道明亮的竖条纹则证明调光完成。随后移到右侧进行同样操作方可进行随后的刻栅。

使用氩离子刻写光纤光栅时，在软件控制界面选择切趾光纤光栅模块界面，选择切趾函数，设置最小扫描速度为 0.015mm/s、最大扫描速度为 0.3mm/s、行程为 3～10mm。当电动平移台以最大速度到达光栅刻写起始点时，光开关受控自动打开，光纤开始接受曝光；平移台按照设定的速度线性运动，当光斑行程达到指定距离后，光开关受控自动关闭，第一次曝光结束。然后，保持光纤位置不变，将相位掩模板取下，进入调整模块对平移台位置进行初始化，回到变迹光栅模块，选择升余弦函数，同时速度保持不变。电动平移台以最小速度到达光栅刻写起始点时，光开关受控自动打开，光纤接受二次曝光；平移台按照设定的速度线性运动，当光斑行程达到指定距离后，光开关受控自动关闭，第二次曝光结束。

图 4.48 是未切趾光纤布拉格光栅的反射谱。可以看出，在反射谱的左侧有明

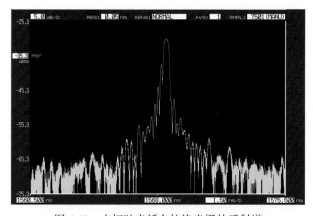

图 4.48　未切趾光纤布拉格光栅的反射谱

显的边模，这将影响到光栅的性能。图 4.49 是升余弦函数切趾后的光纤光栅反射谱。相比而言，升余弦函数切趾后的光纤光栅反射谱边模得到有效抑制，其边模抑制比可达 20dB 以上。

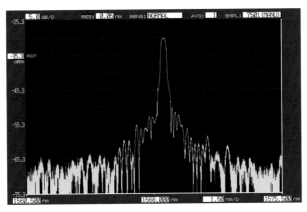

图 4.49　升余弦函数切趾后的光纤光栅反射谱

准分子激光在刻写制作前，需要制作互补的振幅模板。图 4.50 是用激光打标机在涂漆金属铝片上制作的高斯函数型和高斯互补型的振幅模板。振幅模板安装到电控升降台上。光栅刻写初始状态为，高斯函数型振幅模板的中心与光纤同高，光纤位于掩模板掩模区上方 2mm 左右。设定激光器最低频率为 1Hz，最低工作电压为 19kV，进行光路校验，通过光纤的激光束照射到黑色挡光板后，激发的荧光可表征紫外激光束的光斑形状。光纤所在的区域为暗线，图 4.51 是通过摄像头采集到的荧光光斑，暗线居中时，系统光路无偏转，即可提高激光输出功率，进行

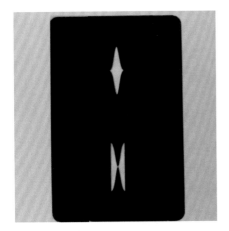

图 4.50　激光打标机制作的高斯函数型和
　　　　　高斯互补型的振幅模板

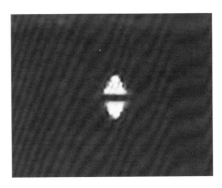

图 4.51　CCD 相机采集到的荧光光斑

切趾光栅制作的第一步。通过光谱仪监测形成光栅的透射谱,当透射谱达到−3dB时,通过驱动程序开启升降电机,其移动的距离为高斯函数型振幅模板高度的一半,速度需要经过调试后确定(满足移动结束,光栅透射谱达到预定值,如−15dB)。图 4.52 是完成第一步切趾的光谱图。可以看出,长波方向的边模得到了充分的抑制。完成第一步后需要使用补偿曝光压缩短波方向的边模,即采用高斯互补型的振幅模板进行曝光。在这一过程中,高斯互补型振幅模板的中心与光纤同高,光纤位于掩模板掩模区下方 2mm 左右。通过光谱仪监测形成光栅的反射谱。完成切趾的光谱如图 4.53 所示。

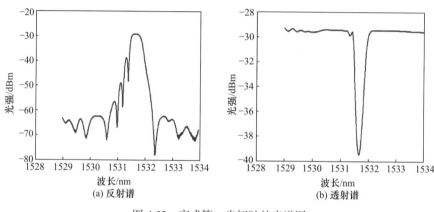

图 4.52 完成第一步切趾的光谱图

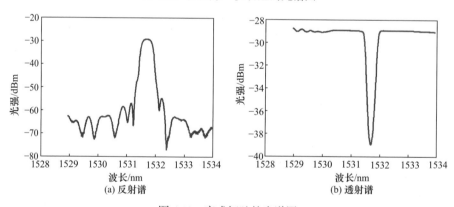

图 4.53 完成切趾的光谱图

4.3.2 啁啾光纤光栅

啁啾光纤光栅的周期是随其长度变化的,变化形式较多,有线性变化、平方率变化、随机变化等;还有一类啁啾光纤光栅,其周期保持恒定,而有效折射率的大小随长度有一定的变化。在用不同的方法实现色散补偿的系统中,啁啾光纤光栅是一种较有应用前景的方法。由于啁啾光纤光栅在色散补偿系统中表现出来的巨大潜力，继而各种专门写制啁啾光纤光栅的方法纷纷出现。

1. 二次曝光法

如图 4.54(a)所示，在第一次曝光中，将一个不透明的模板放在光纤与光源之间，让其以恒定的速度平移，模板运动会增加部分光纤的曝光时间，线性地改变光纤所接受的辐射量，从而在光纤上形成一个渐变的有效折射率梯度。如图 4.54(b)所示，第二次曝光利用相位掩模板在第一次曝光的光纤段写入均匀周期光栅。第一次曝光导致光纤有效折射率变化，最终得到的光栅是一个线性啁啾光纤光栅。这种二次曝光法[30]的优点是利用了制作均匀光栅的曝光光路，使制作方法大大简化，缺点是两次曝光导致折射率变化量过大，容易引起光栅色散曲线的振荡。

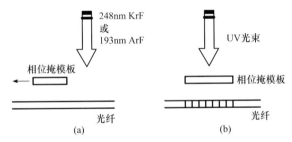

图 4.54　二次曝光法制作啁啾光纤光栅原理图

2. 弯曲法

此方法是由 Sugsen 等[31]于 1994 年提出的，利用制作均匀周期光栅的曝光光路，只需使光纤机械变形便可制作啁啾光纤光栅。把预先弯好的光纤放在两束干涉光所形成的周期为 Λ_0 的干涉条纹场中，光纤和干涉条纹法线方向所成角度为 $\varphi(z)$(图 4.55)。形成光栅的周期为

$$\Lambda(z) = \Lambda_0 / \cos\varphi(z) \tag{4.37}$$

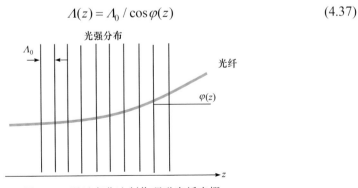

图 4.55　通过弯曲法制作啁啾光纤光栅

由此可见，光栅的周期沿长度方向是变化的，即形成了啁啾光纤光栅。只要

$\varphi(z)$足够小，光栅的辐射模损失就可以忽略。由于光纤和光的干涉条纹呈一定的角度，因此用该法制备的光栅具有一定的闪耀性，进而导致辐射损耗的增加。为了减少辐射损耗，使用含光敏包层的特种光纤可以大大抑制其辐射损耗。此方法的优点是所用光学器件少，产生误差的因素少，而且利用同一周期的相位掩模板，可制成不同啁啾的光栅；缺点是光纤的弯曲角度较难控制和保持，也不能引入过大的啁啾，否则会形成栅齿倾斜，引起导模耦合成包层模形成附加损耗。

3. 光纤倾斜法

如图4.56所示，将紫外激光源置于透镜1的焦点位置，经透镜1的作用使紫外激光平行出射至透镜2上。光束经透镜2的折射作用以不同的角度入射到相位掩模板上。光纤与相位掩模板间有一夹角。相位掩模板抑制0阶衍射光，透过掩模板的±1阶衍射光在光纤纤芯发生干涉，那么光栅的周期可以表示为

$$\Lambda(x) = \frac{\Lambda_{PM}}{2}\left[1 - x\frac{\theta}{f-d}\left(1 - \frac{\lambda^2}{\Lambda_{PM}^2}\right)^{-\frac{1}{2}}\right] \tag{4.38}$$

式中，f为透镜2的焦距；d为透镜2与掩模板的距离；θ为光纤与掩模板的夹角；Λ_{PM}为掩模板的周期。

光纤倾斜法[32]简便，实用性强，易于批量生产。通过控制透镜的焦距，以及透镜与模板之间的距离可控制所成光栅的啁啾量。但是，此法要求光源具有很好的相干性。

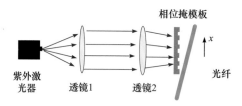

图4.56 光纤倾斜法写入啁啾光纤光栅

4. 移动平台法

如图4.57所示，会聚柱透镜与发散柱透镜组成透镜系统，焦距分别为f_1和f_2，它们之间的距离为l_1，会聚柱透镜与相位掩模板的距离是l_2，KrF准分子激光器产生的平行光经透镜系统后展宽，通过相位掩模板照射到光纤上。因此，写入的光纤光栅的波长为

$$\begin{cases} \lambda_B = 2n_{eff}\Lambda = n_{eff}\Lambda_{PM} \\ n_{eff} = k(l_1, f_1, f_2)z + c\Lambda_{PM} \end{cases} \tag{4.39}$$

式中，n_{eff} 为光纤的有效折射率；Λ_{PM} 为相位掩模板的周期；$k(l_1, f_1, f_2)$ 和 $c\Lambda_{PM}$ 为常数，即 λ_B 与 z 呈线性关系。

安装发散透镜和夹持光纤的装置是可以移动的，因此波长 λ_B 的改变是通过调节光纤与掩模板之间的距离 z 来实现的。据此，可制作任意波长的啁啾光纤光栅。实验表明，可以制作波长写入范围达 30nm 的啁啾光纤光栅[33]。这种方法利用相位掩模技术不但可以简化光栅的写入过程，而且容易生产高质量的光栅。光栅波长的调节非常简单，写入光栅的啁啾量也可以控制，并且可以写入长距离的光栅。

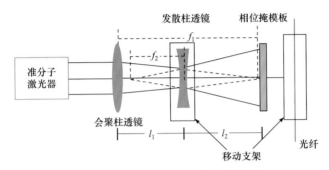

图 4.57 移动平台法写入啁啾光纤光栅

此外，还可利用啁啾掩模板直接刻写。利用低能量脉冲写入的光栅具有可被蓝绿光擦除的性质，先写入均匀光栅，再用蓝光或绿光对需要擦除的地方进行擦除得到所需的啁啾光纤光栅。

5. 啁啾光纤光栅刻写实验

啁啾光纤光栅的刻写与普通光纤布拉格光栅的刻写过程基本一致，将标准单模通信光纤 SMF-28e 载氢完成后用剥线钳剥除涂覆层约 5cm(剥除涂覆层的长度可以根据啁啾相位掩模板的掩模区的长度决定)，并多次用无水乙醇清洁干净去除涂覆层区域的残留碎屑，将光纤置于掩模区后 1~2mm，用光纤夹拉直光纤，施加拉力约 30g，移动电动平移台到掩模区的两端打开光开关观察背板的光束形状。当光纤处于干涉场时，挡板上面可以看到两个较长的垂直的紫色光斑，通过观察光纤在光斑中的位置调整平台，使光纤处于最佳位置，以保证光纤平行于啁啾相位掩模板。光纤两端预留尾纤约 2m，其中一端接宽谱光源提供宽谱光，另一端接光谱仪，即可实时观测光纤光栅在制备时的透射谱生长情况，便于制备经验的积累和后期的数据处理。

光纤放置完毕后对计算机端相移光栅软件模块进行相应的设置，包含设定光斑的扫描速度、运动方向和行程等。扫描速度为 0.08mm/s，光斑扫描行程为 10mm。当电动平移台以匀速到达光栅刻写起始点时，光开关受控自动打开，光纤开始接受曝光；当光斑行程达到 10mm 后，光开关受控自动关闭，光栅刻写过程结束，整个曝光过程持续 125s。如图 4.58 所示，可以看出啁啾光纤光栅的反射谱带宽远远大于普通光纤布拉格光栅的反射谱带宽。由于其折射率调制深度有限，其透射谱并不是很深，如图 4.59 所示。

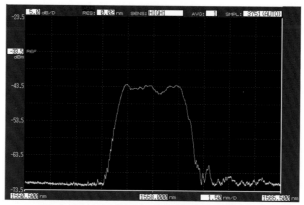

图 4.58　啁啾光纤光栅的反射谱

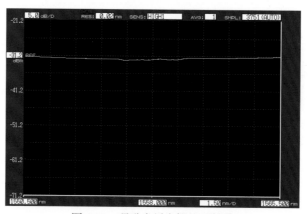

图 4.59　啁啾光纤光栅的透射谱

　　由于啁啾光纤光栅的带宽很宽，可以利用其带宽内的反射特性组成级联的啁啾光纤光栅。图 4.60 为级联啁啾光纤光栅反射谱。可见，在其带宽内会形成法布里-珀罗(Fabry-Perot，FP)干涉，以及一系列的干涉峰，其细节如图 4.61 所示。

4.3.3　超短光纤光栅

　　光纤光栅的栅区长度通常为厘米量级，其反射率大于 90%，反射谱带宽小于 0.3nm。较小的反射谱带宽有利于提高解调精度，较大的反射率有利于提高信噪比。但是，较长的光栅长度在封装过程中易导致光谱啁啾，引起非线性失真。此

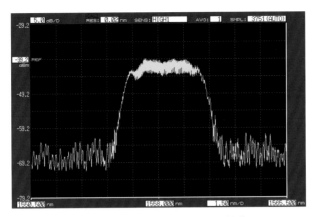

图 4.60　级联啁啾光纤光栅反射谱

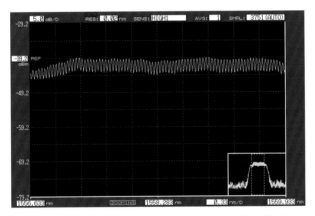

图 4.61　级联啁啾光纤光栅带宽内 FP 干涉细节图

外，将其用于非均匀温度场测量时，反射峰出现分裂以致振荡，会给解调带来困难，从而影响测量精度，限制空间测量分辨力。超短光纤布拉格光栅(ultra-short fiber Bragg grating，US-FBG)(简称超短光纤光栅)作为光纤光栅的一种，栅区长度只有几百，甚至几十微米，能够克服上述传统光纤光栅测量非均匀温度场的不足。同时，基于超短光纤光栅构建的准分布式传感系统在功率预算和感测能力方面也有显著的提高。超短光纤光栅可用于航空航天、工业生产等毫米级别尺寸部件的结构健康监测。

　　较之于常规光纤光栅，超短光纤光栅的栅区长度短，光谱特性也有明显的区别，主要表现在同一折射率调制深度下，超短光纤光栅的反射率低，反射谱宽。未经切趾光栅的反射谱中存在较多的旁瓣，使得光谱覆盖的范围长达数十纳米，限制了传感器的串联数目和解调。为减少光栅反射谱中存在的较多旁瓣，可采用切趾方法，即在光栅的光致折射率变化中引入与光栅长度有关的函数包络。包络选取得当可以大幅提升光栅的边模抑制比。因此，研究短栅区长度光栅的刻写制作和传感特性具有重要的工程应用价值和科学研究意义。

2013 年，武洪波等采用二次曝光法切趾进行 2mm 光栅的切趾，可以实现边模抑制比大于 20dB 的光纤光栅制作。2017 年，敬世美等利用飞秒激光直写扫线技术制备了 53.5μm 的超短 FBG，并在这种光栅的基础上用氢氟溶液选择性腐蚀技术制备了基于微通道的超短 FBG，对超短 FBG 传感器的温度特性和应力特性进行了测试。

2018 年以来，北京信息科技大学祝连庆课题组研究了毫米量级的超短光纤光栅制作，并将其用于高空间分辨率温度场的监测。为了进一步压缩刻写光栅的尺寸、抑制反射谱的旁瓣，采用光阑遮挡和调节光栅与掩模板距离实现了 50μm 的超短光纤光栅制作；采用单缝衍射调制光束强度分布进行光栅切趾，实现了边模抑制比大于 30dB 的 0.5mm 光栅的刻写[34]。

光纤光栅可以等效为若干个均匀的子栅，每个子栅都可以看成一个矩阵，通过矩阵连乘即可表示整个光栅。传输矩阵法的原理是把非均匀光纤光栅视为一系列小段均匀周期光纤光栅的组合，再用一个 2×2 矩阵来描述每一个小段的光栅，则该光纤光栅总的传输矩阵就是每一小段光栅传输矩阵的乘积。由总的传输矩阵即可分析其光传输特性。

采用 Opti-grating 软件，对超短光纤光栅的反射谱仿真栅区长度为 0.5mm、0.2mm 和 0.1mm、0.05mm，折射率调制深度为 2×10^{-3} 的均匀光栅的反射谱。仿真结果如图 4.62 所示，其反射率分别为 57%、19%、7% 和 2%，3dB 带宽分别为 1.8nm、4.0nm、7.4nm 和 14.7nm。可以看出，均匀超短光纤光栅的光谱有明显的旁瓣。通常对光栅进行切趾可抑制旁瓣，图 4.63 是栅区长度为 0.5mm 和 0.2mm 的采用高斯函数切趾光栅的仿真反射谱，其反射率分别为 22% 和 6%，3dB 带宽分别为 2.3nm 和 5.5nm。为了更好地从仿真图辨识切趾光栅的边模抑制，图 4.63 的纵坐标采用对数光强单位。可以看出，采用高斯函数切趾可以实现 30dB 的边模抑制比。

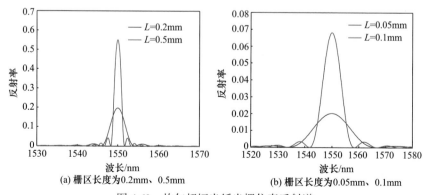

(a) 栅区长度为0.2mm、0.5mm (b) 栅区长度为0.05mm、0.1mm

图 4.62　均匀超短光纤光栅仿真反射谱

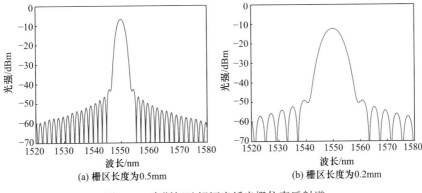

图 4.63　高斯切趾超短光纤光栅仿真反射谱

超短 FBG 的写制方法与普通均匀光纤光栅类似，普通的商用掩模板栅区一般为 10mm，超短 FBG 的栅区长度只有几十微米至数百微米。因此，在相位掩模板之前放置可调光阑，通过调整光阑大小可实现光纤光栅栅区长度控制，具有较好的成本效益和写制效率。

超短 FBG 的光栅长度较短，反射率较低。为了获得高反射率超短 FBG，本节在经低温高压载氢 4 周后的 Corning SMF-28e 和 Corning HI1060 flex 上刻写了超短 FBG。

从准分子激光器出射的脉冲激光经过反射镜反射进入由两个柱面镜组成的 6 倍扩束准直装置后，经过一个竖直方向会聚光束的柱面镜后，投射到相位掩模板。待刻写光纤紧贴掩模板，距离掩模板 0.5mm 左右。经过掩模板衍射的激光束形成的双光束干涉是周期性的光场调制，并导致光纤沿轴向的折射率分布，进而在光纤纤芯中形成光栅结构。为了实现超短光纤光栅的刻写，在距离掩模板前表面 1mm 处，放置宽度为 500μm、200μm 的狭缝。为了实现更短的光栅刻写，可调节光纤与掩模板之间的距离进一步缩小光纤上的有效曝光长度。其原理如图 4.64 所示。光束经过掩模板后的衍射关系可用光栅方程(4.40)表示，即

$$d \sin\theta = m\lambda \tag{4.40}$$

式中，$d = 1070.3\text{nm}$；$m = 1$；$\lambda = 248\text{nm}$。

当光纤距离掩模板为 D 时，根据图 4.64 的几何关系，可以求得刻写光栅的有效栅区长度，即

$$L_{\text{eff}} = L - \frac{D}{\cot\theta} \tag{4.41}$$

式中，L 为入射到掩模板激光束的宽度，实验设定为 0.5mm 和 0.2mm。

实验使用不同类型的光纤进行光栅刻写。图 4.65 是不同光纤在脉冲能量为 30mJ、重复频率为 20Hz、曝光时间为 300s，刻写的不同栅区长度光栅的反射谱。

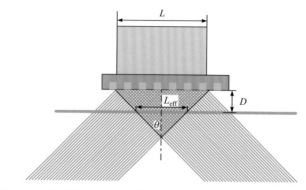

图 4.64 调节光纤与掩模板距离的方法刻写超短光纤光栅原理图

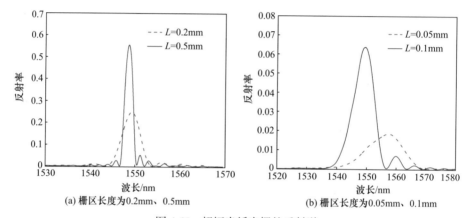

(a) 栅区长度为0.2mm、0.5mm   (b) 栅区长度为0.05mm、0.1mm

图 4.65 超短光纤光栅的反射谱

随着光栅长度的缩短，光栅反射率降低，光谱的带宽增加。在同一曝光参数下，实验得到的 HI-1060 光纤光栅具有更高的反射率。相比普通 SMF-28e 单模光纤，该光纤具有更小的纤芯直径，更有利于紫外激光聚焦在纤芯上。同时，HI-1060 锗含量更高，纤芯折射率更大，因此刻写光栅的中心波长大于 SMF-28e，可以增加纤芯折射率的调制深度。此外，刻写过程中还发现，准分子激光器的功率不可过高。随着曝光功率的增加，光纤的温度随之上升。高温可以加快光纤中氢气的扩散速度，降低光纤的光敏性，从而导致折射率调制深度下降。如果功率过低，则刻写时间增加，并且增加擦写的可能性。图 4.65 的实验参数与图 4.63 的仿真参数一致。可以看出，实验得到的光谱图与仿真光谱图基本一致。随着栅区长度的缩短，反射谱显著红移。造成这一现象的原因是，在光栅刻写过程中，直流分量的增大不同。因为实际刻写过程中，除了±1 阶衍射光形成干涉条纹"交流分量"，0 阶衍射"直流分量"仍然存在，此外振动等因素也会增加"直流分量"，刻写栅区短的光栅需要更多的曝光时间，因此直流分量更大，进而有效折射率 n_{eff} 也随之增大。

一般 FBG 的折射率调制可视为具有矩形包络的正弦调制，为了降低光栅旁瓣对解调精度的影响，需要在刻写过程中对 FBG 进行切趾，即在写入光栅时，消除折射率调制在 FBG 起始端和末端的折射率突变，从而抑制突变诱发的反射谱的边模。

目前，常用的光栅切趾方法有逐点刻写法、二次曝光法等。其中，二次曝光法具有操作灵活、边模抑制比高等优点，是目前大批量生产切趾光栅常用的方法。上述切趾方法适用于栅区长度较长的光栅切趾。对于栅区长度为 1mm 以下的光栅，上述方法并不适用。一种利用单缝衍射调制紫外激光强度分布进行超短光纤光栅切趾的方法是，采用商用掩模板和光阑实现边模抑制比大于 30dB 的光栅。

单缝衍射的光强分布为 sinc² 函数，可将其主峰用于切趾光栅的刻写。通过角谱衍射理论数值模拟可以寻找主峰宽度为 0.5mm 的单缝衍射光路结构。最终确定光束经过 0.2mm 狭缝在 20mm 距离上的主峰宽度为 0.5mm。光强分布如图 4.66 所示，近似为 sinc² 函数。通过在相位掩模板前面增加 0.5mm 宽度光阑的方法遮挡 sinc² 函数光场的旁瓣，仅有主瓣经过掩模板后进行光栅刻写。

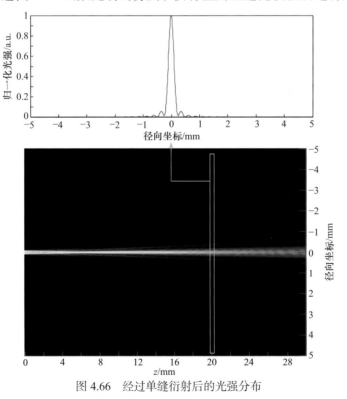

图 4.66　经过单缝衍射后的光强分布

图 4.67 是 sinc² 函数切趾超短光纤光栅的反射谱。图 4.67(a) 是栅区长度为 0.5mm

的反射谱，边模抑制比大于 25dB。通过调节衍射狭缝与掩模板距离将刻写光栅的有效长度调节到 0.2mm。图 4.67(b)是栅区长度为 0.2mm 的反射谱，边模抑制比大于 15dB。随着光纤与掩模衍射距离的进一步增加，光栅切趾效果严重下降。

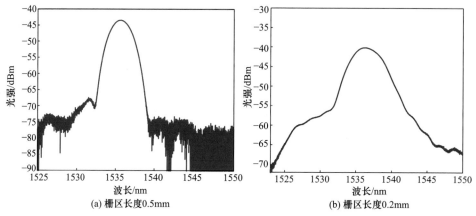

(a) 栅区长度0.5mm   (b) 栅区长度0.2mm

图 4.67   sinc² 函数切趾超短光纤光栅仿真反射谱

采用狭缝光阑和调节掩模板与光纤距离的方法调节刻写光栅的有效光栅长度，适用于百微米量级的光纤光栅刻写，可以实现光栅栅区长度 50μm、3dB 带宽、14nm 的超短光纤光栅的刻写。通过单缝衍射、调制"帽状函数"光强的方法，可实现边模抑制比大于 30dB 的 0.5mm 切趾光纤光栅的刻写。

4.3.4   保偏光纤光栅

常见的保偏光纤光栅有熊猫型保偏光纤光栅、领结型保偏光纤光栅、椭圆型保偏光纤光栅。刻写保偏光纤光栅主要以熊猫型保偏光纤为基础光纤。保偏光纤光栅具有高双折射，其传输模为两个偏振方向上相互垂直的基模。两偏振模具有不同的模场分布和传播常数，因此两个偏振方向上的折射率不相同，存在两个光轴(快轴和慢轴)。两个光轴上分别发生光栅反射，并且两反射谱的光偏振方向相互垂直。

在高双折射光纤上写入光栅时，由于两个正交偏振态的有效折射率稍有不同，当具有一定光谱宽度的光输入刻写在高双折射光纤上的光栅时，在光栅的反射谱上就会出现两个形状相同但中心波长略有不同的布拉格反射峰。其布拉格波长分别为

$$\lambda_{FB} = 2n_F \cdot \Lambda \tag{4.42}$$

$$\lambda_{SB} = 2n_S \cdot \Lambda \tag{4.43}$$

式中，λ_{FB} 和 n_F、λ_{SB} 和 n_S 分别为快轴模、慢轴模的布拉格波长和有效折射率；Λ 为光栅周期。

中国电子科技集团公司第二十三研究所(中电 23 所)用 MCVD 制作的高双折射光纤的纤芯是掺锗二氧化硅，包层的形状为圆形，材料为纯二氧化硅。由于掺锗光纤的光敏性难以满足直接采用紫外激光刻写光栅的要求，所以要对光纤进行载氢处理，以提高它的光敏性。在室温和 100bar 左右的条件下载氢 30 天，采用图 4.68 所示的装置在光纤上刻写光栅。所用的紫外激光器是波长为 248nm、单脉冲能量密度为 200mJ/cm^2 的 KrF 准分子激光器和一块 0 阶抑制的相位掩模板。掩模板的周期 $\Lambda_\mathrm{m} = 1075.4$nm。在刻写光栅的过程中，光纤的一端通过一根普通的单模光纤与一台中心波长为 1550nm 的宽带光源连接，另一端与一台光谱仪相连接，实时监测光纤的透射谱变化情况。由于输入的检测光是非偏振光，为了正确记录透射谱的变化，在刻写过程中，高双折射光纤的状态始终保持不变。

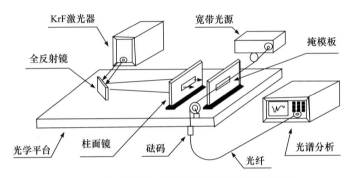

图 4.68 　相位掩模法刻写光纤光栅装置示意图

为了使刻写在高双折射光纤上的光栅性能保持稳定，刻写后的光栅被放置在温度为 150℃左右的环境中退火 12h。图 4.69 是退火后的光栅在室温情况下，未

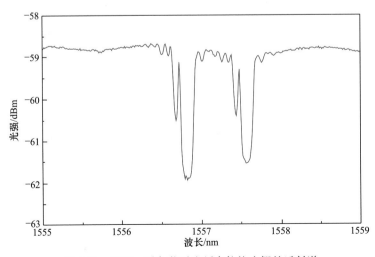

图 4.69 　室温、零负载时光纤布拉格光栅的透射谱

加负荷时的透射谱。可以看出，快轴和慢轴的布拉格反射波长分别为 1556.820nm 和 1557.585nm，两者之差为 0.765nm。

　　为观察高双折射光纤光栅对输入光为线偏振光时其传输特性的变化情况，进行实验。实验装置如图 4.70 所示。中心波长为 1550nm 的宽带光源输出的光经一个偏振控制器(HP 11896A)耦合到光纤光栅中，为简单、准确地获得光纤光栅的透射谱，用一台光谱仪(ADVANTEST Q8384)在光纤光栅的输出端记录透射谱。图 4.71 给出了当输入光的偏振角从 0°变化到 180°时，高双折射光纤光栅两个布拉格波长点上透射光强的变化曲线。

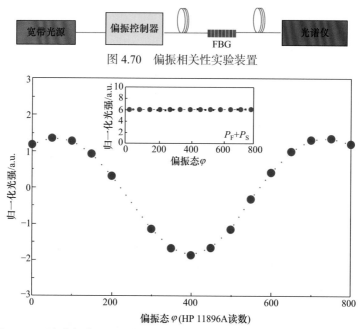

图 4.70　偏振相关性实验装置

图 4.71　两个偏振分量之差与偏振态的关系曲线(插图为两个偏振分量之和)

　　为讨论方便，假设输入的光波为线偏振光，线偏振光的振幅为 1。当偏振光与光纤 y 轴(慢轴)的夹角为 ϕ 时(图 4.72(a))，两个轴上的光功率分量(快轴分量 P_F、慢轴分量 P_S)分别为

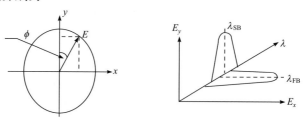

(a) 输入线偏振光的状态　　(b) 两个正交偏振模的布拉格波长示意图

图 4.72　输入线偏振光的状态和两个正交偏振模的布拉格波长示意图

$$P_F = \sin^2\phi \tag{4.44}$$

$$P_S = \cos^2\phi \tag{4.45}$$

当输入光谱的宽度远大于两个布拉格波长差时，可以推得被反射的两个分量的功率差 ΔP 约为

$$\Delta P = \cos^2\phi - \sin^2\phi = \cos2\phi \tag{4.46}$$

实验结果(图 4.71)与这个简单推论得到的结果相符。

从图 4.71 的插图可以看出，光功率和并不随偏振角度的变化而改变，其斜率为零。这说明，光能量只在两个正交模式之间耦合，并没有散射出去。

北京信息科技大学采用熊猫型和领结型保偏光纤进行光纤光栅的写入。写入光栅前将光纤放在 12MPa、80℃的条件下载氢 72h。利用上述刻写系统制作的熊猫型保偏光纤光栅的反射谱与透射谱如图 4.73 所示。该图为光谱仪采集到的谱图，可见光纤光栅的双峰有重叠，表现为中间有凸起的小峰。这是由于熊猫型保偏光纤的快慢轴折射率差较小,受限于光谱仪的分辨率才呈现出上述重叠的谱图。当采用分辨率级别更高的采集设备(如 Luna OVA5000)时，上述光纤光栅的透射谱与反射谱则表现为清晰可辨的双峰特点，如图 4.74 所示。

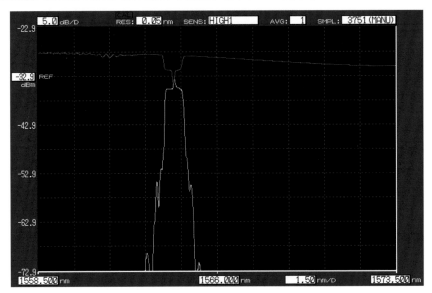

图 4.73　熊猫型保偏光纤光栅的反射谱与透射谱

选用领结型保偏光纤时，因快慢轴的折射率差较大，其双峰分离的特征比较明显。图 4.75 为利用光谱仪采集到的领结型保偏光纤光栅的透射谱与反射谱。由此可见，虽然光纤光栅刻写时的折射率调制深度很大，但是仍旧呈现明显的双峰特点。

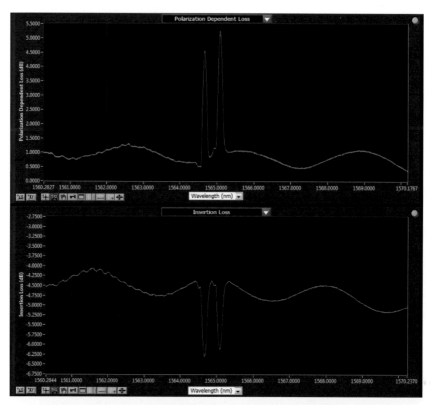

图 4.74　Luna OVA5000 采集的熊猫型保偏光纤光栅的反射谱与透射谱

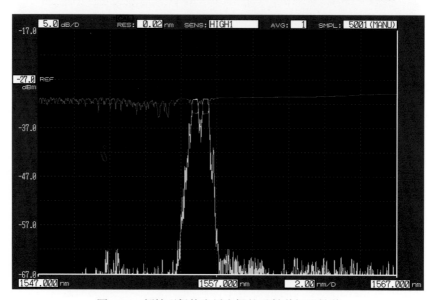

图 4.75　领结型保偏光纤光栅的透射谱与反射谱

4.3.5　相移光纤光栅

相移光纤光栅是在光纤光栅的制作过程中，通过加入单个或多个相移区域来调整光纤光栅的传输光谱。相移光纤光栅在布拉格光栅的反射带内打开窄带传输窗口；通过调节相移量和相移位置可以改变透射波长和透射率。相移光纤光栅主要分为无源单相移光纤光栅、无源多相移光纤光栅、有源单相移光纤光栅和有源多相移光纤光栅。相移源光栅的特点是，光栅结构在某些位置存在相位跳变。由于布拉格光栅周期非常小(几百纳米)，如果要精确控制相移量，需要采用高精密的机械设备，如纳米级位移精度的压电陶瓷产生相移。电动平移台带动光斑以恒定的速度扫描模板，运动到需要产生相移点的位置时，压电陶瓷带动相位掩模板行进设定的位移。相位掩模板的干涉条纹也会产生相同的位移量，继而干涉条纹调制形成的光栅结构出现相应的相移。

在无源单相移光纤光栅制作过程中应打开氩离子激光器，将输出光功率调至 100mW，并等待 5min，使激光器出光稳定。光纤选用符合国际电信联盟(ITU-T) G.652 标准的单模通信光纤 SMF-28e，并经过载氢(氢气压力大于 120 个大气压，载氢时间大于 1 个月，温度为室温 25℃，如果载氢时进行升温处理，可根据载氢的效果适当地缩短载氢时间)。用剥线钳剥除涂覆层约 5cm(剥除涂覆层的长度可以根据相位掩模板掩模区的长度决定)，并多次用无水乙醇清洁去除涂覆层区域的残留碎屑，将光纤置于掩模区后 1~2mm，用光纤夹拉直光纤，施加拉力约 30g，移动电动平移台到掩模区的两端，打开光开关观察背板的光束形状。当光纤处于干涉场中时，挡板上面可以看到两个较长的垂直于光纤的蓝色光斑，通过观察光纤在光斑中的对称性调整平台，使光纤处于最佳位置，以保证光纤平行于相位掩模板，如图 4.76 所示。光纤两端预留尾纤约 2m，其中一端接宽谱光源，另一端接光谱仪，即可实时观测光纤光栅在制备时的透射谱生长情况，监测光栅性能。

图 4.76　相移光纤光栅光路调整示意图

1. 无源单相移光纤光栅

将一段载氢敏化后的无源光纤放置完毕后，对软件控制系统进行相应的设置，如相移点位置、相移量，设定光斑的扫描速度、运动方向和行程等。待激光器的功率稳定后开启功率自动稳定模式，设定压电陶瓷位移为 π 相移，相移点位于光栅中央，扫描速度为 0.01mm/s，光斑扫描行程为 10mm。当电动平移台以匀速到达光栅刻写起始点时，光开关受控自动打开，光纤开始接受曝光；当光斑行程达到 5mm 后，压电陶瓷产生设定的位移；当光斑行程扫描达到 10mm 后，光开关受控自动关闭，光栅刻写过程结束，整个曝光过程持续 1000s。如图 4.77 所示，可以看出光栅的透射带中央有一个十分精细的透射通道。这说明，相移量的控制非常精确。但是由于其透射深度较深(高达 50dB)，反射谱的分裂现象并不明显。

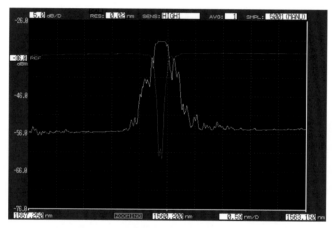

图 4.77　无源单相移光纤光栅透射谱与反射谱

2. 有源单相移光纤光栅

事先熔接好一段无源光纤-有源光纤-无源光纤，并对其进行载氢敏化。敏化光纤制作好后按照无源单相移 FBG 刻写方法同样可以在有源光纤上实现相移光纤光栅的制作。图 4.78 为在有源光纤上刻写的单相移光纤光栅反射谱，可以看到其反射谱上的主峰分裂为两个小峰。

制作出的相移光栅中心波长为 1550nm 左右。如图 4.79 所示，光谱图对称平滑，其透射深度在 25dB 左右，在透射谱中成功打开一个“窗口”。其 3dB 带宽小于 10pm。有源单相移光纤光栅中有许多因素影响着透射谱的特性，主要因素为相移量的大小、相移点的位置，以及刻写光栅的长度。引入大小不同的相移量对透射峰的位置和相移峰的透射率都有影响，但是不会改变相移峰线宽的大小。随着

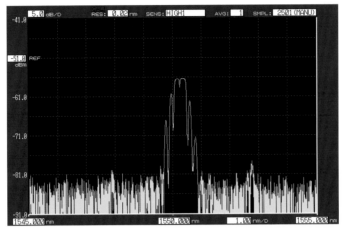

图 4.78　有源单相移光纤光栅反射谱

引入相移量的增大，透射峰的相移峰向长波方向漂移，且透射谱具有周期性，周期为 2π。引入相移点的位置不同，会改变相移光纤光栅相移峰的透射率和线宽的大小，但不会改变相移峰的位置。当引入相移点位置在光栅的中点时，对应相移光纤光栅相移峰的透射率最大且线宽最窄；当相移点远离中心点时，相移峰透射率逐渐减小，线宽逐渐增大，且当相移点相对光栅中心对称时，相移光纤光栅的透射谱形状完全一样，具有对称性。随着相移光纤光栅长度的增加，相移光纤光栅透射谱相移峰的线宽变窄，但相移峰位置不会随光纤长度的增加而发生改变；随着相移光纤光栅长度的大量增加，相移峰的透射率会逐渐减小，并在一定程度上透射谱的相移峰会消失。利用相移光栅具有极窄透射峰的特性，可以将其用于窄带滤波、波分复用中的分波器、光纤激光器等方面。

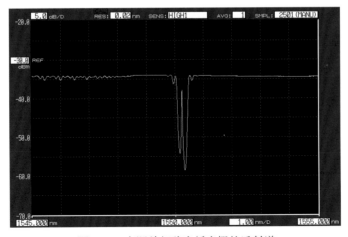

图 4.79　有源单相移光纤光栅的透射谱

3. 无源多相移光纤光栅

无源单相移光纤光栅的透射谱只有一个相移峰，为了更好地满足波分复用中分波器的需求，以及其他需要多个滤波要求的情况，更多的情况下人们使用无源多相移光纤光栅。无源多相移光纤光栅的制作过程与无源单相移光纤光栅的制作过程类似，只是在相移点的位置、每个相移量的大小、光栅的长度等参数方面有相应的变化。图4.80为设定相移点的位置为40%和60%，利用氩离子激光器刻写的无源两相移光纤光栅反射谱与透射谱。可见，单峰的布拉格反射峰分裂为三个小峰，从透射谱清晰可见两个相移峰。

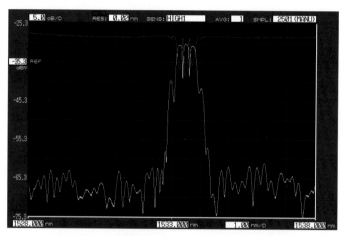

图 4.80　无源两相移光纤光栅透射谱与反射谱

无源三相移光纤光栅透射谱与反射谱如图4.81所示，其中模板周期为1059nm，

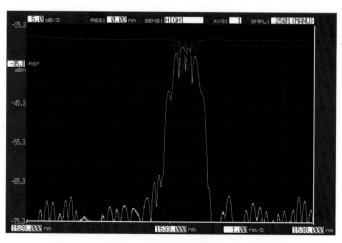

图 4.81　无源三相移光纤光栅反射谱与透射谱

压电陶瓷位移为 264.8nm(π 相移)，相移点在光纤光栅长度 35%、50%和 65%的位置上。多相移光纤光栅与单相移光纤光栅相比更加复杂和多变，只有在非等间隔引入多个相移点时，透射窗口的数量才随着引入相移点个数的增加而增加，表现出均匀多带通滤波的特性。该结果与第 3 章理论仿真结果一致。

4. 有源单相移点光纤光栅的激光输出特性

有源单相移光纤光栅是分布反馈式光纤激光器的核心器件，一般是按照无源光纤光栅的刻写方式刻写到高掺杂的有源光纤上(有源光纤通常为高掺杂的铒离子有源光纤、铥离子有源光纤和铒镱离子共掺的有源光纤)。有源光纤处理方法与无源光纤一样在载氢过程完成后放入电动平移台进行光栅的刻写，前面已经做了详细的介绍。图 4.82 为高掺杂的铒镱共掺有源光纤在有激光输出时的实物图。有源相移光纤光栅的光谱特性与无源单相移光纤光栅的光谱特性影响因素一致，对于透射谱的相移峰，其主要影响因素为相移量的大小、相移点的位置，以及刻写光栅的长度。图 4.83 为 DFB 光纤激光器的输出光谱图，其信噪比可达 50dB。

图 4.82　有源光纤光栅部分

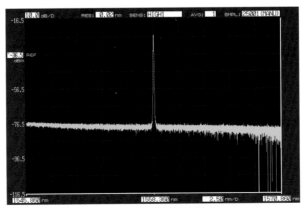

图 4.83　DFB 光纤激光器的输出光谱图

由于相移单光纤光栅在某些方面拥有与光纤布拉格光栅相似的特性，同时又有其独特的优点，所以几乎所有利用光纤布拉格光栅的元件，都有可能用相移光纤光栅来代替。滤波器在光通信中广泛使用，相移光纤光栅滤波器具有价格低廉、易于光纤熔接和集成化的优点，成为光通信系统中的理想元器件。随着相移光纤光栅制作技术的完善，以及各波段调节能力的提高，已制成全波段单通道、多通道宽带的带阻滤波器和窄带宽、低损耗的带通滤波器，相移光纤光栅在增益平坦方面和传感方面的应用也得到广泛关注。有源相移光纤光栅在分布反馈式光纤激光器、高精度有源传感器和光信号增益方面有着无与伦比的应用前景。

5. 啁啾相移光纤光栅

相移的产生是由啁啾光纤光栅上某处折射率调制的突变引起的。啁啾相移光纤光栅反射谱的特性可以简单地看成均匀啁啾光纤光栅和相移光纤光栅的组合，因此啁啾相移光纤光栅的刻写过程为啁啾光纤光栅刻写过程和相移光纤光栅刻写过程的组合。敏化后的光纤放置完毕后对计算机端相移光栅软件模块(要在啁啾光纤光栅刻写过程中加入相移点，因此选择相移光栅软件模块，与标准相移光纤光栅的刻写过程相比仅仅是将均匀周期相位掩模板替换成啁啾相位掩模板)进行相应的设置。模块中包含设定相移点位置、相移量，设定光斑的扫描速度、运动方向和行程等功能。待激光器的功率稳定后开启功率自动稳定模式，压电陶瓷位移距离为 π 相移，相移点位于光栅中央，扫描速度为 0.01mm/s，光斑扫描行程为10mm。当电动平移台以匀速到达光栅刻写起始点时，光开关受控自动打开，光纤开始接受曝光；当光斑行程达到 5mm 后，压电陶瓷产生设定的位移；当光斑行程达到 10mm 后，光开关受控自动关闭，光栅刻写过程结束，整个曝光过程持续1000s。啁啾相移光纤光栅的反射谱如图 4.84 所示。由此可见，在其反射谱的中央产生一窄带窗口，在图 4.85 所示的透射谱中也很好地验证了这一点。

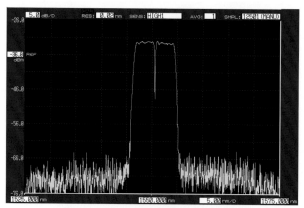

图 4.84　啁啾相移光纤光栅的反射谱

啁啾相移光纤光栅结合了啁啾光纤光栅和普通相移光纤光栅的优点，同时具有啁啾光纤光栅和普通相移光纤光栅的一些重要特征，因此影响均匀啁啾光纤光栅和相移光纤光栅光谱特性的参数同样会对啁啾相移光纤光栅光谱产生类似的影响。

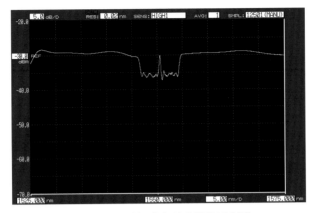

图 4.85　啁啾相移光纤光栅的透射谱

4.3.6　级联光纤布拉格光栅

1. 光纤光栅

光纤光栅干涉的核心是两个平面性和平行性极好的高反射光学镜面。它可以是一块玻璃或石英平行平板的两个面上镀制的镜面，也可以是两块相对平行放置的空气间隔的镜片。图 4.86 为 FBG 级联致 FP 干涉示意图。

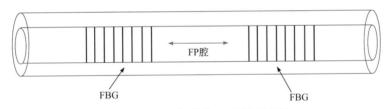

图 4.86　FBG 级联致 FP 干涉示意图

将康宁单模光纤 SMF-28e 放入载氢装置内，在 80℃、11MPa 的条件下进行为期三天的载氢处理，然后使用波长为 244nm 的氩离子激光器对光纤进行刻写，如图 4.87 所示。

紫外激光经过紫外反射镜和柱透镜会聚，经过相位掩模板形成干涉图样，当载氢光纤被放置在相位掩模板后方的干涉区域时，纤芯折射率发生周期性调制从而形成光栅。首先，利用该方法在光纤的一端先写入一个光栅，其透射谱与反射谱如图 4.88 所示。然后，移动反射镜和柱透镜改变位置刻写第二个光栅，这两个光栅与它们之间的光纤共同构成 FP 腔，并通过高精度位移平台来控制反射镜和柱透镜。两个布拉格光栅长度为 5mm，腔长为 15mm，光纤光栅 FP 腔反射谱与透射谱如图 4.89 所示。其细节如图 4.90 所示，清晰可见 FP 干涉曲线。

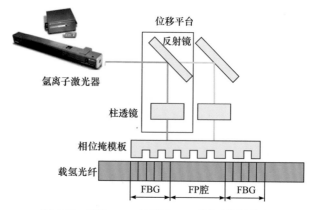

图 4.87　制作 FBG 级联致 FP 干涉系统结构图

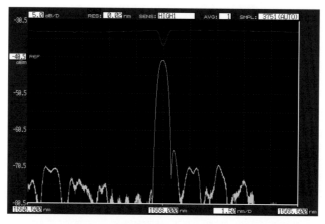

图 4.88　级联 FBG-FP 的第一支光栅透射谱与反射谱

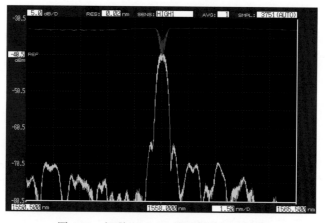

图 4.89　级联 FBG-FP 的透射谱与反射谱

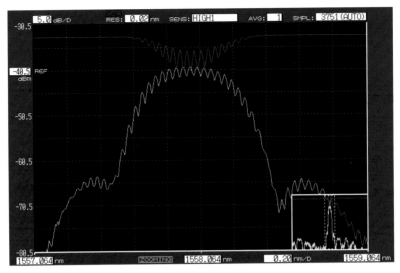

图 4.90 级联 FBG-FP 的透射与反射细节

2. 光纤光栅阵列

一般而言，每个相位掩模板对应一种工作波长的光纤光栅，但是实际刻写过程可通过给光纤施加预紧力，让其工作波长在小于等于理论工作波长附近改变，从而在有限的相位掩模板条件下实现多工作波长的光纤光栅刻写，形成光纤光栅阵列。其反射谱和透射谱如图 4.91 和图 4.92 所示。

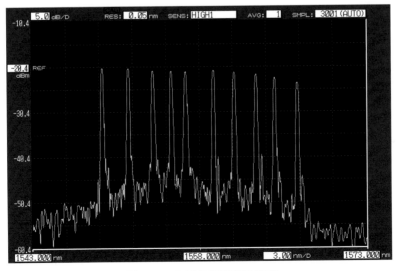

图 4.91 光纤光栅阵列反射谱

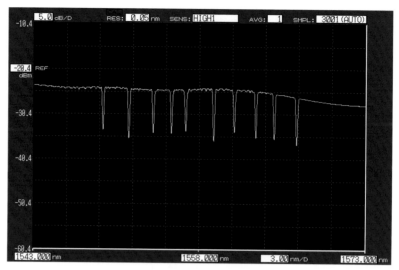

图 4.92　光纤光栅阵列透射谱

4.4　多芯光纤光栅刻写技术

4.4.1　多芯光纤及刻写方法

　　常见的单模光纤为单芯结构，即由一根纤芯，以及与其构成同心结构的包层组成，端面如图 4.93(a)所示。多芯光纤(multicore fiber, MCF)由多根纤芯排布于共同的包层区，端面如图 4.93(b)和图 4.93(c)所示。多芯光纤的概念最早在 1979 年由 Inao 等提出[35]，其中最为典型的结构是七芯结构。从图 4.93(c)可以看出，中心纤芯位于圆心处，其余 6 个纤芯围绕中心纤芯按等六边形分布。

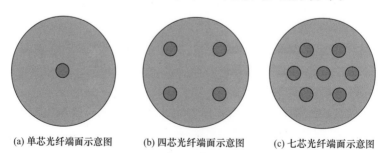

(a) 单芯光纤端面示意图　　　(b) 四芯光纤端面示意图　　　(c) 七芯光纤端面示意图

图 4.93　单芯和多芯光纤端面示意图

　　与单芯光纤相比，当多芯光纤用于传感时，不仅通道数目增加，敏感单元也随之增加，并非中心的敏感单元还具有特殊的敏感特性。因此，多芯光纤在曲率传感、应力传感、温度传感等领域具有重要的研究价值[36-39]。

目前，英国 Fibercore 公司和中国长飞光纤光缆股份有限公司都已经有多芯光纤产品问世，并表现出优越的性能。七芯光纤产品参数如表 4.6 所示。随着空分复用相关技术和光纤传感技术的发展，多芯光纤在光纤几何一致性、纤芯间低串扰和衰减一致性方面逐渐满足其在通信、传感、医疗等领域的应用需求，将是未来发展的重要方向。

表 4.6　七芯光纤产品参数

序号	生产商	型号	参数	端面影像图
1	Fibercore(英国)	SM-7C1500(6.1/125)	纤芯直径：6.1μm 包层直径：125μm 涂层直径：245μm 芯间距：35μm 工作波长：1520～1650nm 截止波长：1300～1500nm	
2	长飞(中国)	MCF 7-42/150/250(SM)	纤芯直径：8.0μm 包层直径：150μm 涂层直径：245μm 芯间距：41.5μm 截止波长：<1300nm	

图 4.94 是不同技术刻写多芯光纤光栅的示意图[40]。图 4.94(a)是采用紫外激光通过相位掩模板整体在多芯光纤上曝光刻写多芯光纤光栅，由于纤芯的位置不同，对不同纤芯的曝光参数存在显著差异，因此各个纤芯刻写的光栅光谱会出现明显不一致。图 4.94(b)是采用红外飞秒激光直写的方法在不同的纤芯上刻写光栅。

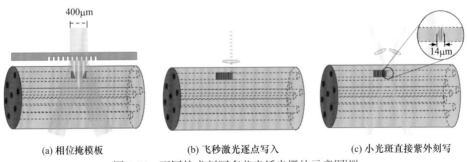

(a) 相位掩模板　　　　　　(b) 飞秒激光逐点写入　　　　　　(c) 小光斑直接紫外刻写

图 4.94　不同技术刻写多芯光纤光栅的示意图[40]

为了分析一个通道中所有纤芯的光栅光谱，需要进行光谱多路复用，否则不同纤芯的光栅将在光谱上重叠，使用相位掩模很难实现这种方法。飞秒激光逐点写入是另一种不同的写入技术，它通过将飞秒激光聚焦到单个纤芯中，选择性地将其写入多芯光纤的单个纤芯中。Donko 等[41]在 1532～1548nm 波长范围内的七芯光纤中的四个芯上完成了光栅刻写。目前所报告的光栅为 II -IR 型,这归因于材料结构中的微孔。与相位掩模写入光栅相比,这通常会带来更高的散射损耗[42]。在 FBG 传感应用中,理想的是在传感器中具有多个 FBG,因为这样可以实现更多的传感点,获得更高的传感精度和空间分辨率。因此,应尽可能避免因 FBG 刻写造成的损耗。小光斑直接紫外刻写(small spot direct UV writing,SSDUW)技术(图 4.94(c)),可以很好地解决上述问题。

4.4.2 多芯光纤光栅的刻写技术

1. 刻写装置

与单芯光纤刻写方式相同,相位掩模法和飞秒激光直写法也是常见的多芯光纤光栅写入方法。飞秒激光直写法对光纤种类要求不高,只需将激光光斑聚焦于待刻写纤芯即可,而多芯光纤的特殊结构直接决定了采用相位掩模法时刻写装置的差异。

在写制七芯光纤光栅时,由于纤芯在空间呈六边形分布,采用普通光纤光栅刻写方法,在光栅写制区多芯光纤纤芯位置具有随机性,纤芯位置不固定,尤其照射在多芯光纤上的紫外激光会在光纤内部发生散射,若无法保证每次刻写时光束聚焦的一致性,就无法实现刻写重复性。因此,在写制光纤光栅时要充分考虑多芯光纤纤芯的角度分布对刻写效果的影响,设计出多芯光纤光栅刻写平台。

图 4.95 为相位掩模法刻写平台。相位掩模法首先在普通光纤光栅刻写平台原有光路的基础上,在刻写区沿垂直方向安装纤芯实时观测系统,以便确定纤芯与光束的相对位置。然后,设置多芯光纤的夹持和旋转装置,采用混合式步进电机

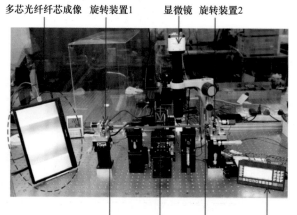

图 4.95　相位掩模法刻写平台

(减速比为 1∶19，最大额定转矩为 9.6kg·cm，背隙小于 2°)调节旋转装置实现对加持装置的同轴转动，通过纤芯位置的调整保证刻写重复性。

利用显微镜在光纤外部对纤芯位置进行观察与判断时，显微镜中会有纤芯的虚像，对纤芯的正确位置的判断产生干扰(图 4.96)，因此要通过计算得到纤芯在屏幕中的正确位置。已知空气折射率为 $n_1 = 1$，多芯光纤包层折射率为 $n_2 = 1.4468$，观察纤芯时会发生折射现象。由斯内尔定律 $n_1\sin\theta_1 = n_2\sin\theta_2$，通过计算可以得到纤芯像的具体位置。

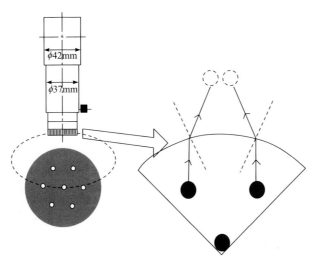

图 4.96　纤芯显微成像示意图

2. 多芯光纤的耦合连接

为了便于在多芯光纤光栅刻写过程中实时观测光谱,设计并建立了如图 4.97 所示的多芯光纤光栅光谱观测系统。该系统由宽带光源提供测试光源,经环形器输入光开关并连接扇入扇出装置,最后经多芯光纤光栅反射输入光谱仪;光开关由驱动电路供电并将通道数据通过串口发送至上位机;光谱仪与上位机通过网线通信。

在写制多芯光纤光栅前,需将待刻写光纤与扇入扇出光纤相连。这个过程涉及多芯光纤的耦合,是多芯光纤光栅刻写的关键技术之一。常用的连接方法有熔融熔接法和冷连接法。

1) 熔融熔接法

熔融熔接法就是将两光纤端面熔化焊接在一起。熔接过程如图 4.98 所示。熔接参数的设置和纤芯对准是决定熔接效果的关键。

2) 冷连接法

冷连接就是将两光纤端面分别固定于一对陶瓷插芯中,用法兰对准中心纤芯,然后通过旋转陶瓷插芯将各纤芯对准实现耦合,达到冷连接的目的。其连接过程

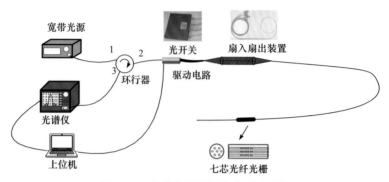

图 4.97　多芯光纤光栅光谱观测系统

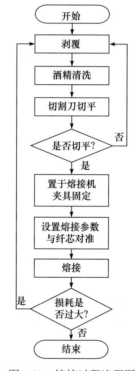

图 4.98　熔接过程流程图

是在多芯光纤光栅光谱观测系统实时监测下完成的,通过精细的旋转使七个纤芯的损耗最小,然后锁紧两个陶瓷插芯。

3. 同侧写入技术

刻写多芯光纤光栅与普通光纤光栅的最大区别就是单次刻写所曝光纤芯的数量。为了在写制多芯光纤光栅时能够实时监测各个纤芯光栅刻写情况,设计了基于 LabVIEW 平台的多芯光纤光栅刻写监测系统。系统界面如图 4.99 所示。可在光谱仪扫描范围内任意选定波长观测范围、扫描速度、采样点等，更直观地比较各个纤芯光栅光谱反射率，确定刻写位置、曝光时间和激光输出功率。针对多芯光纤光栅的刻写可以实现单点同波段、单点非同波段、超短光纤光栅和光栅阵列的制备。

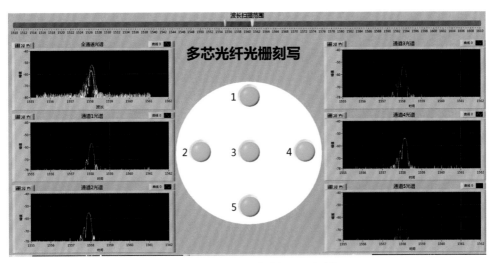

图 4.99　多芯光纤光栅刻写监测系统

同侧写入单点同波段是最简单的刻写方式，与普通光纤光栅刻写方式类似，多芯全同光纤光栅由经调理整形的紫外激光覆盖多芯光纤所有纤芯曝光制成，光栅各纤芯反射谱如图 4.100 所示。可以看出，多芯全同光纤光栅具有较高的光谱一致性，最大波长漂移量为 0.415nm。

在单点写制的基础上，可以进行多芯光纤光栅阵列刻写，阵列光谱图如图 4.101 所示。可以看出，刻写的 20 个光栅信噪比均大于 20dB，可利用多芯光纤光栅阵列实现多点传感，满足大容量测量需求。

4. 旋转写入技术

基于多芯光纤的非全同光栅通常用于曲率测量和变形重构。多芯光纤光栅曲率传感器设计结构如图 4.102 所示。在多芯光纤光栅的七个纤芯中选择三个纤芯，每个纤芯间隔 120°夹角。每根纤芯上有 3 个 FBG 传感器，栅区长为 10mm。

图 4.103 是非全同多芯光纤光栅紫外掩模法刻写方式。根据多芯光纤的纤芯分布特点，分析紫外掩模法的刻写原理，确定深色三角形部分为干涉增强的区域，也是制作光纤光栅时注意利用的区域。如需在纤芯 2、纤芯 3 和纤芯 7 刻写光栅，可以通过旋转多芯光纤使其每次仅照射在一根纤芯上。首先，对纤芯 2 进行刻写，

然后旋转 120°对纤芯 3 进行刻写,最后再旋转 120°对纤芯 7 进行刻写,这样就完成了特定纤芯光纤光栅的刻写。

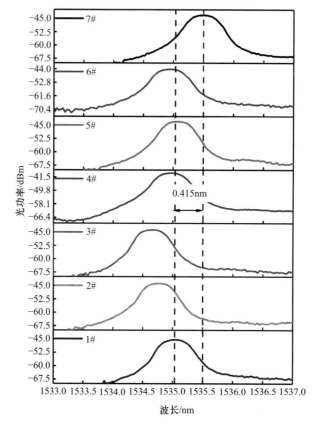

图 4.100　多芯全同光纤光栅反射谱

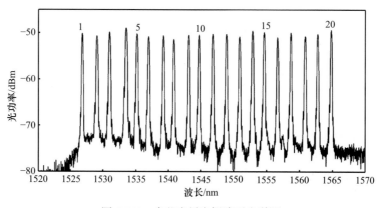

图 4.101　多芯光纤光栅阵列光谱图

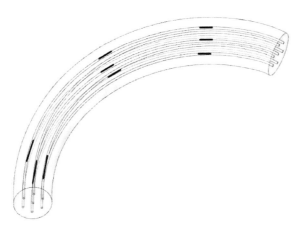

图 4.102　多芯光纤光栅曲率传感器示意图

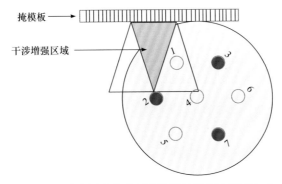

图 4.103　非全同多芯光纤光栅紫外掩模法刻写方式

刻写的非全同光栅(2 个测点)反射谱如图 4.104 所示。可以看出，每个传感点实际的中心波长存在误差，最大波长漂移量为 1.400nm。

采用纤芯间隔 120°刻写光栅的布局设计优势在于三个不同方向上的光栅测量点相互之间是补偿匹配关系，可以进行温度补偿和拉伸应力的补偿。考虑光栅同时受到弯曲和拉伸力的情况下，其受到的拉伸应变将极大地影响曲率的判断，因此要与相匹配的光栅在光纤的同一位置上对弯曲和拉伸应变进行解耦。同时，需要至少感知两个方向上的应变才可以测量空间曲率，同时判断其空间内的弯曲方向。

非正交空间曲率测量原理如图 4.105 所示。记由中心纤芯(坐标原点 O)到纤芯 a 的方向为检测方向 a，由中心纤芯到纤芯 b 的方向为检测方向 b，由中心纤芯到纤芯 c 的方向为检测方向 c，整体的耦合曲率方向取决于三个 FBG 传感器弯曲的合力方向。

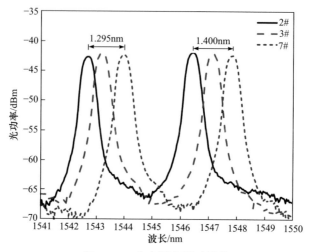

图 4.104 非全同光栅反射谱

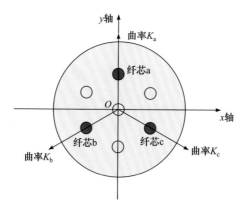

图 4.105 非正交空间曲率测量原理

4.5 双包层光纤光栅刻写技术

大功率光纤激光器是以稀土离子掺杂双包层光纤为工作介质的一种新型全固体激光器。相比传统固体激光器，其具有结构紧凑、转换效率高、光束质量好、易于散热等明显优势，是激光技术领域的研究热点。然而，随着应用领域的不断扩大和实际需求的不断提高，光纤激光器的输出功率不断提高。基于传统结构的光纤，功率的进一步提高使光纤纤芯中的激光功率密度已经接近其物理极限，输出功率的进一步提高受到限制。光纤激光器的输出功率的提高主要受限于两个方面，即光纤激光的损伤和光纤中的非线性效应。为克服这两个方面对光纤激光器功率的限制，高功率增益光纤通常采用双包层光纤结构。双包层光纤可以很好地解决高功率光纤激光器功率提升困难的问题，而基于双包层光纤的包层泵浦技术可以很好地解决泵浦光耦合进光纤纤芯的难题，在提高光纤激光器输出功率方面具有不可替代的地位。因此，双包层结构几乎成为光纤激光器的标配结构。因此，制备双包层光纤光栅也成为研制高功率光纤激光器的一项核心内容。在双包层光纤上直接写入光纤布拉格光栅，除了可以大幅度提高光纤激光器的输出特性，还能提高激光器的稳定性和可靠性，同时由于双包层增益光纤与双包层光纤光栅间不存在耦合对接问题，可以使激光器结构简单、紧凑，对全光纤化光纤激光器的实现具有重要意义。

4.5.1　双包层刻写系统

大模场双包层光纤光栅的制备工艺采用相位掩模板下准分子紫外激光照射的方法，与单模 FBG 的制备基本相同。双包层光纤光栅刻写原理图如图 4.106 所示。由于双包层光纤的芯径比常规单模光纤的芯径大得多，在双包层光纤的准备和制备过程中也存在一定的差别，主要需考虑以下影响因素。

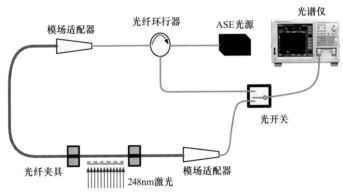

图 4.106　双包层光纤光栅刻写原理图

(ASE 指放大自发辐射)

1) 载氢增敏

由于大芯径双包层光纤的包层直径比常规光纤大得多，载氢敏化的时间会大大延长。根据粒子扩散的斐克定律，扩散浓度决定于参量 $r/\sqrt{2Dt}$，r 为扩散深度，D 为氢气在石英中的扩散系数，t 为扩散时间。因此，同样浓度要求的扩散时间正比于深度的平方。以 400μm 粗光纤为例，与常规光纤相比，扩散时间需要延长到 $(400/125)^2 \approx 10$ 倍。一般单模光纤的载氢时间为一星期，对于粗光纤就需要 2 个月。为了提高载氢增敏的效率，有必要提高载氢装置的温度。

2) 紫外激光照射的时间

与常规单模光纤相比，大芯径光纤需要更大剂量的紫外激光照射来实现纤芯材料的光折变。要获得同样反射率的光纤光栅，双包层光纤紫外激光照射的时间需要大大延长。

3) 波长的调整

在单模光纤光栅的制作中，利用光纤的轴向拉伸应变，可以在相同相位掩模板下实现中心波长的调整。由于单模光纤具有很好的柔韧性，可以架在滑轮上用砝码的重力精确控制拉力，但是粗光纤很容易被折断，因此需要采用比较复杂的机械装置。

4) 光栅的退火

退火是光纤光栅制备必须进行的工序，其作用是在高温下加速未被紫外激光作用氢气的外扩散，使光纤材料的折射率尽快回到稳定值，同时通过退火消除工艺中产生的其他缺陷。显然，要获得同样的退火效果，粗光纤需要长得多的时间。此外，双包层光纤的外包层一般采用聚合物材料，其对退火条件提出了温度要求，一般不超过120℃，更高的温度会损伤光纤的外包层。

5) 成栅在线监测技术

由于与单模光纤芯径和模场存在不匹配现象，光纤成栅过程的在线监测也是需要解决的关键问题。通常需要采用专用的模场适配器，连接到单模光纤上用标准的光谱仪进行测量。此外，由于双包层光纤光栅需要应用于高功率激光系统，因此对光栅制备过程中涂覆层的处理(剥离技术)也提出很高的要求，要求尽可能不要损伤光栅的包层，从而增加光栅的使用寿命和强度。

4.5.2 双包层光纤光栅刻写技术

1. 啁啾光纤光栅刻写

普通啁啾光纤光栅的周期随其长度而变化，并且有很多变化，如线性变化、平方速率变化和随机变化等。另外，还有一种啁啾光纤光栅，其周期保持恒定，有效折射率随长度而变化。为了使 HR(高反镜)和 OC(输出镜)在高功率运转时的反射波长匹配，通常采用啁啾光纤光栅增加 HR 的带宽(2nm 左右)。啁啾光纤光栅反射滤波和倾斜啁啾光纤光栅泄漏滤波是两种抑制光谱展宽的方法，因此在双包层光纤上进行啁啾光纤光栅制作是重要的研究内容。

为了实现高品质啁啾光纤光栅的刻写，可采用啁啾掩模板法进行啁啾光纤光栅的刻写。当光栅长度一定时，啁啾带宽越宽反射率越低。综合考虑 HR 和 OC 在高功率运转时的反射波长匹配和 HR 的反射率，选择啁啾带宽为 2nm 左右的啁啾光纤光栅。表 4.7 是刻写啁啾光纤光栅掩模板的参数表。图 4.107 是掩模板实物图。

表 4.7　啁啾光纤光栅掩模板的参数表

掩模板参数项	参数值
光栅周期	743.8nm
啁啾率	0.4nm/cm
入射激光	248nm
材质	熔石英
0 阶衍射率	1.7%
光栅区域尺寸	10mm × 50mm

图 4.107　掩模板实物图

图 4.108 是在准分子激光单脉冲能量 55mJ、重复频率 20Hz 和曝光时间 15min 下刻写光栅的反射谱和透射谱。啁啾光纤光栅的 3dB 带宽为 2.4nm，大于理论值 (2nm)，这是因为光栅刻写时间过长会引起进一步的光谱展宽。可以看出，透射谱深度大于 35dB，可以估算出光栅的反射率大于 99.95%，满足激光谐振腔对 HR 反射率的要求。

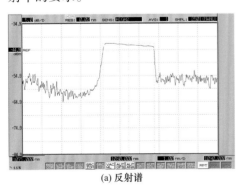

(a) 反射谱

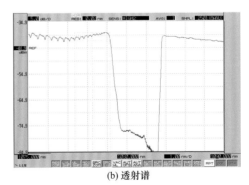

(b) 透射谱

图 4.108　啁啾光纤光栅的光谱图

2. 复合光纤光栅刻写

根据多重曝光诱导载氢光纤布拉格光栅折射率变化的机理及规律(参见 3.3.4

节),基于光敏模型分析多重曝光下载氢光纤光栅的折射率变化,可以得到不同初始折射率分布下多重曝光量增长与光栅折射率变化的关系。采用紫外激光实验研究布拉格光栅在多重曝光过程中波长、反射率的变化特性,确定多重曝光下光栅中心波长的红移、红移量与再曝光之间的关系。

本书设计兼顾谐振腔输出光栅与温度测试光栅阵列功能为一体的重叠栅,研究其在谐振腔中光栅的温升分布特性。在相同区域,再次曝光刻写光栅将影响已经刻写光栅的光谱特性,因此优化设计两次刻写的顺序和曝光长度具有重要的意义。

由于本书设计的温度测试光栅阵列的反射率较低、所需曝光剂量低、啁啾光纤光栅反射率高、所需曝光剂量大,因此首先进行啁啾光纤光栅的刻写,然后进行测温光栅阵列的刻写。两次刻写光栅的栅区位置一致、曝光剂量均匀,可有效减小刻写光栅阵列时啁啾光纤光栅光谱形状的改变。刻写过程右端光纤夹具保持闭合,可以保证两次刻写光栅栅区位置一致。复合光纤光栅刻写示意图如图 4.109 所示。

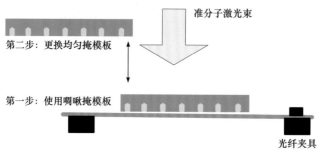

图 4.109　复合光纤光栅刻写示意图

图 4.110 是层叠光栅刻写过程中 1080nm 波段啁啾光纤光栅的反射谱,其中实线(蓝)为仅具有啁啾光纤光栅的反射谱,虚线(红)为叠加光栅阵列刻写后的光谱

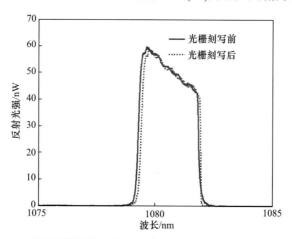

图 4.110　层叠光栅刻写过程中 1080nm 波段啁啾光纤光栅的反射谱

图。这里的反射谱用绝对光强显示，相比于 dBm 光谱，这样更容易发现刻写前后光谱的差异。可以看出，经过叠栅刻写，光谱发生红移，反射率并未发生显著的变化。层叠光栅在 1550 波段超短光纤光栅阵列的反射谱如图 4.111 所示。

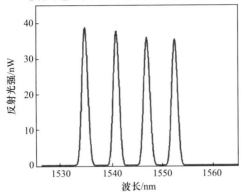

图 4.111　层叠光栅在 1550 波段超短光纤光栅阵列的反射谱

3. 窄线宽光纤光栅刻写

"窄高反-宽输出"全光纤光栅谐振腔结构可有效抑制光纤激光器输出激光的光谱展宽。其中，"窄高反"反射镜对应于栅区长度较长的光纤栅区，而"宽输出"反射镜对应于栅区长度超短的 FBG。超短 FBG 可通过在掩模板前放置狭缝光阑实现，鉴于商用相位掩模板栅区长度可达 100mm，可采用性能稳定的相位掩模板制作超长均匀 FBG。影响超长 FBG 性能的主要因素是准分子激光器光束质量、聚焦系统和扫描系统精度。可采用 4f 空间滤波器改善准分子激光的空间相干性和空间均匀性，优化扫描系统进行高品质超长 FBG 的制作。图 4.112 是刻写系统的光路结构，超长 FBG 的刻写也可采用倍频氩离子激光逐点扫描刻写系统，由于氩离子激光的相干性极好，因此不需要空间滤波。

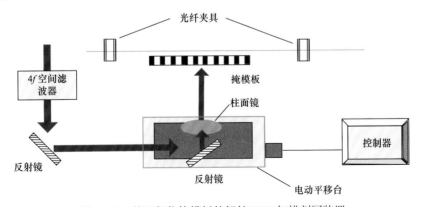

图 4.112　基于相位掩模板的超长 FBG 扫描刻写装置

图 4.113 是采用 50mm 均匀掩模板刻写的芯包直径为 20/400μm 的双包层窄线宽输出光纤光栅的光谱图。由此可知,其反射带宽为 49.2pm。从透射谱可知其,反射率为 10%左右,满足激光器输出腔镜的需求。将此光栅用于高功率窄线宽激光器的实验可以得到很好的结果。

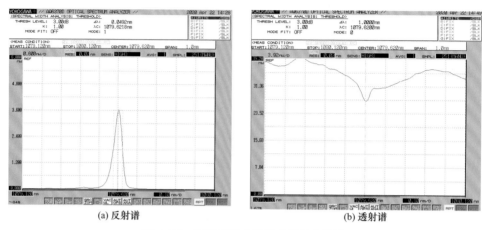

(a) 反射谱　　　　　　　　　　　　(b) 透射谱

图 4.113　窄线宽输出光纤光栅的光谱图

4.6　再生光纤光栅

常用的光纤光栅也称为Ⅰ型光纤布拉格光栅,由于制备过程中使用的紫外激光能量密度低,在光纤材料损伤阈值下形成纤芯周期性折射率调制。当温度高于300℃时,这种类型光纤光栅的折射率调制逐渐衰退,当温度达到600℃时甚至会被擦除,这限制了Ⅰ型光纤光栅在高温等恶劣环境中的传感应用[43]。为了满足更高温度下的测量需求,迫切需要能够耐受高温的光纤光栅。根据制备方式及成栅机理,现有的耐高温光纤光栅主要包括再生光纤光栅、Ⅱ型光纤光栅、ⅡA 型光纤光栅等。

再生光纤布拉格光栅(regenerated fiber Bragg grating,RFBG)(简称再生光纤光栅)是指通过进行高温(800～900℃)退火处理,擦除高反射率的Ⅰ型种子 FBG 后,重新生长出来的光栅。再生光纤光栅热稳定性高,能够在高达 1000℃的温度下稳定工作,适用于高温环境下的传感应用[44]。

为了获得再生光纤光栅,需要对过饱和种子光栅进行高温退火处理。种子光栅的热再生一般采用两种退火方法:第一种方法是以恒定的加热升温速率,从室温一直连续升温至 1000℃以上;第二种方法是将种子光栅由室温加热到特定中间温度(850～900℃)后,等温保持 10～60min,再升温至 1000℃及以上。在之前的报道中,当在中间温度低于 1000℃的等温保持期间发生热再生时,相比第一种退火方法,得到的最终再生效率更高[45]。然而,这个等温处理的中间温度值与种子光栅强度、组分、掺杂浓度和载氢有关。

4.6.1　再生光纤光栅的形成机理

目前，关于再生光纤光栅的形成机理仍未有定论，主要经历了化学组分光栅、种子结晶机理和水分子受困理论[46]。

2002 年，Fokine[47]提出化学组分光栅(chemical composition grating，CCG)的概念，用于解释再生光纤光栅的形成机理。光栅被标记为化学组分光栅，是因为最终的折射率调制部分由沿光纤轴向的空间改性组成。CCG 观点认为，光纤载氢是种子光栅再生的必要条件。光纤化学组分光栅定义为一种光栅结构。这种结构中沿着光纤纤芯，掺杂物浓度在空间上发生变化。组分改变的机理是紫外诱发的羟基与氟之间的化学相互作用，导致氟化氢的形成和随后的扩散。CCG 的热稳定性受被调制掺杂物扩散特性的限制，因此建立相应的数学扩散模型。截至 2005 年，学者一致认为 CCG 的生成与其所在光纤的氟含量有关。2005 年，澳大利亚维多利亚大学 Trpkovski 等[48]在不含任何氟的 Er^{3+} 掺杂光纤中制备了具有高热稳定性的 FBG，其性能与 CCG 类似。然而，2009 年德国耶拿大学 Lindner 等[49]发现，在未经载氢的不含硼高掺锗光纤上制备种子光栅，也可高温处理得到再生光纤光栅，这也否定了 CCG 的解释。

种子结晶机理也称为应力松弛理论，由澳大利亚悉尼大学 Bandyopadhyay 等[50]提出。该理论认为，热再生光纤光栅形成在纤芯-包层交界处或者光纤的内包层。再生光纤光栅折射率调制是高温退火处理使得种子光栅的纤芯-包层界面处较高的内部应力产生松弛。高温下相对较高的内部应力(几百兆帕)松弛导致玻璃结构转变。当光栅被擦除以后，在玻璃结构中标记的高压诱发的相变仍然存在。在紫外曝光期间，由于压力积累(增加)，种子结晶或无定形化。应力松弛导致光纤光栅内部曝光区域和未曝光区域中产生应力差异，使得玻璃结构转变，产生周期性折射率调制[51]。

这个模型从本质上揭示了纯石英玻璃类似于液体形态，即当温度在 1000℃左右缓慢加热时，在环境压力下它可以转化为多晶方石英。实际中，在一些拉伸应力作用下，由于光纤掺杂的多组分，纤芯和包层之间的转变条件会有所不同。此外，由于氢的存在和内部应力，实际情况会更加复杂[52]。2013 年，西北大学 Yang 等[53]对纤芯蚀刻后的种子光栅进行高温退火，同样得到了再生光纤光栅。热再生之前蚀刻光栅的最终直径约为 5.6μm，小于其初始纤芯直径(8~10μm)。实验结果显示，纤芯蚀刻后的 FBG 依然能够产生热再生现象，清楚地表明光栅再生机理与纤芯-包层交界处或者内包层无关。

加拿大康考迪亚大学 Zhang 等[54]提出的热再生光纤光栅的折射率调制由分子水的周期性形成。光栅的高温稳定性归因于水分子被困在玻璃的空间间隙内。光纤内部水分子的周期性改变形成 FBG。在 FBG 制备过程中，锗-氧(Ge—O)键对折射率调制起着重要作用。相比硅-氧键，锗-氧键的键能较弱(Ge—O—Ge 是 4.2eV，Ge—O—Si 是 4.5eV，Si—O 是 5eV)，低能量辐射更容易使锗-氧键断裂。紫外激光使锗-氧键断裂，然后与氢反应形成羟基和拉制引起的缺陷(drawing-induced defect，DID · Ge≡)[55]。

在高温退火过程中，退火能量导致 DID 三个键中最弱的键断裂。因此，光纤光栅折射率热衰减的原因是，热能诱发 DID 发生结构改变，转变为锗氧缺陷中心(Ge oxygen deficient center，GODC，≡Ge：)。在紫外激光制备过程中，载氢光纤的光诱反应能够产生大量的 Ge—OH 和 Si—OH。然而，在热退火过程中，Ge—OH 和 Si—OH 被降解，生成 Ge—O 晶格和二氧化硅。同时，源自掺锗光纤纤芯内的 OH 形成了分子水。光纤内部周期性变化的水分子构成分子水 FBG 的折射率调制。水分子诱发 FBG 理论的假定反应为

$$2(H—O—Si≡) \xleftrightarrow{\text{加热}} Si—O—Si + H_2O \tag{4.47}$$

$$2(H—O—Ge≡) \xleftrightarrow{\text{加热}} Ge—O—Ge + H_2O \tag{4.48}$$

该理论认为水诱发 FBG 的热稳定性，主要由种子光栅区域的 Si—OH 浓度决定，并与载氢 FBG 的反射率有关。

热再生过程的机理仍处于争议之中，影响因素涉及种子光栅强度、光纤组分、掺杂浓度和载氢等。因此，目前更多的研究集中在制备参数方面，通过提高再生效率增加基于再生光纤光栅传感器的长期稳定性。这些可控参数包括种子光栅强度、施加应变、加热速率和退火周期、载氢，以及锗掺杂浓度等。

4.6.2　再生普通单模光纤光栅

为了获得热再生光纤光栅，首先将普通单模光纤(SMF-28e)置于 80℃、11MPa 的高压氢气罐内载氢一周左右。取出后，使用氩离子激光器(244nm)与相位掩模写入技术，在经过载氢的单模光纤内制备栅区长度约为 25mm 的 I 型种子光栅。

将种子光栅置于马弗炉中心位置，光纤分别贯穿马弗炉前面和后面的加工孔。光纤的一端通过夹具固定，另一端通过滑轮施加质量 0.37g 的砝码，使光纤受到微小的轴向拉伸力，确保光纤处于伸直状态。再生过程中，使用两台光谱仪(Yokogawa、AQ6370D)实时采集种子光栅的反射谱和透射谱，采集时间间隔设定为 5min，分辨率设置为 20pm。对种子光栅采用等温退火的方式进行热再生处理。将马弗炉内的温度在 45min 内升至 850℃，升温速率约为 20℃/min。为使热再生后的光栅性能稳定，850℃的温度保持 8h。马弗炉的温度范围为 25~1100℃，精度为±1℃，加热长度为 490mm。热再生过程中光栅反射率和退火温度随时间的变

化关系如图 4.114 所示。由此可知，当温度升至 850℃时，光栅的反射率迅速降低，在约 70min 时反射率降至零。这说明，在该时刻种子光栅被完全擦除。随后，再生光纤光栅开始出现，并且其反射率开始缓慢升高并趋于稳定，再生光纤光栅稳定后的反射率约为 78%。

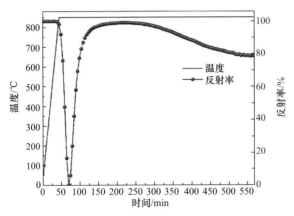

图 4.114 热再生过程中光栅反射率和退火温度随时间的变化关系

再生光纤光栅形成后，将炉温自然冷却降至室温(约 23℃)。图 4.115 为再生热处理前后，初始种子光栅与热再生光纤光栅的反射谱和透射谱。再生过程后，再生光纤光栅的中心波长为 1555.150nm，相比初始种子光栅，其中心波长略短。

为研究再生光纤光栅的温度响应特性，在 300～1000℃的温度范围内，以 100℃作为温度增量，每个温度设定值处保持 20min，测量其中心波长的光谱变化。图 4.116 为不同温度下，再生光纤光栅的反射谱变化。在整个温度标定过程中，光谱形状未发生明显变化，再生光纤光栅显示出良好的耐高温性能。

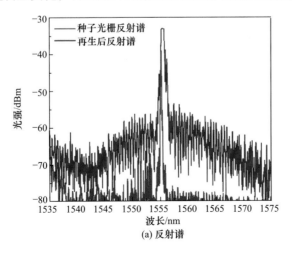

(a) 反射谱

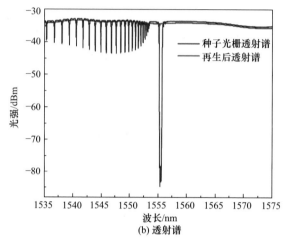

图 4.115　热再生前后光谱对比图

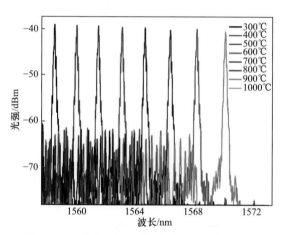

图 4.116　不同温度下再生光纤光栅反射谱变化

4.6.3　再生保偏光纤光栅

光纤光栅对温度变化产生响应的同时，也会对应变产生响应。为提高应变测量精度，需要解决温度和应变之间的交叉敏感问题。在实际应用中，通常使用外部测温元件，提供实时温度信息，实现应变传感测量的温度补偿。为实现温度、应变的同时测量，可采用基于保偏再生光纤的温度应变解耦技术。

应变和温度都会引起中心波长的变化，两者是相互独立的。理论上，只要得到两组波长改变量，就可以同时计算出外部应变和温度的变化。

将Ⅰ型种子光栅制备在领结型保偏光纤内，经过高温再生退得到保偏再生光纤光栅。由于纤芯的双折射作用，保偏再生光纤光栅表现出峰值分离特性。两个峰值反射波长具有不同的温度和应变灵敏度，可以利用该特性实现温度和应变的同时测量。领结型保偏再生光纤光栅的原理如图 4.117 所示。纤芯两侧的包层中具有两个应力施加部(stress applying part，SAP)。SAP 产生不对称应力，导致光纤纤芯区域的折射率各向异性，实现偏振模式双折射。

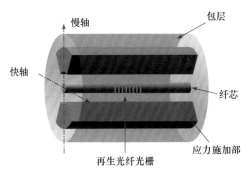

图 4.117　领结型保偏再生光纤光栅的原理

当非偏振光入射到领结型保偏再生光纤内时，制备在保偏光纤中的再生光纤光栅呈现出两个反射峰。两个反射峰之间的峰值间距与应力诱发的双折射直接相关。而保偏光纤的快轴和慢轴有效折射率差，决定着双折射率 B，即

$$B = n_{\mathrm{eff}}^{\mathrm{s}} - n_{\mathrm{eff}}^{\mathrm{f}} = \frac{\lambda_{\mathrm{s}} - \lambda_{\mathrm{f}}}{2 \cdot \Lambda_{\mathrm{FBG}}} \tag{4.49}$$

式中，$n_{\mathrm{eff}}^{\mathrm{s}}$ 为慢轴有效折射率；$n_{\mathrm{eff}}^{\mathrm{f}}$ 为快轴有效折射率；λ_{s} 为慢轴布拉格波长；λ_{f} 为快轴布拉格波长；Λ_{FBG} 为布拉格光栅周期。

使用 244nm 波长氩离子激光器和相位掩模板技术，在经过载氢后的领结型保偏光纤内刻写栅区长度为 10mm 的过饱和种子光栅。为了获得 RFBG，采用高温箱式炉对种子光栅进行等温退火处理。在退火过程中，以 20℃/min 的速率，由室温升至 850℃。间隔 5min 采集一次反射谱和透射谱变化。热退火过程中种子光栅的反射谱变化如图 4.118 所示。种子光栅强度逐渐降低，在第 105min 达到最小。随后，可以观察到再生现象，RFBG 的强度随时间而逐渐增大，最后趋于稳定。在整个等温再生过程中，未观测到双反射峰的存在。这是因为高温下 SAP 的黏度降低，导致 SAP 的固有应力完全松弛。

待 RFBG 再生稳定后，关闭高温炉并缓慢降低至室温。图 4.119 为种子光栅再生退火前后光谱对比。由此可知，850℃退火温度处未出现快轴和慢轴布拉格波长。在 850℃温度下，保偏光纤的双折射现象消失，保偏 RFBG 的性能与普通单模光纤内 RFBG 一致。然而，当温度降至室温时，快轴和慢轴的布拉格波长(λ_{f} 和 λ_{s})出现，分别为 1553.875nm 和 1554.568nm；反射功率分别为 -50.85dBm 和 -50.77dBm，相应的 3dB 带宽分别为 0.145nm 和 0.135nm。

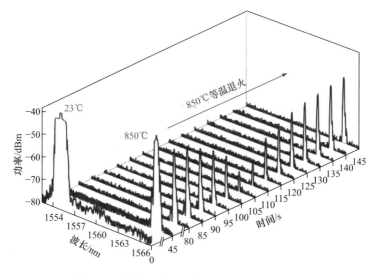

图 4.118　在热退火过程中种子光栅反射谱变化

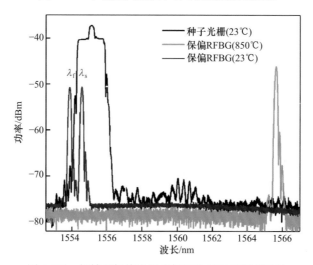

图 4.119　领结型保偏光纤光栅再生前后反射谱对比

参 考 文 献

[1] Hill K O, Fujii Y, Johnson D C, et al. Photosensitivity in optical fiber waveguides: Application to reflection filter fabrication[J]. Applied Physics Letters, 1978, 32(10): 647-649.

[2] Meltz G, Morey W W, Glenn W H. Formation of Bragg gratings in optical fibers by a transverse holographic method[J]. Optical Letters, 1989, 14(15): 823-825.

[3] Dockney M L, James S W, Tatam R P. Fibre Bragg gratings fabricated using a wavelength tuneable lasersource and a phase-mask based interferometer[J]. Measurement Science and Technology, 1996, 7(4): 445-448.

[4] Bennion I, Williams J A R, Zhang L, et al. UV-written in-fibre Bragg gratings[J]. Optical and Quantum Electronics, 1996, 28(2): 93-135.

[5] Dong L, Archambault J L, Reekie L, et al. Single pulse Bragg gratings written during the fibre drawing[J]. Electronics Letters, 1993, 29(17): 1577-1578.

[6] Limberger H G, Fonjallaz P Y, Lambelet P, et al. Optical low-coherence reflectometry of efficient Bragg gratings in optical fiber[C]. International Society for Optics and Photonics, Quebec, 1993: 272-283.

[7] Zhang Q, Brown D A, Reinhart L, et al. Simple prism-based scheme for fabricating Bragg gratings in optical fibers[J]. Optical Letters, 1994, 19(23): 2030-2032.

[8] Hill K O, Malo B, Bilodeau F, et al. Bragg grating fabricated in monomode photosensitive optical fiber by UV exposure through a phase mask[J]. Applied Physics Letters, 1993, 62(10): 1035-1037.

[9] Anderson D Z, Mizrahi V, Erdogan T, et al. Phase-mask method for volume manufacturing of fiber phase gratings[C]. Optical Fiber Communication Conference, California, 1993: PD16.

[10] Dyer P E, Farley R J, Giedl R. Analysis and application of a 0/1 order Talbot interferometer for 193nm laser grating formation[J]. Optics Communications, 1996, 129(1-2): 98-108.

[11] Zhang Q, Brown D A, Reinhart L, et al. Tuning Bragg wavelength by writing gratings on prestrained fibers[J]. IEEE Photonics Technology Letters, 1994, 6(7): 839-841.

[12] 蒲涛, 张秋芳, 陈鹏. 光纤光栅技术与应用专题讲座(一) 第 1 讲 光纤光栅的原理及其制作方法[J]. 军事通信技术, 2008, 29(3): 96-104.

[13] Hill K O, Malo B, Vineberg K A, et al. Efficient mode conversion in telecommunication fiber using externally written gratings[J]. Electronics Letters, 1990, 26(16): 1270-1272.

[14] Malo B, Hill K O, Bilodeau F, et al. Point-by-point fabrication of micro-Bragg gratings in photosensitive fibre using single excimer pulse refractive index modification techniques[J]. Electronics Letters, 1993, 29(18): 1668-1669.

[15] Lemaire P J, Atkins R M. High pressure H/sub 2/loading as a technique for achieving ultrahigh UV photosensitivity and thermal sensitivity in GeO/sub 2/doped optical fibres[J]. Electronics Letters, 1993, 29(13): 1191-1193.

[16] 吕祥. 基于热气流剥离光纤涂覆层方法研究[D]. 武汉: 武汉理工大学, 2016.

[17] Simpkins P G, Krause J T. Dynamic response of glass fibres during tensile fracture[J]. Proceedings of the Royal Society of London-A Mathematical and Physical Sciences, 1976, 350(1661): 253-265.

[18] 冯博. CO_2 激光剥除光纤涂覆层研究[D]. 武汉: 武汉理工大学, 2014.

[19] 李凯, 辛璟焘, 夏嘉斌, 等. 基于电弧等离子体的光纤光栅快速退火的研究[J]. 激光技术, 2017, 41(5): 649-653.

[20] 李凯. 基于 FBG 的机载传感器及关键技术研究[D]. 北京: 北京信息科技大学, 2019.

[21] 郑文宁, 祝连庆, 庄炜, 等. 电极放电对光纤光栅光谱特性的影响[J]. 中国激光, 2016, 43(7): 222-228.

[22] Xin J T, Lou X P, Dong M L, et al. Heat-treatment of fiber Bragg grating by arc discharge[J]. Optical Fiber Technology, 2019, 48: 70-75.

[23] 谢增华, 裴丽, 宁提纲, 等. 紫外激光源的空间相干性对光纤光栅写入的影响[J]. 压电与声光, 2000, 22(5): 288-290.

[24] Pan J J, Shi Y. Steep skirt fibre Bragg grating fabrication using a new apodised phase mask[J]. Electronics Letters, 1997, 33(22): 1895-1896.

[25] Bai B H, Qian Y, Sun Y Z. Fabrication techniques of chirped and apodised fiber gratings[J]. Journal of Changchun Post and Telecommunication Institute, 2000, 18(4): 37-42.

[26] Li X H, Xia L, Liu J W, et al. A novel method for fabrication adjustable apodized and chirped gratinga by UV light scanning writing technology[J]. Semiconductor Optoelectronics, 2001, 22(1): 15-17.

[27] Cortes P Y, Quellette F, LaRochelle S. Intrinsic apodisation of Bragg gratings written using UV-pulse interferometry[J]. Electronics Letters, 1998, 34(4): 396-397.

[28] Yang C, Lai Y. Apodised fiber Bragg grating fabricated with a uniform phase mask using Gaussian beam laser[J]. Optics & Laser Technology, 2000, 32: 307-310.

[29] Lin Z Q, Chen X F, Wu F, et al. A novel method for fabricating apodized fiber Bragg gratings[J]. Optics & Laser Technology, 2003, 35(4): 315-318.

[30] Hill K O, Bilodeau F, Malo B, et al. Chirped in-fiber Bragg gratings for compensation of optical-fiber dispersion[J]. Optics Letters, 1994, 19(17): 1314-1316.

[31] Sugsen K, Bennion I, Molony A, et al. Chirped gratings produced in photosensitive optical fibres by fibre deformation during exposure[J]. Electronics Letters, 1994, 30(5): 440-442.

[32] Painchaud Y, Chandonnet A, Lauzon J. Chirped fibre gratings produced by tilting the fibre[J]. Electronics Letters, 1995, 31(3): 171-172.

[33] 宁提纲, 谢增华, 裴丽, 等. 任意布拉格波长 Chirped 光栅的写入[J]. 北方交通大学学报, 1999, 23(6): 11-13.

[34] Wang S, Zhu L Q, Xin J T, et al. Fiber grating displacement sensor of tape measure structure[J]. Optical Fiber Technology, 2020, 54: 102107.

[35] Inao S, Sato T, Sentsui S, et al. Multicore optical fiber[C]. Optical Fiber Communication Conference, Washington D. C., 1979: WB1.

[36] 蒋友华, 傅海威, 张静乐, 等. 基于多芯光纤级联布喇格光纤光栅的横向压力与温度同时测量[J]. 光子学报, 2017, 46(1): 124-129.

[37] 赵士刚, 王雪, 苑立波. 四芯光纤弯曲传感器[J]. 光学学报, 2006, 26(7): 43-48.

[38] Antonio-Lopez J E, Eznaveh Z S, LiKamWa P, et al. Multicore fiber sensor for high-temperature applications up to 1000℃[J]. Optics Letters, 2014, 39(15): 4309-4312.

[39] Fender A, MacPherson W N, Maier R R J, et al. Two-axis temperature-insensitive accelerometer based on multicore fiber Bragg gratings[J]. IEEE Sensors Journal, 2008, 8(7): 1292-1298.

[40] Jantzen S L, Bannerman R H S, Jantzen A, et al. Individual inscription of spectrally multiplexed Bragg gratings in optical multicore fibers using small spot direct UV writing[J]. Optics Express, 2020, 28(14): 21300-21309.

[41] Donko A, Beresna M, Jung Y, et al. Point-by-point inscription of Bragg gratings in a multicore fibre[C]. CLEO-Pacific RIM, Singapore, 2017: 1-2.

[42] Williams R J, Krämer R G, Nolte S, et al. Femtosecond direct-writing of low-loss fiber Bragg gratings using a continuous core-scanning technique[J]. Optics Letters, 2013, 38(11): 1918-1920.

[43] Åslund M L, Canning J, Stevenson M, et al. Thermal stabilization of type I fiber Bragg gratings for operation up to 600℃[J]. Optics Letters, 2010, 35(4): 586-588.

[44] 郭亚琼, 陆林. 基于反射谱重构的光纤光栅再生过程研究[J]. 半导体光电, 2018, 39(2): 165-169.

[45] Chan J W, Huser T, Risbud S, et al. Structural changes in fused silica after exposure to focused femtosecond laser pulses[J]. Optics Letters, 2001, 26(21): 1726-1728.

[46] Holmberg P, Laurell F, Fokine M. Influence of pre-annealing on the thermal regeneration of fiber Bragg gratings in standard optical fibers[J]. Optics Express, 2015, 23(21): 27520-27535.

[47] Fokine M. Thermal stability of chemical composition gratings in fluorine-germanium-doped silica fibers[J]. Optics Letters, 2002, 27(12): 1016-1018.

[48] Trpkovski S, Kitcher D J, Baxter G W, et al. High-temperature-resistant chemical composition Bragg gratings in Er^{3+}-doped optical fiber[J]. Optics Letters, 2005, 30(6): 607-609.

[49] Lindner E, Chojetzki C, Brückner S, et al. Thermal regeneration of fiber Bragg gratings in photosensitive fibers[J]. Optics Express, 2009, 17(15): 12523-12531.

[50] Bandyopadhyay S, Canning J, Stevenson M, et al. Ultrahigh-temperature regenerated gratings in boron-Co doped germanosilicate optical fiber using 193nm[J]. Optics Letters, 2008, 33(16): 1917-1919.

[51] Shao L Y, Wang T, Canning J, et al. Bulk regeneration of optical fiber Bragg gratings[J]. Applied Optics, 2012, 51(30): 7165-7169.

[52] Bandyopadhyay S, Canning J, Biswas P, et al. A study of regenerated gratings produced in germanosilicate fibers by high temperature annealing[J]. Optics Express, 2011, 19(2): 1198-1206.

[53] Yang H, Chong W Y, Cheong Y K, et al. Thermal regeneration in etched-core fiber Bragg grating[J]. IEEE Sensors Journal, 2013, 13(7): 2581-2585.

[54] Zhang B, Kahrizi M. High-temperature resistance fiber Bragg grating temperature sensor fabrication[J]. IEEE Sensors Journal, 2007, 7(4): 586-591.

[55] Grubsky V, Starodubov D S, Feinberg J. Photochemical reaction of hydrogen with germanosilicate glass initiated by 3.4-5.4eV ultraviolet light[J]. Optics Letters, 1999, 24(11): 729-731.

第 5 章

光纤光栅飞秒激光刻写技术

近年来飞秒激光技术广泛应用于透明介质的微纳加工领域,具有作用时间短、加工损伤小的特点,可以在极短的时间内使电子运动方式发生改变,直接透过光纤涂覆层在纤芯中实现光纤光栅的写入。其所制备的光纤光栅具有强度高、耐高温的特性,已成为光纤传感和光纤激光领域的研究热点之一[1-3]。

2002 年,Oi 等[4]基于飞秒激光干涉法制备 FBG,对其透射与反射特性进行了分析,该类型的 FBG 与传统紫外工艺制备得到的相比具有更高的抗老化和热衰减特性。2004 年,Martinez 等[5]利用红外飞秒激光逐点刻写法成功刻写 FBG。2009 年,Bernier 等[6]利用 400nm 波长的飞秒激光结合相位掩模技术,在石英光纤中实现了 369nm 周期的 FBG 制备。较国外飞秒激光刻写 FBG 工艺,国内的相关研究起步较晚。2006 年,南开大学采用 800nm 飞秒激光逐点刻写技术实现了 FBG 的制备。2008 年,香港理工大学通过使用飞秒激光结合相位掩模工艺刻写了长度为 4mm 的 I 型 FBG。随着光纤光栅在光纤传感和光纤激光技术中的广泛应用,利用飞秒激光制备各类型光纤光栅变得具有十分重要的研究意义和应用价值。

本章首先从飞秒激光作用在透明材料中的光致折射率变化机理、飞秒激光诱导透明材料光电离及光解离过程概述飞秒激光与光纤的作用机制;然后介绍飞秒激光刻写光纤光栅系统装置、飞秒激光刻写光纤光栅方法;最后介绍特种光纤光栅的刻写。

5.1 飞秒激光对玻璃材料的作用机理

飞秒激光与物质作用符合物质吸收激光能量引发烧蚀的原则。当飞秒激光作用于光纤时,多光子吸收效应引起多光子电离或隧穿电离,产生自由电子,电子吸收光子达到激发态。该过程产生的热能使材料熔化或气化,进而改变材料的折射率。飞秒激光通过光子吸收过程将位于导带的电子激发到该能带边界处的更高能级,电子通过带内跃迁回到导带底部时,激发价带中的电子跃迁至导带,产生雪崩效应并发生雪崩电离。飞秒激光脉冲作用于光纤材料时,其非线性吸收的时间小于能量转移到晶格和晶格加热的时间，因此导带电子加热速度大于光子发射冷却速度。雪崩电离造成的短脉冲光较长脉冲光对材料缺陷的依赖性小，因此可以确定飞秒激光脉冲对光纤材料的损伤阈值。对于透明材料，由于入射光没有线性吸收，需要通过促进电子从价带到导带的方式使得飞秒激光的能量沉积到材料中，从而发生材料损伤与光学击穿[7,8]。

5.1.1　飞秒激光作用玻璃材料的光致折射率变化机理

飞秒激光作用于透明材料时,材料内部的电荷分布和离子移动状态发生改变,电荷的移动使得带电场强度发生变化,可表示为

$$P = \varepsilon_0 (\chi^{(1)} E + \chi^{(2)} EE + \chi^{(3)} EEE + \cdots) \tag{5.1}$$

式中，$\chi^{(1)}$、$\chi^{(2)}$、$\chi^{(3)}$ 分别为一阶、二阶及三阶的电介质极化率，且 $\chi^{(1)} > \chi^{(2)} > \chi^{(3)}$。

在飞秒激光被聚焦之前，激光光功率较低，在电介质中主要表现为线性光学性质；飞秒激光被聚焦后，光场强度增大，接近原子的平均电场强度时，产生非线性光学效应。飞秒激光经过聚焦后，若激光光斑的光功率密度大于材料的非线性阈值，则被加工材料会产生自相位调制、自聚焦等现象的非线性效应，导致加工材料的性质发生改变。

1. 非线性折射率

飞秒激光对材料进行微加工时，需经过光束整形与聚焦，当对飞秒激光进行聚焦后，激光光功率将变得很大。此时，电极化强度 P 和电场强度 E 之间将呈现非线性规律，即

$$P(t) = \varepsilon_0 \chi_{\text{linear}} E(t) + \varepsilon_0 \chi^{(2)} E^2(t) + \varepsilon_0 \cdots \varepsilon_0 \chi^{(n)} E^n(t) \tag{5.2}$$

对于同向共性的材料，在计算时仅需要引入三阶的非线性系数，则式(5.2)关于电场强度及电极化强度的关系可以简化为

$$P = \varepsilon_0 \left(\chi^{(1)} + \frac{3}{4} \chi^{(3)} |E|^2 \right) E \tag{5.3}$$

根据波动方程，可得

$$\nabla^2 E - \mu_0 \varepsilon_0 \left(1 + \chi^{(1)} + \frac{3}{4} \chi^{(3)} |E|^2 \right) \frac{\partial^2 E}{\partial t^2} = 0 \tag{5.4}$$

相对介电常数表达式为

$$\varepsilon = 1 + \chi^{(1)} + \frac{3}{4} \chi^{(3)} |E|^2 \tag{5.5}$$

折射率表达式为

$$N = \sqrt{1 + \chi^{(1)} + \frac{3}{4}\chi^{(3)}|E|^2} \tag{5.6}$$

用光强度 I 表示，则折射率可近似为

$$N = n_0 + n_2 I \tag{5.7}$$

式中，激光强度 I 为

$$I = \frac{1}{2}\varepsilon_0 c n_0 |E|^2 \tag{5.8}$$

透明介质的线性折射率表达式为

$$n_0 = \sqrt{1 + \chi^1} \tag{5.9}$$

非线性折射率表达式为

$$n_2 = \frac{3\chi^{(3)}}{4\varepsilon_0 c n_0^2} \tag{5.10}$$

2. 自聚焦效应

飞秒激光系统经过整形放大后的光功率较大，作用在材料表面时除了考虑线性折射率，还应考虑其三阶非线性折射率。飞秒激光在加工材料内部传输时，材料内部的折射率调制量会受到飞秒激光强度与光功率的影响。当材料内部折射率改变时，将对其内部的飞秒激光空间传输产生类似透镜的作用，并且材料内部的中央区域折射率高于其他区域，向两侧逐渐减小，进而导致飞秒激光在材料中产生非自聚焦现象。图 5.1 为被飞秒激光加工的材料内部折射率调制分布示意图。

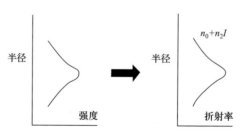

图 5.1　被飞秒激光加工的材料内部折射率调制分布示意图

飞秒激光加工材料的过程中，其阈值功率 P 需要达到某一临界值才可以产生自聚焦效应，其中 P 为

$$P = \frac{3.77\lambda^2}{8\pi n_0 n_2} \tag{5.11}$$

当飞秒激光脉冲的写入功率超过阈值功率时，飞秒激光产生的自聚焦现象会随着写入功率的增加而增加，因此在焦点内的光强要高于材料的非线性吸收阈值，会产生非线性电离现象及等离子体。这些等离子体会影响负折射率调制，产生"负透镜"的作用，最终阻止自聚焦现象的进一步增强。

3. 自相位调制

当飞秒激光作用于材料时，材料的折射率调制量会随着激光光强的变化而变化，并表现为瞬时响应，因此飞秒激光脉冲就会相应获得瞬时相位分布。这种由光本身引起的相位调制称为自相位调制。若不同偏振态和波长的光相互影响相位，就称为交叉相位调制。在时域中，光场通过向后压缩可出现蓝色展宽，同时脉冲前端的延伸可出现红色展宽。

5.1.2　飞秒激光诱导透明材料光电离

1. 多光子电离

飞秒激光脉冲的电场强度较大，脉冲光子有较高的简并度，材料价带的束缚电子能够吸收多个光子，完成从价带到导带的跃迁，形成自由电子，这一过程为多光子电离。由于透明材料中束缚电子的电离势相对较高，激光的单光子能量相对较低，单光子吸收不足以电离价带电子，因此单光子能量不能将电子从基态转换到更高的激发态。当飞秒激光能量足够高时，透明材料的价带电子将被激发，通过吸收多个光子的能量来克服电离势发生电离，该过程为多光子电离机制。

多光子电离过程的本质是非线性光电离过程，电离的概率正比于入射光强度 I 的 k 次方，随着激光强度增大，电离概率增加。多光子电离过程中，飞秒激光形成的场强与价带电子的库仑电场相反，这导致价带电场的库仑势垒降低，结合力减弱，最终电子将克服库仑势垒，成为自由电子。

图 5.2 为多光子电离原理，可以用 Keldysh 参数 γ 表示为

$$\gamma = \left(\frac{I_p}{2U_p}\right)^{\frac{1}{2}} \tag{5.12}$$

式中，I_p 为原子的电离势；γ 为电离程度；U_p 为原子的有质动能。

光离子化速率受激光强度影响，对于多光子电离，速率为 $P(I)_{MPI} = \alpha_k I_p^k$，光子数由 $k\hbar\omega \geqslant E_g$ 的最小值决定。

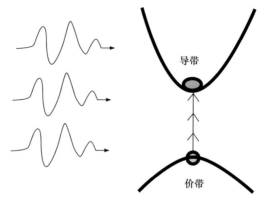

图 5.2　多光子电离原理

2. 隧穿电离

原子处于光强较高的环境时，强激光场使电子在库仑场中受到的作用力远低于束缚电子的能量，原子势垒发生扭曲变形，从而使库仑势的一侧降低。束缚电子经过隧穿过程逃离原子核的束缚，形成自由电子。这一过程是隧穿电离机制，在低激光频率和强激光场作用下，主要呈现为非线性电离。如图 5.3 所示，根据准静态近似理论，电子隧穿出势垒的时间尺度远小于激光场的振荡周期。在电子隧穿的过程中，光场可近似认为不变。与电子处于一个静态场中类似，自由电子的产生速率受激光电场的瞬时速率影响[9-11]。

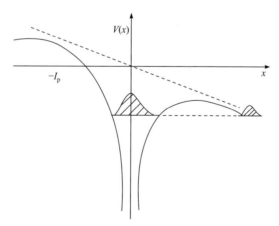

图 5.3　原子在光场作用下的隧穿电离原理

根据 Ammosov-Delone-Krainov(ADK)模型，原子在准静态场下的隧穿概率可表示为

$$\omega_{\text{static}} \propto I \exp\left(-\frac{2}{3}\frac{\left(2I_{\text{p}}\right)^{3/2}}{\left|E_{\text{field}}\left(t\right)\right|}\right) \tag{5.13}$$

3. 雪崩电离

在加工材料制备的过程中，原材料纯度一般很低，常常掺杂一定量的金属。由于金属的存在，加工材料内部有大量自由电子，作为种子电子参与电离过程，在吸收飞秒激光的能量后，种子电子将跃迁至导带中较高的价态。由于种子电子产生的两个自由电子的能量较低，实际电离时间较短，自由电子的数量呈指数增长趋势，从而形成雪崩电离[12]。雪崩电离过程与多光子电离过程类似，属于非线性电离过程，区别是多光子电离主要在高能量的激光条件下发生，而雪崩电离主要在低能量的激光条件下发生。

在雪崩电离过程中，电子密度 ρ 为

$$\frac{\mathrm{d}\rho}{\mathrm{d}t} = \eta\rho \tag{5.14}$$

式中，ρ 为电子密度；η 为电子雪崩的速率。

由于雪崩电离的影响，在这个过程中，边界电子形成具有临界密度的等离子体，透明电介质材料的晶格被破坏，变为烧蚀体。雪崩电离原理如图 5.4 所示。

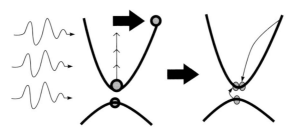

图 5.4　雪崩电离原理

等离子体频率 ω_{e} 和等离子体电子数密度 n_{e} 的关系为

$$n_{\text{e}} = \frac{m_{\text{e}}\omega_{\text{e}}^2}{4\pi e^2} \tag{5.15}$$

式中，m_{e} 为电子的约化质量；e 为电子质量。

相对介电常数为

$$\varepsilon = 1 - \frac{\omega_{\text{p}}}{\omega} \tag{5.16}$$

雪崩电离前的种子电子主要来自材料本身的杂质。这些种子电子密度变化较

大，因此材料的损伤范围不能确定。雪崩电离使材料在瞬间得到大量的高温度自由电子，这些自由电子数量达到某一临界密度时，材料发生烧蚀现象。此时，自由电子主要由多光子电离产生，不受材料中初始种子电子的影响，因此可以精准确定损伤的范围。

由于飞秒激光脉冲的持续时间低于材料中的声子-电子耦合时间，在脉冲作用的时间内，高能量的电子没有足够的时间给晶格传递能量，热扩散就已经被冻结，瞬间的能量使得电子的温度变得很高，而晶格的温度仍然很低，材料直接气相蒸发。在雪崩电离过程中，低能态的种子电子吸收多个光子的能量后跃迁至高能级。其能量将高于导带电子与禁带宽度的最小能量值之和。

4. 等离子体形成

电介质材料具有禁带宽度。当材料中种子电子的动能高于价带束缚电子的禁带宽度时，这个区域的种子电子将与束缚电子碰撞，而束缚电子会被电离至导带，导致另一个自由电子的形成。在飞秒激光对加工材料的烧蚀过程中，如果激光的能量密度较高，初始种子电子碰撞电离产生的导带电子会成为新的种子电子，并继续碰撞其余的价带电子，最终产生更多的导带自由电子。上述过程不断循环重复，最终导致导带自由电子的数量以指数的形式迅速增加，呈现"雪崩式"增长过程，最终在能量堆积区域内形成大量的等离子体。这些等离子体数量超过临界密度时，透明电介质材料将具有类金属的性质，可以吸收更多的激光能量，进而导致材料发生损伤。当等离子体频率近似于入射光频率时，停止等离子体对激光能量的吸收。其中等离子体频率的表达式为

$$\omega_{\mathrm{p}} = \sqrt{\frac{N_{\mathrm{e}} e^2}{e_0 m_{\mathrm{opt}}}} \tag{5.17}$$

经过整理，临界等离子体的密度为

$$N_{\mathrm{er}} = \sqrt{\frac{\omega_0^2 \varepsilon_0 m_{\mathrm{opt}}}{e^2}} \tag{5.18}$$

由于飞秒激光脉冲的脉冲宽度较短，脉冲会在电子加热晶格前结束，可减少聚焦区域内热发散现象的产生，提高飞秒激光在微加工方面的精度。当飞秒激光的重复频率发生变化时，样品内部呈现热积累和无热积累两种现象。当飞秒激光重复频率较低时，在下一个脉冲到来之前，前一个脉冲在焦区内产生的热量就已经扩散出去了，因此不存在热积累效应。当飞秒激光的重复频率较高时，激光作用区会超出焦区范围。

5.1.3　飞秒激光诱导透明材料光解离

1. 场致解离

当飞秒激光场强度为 $10^{14} \sim 10^{15} \mathrm{W/cm^2}$ 时，分子会被电离为带有多个电荷的分子离子，其在库仑力的作用下会呈现多个化学键的断裂现象，成为具有较高动能的多电荷分子碎片。当飞秒激光场强度降至 $10^{13} \sim 10^{14} \mathrm{W/cm^2}$ 时，表现为场致解离，分子解离为各种原子，导致化学键发生断裂。

通过改变分子中原子间的相互作用，可以降低分子中原子核的作用，使核间距更长，在激光场的作用下分子离子发生解离。

在强激光场作用下，甲烷的初级解离通道为

$$\begin{cases} \mathrm{CH_4^+} \longrightarrow \mathrm{CH_2^+} + \mathrm{H} \\ \mathrm{CH_4^+} \longrightarrow \mathrm{CH_3} + \mathrm{H^+} \end{cases}$$
$$\begin{cases} \mathrm{CH_4^+} \longrightarrow \mathrm{CH_3^+} + \mathrm{H} \\ \mathrm{CH_4^+} \longrightarrow \mathrm{CH_3^+} + \mathrm{H^+} \end{cases} \tag{5.19}$$

当激光场强度减小至 $1.0 \times 10^{14} \mathrm{W/cm^2}$ 时，产生 $\mathrm{CH_2^+}$ 峰，其次级解离通道为

$$\begin{cases} \mathrm{CH_4^+} \longrightarrow \mathrm{CH_2^+} + \mathrm{H_2} \\ \mathrm{CH_3^+} \longrightarrow \mathrm{CH_2^+} + \mathrm{H} \end{cases} \tag{5.20}$$

当激光场强度继续增加时，将产生质量数更小的 $\mathrm{CH^+}$，产生两种碎片离子通道，即

$$\begin{cases} \mathrm{CH_3^+} \longrightarrow \mathrm{CH^+} + \mathrm{H_2} \\ \mathrm{CH_2^+} \longrightarrow \mathrm{CH^+} + \mathrm{H} \end{cases} \tag{5.21}$$

场致解离具有如下特征。

(1) 在低强度的激光场下，分子仅发生单电荷电离过程。

(2) 激光场的强度大小决定分子的碎裂程度和解离效率。

如图 5.5 所示，从基态的 $\mathrm{CH_2I_2}$ 分子解离生成中性产物 $\mathrm{CH_2I}$ 和 I 的过程中，对应 800nm 的激光光子能量约要吸收三个光子的能量才能越过势垒。在强激光场情况下，多原子分子的解离过程要远慢于其电离过程。

2. 多光子电离解离

在低强度激光场作用下，分子会发生多光子电离。这一过程分为解离-电离与电离-解离。

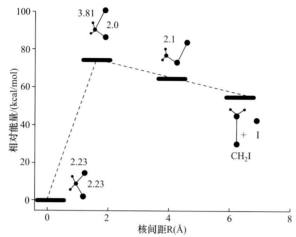

图 5.5　中性分子 CH₂I₂ 解离为 CH₂I 和 I 反应过程的原理

1) 解离-电离

当激光场作用于分子时，分子首先被解离为中性碎片，紧接着发生电离。由于激光脉冲持续时间较长，以及母体分子的解离时间较短，分子经过吸收多个光子后呈现为解离态，分子解离为中性碎片，吸收多个光子能量后经过电离或解离便形成更小的碎片[13]。

2) 电离-解离

分子在一个脉冲时间内通过吸收多个光子被电离为分子离子，继续吸收光子后呈现为离子解离态，之后母体离子解离为离子碎片与中性碎片。在飞秒激光场中，解离的速度远低于电离的速度，激光脉冲宽度在几十飞秒，因此分子的多光子电离主要表现为电离-解离[14-16]。

5.2　飞秒激光刻写光纤光栅

FBG 具有良好的光致折射率效应，以及可以实现周期性折射率调制等优点，成为光纤器件中一种十分重要的无源器件。传统的 FBG 制造工艺是基于紫外激光器或者准分子激光器利用相位掩模法制作的，存在很多亟待解决的问题，如预先需要对光纤进行增敏处理，制作的光栅温度稳定性差、强度不高等。针对上述问题，飞秒激光加工 FBG 技术应运而生，主要的加工技术手段有两种。第一种是基于飞秒激光逐点刻写法、飞秒激光逐线刻写法等的直接刻写方法，第二种是相位掩模法。

飞秒激光制备 FBG 的优势如下：①快速灵活的刻写过程；②无须对光纤进行增敏处理；③热稳定性好；④较小的折射率调制区域和较大的折射率调制量。下面对飞秒激光器、刻写系统组成结构的相关原理、激光直写 FBG 实验系统、相位掩模板加工系统，以及刻写实时监测系统进行介绍。

5.2.1　飞秒激光器系统

飞秒激光加工技术为光纤微纳结构制备提供了新的方法，同时也为新的技术革新提供了可能性。飞秒激光具有功率密度高、脉冲时间短、空间分布精确等优势[17]，可实现在材料内部和表面进行重复性高的精确加工。飞秒激光具有非常短的脉冲宽度和非常高的峰值功率，在与光纤材料作用时具有很强的非线性效应。因此，当飞秒激光与光纤相互作用时，光纤材料的折射率发生规律性改变，从而形成光纤光栅。飞秒激光与材料作用机制同以往的长脉冲激光加工不同，能够以非常快的速度向一个非常小的区域注入极高的能量，瞬间的高能沉积使材料中的电子吸收和移动。这种超短作用时间变化可以消除能量传递、线性吸收和扩散过程造成的影响。

飞秒激光直写光纤光栅系统主要使用的是固体飞秒激光器。飞秒脉冲激光器组成部分包括激光工作物质、泵浦源与光学谐振腔三部分[18]，其中激光工作物质是激光器提供粒子数反转与产生受激发射的载体，也是整个激光器的核心。自由运转的固体激光器输出一系列脉冲宽度为微秒量级的峰值强度参差不齐的脉冲序列，其发射波长一般与激光工作物质中掺杂的离子有关。为提高激光的峰值功率，减小脉冲宽度，目前有调 Q 与锁模两种成熟技术。调 Q 技术是将连续光能量压缩到脉冲输出的时间宽度为纳秒量级的激光中，从而把飞秒激光的峰值功率提高几个数量级，即调控激光谐振腔内的损耗[19]。锁模技术是从飞秒激光腔内获得更短脉冲的一种技术，是产生脉冲宽度在皮秒和飞秒量级超短脉冲的重要手段。锁模技术的基本原理是锁定激光的纵模相位，从而在时域上获得一系列超短脉冲输出[20]。

激光的产生主要依赖泵浦源来实现粒子数反转。激光谐振腔的主要作用是只放大一个方向上的受激辐射激光脉冲并提供正反馈，其他方向的辐射受到抑制并形成振荡激光，其参数会明显影响输出激光束的质量。飞秒激光谐振腔内的模式有横模和纵模之分。谐振腔内横截面的电磁场称为横模，表征激光的光束质量，在激光获取中一般希望能获得基横模；谐振频率称为纵模，通常锁模就代表锁定纵模模式，锁定的纵模模式越多获得的脉冲宽度越短。

美国相干公司与美国光谱物理公司生产的飞秒脉冲激光可用于材料加工、微电子生产等，主要服务于工业和科研市场。在工业方面，飞秒激光适用于部分材料的超精细加工，目标材料包括玻璃、有机电致发光显示(organic electroluminesence display，OLED)、IC(集成电路)封装/晶片和柔性薄膜等。在科研方面，飞秒激光可以满足光遗传学、多光子显微镜和光谱学等研究设备的要求。接下来对部分型号的飞秒激光器进行介绍。

1. Astrella 激光器

Astrella 激光器是最新一代钛蓝宝石超快激光放大器，能够产生 800nm 波长的 6mJ 脉冲，脉冲宽度小于 35fs。它是一个一体化的工业级超快激光系统，被集成在一个紧凑的光学外壳中，Astrella 光学工作台组件、SDG Elite 同步延迟发生器、Vitara 电源、闭环水冷机组，以及控制计算机组成。

Astrella 光学工作台组件实物如图 5.6 所示。内部结构如图 5.7 所示，包括 Vitara 种子激光器、Revolution 激光泵、再生放大器和拉伸器/压缩机。

图 5.6   Astrella 光学工作台组件实物

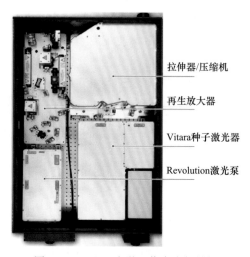

图 5.7   Astrella 光学工作台内部结构

Vitara 用作 Astrella 系统的种子激光器，是一种连续波二极管泵浦的绿光激光器，含有自锁模钛蓝宝石"the Coherent Verdi"G 系列的谐振腔。产生泵浦光的是一个二次谐波发生器二极管泵浦的调 Q 激光器，以 527nm 波长和 1kHz 的重复频率工作，为放大器模块提供泵浦光。再生放大器基于 Coherent Legend Elite 平台，采用紧凑的主动式冷却模块结构，可以主动冷却降低对环境温度变化的敏感性并让放大器拥有良好的稳定性。同步和延迟发生器同样采用该结构。拉伸器和压缩机是密封的，具有热稳定性好、脉冲宽度稳定、无须反馈或移动部件等特点。

SDG Elite 同步延时发生器控制再生放大器的普克尔盒的精确定时，同时还包含用于普克尔盒的高压电源，以及带宽检测器(bandwidth-limited detector，BWD)电路。该电路用作互锁装置，以保护激光器在种子激光器的不适当带宽下运行。

Astrella 系统包括两个独立的电源为 Vitara 和激光泵模块供电。闭环水冷机组将系统产生的热量散发出去，稳定 Vitara 腔和 Revolution 腔。实验温度设置为20℃。该系统配有单独的控制计算机，控制软件通过 Vitara、Revolution 电源和同步延时发生器上的串行口连接进行远程控制。

2. Spirit 激光器

光谱物理的 Spirit 激光器是一款高功率飞秒激光器，其实物如图 5.8(a)所示。Spirit 激光器在波长为 1030nm 时的功率可达 140W 以上，在波长为 515nm 时可达50W 以上，涵盖从单脉冲到 30MHz 的可调重复频率，可实现较高的烧蚀效率。其平均功率高、脉冲能量大且重复频率高，能够实现较高的生产效率。Spirit 激光器在光栅刻写、硬脆材料的精密加工、聚合物切割、OLED 显示屏制造、三光子显微镜等领域具有广泛的应用。该激光器通常与 Newport 公司的 Femto FBG 微细加工工作站配套使用，可以实现对 FBG 的刻写。Femto FBG 的微细光纤光栅加工工作站如图 5.8(b)所示。

(a) 激光器外观　　　　　(b) Femto FBG的微细光纤光栅加工工作站

图 5.8　Spirit 激光器

3. Tsunami 激光器

Tsunami 激光器是美国光谱物理公司的产品，主要由钛蓝宝石振荡器(Tsunami)和再生放大器(Spitfire)两部分组成。其实物如图 5.9(a)所示，内部结构如图 5.9(b)所示。激光谐振腔由输出波长为 532nm 的固体激光器(Millennium)进行泵浦，正常工作时的功率锁定在 5W，其输出功率随时间变化比较稳定，但是受环境温度的影响较大。为了保证种子光的稳定输出，实验时温度一般设置在 22℃左右。飞秒激光的种子激光通过钛蓝宝石振荡器输出后，由模式控制器(Model 3955)进行选模和锁模，然后进入再生放大器进行光放大。最后输出的飞秒激光脉冲中心波长为 800nm，重复频率为 1kHz，脉冲宽度为 50fs，输出光斑的高斯半径约为 4mm。Tsunami 激光器在刻写光栅、显微机械加工、高次谐波产生、超快组织消融等领域具有广泛的应用。

(a) 激光器外观   (b) 激光器内部结构

图 5.9　Tsunami 激光器

5.2.2　飞秒激光直写光纤光栅系统

光纤传感器的使用需求及发展十分迅速，由于体积小、抗电磁干扰、能在较严酷环境下使用而得到广泛的研究和使用[21]。FBG 具有插入损耗低、可分布式传感等优点[22]，被广泛应用于光谱、天文学、量子光学、光通信等诸多领域中。传统制备 FBG 的典型方法是紫外激光相位掩模板曝光技术。它无法直接在光纤中刻写光栅结构，需要对光纤进行载氢预处理[23]。飞秒激光具有超短脉冲宽度、高功率峰值、加工材料不受限、可实现冷加工等优势，是突破紫外曝光技术制备 FBG 瓶颈的方法之一。目前，利用飞秒激光加工 FBG 可实现微米，甚至纳米级别的精细加工。

利用飞秒激光逐点刻写法与飞秒激光逐线刻写法制作 FBG 与其他方法相比具有自身独特的优点，主要有以下五个优点[24]：①灵活性较高；②不需要光敏光纤；③刻写过程耗时较短；④不需要价格昂贵的相位掩模板；⑤可透过光纤涂覆层进行光纤光栅刻写。激光直写技术可以刻写许多不同种类的光纤光栅，如 LPFG、TFBG、纳米光纤光栅等[25]。

1. 飞秒激光刻写 FBG 原理

飞秒激光直写的常用工艺为逐点刻写法与逐线刻写法。逐点刻写法是指激光光束沿着光纤轴向每移动一个栅距照射光纤一次，逐点对纤芯进行折射率调制，其原理如图 5.10(a)所示。用于逐点刻写法的位移平台系统需是一个精确的纳米级移动系统，可通过调节位移平台来设计 FBG 的各种参数，将待加工光纤固定于位移平台上。物镜相对于光纤做水平运动,激光光束照射光纤纤芯实现 FBG 的制备。逐线刻写法的原理如图 5.10(b)所示。较逐点刻写法不同,该方法沿着光纤方向逐线诱发光栅区域发生折射率变化,物镜以 S 形的路径在纤芯内划线刻写,通过划线的间距控制光栅的栅距。逐线刻写法同样要求移动平台具有非常高的精度,并且对激光、光纤及控制系统的质量要求更高。

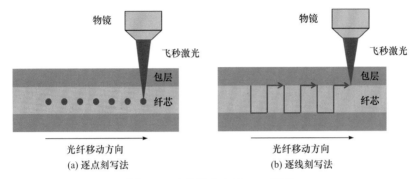

图 5.10　飞秒激光直写 FBG 原理

飞秒激光直写 FBG 原理如图 5.11 所示。为了控制直写过程中的激光曝光时间,激光光束首先需通过光开关,然后进入分光器,可以实现激光光束在加工 FBG 的同时也能利用 CCD 对光栅结构的加工形貌进行监测。为了防止过大的激光能量损坏物镜或打断光纤,飞秒激光需要经过衰减系统进行能量衰减,然后经过物镜使光束聚焦成激光光斑,照射至待加工光纤的纤芯中,对光纤形成折射率调制,从而完成 FBG 的制备[26]。

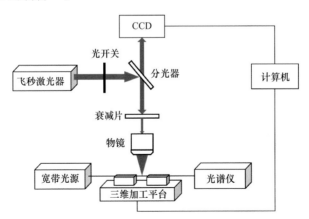

图 5.11　飞秒激光直写 FBG 原理图

将光纤固定在三维加工平台上,通过计算机对各个轴向进行位移控制。在逐点刻写实验中,当一个激光脉冲照射在光纤上时,激光光斑会对其覆盖的区域进行折射率调制,将光纤沿轴向水平位移。光斑照射至下一个刻写区域,通过改变脉冲重复频率、脉冲能量,以及位移平台的移动速度等来改变 FBG 的光栅周期、长度、折射率调制的面积参数。在位移平台最大移动范围内,可以制备出任意需求参数的 FBG[27]。FBG 制作过程可以通过监控系统进行实时监测。该系统主要由照明系统、CCD 相机和透镜组构成。照明系统常用白光发光二极管(light-emitting diode,LED),利用 LED 发出的光进入显微物镜照射在待加工物件上,经物件反射至变焦透镜组,再成像至 CCD 相机中。除了这种照明方式,还可以在工作平台底部放置光源进行照明。

2. 机械系统

1) 位移平台

激光直写机械系统中的位移平台按照工作方式常分为直角坐标方式与极坐标方式[28,29]。

(1) 直角坐标方式。

在飞秒激光直写 FBG 系统中,常用的是直角坐标工作方式的位移平台,其中具有代表性的是 Newprot 公司的 μFAB 集成式直角坐标位移平台系统。其工作原理如图 5.12 所示。该系统包含光学和运动控制子系统,可以满足常用激光的微加工领域。激光光束从激光器发出后经光路传输,被光线系统调节后进入聚焦透镜,最终聚集在位移平台的工件上。

位移平台可控制 X、Y、Z 三个直线方向,以及圆回转 ω。图 5.12 中聚焦物镜位于龙门架上,光纤置于工作平台上。工作平台包括放置物件的工作台与可位移的精密运动平台,可以沿着坐标系中的 X 与 Y 轴移动,并且可以转动,利用计算机可以控制位移系统的二维移动与角度,实现光纤的定位。工作平台的下方一般采用大理石基座,以确保工件运动和定位的稳定性及重复性。工作平台上方的龙门架可以做垂直运动,通过计算机对其位移系统的 Z 轴进行控制,常用来做物镜的调焦等。对于微加工应用,要求在 X、Y 方向上的定位精度为 $\pm 0.5\mu m$,重复性精度小于 $0.05\mu m$,Z 方向的定位精度要求相对宽松,一般小于 $5\mu m$ 即可,分辨率规格通常约为 $0.1\mu m$。μFAB 集成式直角坐标位移平台 X、Y 方向的移动范围为 160mm,最小增量运动为 $0.01\mu m$,每个轴拥有 300mm/s 的平移速度和 $5m/s^2$ 的加速度。以上部分构成三维空间激光直写直角坐标位移平台系统的位移平台部分[30]。

该系统使用集成的运动控制器/驱动器控制工件和镜头的同步运动,同时配备专门的激光加工和机器视觉软件。该软件显示三维计算机辅助设计(computer aided design,CAD)模型,并且可以对位移平台、聚焦透镜、光学元件、激光源、传感器等进行控制调整。

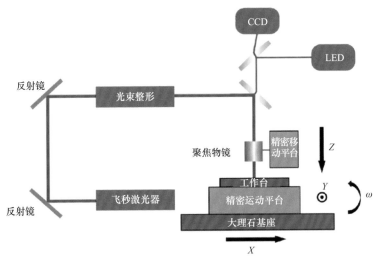

图 5.12　μFAB 集成式直角坐标位移平台原理图

　　μFAB 集成式直角坐标位移平台正面实物图如图 5.13(a)所示，背面实物图如图 5.13(b)所示。该位移平台系统集成了位移平台、光刻头及聚焦物镜，具有高稳定性、可靠性和易操作性等特点。μFAB 集成式直角坐标位移平台可以配合各种类型的激光，并且搭配有专门为激光微加工而编写的软件，可以对二维和三维微结构进行图形化设计与加工。

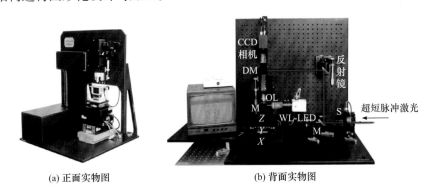

(a) 正面实物图　　　　　　　　　　(b) 背面实物图

图 5.13　μFAB 集成式直角坐标位移平台实物图

　　由于光纤十分纤细，FBG 的制备对位置精度的要求很高，这就需要位移系统具有较高的精度，因此依赖导轨的精度。导轨常选用空气静压导轨作为 X、Y、Z 方向运动的导向与移动装置，传动方式为精密丝杠作，选用步进电机来驱动，若需进一步提高位移精度，就要用光栅尺实时测量，进行闭环控制及修正。

　　(2) 极坐标方式。

　　极坐标式的位移平台系统如图 5.14 所示[31]。激光束经前置的光路整形、能量衰减等系统后，被聚焦物镜会聚形成光斑，由压电陶瓷控制自动聚焦于一维平台的待刻写光纤上。当聚焦光斑不动时，回转平台随气浮转轴匀速旋转，使样品上的一个圆环等剂量曝光。假定其他参数不变，此时曝光圆环的宽度等于聚焦光斑的大小，而一维平台的线性移动可改变聚焦光斑偏离回转平台的中心，即改变基片上曝光小圆环的半径，实现对整个待刻写区域的曝光。大动态范围声光调制器随着一维平台的移动实时调整光束强度，以满足曝光强度的要求。因为回转平台的转速不变，曝光圆环的半径随一维平台的移动而增大，若要得到等剂量的曝光，只能增大激光束的强度。

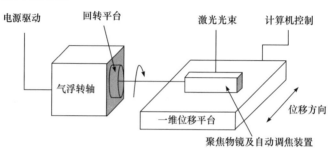

图 5.14　极坐标式位移平台系统

　　另外，还存在直角坐标和极坐标组合的激光直写系统，可在同一系统中实现直角坐标和极坐标两种激光直写方式。位移系统的主要技术指标有有效行程、直线型、位移分辨率、运动速度、定位精度等[32]。

　　2) 光纤夹具

　　在 FBG 制备前，光纤需要被夹具固定在图 5.12 所示的工作平台上，使精密运动平台的移动带动光纤的移动从而精确刻写出光栅结构。部分复杂的夹具系统同样也是位移平台系统，可对光纤进行微小位移控制。夹具一般自行根据实验需求设计，可以自带对光纤位置进行二维、三维等调节功能，也可以只用来固定光纤。例如，图 5.15 所示的常见光纤夹具类型，其结构类似于光纤熔接机中的夹具结构。

图 5.15　光纤夹具

在飞秒激光刻写 FBG 系统中，激光的出射位置是固定不变的，因此使用逐点刻写法或逐线刻写法写制 FBG 时，移动飞秒激光脉冲光束的可行性较低，只能通过位移平台来调整光纤位置。在逐点刻写 FBG 时，光纤夹具是十分重要的器件，在刻写过程中需要让激光脉冲光斑精确聚集在光纤的纤芯中。常用的被刻写光纤的纤芯直径只有几百微米，可以体现光纤固定的重要性。

为了保证光纤在刻写过程中保持水平位置，FBG 刻写系统采用带有凹槽的光纤夹具。为了更好地观察刻写过程，光纤底部采用光源照明，放置光纤的工作底面为透明材质。该夹具工作底面的中心线位置被加工出一道 V 形槽，在刻写过程中将带有凹槽的工作底面放到位移平台上，将光纤置于 V 形槽中，工作底面与聚焦物镜之间利用玻璃板压住光纤。位移平台结构如图 5.16 所示。V 形槽的宽度与深度需要根据实验所需的剥除涂覆层的具体光纤直径来确定，宽度要略大于直径。刻写时也可以在光纤两端施加力使光纤在水平槽内完全固定，实现刻写时的光斑始终处在光纤纤芯内，从而改善刻写质量。

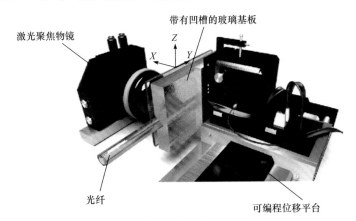

图 5.16　带有凹槽的位移平台结构

3. 光学系统

1) 激光能量衰减系统

在飞秒激光直写 FBG 系统中，对于光纤光栅的刻写制备，飞秒激光器产生的激光能量过高，因此需要进行能量衰减[33]。衰减光路原理如图 5.17 所示。衰减片无法直接承受飞秒激光器产生的激光能量，因此在实际光路中常在衰减片之前先利用分光镜将激光束分光(将能量衰减至衰减片的工作范围之内)，再经光阑对激光整形后进入后续光路。不同的激光功率衰减量通过选用不同的衰减片，以及改变分光镜的角度来控制，也可以通过后续的显微物镜来控制。由于显微物镜会将激光聚集在光纤纤芯中形成光斑，改变物镜的放大倍数可以改变光斑的大小，即改变光斑的能量密度，所以同样可以对激光的能量进行调节。

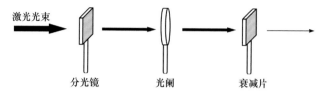

激光光束 → 分光镜 → 光阑 → 衰减片 →

图 5.17　飞秒激光输出端光学衰减光路原理图

2) 聚焦系统

在激光聚焦系统中，激光光束聚焦到光纤纤芯上的光斑大小和光纤光栅的刻写质量有很大的联系，因此需要精确控制聚焦的激光光斑，下面将对刻写系统中常见的聚焦系统结构进行介绍。

(1) 单物镜聚焦。

目前较为常见的方法是利用高倍聚焦物镜对激光光斑进行聚焦，由于光纤材料是圆柱形的结构(类柱透镜结构)，因此经过显微物镜聚焦后的光斑在光纤中发生折射和再聚焦现象，使得光斑在两个方向上的位置不重合，即一个方向上的焦点在光纤纤芯中，另一个方向的焦点不在纤芯中，从而产生不共焦的现象。因此，优化飞秒光斑对激光直写系统制备 FBG 的相关研究具有重要的意义。飞秒激光聚集物镜采用单物镜聚焦，其中光纤横向截面(X-Z 截面)的聚焦原理如图 5.18 所示。其会产生上述不共焦的现象。

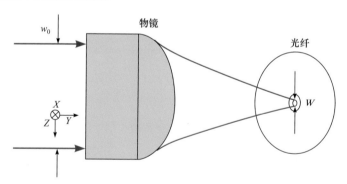

图 5.18　单物镜飞秒光斑在光纤 X-Z 截面的聚焦原理图

w_0 为聚焦物镜的进光直径，λ 为飞秒激光的中心波长，利用上述参数可以得到飞秒光斑在纤芯 X-Z 截面的理想直径。聚焦物镜存在衍射极限，其衍射极限的表达式为

$$w_0 = \frac{2\lambda}{\pi \mathrm{NA}} \tag{5.22}$$

式中， NA 为聚焦物镜的数值孔径。

飞秒光斑在光纤轴向截面(Y-Z 截面)的聚焦原理如图 5.19 所示。其中轴向孔径角 α_1 满足

$$NA = n_1 \sin \alpha_1 \tag{5.23}$$

α_2 为入射到光纤表面后的折射角，满足折射定律，即

$$n_1 \sin \alpha_1 = n_2 \sin \alpha_2 \tag{5.24}$$

式中， n_1 和 n_2 为空气的折射率和光纤的折射率。

飞秒光斑在光纤外表面的直径可表示为

$$2d_1 = 2r \tan \alpha_1 \tag{5.25}$$

式中， r 为光纤的半径。

因此，光斑的聚焦点到光纤外表面的距离可表示为

$$l = r \frac{\tan \alpha_1}{\tan \alpha_2} \tag{5.26}$$

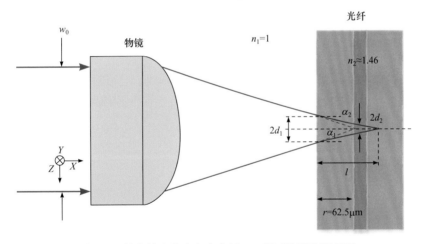

图 5.19   单物镜飞秒光斑在光纤 Y-Z 截面的聚焦原理图

由此，光纤 Y-Z 截面的飞秒光斑在纤芯中的直径可表示为

$$2d_2 = 2d_1(l-r)/l \tag{5.27}$$

计算可得，当聚焦物镜的进光直径为 19.5mm、聚焦物镜的焦距为 0.71mm、飞秒激光的中心波长为 800nm 时，光纤轴向平面飞秒聚焦光斑偏离光纤纤芯的距离为 70.6μm，光纤纤芯中的光斑大小为 75.2μm。由上述分析可知，只使用显微物镜对飞秒光斑进行聚焦，光纤的类柱透镜效应对飞秒光斑的聚焦会产生很大的影响。

(2) 组合透镜聚焦。

为了解决单个显微物镜聚焦后的激光光斑在两个方向上焦点不重合的问题，采用在显微物镜前面加上一个柱透镜组成组合透镜系统的方法，使聚焦后的飞秒光斑在光纤轴向尺寸减小，在 X-Z 截面的尺寸适当增大。组合透镜飞秒光斑在光纤 X-Z 截面的聚焦原理如图 5.20 所示。

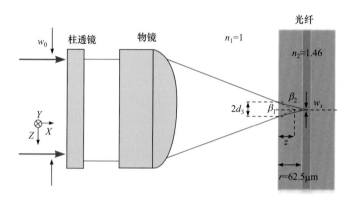

图 5.20　组合透镜飞秒光斑在光纤 X-Z 截面的聚焦原理图

由图 5.20 可知，光纤 X-Z 截面处的飞秒光斑直径可表示为

$$2d_3 = 2r \tan \beta_2 \tag{5.28}$$

为了使经过透镜组聚焦后的飞秒光斑可以准确地入射到光纤纤芯中，在不考虑空气和光纤折射的情况下，聚焦光斑到光纤外表面的距离可表示为

$$z = \frac{d_3}{\tan \beta_1} \tag{5.29}$$

根据折射定律和光纤的折射率参数可得 z。

在光纤的 Y-Z 截面中，由于光纤是圆柱形结构，不影响光斑的聚焦，因此飞秒光斑的聚焦理想直径可以表示为

$$W = \frac{\lambda f_2}{\pi w_0} \tag{5.30}$$

由于显微物镜衍射极限的限制，飞秒光斑的衍射最小直径为

$$W = \frac{2\lambda}{\pi \text{NA}} \tag{5.31}$$

飞秒光斑在光纤 X-Z 截面的聚焦原理如图 5.21 所示，将光纤当成一个柱透镜，则它的焦距可表示为

$$\frac{1}{f_{\text{F}}} = (n_2 - 1) \left(\frac{1}{r_1} - \frac{1}{r_2} \right) + \frac{D(n_2 - 1)^2}{r_1 r_2 n_2} \tag{5.32}$$

式中，r_1 和 r_2 为光纤的曲率半径；D 为光纤的直径。

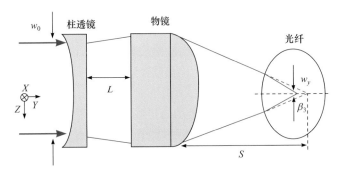

图 5.21　组合透镜飞秒光斑在光纤 X-Z 截面的聚焦原理图

在光纤 X-Z 截面上，组合透镜的焦距可表示为

$$\frac{1}{f} = \frac{1}{f_1} + \frac{1}{f_2} - \frac{L}{f_1 f_2} \tag{5.33}$$

式中，f_1 和 f_2 分别为柱透镜和显微物镜的焦距；L 为两个透镜的距离。

因此，显微物镜右侧主点到组合透镜焦点的距离可表示为

$$S = \frac{f_2(f_1 - L)}{f_1 + f_2 - L} \tag{5.34}$$

假如飞秒光斑不经过光纤材料，在聚焦点的光斑直径可表示为

$$w_y = 2(S - f_2)\tan\beta_3 \tag{5.35}$$

聚焦透镜和光斑的距离为

$$d = (f_2 - r + z) - (S - f) \tag{5.36}$$

因此，组合透镜组和光纤材料的组合焦距可表示为

$$\frac{1}{f'} = \frac{1}{f} + \frac{1}{f_F} - \frac{d}{f f_F} \tag{5.37}$$

光纤纤芯到三透镜组合焦点的距离可表示为

$$S' = \frac{f_F(f - d)}{f + f_F - d} \tag{5.38}$$

柱透镜、物镜和光纤组成的透镜组的孔径角满足

$$\tan\beta' = \frac{w_y}{2(S' + r - z)} \tag{5.39}$$

光纤 X-Z 截面纤芯中飞秒光斑的直径可表示为

$$w_y = 2S'\tan\beta' \tag{5.40}$$

通过计算可得飞秒聚焦光斑偏离光纤纤芯的距离与飞秒光斑在光纤 X-Z 截面的直径。

与单透镜系统相比，飞秒光斑经过柱透镜与物镜组成的透镜组后，聚焦的光斑尺寸为 3.36μm×0.68μm。与单显微物镜聚焦相比，其不但使聚焦光斑偏离纤芯的距离大幅度减小，而且使光斑尺寸和质量得到很大的提高，可以为利用飞秒激光制作高质量的 FBG 提供保障。

可用于飞秒激光直写 FBG 的物镜产品是蔡司(ZEISS)的油镜，放大倍数为 63。该物镜的机械尺寸如图 5.22 所示。在飞秒激光直写 FBG 的实验中，这类物镜的镜片可以承受飞秒激光的高脉冲能量，物镜与监视器的组合可以在激光刻写时提供光纤纤芯内的清晰影像。

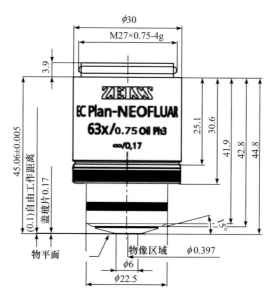

图 5.22　Plan-NEOFLUAR 油镜结构图(单位：mm)

蔡司系列物镜的内部结构如图 5.23 所示。图中的标注结构依次是：①物镜螺纹；②物镜止动面；③保护系统的弹簧机构；④~⑦用于校正图像误差的透镜组；⑧用于适应不同盖玻璃厚度或温度的校正环；⑨前透镜系统；⑩前透镜座。

依靠物镜的螺纹以及止动面将其固定在龙门架上，在刻写系统中，激光光束从物镜螺纹上方进入透镜组进行聚焦。由于存在像差、色差及像场弯曲等，需要透镜组与校正环来提高成像、聚焦的质量及精度。像差主要由再聚焦现象与球面像差导致，再聚焦现象可以由组合式透镜进行改进，而球面像差又称孔径误差，可以利用固定的透镜组或可调的校正环进行校正。除了像差，影响物镜精度的因素还有色差与像场弯曲。通过在透镜组中选择具有不同色散值的透镜玻璃类型，可以纠正颜色误差。像场弯曲的影响意味着平面结构在曲面上成像可以通过合理选择物镜中的透镜曲率纠正这种图像误差。

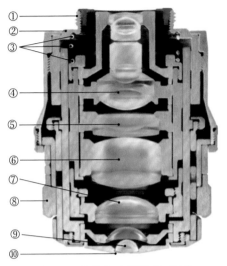

①
②
③
④
⑤
⑥
⑦
⑧
⑨
⑩

图 5.23　物镜的内部横截面结构

具有上述结构优势的 Plan-APOCHROMAT 与 Plan-NEOFLUAR 在许多应用中都得到了广泛认可。由于 Plan-APOCHROMAT 物镜具有出众的校正性能和超高的数值孔径,在观察和显微成像时,这类物镜可以提供高分辨率和较好色彩度、对比度及图像平场效果。Plan-NEOFLUAR 是一种典型的全能型物镜,其特点是可以对焦平面、分辨率高和亮度大、完全平直的图像进行单色和彩色修正,以便使用透射光进行观察和显微照相。此外,两款物镜都可以完美地适配飞秒激光直写 FBG 系统,保证高刻写质量和精度,同时也可以提供清晰的刻写影像。

4. 飞秒激光直写 FBG 系统

图 5.24 所示的飞秒激光器主要由钛蓝宝石振荡器和再生放大器两部分组成。泵浦激光器是中心波长为 532nm 的固体激光器,工作功率为 5W,其输出功率稳定性受外界环境温度的影响,因此为了确保种子激光的稳定输出,一般由水冷装置对其进行温度控制,并维持在 20℃。种子激光输出后,由模式控制器进行模式选定和锁定,再进入放大器进行光放大。放大器由 Evolution 激光器进行泵浦。泵浦的电流一般设定在 19~23A,由计算机上的控制软件调节参数。激光脉冲在放大器中经过展宽、放大、压缩后向外输出飞秒激光。最后输出的飞秒激光脉冲中心波长为 800nm,重复频率为 1kHz,脉冲宽度为 35fs,单脉冲能量最大值可以达到 6mJ,输出光斑的高斯半径约为 4mm。

图 5.24　飞秒脉冲激光装置

　　获得超快脉冲激光之后，将光功率放大并传入后续光路中。整个加工光路包括半反镜、光开关、高倍率聚焦物镜，以及三维电动位移平台。如图 5.25 所示，飞秒激光经过衰减系统后进入光开关，实现周期性曝光。激光光束到达半反镜进行分光，其中一部分光进入 CCD 器件对 FBG 加工形貌进行监控，另外一部分到达物镜，最后聚焦于光纤纤芯上进行 FBG 加工。通过程序控制三维移动平台和电控快门的开闭，可实现点、线、面及三维立体结构微加工。为了保证激光光斑能够聚焦到纤芯中，采用放大倍数为 63 倍的显微物镜，并在加工平台上方和下方分别安装 LED 照明设备，保证可以通过聚焦物镜上方的 CCD 观测到飞秒激光光斑在基底中的聚焦位置和加工形貌。这有利于对激光加工深度及加工形貌进行实时调整。

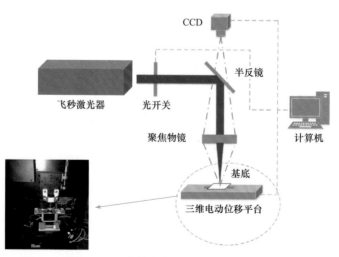

图 5.25　飞秒激光直写 FBG 系统原理图

　　如图 5.26 所示，刻写系统采用的聚焦物镜是 63 倍蔡司油镜，三维加工平台搭载有空间分辨率为 20nm 的三维步进电机,精度可以达到 100nm。通过计算机程序改变光开关频率、加工平台的移动速度,以及激光频率,就可以得到各种不同周期的 FBG,而改变三维控制平台的 X、Y、Z 轴就可以改变激光焦点位置,从而改变加工位置。为了观察 FBG 透射谱的变化,将刻写完成的 FBG 与宽谱光源,以及光谱仪(OSA, AQ6370D, Yokoyawa)连接。其中光谱仪的分辨率为 0.02nm。

图 5.26 飞秒激光直写 FBG 实验工作平台

飞秒激光直写 FBG 系统中的位移平台与龙门架上的显微物镜可以共同对直角坐标系中的 X、Y、Z 三轴方向进行控制。在直写过程中,显微物镜与光刻头相对工作平台同步水平运动,通过软件控制三维运动平台的移动便可完成 FBG 的制作。三维运动平台控制软件的操控界面如图 5.27 所示。

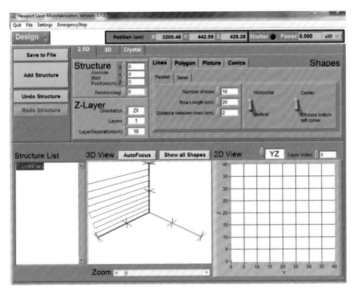

图 5.27 三维运动平台控制软件的操控界面

在位移平台移动过程中，为了确保激光光斑一直处于光纤轴向纤芯内，就需要光纤严格位于工作平面中心线上。为此设计了一种放置被刻写光纤的槽式夹具，其实物如图 5.28 所示。由于载玻片放置于工作平台的凹槽中，因此工作底面长度、宽度与载玻片必须一致。在光栅加工时，由于被加工光纤的直径不统一，因此需要在中心线处加工一条与光纤直径相匹配的 V 形槽，这样便可使光纤固定在槽里。由于光纤进入 V 形槽后会下降一小段距离，需要提高底面的厚度，使刻写部分的光纤在工作平面之上，从而更好地固定光纤。

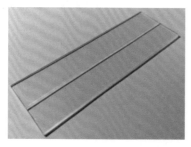

图 5.28　带有凹槽的夹具实物图

5.2.3　飞秒激光掩模刻写光纤光栅系统

相位掩模法具有高重复性、高再现性及对光源相干性要求低等特性，相比其他刻写技术有更大的优势。此外，使用该方法刻写 FBG 时，刻写的 FBG 周期与入射激光的特性无关，仅由相位掩模周期决定。相位掩模法最早在 1993 年由 Hill 等提出。他们首次利用紫外激光垂直照射于相位掩模板对光敏光纤进行曝光，制备出了标准的 FBG。2003 年，爱尔兰国立大学 Dragomir 等首次利用紫外飞秒激光照射相位掩模板的方法在光纤上加工了 FBG。使用该方法制备的 FBG 折射率更高，所需的入射激光能流密度更小，极大地推动了 FBG 的发展和应用。本节主要介绍利用相位掩模板刻写 FBG 的系统组成及其原理[34-36]。

FBG 刻写的传统方法是将增敏后的光纤纤芯利用紫外激光进行曝光处理，实现规律性折射率调制。由于飞秒激光脉冲短、峰值功率高，可实现无须增敏的 FBG 制备。

当入射激光强度低于光纤材料的损伤阈值时，光和材料之间的相互作用主要表现为多光子吸收形式，会导致光纤内部形成缺陷，诱导光纤折射率发生改变，也称为 I 型折射率调制。该类调制制备的 FBG 温度稳定性不高，当退火温度低于材料的转变温度时，由激光照射生成的周期性的缺陷会被消除，折射率调制也会消失，使 FBG 器件失效。

当入射激光强度高于光纤材料的损伤阈值时，激光和光纤材料之间会产生雪崩电离的非线性相互作用。在此过程中，激光照射的区域内材料局部瞬间熔化，与此同时又会迅速凝固收缩，使得光纤内部的折射率发生永久性变化，也称为 Ⅱ 型折射率调制。相比 Ⅰ 型折射率调制，Ⅱ 型折射率调制得到的 FBG 器件温度稳定性好。在 Ⅰ 、Ⅱ 型折射率调制制备的 FBG 中，光纤损伤阈值均取决于光纤的材料本身[37]。

1. 相位掩模法刻写 FBG 系统

图 5.29 为利用飞秒激光照射相位掩模板刻写 FBG 系统的原理图[38]。飞秒激光器产生的激光束经过光开关筛选、反射等一系列过程后到达柱透镜，之后经掩模板衍射。经过衍射后的激光又会进行干涉，在光纤纤芯内形成干涉条纹，使对应区域内的纤芯折射率发生改变，从而制备出 FBG。

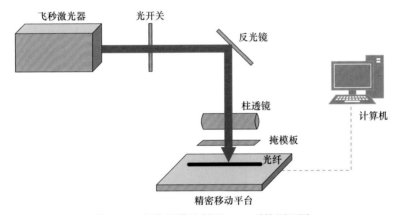

图 5.29　相位掩模法刻写 FBG 系统原理图

飞秒激光经过相位掩模板衍射后，会得到 0、±1 、±2 阶的衍射光。其中，刻写时仅有 ±1 阶衍射光在光纤纤芯处发生干涉。+1 阶和−1 阶衍射光的光强最大且相等，均为总光强的 35%以上。0 阶衍射光的光强小于总光强的 5%，其他阶的衍射光强度可忽略不计。刻写系统中的柱透镜可使激光光束垂直入射到掩模板上，从而提高激光能量密度，改进光栅的加工质量。

相位掩模法刻写 FBG 可分为静态刻写与动态刻写。静态刻写时，光纤和掩模板相对于激光光束是静止的。动态刻写时，掩模板和光纤会以一定的速度沿着光纤轴移动。相比动态刻写，静态刻写制备的 FBG 长度较短、反射率较低、操作简便、刻写速度较快，是目前常用的掩模刻写方法。相位掩模板的周期、槽深，以及聚焦光斑位置等，对光栅质量的影响较大，因此相位掩模板的参数设计是 FBG 制备的重要工作之一。

2. 相位掩模板参数设计

1) 相位掩模周期及槽深

相位掩模板是光学衍射类元件，多采用电子束平版印刷或全息曝光蚀刻于石英基片表面，形成一维周期性透射型相位光栅(周期为 Λ_M)。其衍射原理如图 5.30 所示[39]。

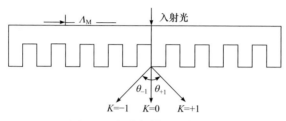

图 5.30 相位掩模板衍射原理

经柱透镜压缩后的激光光束垂直入射到掩模板，分成多阶衍射光束。光栅方程为

$$\sin\theta_k - \sin\theta_i = K\frac{\lambda_i}{\Lambda_M} \tag{5.41}$$

式中，θ_k 为经过衍射后的第 k 阶衍射光的衍射角；θ_i 为入射角，垂直入射时 $\theta_i = 0$；K 为衍射阶次；λ_i 为入射光波长；Λ_M 为相位掩模周期。

经掩模板衍射后，各阶衍射光发生干涉，形成平行于相位掩模板的周期性干涉条纹，即

$$\Lambda = \frac{\Lambda_M}{|m-n|} \tag{5.42}$$

式中，m、n 为衍射阶次。

相位掩模板刻写利用的是 ± 1 阶衍射光之间的干涉，即

$$\Lambda = \frac{\Lambda_M}{|1-(-1)|} = \frac{1}{2}\Lambda_M \tag{5.43}$$

通过式(5.43)可知，FBG 的周期是由相位掩模板的周期决定的，并且是其 1/2。对于相位掩模板，要满足以下两个原则。

(1) 由式(5.44)可知，入射角为 0° 时，若 $\lambda_i > \Lambda_M$，则只存在 0 阶衍射光，并且可以得到 $|\sin\theta| > 1$，即不能发生衍射，进而不存在干涉条纹；若 $\lambda_i < \Lambda_M$，则入射光会产生 0 阶之外的衍射光。由图 5.31 可知，± 1 阶衍射光是左右对称的，即 $\theta_{-1} = \theta_{+1} = \theta$。所以，相位掩模板的周期必须大于入射光波长，即 $\Lambda_M > \lambda_i$[40]。

(2) 由飞秒激光的特性可知，飞秒激光经过衍射后会形成 ± 1 阶衍射光，此时

的 ±1 阶衍射光存在较大的角色散[41]。角色散会影响干涉条纹的可见度，进而影响刻写 FBG 的质量。如图 5.31 所示，虚线代表的是与中心波长相同的入射光光线通过相位掩模后的 ±1 阶衍射光，θ 为 ±1 阶衍射角，$\Delta\theta$ 是由入射光的宽线宽导致的角色散。第 N 阶衍射的发散角 $\Delta\theta$ 可以表示为

$$\Delta\theta \cdot \cos\theta = N\Delta\lambda / \Lambda_{\mathrm{M}} \tag{5.44}$$

式中，$\Delta\theta$ 为第 N 阶衍射光形成的发散角；$\Delta\lambda$ 为曝光激光的线宽。

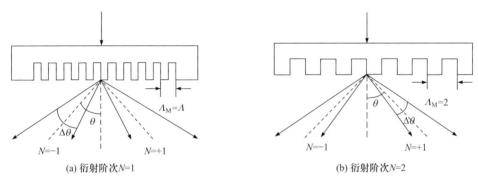

图 5.31　相位掩模周期对衍射光角色散的影响

在实际制备实验中，曝光光源往往是确定的同一种光源，即 $\Delta\lambda$ 为定值，刻写光栅只利用了 ±1 阶衍射光，因此 N 也是确定值。当入射角为 0°时，将式(5.43)与式(5.44)相除可得

$$\Delta\theta = \frac{\Delta\lambda \cdot \tan\theta}{\lambda_{\mathrm{i}}} \tag{5.45}$$

由式(5.45)可知，若使 $\Delta\theta$ 减小，就需要使衍射角减小。由式(5.45)可知，若使衍射角减小，掩模周期就需要增大。布拉格方程可表示为

$$N_0\lambda = 2n_{\mathrm{eff}}\Lambda \tag{5.46}$$

式中，N_0 为 FBG 的衍射阶次，$N_0 = 1, 2, \cdots$，一般不大于 3；λ 为 FBG 的波长(nm)；n_{eff} 为 FBG 的有效折射率；Λ 为 FBG 的周期(nm)。

由式(5.46)可知，若使掩模周期增大，并且保证 FBG 波长不变，相应的衍射阶次就要增加。如图 5.31 所示，2 阶衍射相对于 1 阶衍射的角色散较小，因此可以减小对光栅质量的影响。

由于掩模板的衍射，需要对 0 阶衍射光进行抑制，提高 ±1 阶衍射光的衍射效率，可以通过选择槽深合适的相位掩模板来解决这一问题。其中激光的能量必须集中在光纤中心，这就要求掩模板的凹槽要满足一定的条件，即[42,43]

$$h = \frac{\lambda_i}{2 \times (n_M - 1)} \tag{5.47}$$

式中，h 为掩模板的凹槽深度；λ_i 为入射飞秒激光的波长；n_M 为基质折射率。

2) 相位掩模板的放置位置

在利用相位掩模板刻写 FBG 时，光纤与掩模板的距离必须在 ±1 阶衍射光的干涉范围之内。如图 5.32 所示，竖线填充的斜线区域代表 ±1 阶衍射光的干涉区域。

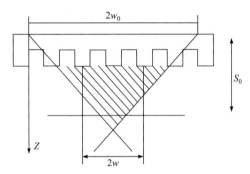

图 5.32　相位掩模板衍射后的 ±1 阶衍射光的干涉区域

当飞秒激光正入射时，入射激光通过相位掩模板后产生的 ±1 阶衍射角 $\theta_{\pm 1}$ 可表示为

$$\sin\theta_{\pm 1} = \frac{\lambda_i}{\Lambda_M} \tag{5.48}$$

假设入射光的光斑直径为 $2w_0$，则光纤放置的位置 d 应满足

$$d < \frac{w_0}{\tan\theta} \tag{5.49}$$

激光经过衍射区域干涉后得到的 FBG 长度为 $2w$，可表示为

$$2w = 2(w_0 - d\tan\theta) \tag{5.50}$$

在刻写过程中，通过利用长脉冲激光照射光纤，0 阶衍射光在一定程度上会破坏 ±1 阶衍射光的干涉图样。这是由于存在衍射阶的走离效应，需要利用较短相干长度 l_c 的飞秒激光照射，确保干涉由 ±1 阶的衍射光产生。衍射阶的走离效应可以用图 5.33 表示[44]。

不同衍射阶脉冲波的矢量大小相同但是方向不同，其中 Z 方向的分量可以表示为

$$k_2 = |k| \cdot \cos\theta \tag{5.51}$$

由图 5.33 可知，因为 ±1 阶的衍射光比 0 阶衍射光以更大的角度传输，所以 ±1

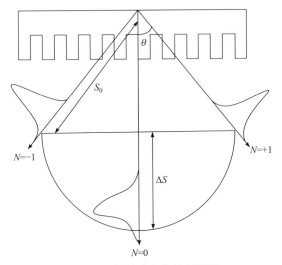

图 5.33　衍射阶走离效应原理

阶衍射光到达光纤纤芯的时间更长。假设 ±1 阶衍射光到达纤芯所走的距离为 S_0，则 0 阶衍射光与 ±1 阶衍射光走到纤芯的距离差为

$$\Delta S = S_0 (1 - \cos\theta) \tag{5.52}$$

若 $\Delta S > l_c$，则 0 阶衍射光与 ±1 阶衍射光将不会在光纤纤芯处相遇，即不会发生干涉，将得到高质量的干涉条纹。光纤与相位掩模板的距离 d 满足

$$d > \frac{l_c \cdot \cos\theta_{\pm 1}}{1 - \cos\theta_{\pm 1}} \tag{5.53}$$

联立式(5.49)与式(5.53)，光纤与相位掩模板距离 d 的取值范围可表示为

$$\frac{l_c \cdot \cos\theta_{\pm 1}}{1 - \cos\theta_{\pm 1}} < d < \frac{w_0}{\tan\theta} \tag{5.54}$$

同时，相干长度 l_c 可表示为

$$l_c = \frac{\lambda_i^2}{\Delta\lambda_i} \tag{5.55}$$

式中，$\Delta\lambda_i$ 为入射光的半峰值宽度。

为了提高干涉条纹的边缘可见性，还需要从入射光的空间相干性角度来分析，即用入射光的发散角来衡量。若发散角为 0，则干涉条纹的质量会随光纤与掩模板距离的增大而减小。当干涉条纹的两条衍射光之间没有相干性时，其光距 z 满足

$$z = \delta\tan\frac{\theta}{2} \tag{5.56}$$

式中，$\delta = \dfrac{\lambda_i}{\Delta\phi}$；$\Delta\phi$ 为入射光的发散角；δ 为相位掩模板的相干宽度。

光纤与相位掩模板的最大距离可表示为

$$d_{\max} = \frac{z\tan^2\theta}{4} \tag{5.57}$$

当光纤与相位掩模板的距离满足 $d < d_{\max}$ 时，才能通过掩模板衍射后形成高质量的干涉条纹[45]。

3) 柱透镜焦距

在利用相位掩模板刻写 FBG 的方法中，所用光纤的横截面均为圆形，在光束经过透镜时会产生透镜效应，透镜效应会使光束的聚焦状态紊乱，进而使经过柱透镜的光束无法准确地聚焦在光纤的纤芯内部。

高斯光束经光纤表面聚焦原理如图 5.34 所示。Z 表示刻写光纤外部的束腰位置，Z_1 为所刻写光纤内部的束腰位置。在刻写中，要利用非线性吸收来刻写 FBG，就必须要保证束腰位置 Z 在光纤纤芯内，因此可以得到 $Z_1 = R$。

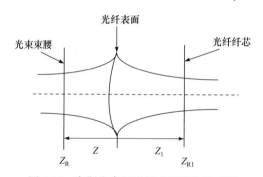

图 5.34　高斯光束经光纤表面聚焦原理图

写入光束的外部和内部束腰位置参数 Z 和 Z_1，以及所产生的瑞利长度 Z_R 和 Z_{R1} 参数分别可以用综合参数 q 和 q_1 来描述，即

$$\begin{cases} q = Z + \mathrm{i}Z_R \\ q_1 = Z_1 + \mathrm{i}Z_{R1} \end{cases} \tag{5.58}$$

在傍轴近似条件下，对于一个半径为 R、空气和介质之间折射率为 n 的曲面边界，其传输矩阵可表示为

$$\boldsymbol{M} = \begin{bmatrix} A & B \\ C & D \end{bmatrix} = \begin{bmatrix} 1 & 0 \\ -\dfrac{n-1}{nR} & \dfrac{1}{n} \end{bmatrix} \tag{5.59}$$

高斯光束可以用 $ABCD$ 法则表示，即

$$q = \frac{Aq + B}{Cq + D} \tag{5.60}$$

式(5.58)中的实部和虚部可以完全分开，将其代入式(5.60)中，可以得到光纤内的束腰位置，即

$$Z_1(Z) = \frac{D}{C}\left[\frac{CZ + D}{(CZ + D)^2 + C^2 Z_R^2} - \frac{1}{D}\right] \tag{5.61}$$

相对于光纤 Z 位置的入射光束，束腰位置通过改变柱透镜而改变。为便于计算和理解，以光纤包层半径 R 为单位表示所有的长度，令 $\widetilde{Z}_R = \dfrac{Z}{R}$、$\widetilde{Z}_1 = \dfrac{Z_1}{R}$、$\widetilde{Z}_R = \dfrac{Z_R}{R}$、$\widetilde{f} = \dfrac{n}{n-1}$，式(5.61)可改写为

$$\widetilde{Z}_1(\widetilde{Z}) = -\frac{\widetilde{f}}{n}\left[\frac{-\dfrac{\widetilde{Z}}{\widetilde{f}} + \dfrac{1}{n}}{\left(-\dfrac{\widetilde{Z}}{\widetilde{f}} + \dfrac{1}{n}\right)^2 + \left(\dfrac{\widetilde{Z}_R}{\widetilde{f}}\right)^2} - n\right] \tag{5.62}$$

通过对式(5.62)进行极值处理，当 $\widetilde{Z} = \dfrac{\widetilde{f}}{\widetilde{Z}_R}$ 时，$\widetilde{Z}_1$ 最小，且最小值为

$$\widetilde{Z}_{1\min} = \widetilde{f}\left(1 - \frac{\widetilde{f}}{2n\widetilde{Z}_R}\right) \tag{5.63}$$

对式(5.63)进行数值模拟，结果如图 5.35 所示。若 $Z_R > 3$，则光束经过聚焦后总是在光纤外部；若 $Z_R < 1.1$，则束腰位置将不会再受到限制。若使最小焦点位置位于光纤的中心，即 $\widetilde{Z}_1 = 1$，则由式(5.63)可知，瑞利长度必须满足 $\widetilde{Z}_R = \widetilde{f}/2$，进而可得

$$Z_R = \frac{nR}{2(n-1)} \tag{5.64}$$

飞秒激光经过透镜焦距后的束腰半径可表示为

$$w_0^* = \frac{F}{\sqrt{(l - F)^2 + f^2}}w_0 \approx \frac{F}{f}w_0 = \frac{\lambda F}{\pi w_0} \tag{5.65}$$

式中，l 为透镜与光纤之间的距离；F 为透镜焦距；w_0 为飞秒激光原始束腰半径；w_0^* 为经过透镜变换后的束腰半径。

共焦参数可表示为

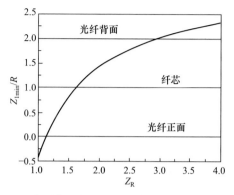

图 5.35 束腰位置与聚焦前光束瑞利长度之间的关系

$$Z_R = \frac{\pi \left(w_0^*\right)^2}{\lambda} = \frac{\lambda F^2}{\pi w_0^2} \tag{5.66}$$

式中，λ 为飞秒激光的波长；Z_R 为光束经过变换之后的瑞利长度[46]。

由此就可以根据已有的数据进行柱透镜焦距的计算。

3. 相位掩模周期调制理论

FBG 的周期可以由相位掩模周期决定，还可以通过设置不同的调制参数制备。

1) 相位掩模周期调制原理

若使用透镜在衍射光的波前产生一部分曲面区域，经相位掩模板后形成的原始周期将被放大，Prohaska 等[47]用实验方法证明了这一理论。

一束平面波入射到一个透镜上，出射光的波前将是会聚的球状，若是给定了透镜和相位掩模板之间的距离 l 以及相位掩模板与光纤轴线之间的距离 m，可以利用几何光学得到

$$M = \frac{F' - l - m}{l - m} \tag{5.67}$$

式中，M 为放大因子，为模板成像的周期与原始周期之比；F' 为调谐透镜焦距 (mm)，凸透镜取正值，凹透镜取负值；l 为透镜与模板的距离 (mm)；m 为相位掩模板与光纤轴线的距离 (mm)。

2) 调制参数对 FBG 波长的影响

在影响放大因子的参数中，柱透镜的焦距及相位掩模板的厚度对相位掩模板与调制透镜之间的距离 l 的取值的影响最大。假设周期调制前后的有效折射率 n_{eff} 为一固定值，则调制后的 FBG 波长 λ_T 与原始 FBG 波长 λ 之间的关系可以表示为

$$\lambda_\text{T} = M\lambda = \frac{(F'-l-m)\lambda}{f-l} \tag{5.68}$$

由式(5.68)可知，如果需要制备出指定波长的 FBG，就要综合调整透镜焦距 F'、透镜与相位掩模板之间的距离 l、相位掩模板与光纤的距离 m 三个参数的影响，分别比较其对所得 FBG 波长的影响，设置相应的调制参数。

5.2.4　光纤光栅刻写监测系统

在利用飞秒激光制备光纤光栅的过程中，需要激光光斑始终处于光纤纤芯内，在刻写前可以通过调节物镜、位移平台等方式进行定位，刻写时需要对加工情况进行实时观察，为此就需要飞秒激光刻写过程的监测系统。

以实现光纤光栅精准加工为目标，飞秒激光加工平台的实时监测系统可采用光纤栅区双向监测光路，通过搭建双路 CCD 监测系统对纤芯/包层边界、栅区细节、光纤损伤等方面进行观察研究，可以进一步完善光束聚焦补偿模型，双向监测系统如图 5.36 所示。从两个方向对刻写过程进行监测，一台 CCD 摄像机与显微物镜共同位于被加工光纤的正上方，可以清晰地观察到激光光斑与光纤纤芯的位置，以及刻写出的光栅栅线，在调整光斑的位置时，主要通过该摄像机进行观察。另一台 CCD 摄像机位于光纤正面的斜上方，辅助观察刻写过程。两路监测系统都拥有 LED 背光光源，背光透射过光栅进入各路摄像机中，为观察提供更清晰的画面。两路 CCD 摄像机接收的画面都会实时传输到计算机中，实现对两路监测系统亮度、焦距等的控制。

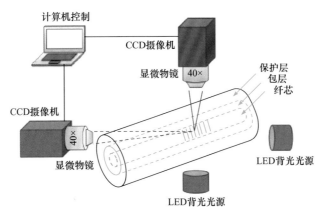

图 5.36　飞秒激光直写光纤光栅双路监测系统原理图

除了图 5.36 中的两路监测系统，还可以设置从光纤侧面观察的第三路监测系统，其原理如图 5.37 所示。将 CCD 摄像机与显微物镜放置到侧面的光纤轴线位置或者是轴线的斜上方，从此角度可以观察光纤内部刻写情况，以及光纤的轴向状态。若要在刻写时改变光纤姿态，此路监测系统可以更加明显地观察光纤的姿态。

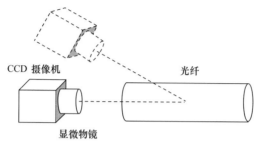

图 5.37　第三路侧向监测系统原理图

5.3　飞秒激光刻写光纤光栅方法

5.3.1　飞秒激光直写技术制作光纤布拉格光栅

与紫外激光刻写 FBG 相比，飞秒激光可透过光纤涂覆层进行 FBG 加工，这种方式制作的 FBG 具有更高的机械强度。飞秒激光精确聚焦于光纤纤芯位置并产生局部折射率调制。这种写入光栅的方法是一个高度非线性过程，与光纤材料的性质基本无关，因此基于飞秒激光制备 FBG 无须对光纤进行载氢预处理。飞秒激光具有冷加工特性，其加工边缘具有整齐精确的特点，能够克服加工时热效应所带来的弊端。此外，由于不同材料的加工阈值存在差异，飞秒激光加工阈值较稳定，这样的性能对材料的加工起着至关重要的作用[48-50]。

飞秒激光制备 FBG 系统原理如图 5.38 所示。FBG 系统包括飞秒激光器、光开关、二色镜、油镜、CCD 摄像机、三维位移平台、宽带光源和一台光谱仪。系统中所采用的二色镜用于调整飞秒激光光路，CCD 摄像机用于实时观测光纤加工影像，通常选择油镜对激光进行聚焦，待加工光纤固定在三维位移平台上，飞秒激光通过油镜聚焦在光纤纤芯上。飞秒激光产生的脉冲激光中心波长为 800nm，重复频率为 1kHz，脉冲宽度为 35fs。宽带光源 ASE 光谱范围 1520～1610nm，光谱仪用于采集光栅反射谱。在加工过程中，飞秒激光通过聚酰亚胺涂层和光纤包层聚焦在光纤纤芯上，由于光纤具有柱透镜效应，采用逐点刻写法能够实现 FBG 的刻写。

飞秒激光刻写 FBG 实验系统如图 5.39 所示。加工平台细节如图 5.40 所示。加工镜头为 Olympus 公司生产的 63 倍油镜，原理如图 5.41 所示。当光线通过不同密度的介质物体(光纤→空气→透镜)时，部分光线会发生折射而散失，进入镜筒的光线较少、视野较暗、物体观察不清晰。若在透镜与样品之间滴加和样品折射率相仿的折射率匹配液，则会使进入油镜的光线增多，视野亮度增强，物像更清晰。基于该加工系统能够实现不同类型 FBG 的制备，实现了 1.5～2μm 波段 FBG 的刻写。

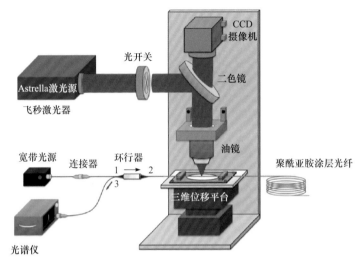

图 5.38　飞秒激光制备 FBG 系统原理图

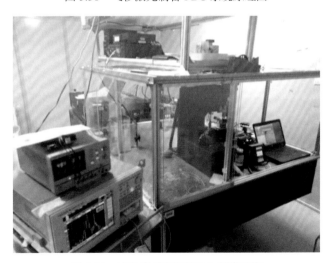

图 5.39　飞秒激光刻写 FBG 实验系统

相比油镜，干式聚焦透镜(干镜)是其透镜前表面与样品之间为空气的物镜。其在直写 FBG 时的原理如图 5.42 所示。

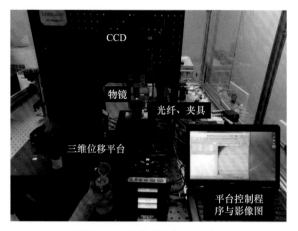

图 5.40　飞秒激光加工平台

图 5.41　FBG 加工平台油镜原理图　　　图 5.42　干镜直写 FBG 原理图

1. 飞秒激光逐点刻写 FBG

1) 去除涂层刻写 FBG

采用逐点扫描刻写方式制备 FBG。如图 5.43 所示，光开关处于长期打开状态，利用飞秒激光自身的重复频率结合加工平台移动速度可以实现不同周期一阶 FBG 加工。

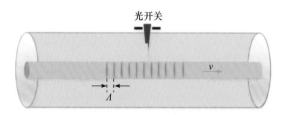

图 5.43　飞秒激光逐点刻写原理图

以去除光纤丙烯酸酯涂层的 SMF-28e 光纤为实验对象进行 FBG 加工，其使用的加工镜头为油镜。设置三维移动平台的移动速度为 535μm/s，使用干镜。图 5.44 是飞秒激光逐点刻写法制备的 FBG 显微图像，能够在纤芯中清晰观察到明显的周期性折射率调制。飞秒激光逐点刻写法制备的 FBG 的透射谱和反射谱如

图 5.45 所示。FBG 的反射中心波长为 1542.5nm，透射谱深度为 4dB。飞秒激光逐线刻写制作 FBG 技术相比，逐点刻写制作的 FBG 透射光强的损耗较小，并且反射谱的带宽更窄，具有更快的光栅加工速度。

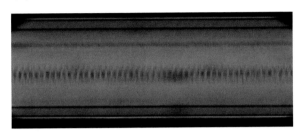

图 5.44　飞秒激光逐点刻写法制备的 FBG 显微图像

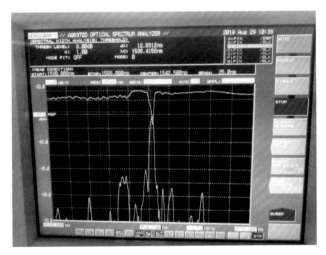

图 5.45　飞秒激光逐点刻写法制备的 FBG 的光谱图

2) 透过涂层刻写 FBG

图 5.46 是飞秒激光在使用油镜的情况下，透过光纤聚酰亚胺涂层制备 FBG 的显微图。光纤纤芯尺寸均为 9μm，实验时将不去除涂覆层的光纤固定在三维移动平台上，通过调整焦距将飞秒激光光斑聚焦在光纤纤芯位置。透过光纤聚酰亚胺涂层制备周期为 542nm 的一阶 FBG，光栅栅区长度为 3000μm。由于光纤本身具有自聚焦特性，采用逐点刻写方法在纤芯位置会形成周期性的折射率调制竖线，如图 5.46(a)所示。对刻写栅区上方的涂层表面影像进行采集，如图 5.46(b)所示，在其表面没有观察到明显的损伤。接下来，采用相同的加工技术透过丙烯酸酯涂层在纤芯位置刻写周期为 538nm 的一阶 FBG。采用 SMF-28e 光纤作为实验材料进行刻写，其栅区影像如图 5.47(a)所示。在纤芯位置，我们能够观察到明显的折射率调制，调整成像距离对涂层表面进行观察，同样未观察到明显的刻写损

伤，如图 5.47(b)所示。

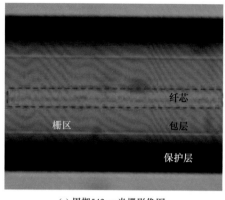

(a) 周期542nm光栅影像图

(b) 聚酰亚胺涂层表面

图 5.46 FBG 栅区及聚酰亚胺涂覆层表面影像图

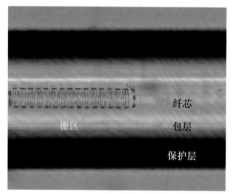

(c) 周期538nm光栅影像图

(d) 丙烯酸酯涂层表面

图 5.47 FBG 栅区及丙烯酸酯涂覆层表面影像图

对 FBG 反射谱进行实时采集,周期为 542nm 和 538nm 的 FBG 反射谱分别如图 5.48(a)和图 5.48(b)所示。FBG 的实际反射波长分别为 1565.77nm 和 1554.72nm,与所设计的反射波长相符合，光栅 3dB 带宽小于 0.36nm。

除了使用油镜，干镜结合逐点刻写方式也能实现 FBG 的制备。其中，干镜是焦距为 8.2mm 的 50 倍长焦距物镜(数值孔径 NA 为 0.55),刻写激光采用的是产自美国光谱物理公司的钛蓝宝石飞秒激光器，激光的正常工作波长为 800nm，激光脉冲宽度为 35fs，最大输出单脉冲能量为 1.4mJ/pulse。将飞秒激光的焦点定位在光纤纤芯中央并通过 CCD 对其进行实时观测。飞秒激光的频率为 1kHz,利用衰减片将激光能量调整为 70nJ/pulse。使用飞秒激光逐点刻写法在光纤纤芯制备FBG，光栅周期为 1.07μm，能够实现谐振波长为 1550nm 的二阶 FBG 制备。

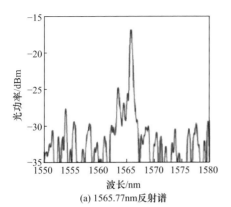
(a) 1565.77nm反射谱

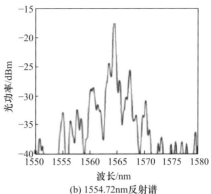
(b) 1554.72nm反射谱

图 5.48　单波长 1.5μm 波段 FBG 反射谱

在加工光栅过程中，将光纤与宽谱光源和光谱仪相连接观察其反射谱和透射谱的变化，其中光谱仪的分辨率为 0.02nm。制备的 FBG 反射谱和透射谱如图 5.49 所示。可以看出，利用干镜的逐点刻写法所制备的 FBG 有良好的反射谱和透射谱。

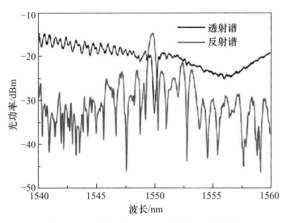

图 5.49　制备的 FBG 反射谱与透射谱

2. 飞秒激光逐线刻写 FBG

为了研究飞秒激光不同刻写方式对 FBG 反射谱质量的影响,采用飞秒激光逐线刻写 FBG 的方式。飞秒激光透过光纤涂覆层直接聚焦到光纤纤芯处,分别采用油镜和干镜作为刻写镜头,通过改变刻写轨迹实现 FBG 的制作。

图 5.50 为飞秒激光逐线刻写原理图。其中,Λ 为 FBG 的周期,a 为刻线长度。通过控制三维位移平台的移动轨迹和光开关的闭合频率,实现对 FBG 的刻写周期、加工速度和加工功率等参数的控制。

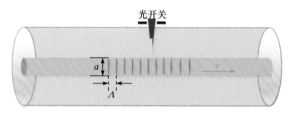

图 5.50　飞秒激光逐线刻写原理图

利用飞秒激光逐线刻写的方式可以实现四阶 FBG 的制作。聚焦透镜种类为干镜。飞秒激光的加工速度为 80μm/s，刻线长度为 20μm，光栅周期为 2.2μm，整个栅区长度大于 1cm。图 5.51 是飞秒激光逐线刻写法制作的 FBG 显微图像。图 5.52 是飞秒激光逐渐刻写法制作的 FBG 的透射谱和反射谱。可以看出，该 FBG 的布拉格波长为 1591.21nm，透射谱深度可达 23dB，反射谱对比度可达 10dB，3dB 带宽为 2.1nm。

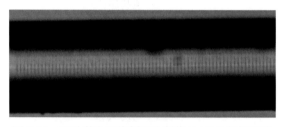

图 5.51　飞秒激光逐线刻写法制作的 FBG 显微图像

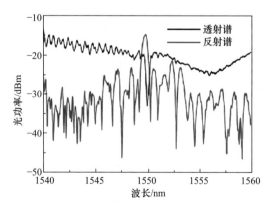

图 5.52　飞秒激光逐线刻写法制作的 FBG 的光谱图

为了测试飞秒激光逐线刻写法制作的 FBG 的温度传感特性，搭建如图 5.53 所示的实验系统。该实验系统主要由美国 JDSU 公司的宽带光源、日本 YOKOGAWA 公司的 AQ6375 光谱仪、型号为 TMX-12L-12 的高温实验箱和 FLUKE 公司生产的热电偶组成，其中高温实验箱的额定温度为 1100℃，热电偶的精度为±1℃。

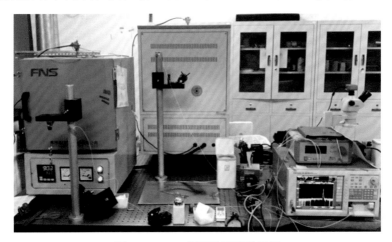

图 5.53　FBG 温度传感实验系统

将 FBG 呈自由状态放置到高温实验箱中，设置高温实验箱的温度范围为
100～800℃，采样间隔为 100℃，并利用分辨率为 0.1℃、精度为 1℃的热电偶作
为温度校准装置，通过光谱仪测得的温度响应曲线如图 5.54 所示。随着温度的升
高，FBG 的反射波长向长波方向移动，即发生红移。基于飞秒激光逐线刻写的
FBG 的温度灵敏度为 14.19pm/℃，线性拟合度为 0.9957。

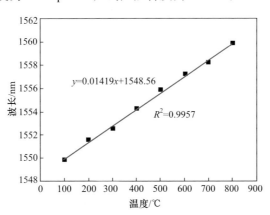

图 5.54　飞秒激光逐线刻写法制作的 FBG 温度响应曲线

利用 800nm 重复频率为 1kHz、脉冲宽度为 35fs 的飞秒激光(美国相干公司
Astrella)，经聚酰亚胺光纤涂层进行逐线刻写，制作一种纤芯包层复合 FBG。实
验所用刻写系统的原理如图 5.55(a)所示。实验系统由飞秒激光器、宽带光源、63 倍

油镜、光纤环形器、光纤连接器、三维位移平台、聚酰亚胺涂层光纤和光谱仪组成，刻写区域覆盖纤芯和部分包层，同时实现一阶 1562.79nm 和 1564.43nm 双波长 FBG。复合 FBG 刻写原理如图 5.55(b)所示。

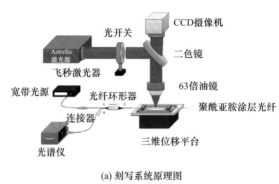

(a) 刻写系统原理图

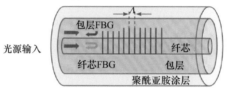

(b) 纤芯包层复合FBG刻写原理图

图 5.55　飞秒激光逐线刻写 FBG 原理图

　　刻写区域俯视影像如图 5.56(a)所示，能够清晰观察到纤芯与包层内的栅线结构，为了使纤芯 FBG 比包层的 FBG 具有更高的反射率，包层的刻写宽度需要比纤芯的宽度窄。刻写区域侧视影像如图 5.56(b)所示。

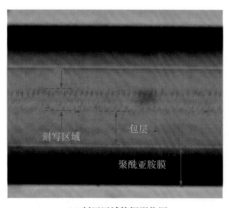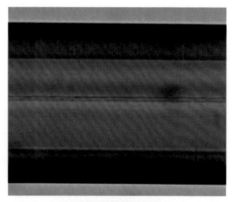

(a) 刻写区域俯视影像图　　　　　　(b) 刻写区域侧视影像图

图 5.56　飞秒激光刻写 FBG 影像图

采用 C+L 波段 ASE 光源对刻写完成的 FBG 的透射谱和反射谱进行测试。如

图 5.57 所示，其反射峰与透射峰清晰可见。在 1562.79nm 和 1564.43nm 处分别有纤芯与包层 FBG 的波长反射峰值，纤芯和包层 FBG 的反射率分别大于 71%和 39%，3dB 带宽分别为 0.8nm 和 1.07nm。因此，实验中的一个 FBG 可以产生两个反射波长峰值，纤芯 FBG 具有较高的反射率。

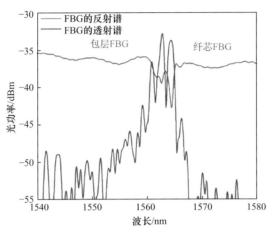

图 5.57　刻写完成的 FBG 透射谱与反射谱

利用刻写完成的复合 FBG 作为波长选择器件，搭建如图 5.58 所示的环形掺铒光纤激光器(erbium-doped fiber ring laser，EDFL)，可以实现双波长可切换激光输出。该激光器由 976nm 泵浦源、C 波段掺铒光纤(erbium-doped fiber，EDF)、波分复用器、90%输出耦合器(output coupler，OC)、偏振控制器(polarization controller，PC)、环形器、复合 FBG 和宽带反射镜组成。OSA 连接到 OC 以收集激光器的输出。

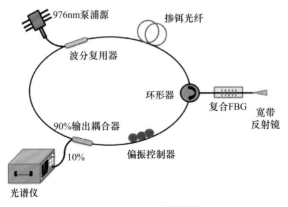

图 5.58　EDFL 结构图

接下来，对搭建的光纤激光器进行测试，当泵浦功率为 72mW 时，可以产生

1564.66nm 的单波长激光。采用宽带反射镜提高激光工作效率后，阈值为 66mW。
图 5.59(a)显示了泵浦功率为 200mW 1564.66nm 单激光输出光谱。光谱细节如
图 5.59(b)所示。3dB 和 10dB 的带宽分别为 0.05nm 和 0.18nm，信噪比大于 25.36dB。
如图 5.59(c)所示，通过调节计算机可以实现 1562.87nm 的单波长激光输出。此时，
信噪比大于 27.14dB。激光器同时产生 1562.85nm 和 1564.52nm 双波长激光输出，
其光谱图与 FBG 反射谱如图 5.59(d)所示。通过调节计算机可使 FBG 反射波长和激
光输出的峰值位置接近。

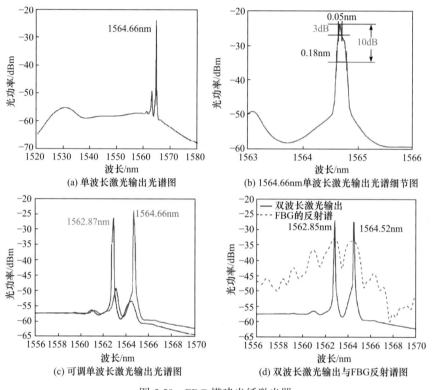

图 5.59　FBG 搭建光纤激光器

3. USFBG

采用逐线刻写方式能够实现超短 FBG(ultra-short FBG，USFBG)的制备，油镜
倍率为 63，光纤固定在三维位移平台上，飞秒激光通过聚酰亚胺涂层和光纤包层
聚焦在光纤纤芯上，ASE 宽带光源光谱范围为 1520~1610nm，光谱仪用于采集
USFBG 反射谱。

基于上述原理刻写的 USFBG 光栅周期为 534nm，光纤有效折射率为 1.446，
刻写的 USFBG 影像如图 5.60(a)所示。根据 FBG 公式，一阶 USFBG 的中心波长

在 1544nm 附近，USFBG 的栅区长度为 200μm，3dB 带宽为 4.26nm，边模抑制比为 15.17dB。刻写的 USFBG 反射谱如图 5.60(b)所示。

(a) USFBG 的影像细节图

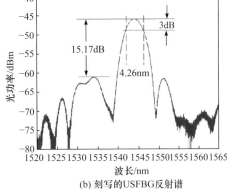

(b) 刻写的 USFBG 反射谱

图 5.60　USFBG 影像图

4. 2μm 波段 FBG

通过改变刻写周期能够实现 2μm 波段的 FBG 刻写，搭建如图 5.61(a)所示的飞秒激光刻写系统。2μm FBG 飞秒激光刻写系统原理如图 5.61(b)所示。通过 CCD 摄像机监测刻写过程中的光栅影像，在刻写过程中将光纤加载到高分辨率的三维加工台上，同时用光谱仪监测 FBG 的透射谱和反射谱。

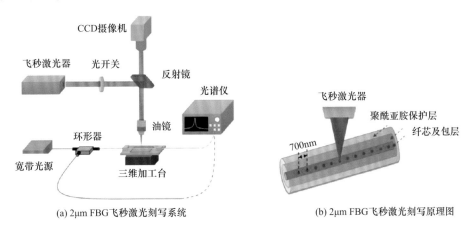

(a) 2μm FBG 飞秒激光刻写系统

(b) 2μm FBG 飞秒激光刻写原理图

图 5.61　飞秒激光刻写 FBG 系统

聚酰亚胺涂层光纤(SM1500(9/125)P，Fibercore)被加载到三维加工台上，通过调整光纤的位置将飞秒光斑聚焦在光纤纤芯上。为了实现 2μm 波段一阶 FBG，采用油镜作为聚焦物镜，在透镜与光纤之间添加折射率匹配液提高聚焦的准确性。光纤位移平台的移动速度为 700μm/s，FBG 长度为 3000μm，反射波长为 2004.8nm。

其中 FBG 影像如图 5.62(a)所示，光纤涂层、包层、纤芯边缘清晰可见，飞秒脉冲刻写位于纤芯中心区域。使用宽谱光源对 2μm FBG 反射谱和透射谱进行采集，其光谱如图 5.62(b)所示。因此，使用飞秒激光能够有效实现 2μm 波段的 FBG 加工。

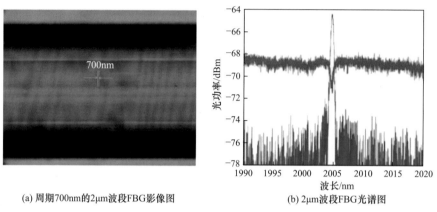

(a) 周期700nm的2μm波段FBG影像图　　　　　(b) 2μm波段FBG光谱图

图 5.62　FBG 影像及其反射谱图

为了检测 2μm 波段 FBG 的温度传感性能，搭建如图 5.63 所示的温度传感系统。为了避免光纤端面反射的影响，需要对光纤端面进行斜 8°切割。因为与紫外激光制备的 FBG 不同，飞秒激光制备的 FBG 在 300℃以上不会发生退化，因此温度测试范围选为 300～440℃。在温度测试前 24h，在 100℃条件下对光栅进行热退火，在该过程中未观察到 FBG 光谱变化。

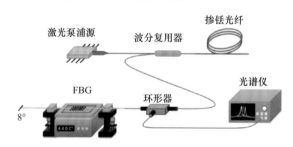

图 5.63　2μm FBG 温度传感系统

如图 5.64(a)所示，温度每升高 20℃进行一次光谱采集，FBG 反射中心波长出现有规律的红移。在整个温度测试范围内，波长从 2009.3nm 移动到 2015.6nm，反射谱的谱形没有明显的变化。如图 5.64(b)所示，FBG 的波长灵敏度为16.9pm/℃，线性度为 0.9992，功率波动小于 0.53dB。综上所述，所制备的 2μm波段 FBG 具有良好的温度特性。

除温度特性测试外，还对 2μm 波段 FBG 的应变特性进行了测试，如图 5.65(a)所示。其中，采用对 FBG 拉力造成的伸长量表示应变大小，整个应变范围为 0～

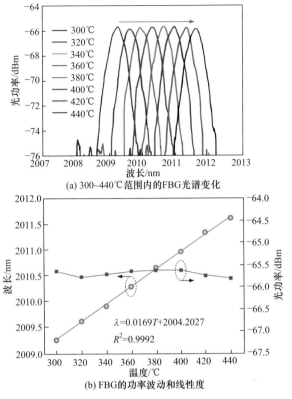

(a) 300~440℃范围内的FBG光谱变化

$\lambda=0.0169T+2004.2027$
$R^2=0.9992$

(b) FBG的功率波动和线性度

图 5.64　2μm 波段 FBG 温度测量特性

450μm，应变长度每增加 50μm 进行一次光谱采集，FBG 反射中心波长出现红移。如图 5.65(b)所示，FBG 的波长灵敏度为 1.7pm/μm，波长线性度为 0.9972，功率波动小于 0.54dB。

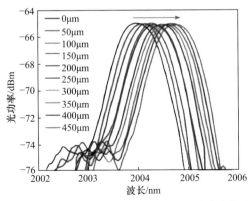

(a) FBG光谱的变化范围为0~450μm的应变特性图

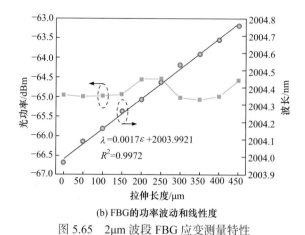

(b) FBG的功率波动和线性度

图 5.65　2μm 波段 FBG 应变测量特性

5. 1.4μm 和 1.6μm 波段 FBG

由于聚酰亚胺涂层光纤具有耐高温的特点，在光纤传感领域具有重大的应用价值。采用逐点刻写法，通过改变光栅刻写周期在聚酰亚胺涂层光纤纤芯中分别实现了 1.4μm 和 1.6μm 波段 FBG 的刻写。采用 NKT 公司生产的超连续谱光源作为测试光源，刻写周期为 572nm 时，FBG 反射波长为 1655.46nm，光栅 3dB 宽度为 0.68nm，如图 5.66(a)所示。当改变刻写周期为 492nm 时，FBG 反射波长为 1416.35nm，3dB 宽度为 0.31nm，如图 5.66(b)所示。

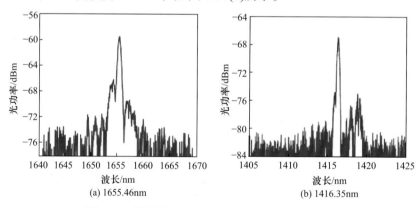

(a) 1655.46nm　　　　　　　　(b) 1416.35nm

图 5.66　单波长 1.6μm 和 1.4μm 波段 FBG 反射谱

5.3.2　飞秒激光相位掩模板技术制作光纤布拉格光栅

5.2.3 节介绍了飞秒激光相位掩模法刻写 FBG 的原理，本节介绍利用相位掩模法刻写 FBG。实验系统如图 5.67 所示。

飞秒激光通过快门实现开关，先后射入光阑、柱透镜、相位掩模板产生衍射，利用 ±1 阶衍射光形成的干涉条纹实现折射率调制，形成周期具有一定规律的

FBG。在刻写过程中，光纤被夹持在三维高精度位移平台两端，通过步进电机控制光纤移动来调节光斑位置，掩模板的高低、角度等参数也可通过三维高精度位移平台控制。刻写时调节激光功率，观察衍射条纹，利用白色观察板定位 FBG 位置，并通过光谱仪实时监测 FBG 生成。其中，摄像机、快门和加工阶段完全由计算机控制。飞秒激光相位掩模法刻写 FBG 光斑衍射情况如图 5.68 所示。

2014 年，加拿大 Bernier 等[51]在涂有丙烯酸酯以及聚酰亚胺的光纤中刻写了 FBG。实验采用 Coherent 公司的 Legend-HE 型钛蓝宝石再生放大器系统(系统在 1kHz 处产生 3.5mJ 脉冲，激光中心波长为 806nm，经傅里叶变换限制的脉冲宽度约为 34fs，激光束的直径为 8.5mm)，输出的激光束直接用于刻写 FBG，使用可变光衰减器精确调节传递到光纤的能量。使用 8mm 焦距 Thorlabs AYL108-B 型

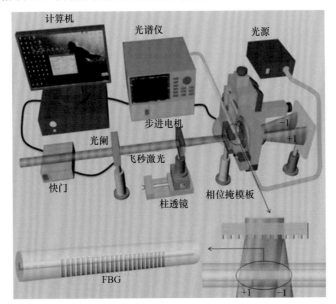

图 5.67　相位掩模法刻写 FBG 实验系统

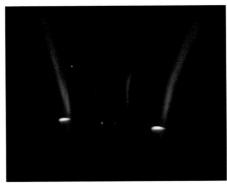

图 5.68　飞秒激光相位掩模法刻写 FBG 光斑衍射情况

圆柱透镜，通过均匀的二氧化硅相位掩模板将光束直接聚焦到光纤上，使用全息光刻、紫外级熔融石英基板内部制造的光栅掩模板，间距为1070nm，并且垂直于凹槽放置，中心波长800nm处0阶衍射量为15%。考虑相位掩模板间距和输入脉冲持续时间，光纤距相位掩模板约125μm，激光在相位掩模板中传播50～75μm，以获得纯的两束干涉图样。

首先，使用飞秒激光相位掩模法刻写未经载氢或氘的标准丙烯酸酯涂层SMF-28e光纤。入射到透镜上的脉冲能量为75μJ，曝光时间为60s，在未去除涂覆层的情况下制备。FBG透射谱与反射谱如图5.69所示。

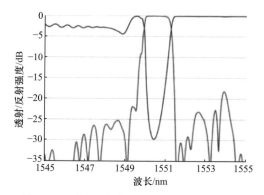

图 5.69　丙烯酸酯涂层 FBG 透射谱与反射谱

红色曲线表示反射强度，蓝色曲线表示透射强度。由图5.69可知，1550.4nm处损耗最大，为-30dB，与之对应的是99.9%的FBG峰值反射率。

随后，使用飞秒激光相位掩模法刻写未经载氢或氘的聚酰亚胺涂覆BF06160-02二氧化硅光纤。该光纤的纤芯、包层、涂覆层直径分别为4.6μm、125μm、155μm，数值孔径为0.21。入射到透镜上的脉冲能量为75μJ，曝光时间为65s，在未去除涂覆层的情况下制备得到的FBG透射谱与反射谱如图5.70所示。

红色曲线表示FBG反射强度，蓝色曲线表示FBG透射强度。由图5.70可知，类似于SMF-28e光纤，1554.0nm处获得最大损耗(-30dB)。相比于低数值孔径的SMF-28e光纤，由于数值孔径的增加，光纤中需要较高的锗含量，较高的数值孔径使聚酰亚胺涂层的FBG波长更大，进而提高聚酰亚胺涂层光纤的光敏性。

5.3.3　光纤布拉格光栅阵列制作

FBG阵列是多个不同中心波长的FBG排成的阵列，组成多点分布式阵列传感器，可以利用波分复用和时分复用方法实现多点、多参量的检测、识别和处理。目前，FBG已受到高度重视，其典型应用是3S(smart material，smart structure，smart skin)系统，即把FBG埋入或贴附在飞机、船舶、坦克等运载体表面蒙皮或建筑物承力件上，制成灵敏智能传感系统，从而实现多点实时监测。

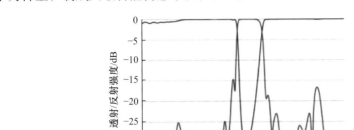

图 5.70　聚酰亚胺涂覆光纤透射谱与反射谱

1. 1.5μm 波段 FBG 阵列

为了解决构建准分布式传感网络时不同光栅熔接损耗的问题，研究了在一根光纤中刻写多个中心波长不同的 FBG 的方法。图 5.71 为 FBG 阵列原理图。首先，设置三维位移平台的移动速度 v_1，打开激光器的情况下使平台移动 5mm，激光脉冲经干镜聚焦后完成第一个 FBG 的制作。然后，设置平台的移动速度为 v_2，重复上述步骤完成第二个 FBG 的制作。图 5.72 为制作的 FBG 阵列的反射谱。可以看出，两个 FBG 的中心波长分别为 1548.01nm 和 1562.12nm，两个 FBG 的反射率基本一致。

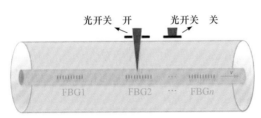

图 5.71　FBG 阵列原理

采用油镜作为加工镜头，改变刻写周期实现 1.5μm 多阵列 FBG 刻写，成功在单根光纤内写入多个 FBG 并进行光谱测试，刻写影像如图 5.73(a)所示，反射谱如图 5.73(b)所示。测试结果显示，利用飞秒激光刻写的 FBG 阵列具有良好的反射率，并且信噪比大，具有良好的传感器特性，在实现多参数传感中具有重要的作用。此外，利用飞秒激光可透过聚酰亚胺保护层刻写的特性，实现对光栅阵列的大量刻写。

将 FBG 阵列置于数控温度调节平台上，以 10℃的间隔将温度从 30℃升高到 90℃，得到相应的 FBG 反射波长峰值位置。选择反射中心波长在 1533.22nm 和

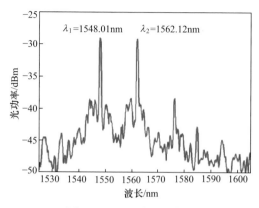

图 5.72　FBG 阵列反射谱

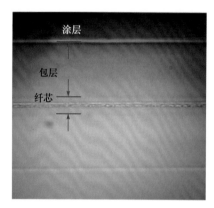

(a) 1.5μm 多阵列 FBG 影像图

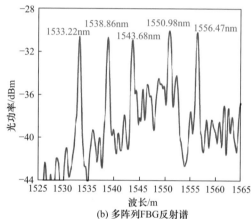

(b) 多阵列 FBG 反射谱

图 5.73　多阵列 FBG

1556.47nm 处的 FBG 进行数据分析，在温度加热过程中，波长发生红移。同理，当温度从 90℃降低到 30℃时，FBG 的波长向短波方向移动。

当温度从 30℃升高到 90℃时，1533.22nm 和 1556.47nm 的 FBG 灵敏度分别为 9.9pm/℃ 和 8.9pm/℃，线性度分别为 0.998 和 0.99；当温度从 90℃下降到 30℃时，1533.22nm 和 1556.47nm 的 FBG 灵敏度分别为 8.9pm/℃ 和 9.1pm/℃，对应的线性度分别为 0.998 和 0.996，如图 5.74 所示。

2. 1.6μm 波段 FBG 阵列

采用逐点刻写的方式进行 FBG 阵列刻写，光栅周期分别为 572nm 和 579nm，并且不同反射波长栅区之间不存在间隔。其反射谱如图 5.75 所示。采用逐点刻写的方式在单根光纤上实现波长 1655.53nm 和 1675.33nm 的 FBG 阵列制备，为了避免栅区长度过长造成刻写误差导致的波长串扰，实验中不同波长 FBG 栅区的长度均为 2500μm。

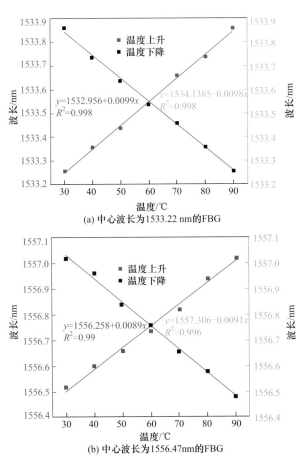

(a) 中心波长为1533.22 nm的FBG

(b) 中心波长为1556.47nm的FBG

图 5.74　升降温过程中级联 FBG 的线性度

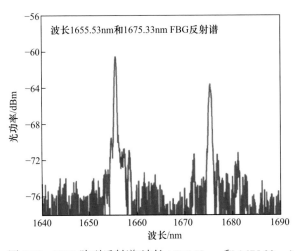

图 5.75　FBG 阵列反射谱(波长 1655.53nm 和 1675.33nm)

3. 无间隔 FBG 阵列

采用激光光源为 800nm、重复频率为 1kHz、脉冲宽度为 35fs 的飞秒激光，经过放大倍率为 63 倍的油镜聚焦在光纤纤芯上直写实现 FBG 阵列制作。加工光纤为聚酰亚胺涂层光纤(SM1500 9/125)，将不去除聚酰亚胺涂层的光纤固定在三维移动平台上，通过调节光纤位置将飞秒激光聚焦在纤芯处。刻写 FBG 阵列的原理如图 5.76 所示。FBG1、FBG2 和 FBG3 栅区长度相同，通过刻写不同周期的光栅实现不同反射波长 FBG 的制备。

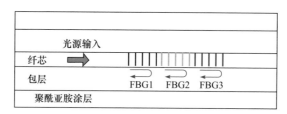

图 5.76 飞秒激光刻写 FBG 阵列原理图

设计制作刻写周期分别为 538nm、542nm、547nm 的一阶 FBG，光栅栅区长度均为 3000μm，并且栅区之间紧密连接。刻写周期为 542nm 的光栅影像如图 5.77(a) 所示。三种周期的光栅阵列影像如图 5.77(b) 所示。刻写过程中通过对光斑大小进行优化可以实现反射波长分别为 1555.5nm、1569.6nm、1583.8nm 的 FBG 制作，FBG 反射波长位于 C 波段(1520～1560nm)及 L 波段(1560～1600nm)。光栅阵列反射谱如图 5.77(c)所示。

之后将 FBG 阵列作为选频单元，按照图 5.78 所示的结构搭建掺铒光纤激光器。采用 976nm 二极管(Oclaro Co.)作为泵浦源，波分复用器工作波长为 976/1550nm，C 波段掺铒光纤(Nufern Co. EDFC-980-HP)长度为 3m，L 波段掺铒光纤(Nufern Co.EDFL-980-HP)长度为 10m，光纤耦合器、波分复用器、计算机均由

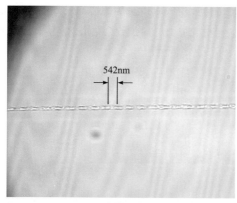

(a) 542nm周期的光栅影像

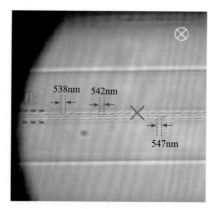

(b) 三种周期的光栅阵列影像

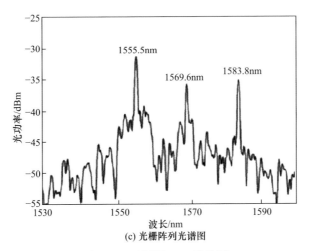

(c) 光栅阵列光谱图

图 5.77　无间隔 FBG 影像图

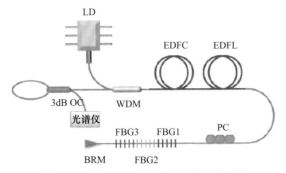

图 5.78　利用 FBG 阵列的激光器原理图

EDFC 指 C 波段掺铒光纤，BRM 指宽带反射镜

Lightcomm 公司生产。宽带反射镜端面镀有金属膜，用于提高激光器的工作效率，采用的光纤器件尾纤尺寸为 9/125μm。

激光器工作阈值为 35mW，产生波长为 1569.02nm 的单波长激光。提高泵浦功率为 100mW 时，1569.02nm 单波长激光稳定输出，此时对该波长激光光谱特性进行采集分析。如图 5.79 所示，输出激光边模抑制较好，3dB 带宽为 0.05nm。

保持泵浦功率为 100mW，通过调节偏振控制器改变谐振腔的增益损耗，实现 1583.2nm、1569nm、1555.4nm 单波长激光的切换输出，其光谱如图 5.80(a)～(c)所示。由此可知，输出激光的边模抑制比均大于 35dB，3dB 带宽均小于 0.05nm。

泵浦功率为 100mW 的条件下，通过调节偏振控制器能够在 C 波段及 L 波段实现双波长激光切换输出，分别对双波长激光的光谱特性及稳定性进行测试与分析。当 1569nm 和 1583.2nm 双波长激光同时输出时，采集到的光谱如图 5.81(a)

所示。通过调节计算机，激光器能够实现 1555.4nm 和 1569nm 双波长激光的同时输出，激光信噪比大于26dB。其光谱如图 5.81(b)所示。

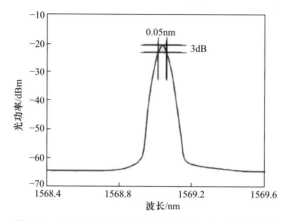

图 5.79　泵浦功率为 100mW 时 1569.02nm 激光光谱

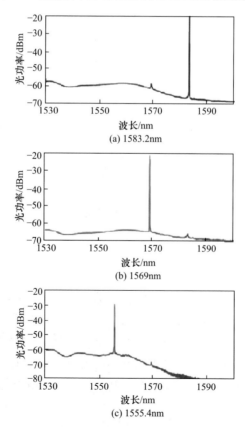

(a) 1583.2nm

(b) 1569nm

(c) 1555.4nm

图 5.80　单波长激光的切换输出光谱

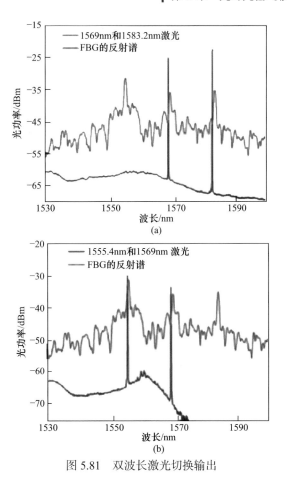

图 5.81　双波长激光切换输出

5.4　飞秒激光刻写特种光纤光栅

5.4.1　保偏光纤光栅

在实际传感测量中,应力与温度对光纤光栅波长漂移具有交叉影响的作用,因此对单参数测量时,消除交叉影响显得尤为重要。保偏光纤光栅由纤芯、包层和应力施加区三部分构成,其纤芯和应力施加区大多为圆形。一般情况下,纤芯是掺 GeO_2 的石英玻璃,应力施加区是掺 B_2O_3 的石英玻璃,包层为纯二氧化硅石英玻璃。这样的结构使得保偏光纤光栅具有应力双折射效应。在对应力、温度同时测量时,不同的传感信号在保偏光纤光栅内传输具有不同的速率,因此具有不同的灵敏度。

基于图 5.82 所示的保偏光纤光栅刻写系统,可以实现熊猫型和领结型保偏光纤光栅的制备,使用 C+L 波段宽带光源(1520～1560nm,skyray inc. CHN)和光谱仪可以对其反射谱进行测试。刻写过程采用飞秒激光逐点刻写法,由于保偏光纤应力轴可能会遮挡光路,因此可以将光纤旋转到合适的位置来观察光纤纤芯和包层的边界。

制作保偏光纤光栅时,首先利用飞秒激光对熊猫型保偏光纤进行刻写。飞秒激光工作波长为530nm,采用飞秒激光逐点刻写法通过丙烯酸酯涂层刻入纤芯形成一阶光栅。飞秒激光光斑聚焦在光纤涂层表面,通过平台移动光纤调整光斑位置将光斑重新聚焦到光纤光栅上,同时把光纤旋转到一个合适的位置观察光纤纤芯与包层的边界。图 5.83 为熊猫型保偏光纤光栅刻写原理及显微图像。图 5.84 为熊猫型保偏光纤光栅反射谱,能够观察到双峰现象,信噪比为 6.6dB。

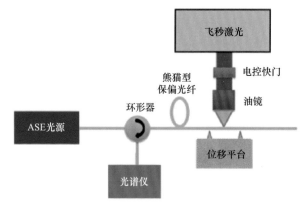

图 5.82　保偏光纤光栅刻写系统原理图

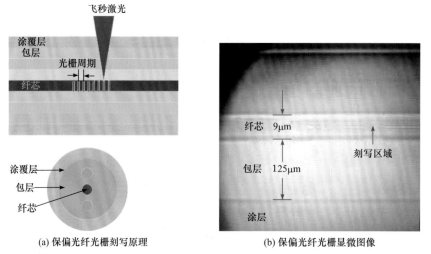

(a) 保偏光纤光栅刻写原理　　　　(b) 保偏光纤光栅显微图像

图 5.83　熊猫型保偏光纤光栅刻写原理及显微图像

对领结型保偏光纤光栅进行逐点刻写时,飞秒激光工作波长也设计为530nm,飞秒激光通过丙烯酸酯涂层和包层聚焦,光栅长度为3mm。领结型保偏光纤结

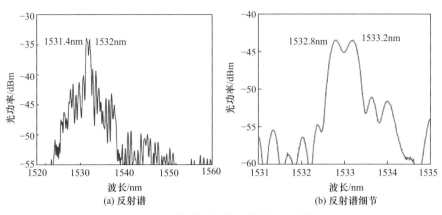

(a) 反射谱

(b) 反射谱细节

图 5.84　熊猫型保偏光纤光栅反射谱

构及光栅显微图像如图 5.85 所示。在刻写过程中，将光纤旋转到合适的位置可以避免飞秒激光聚焦至保偏光纤应力轴。实验获得 1531.4nm 和 1532nm 双峰的保偏光纤光栅反射峰，如图 5.86(a)所示。制备的保偏光纤光栅阵列反射谱如图 5.86(b)所示。

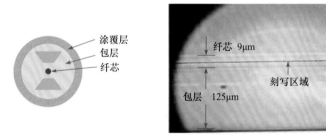

(a) 领结型保偏光纤结构

(b) 领结型保偏光纤光栅显微图像

图 5.85　领结型保偏光纤结构及光栅显微图像

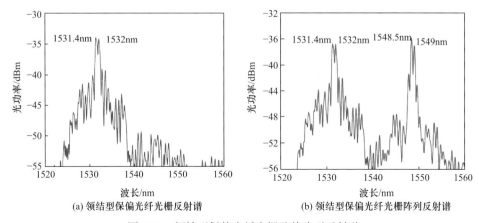

(a) 领结型保偏光纤光栅反射谱

(b) 领结型保偏光纤光栅阵列反射谱

图 5.86　领结型保偏光纤光栅及其阵列反射谱

对领结型保偏光纤光栅的温度传感特性进行测试，观测波长和反射谱变化。温度范围为30~90℃，温度测试间隔为10℃。图5.87为升降温过程中的光谱图。图5.88为升降温灵敏度测试图。升温过程中peak1和peak2的灵敏度分别为15pm/℃和12pm/℃，线性度分别为0.995和0.997。在降温实验中，保偏光纤光栅的反射谱采集温度为10℃，范围为30~90℃，时间超过180min，peak1和peak2的灵敏度分别为12pm/℃和14pm/℃，线性度分别为0.998和0.997。

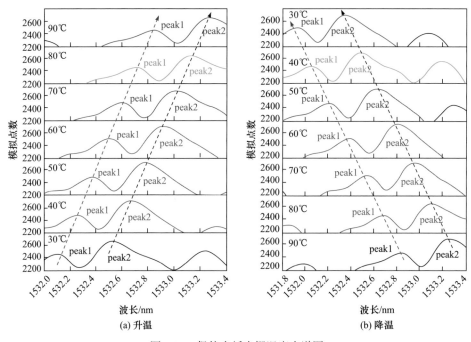

图 5.87　保偏光纤光栅温度光谱图

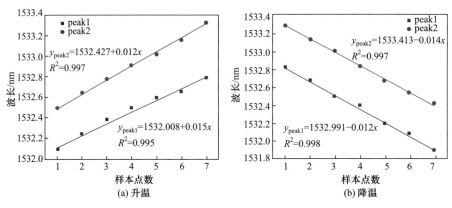

图 5.88　保偏光纤光栅升降温灵敏测试图

5.4.2 倾斜光纤光栅

图 5.89 是利用飞秒激光逐线刻写法制备 TFBG 系统。800nm 飞秒激光出射的脉冲激光经过衰减片控制后，通过显微物镜照射到光纤纤芯中。光纤由 Newport 公司生产的光纤夹具固定。刻写过程中，竖直方向的 CCD 摄像机监视脉冲激光照射在光纤的精确位置。通过计算机控制位移平台，利用光开关实现激光的开闭，使用飞秒激光逐线刻写法进行光栅的刻写。图 5.90 为 TFBG 逐线刻写法示意图。

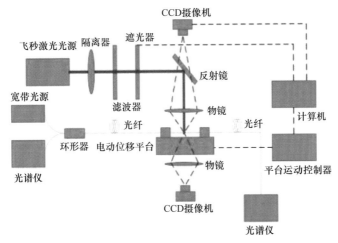

图 5.89　飞秒激光逐线刻写法制备 TFBG 系统

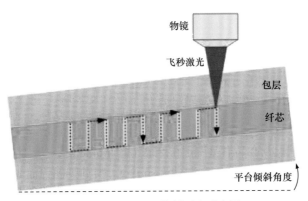

图 5.90　TFBG 逐线刻写法示意图

根据 TFBG 的特殊传光特性，分析得到原本束缚在纤芯中的光由于倾斜的栅线被大量反射至包层中，而包层对光的束缚性小于纤芯。这样的结果导致一部分光会摆脱光纤的束缚作为泄漏模进入外部介质。根据这一性质，可以引申出 TFBG 更加广泛的应用领域。对比 FBG 可以应用于温度、位移、应变等物理量的传感测量，TFBG 还可以用于外界折射率的传感，以及借助金属镀膜产生的表面等离子体共振(surface plasmon resonance，SPR)效应进行特定参数的传感测量。这里列举一些 TFBG 对于温度和折射率的传感特性实例作为参考。

TFBG 的特征需要通过倾斜的栅线结构来体现，所以选用飞秒激光逐线刻写法。根据飞秒激光逐线刻写法刻写 FBG，需要在设置好栅线数量、栅线长度、线间距及周期之后，才可以在设定位置进行刻写。参数设置界面如图 5.91 所示，改变结构的"Rotation"可以达到倾斜刻写的目的。

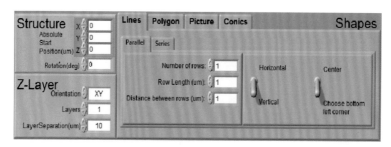

图 5.91　飞秒激光逐线刻写法刻写 TFBG 方法及参数设置图

图 5.92 为飞秒激光逐线刻写法刻写 TFBG 的影像图。可以看出，使用传统的飞秒激光逐线刻写法刻写 TFBG 会导致光栅区域整体偏移。当倾斜角度设置为 6°时，刻写的光栅与纤芯轴向产生 6°的夹角，虽然栅线在纤芯中确实呈现了倾斜的效果，但是在整体偏移的过程中会由 Y 方向的累计偏移量导致光栅区域逐渐偏移出纤芯，因此该种方法无法刻写出符合要求的 TFBG。

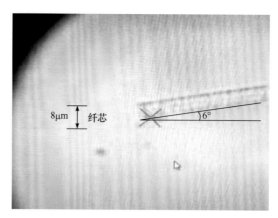

图 5.92　飞秒激光逐线刻写法刻写 TFBG 的影像图

最后选用的方法为使用(0,0,0)、(0,7,0)的初始栅线参数(图 5.93)，旨在将栅线长度定义为 7μm，初始不带有角度并且栅线处于同一平面内。重复刻写时将单根栅线数据导入运行程序中，将刻写参数中的倾斜角度设置为所需 TFBG 的倾斜角度，之后在重复选项中将次数修改为希望得到的栅线数量。光栅自身的周期参数则由每次刻写完成后的 x 补偿值进行设置。参数设置如图 5.94 所示。

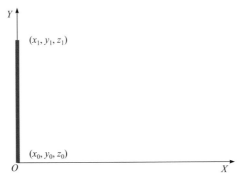

图 5.93　TFBG 单根栅线设计方法

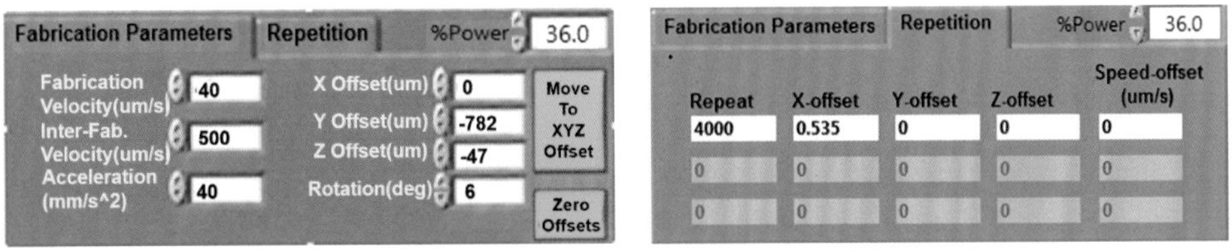

图 5.94　TFBG 逐线刻写法刻写参数设置图

完成参数设置与光纤放置对准操作之后，对光纤光栅刻写的起点坐标进行设置。由于单根栅线的坐标是从 0 开始的，因此应将初始光斑位置设置在光纤的纤芯与包层的下方分界线上方 0.5μm 处。为了验证该方法的可行性，设计并刻写倾斜角度为 45°、栅线长度为 7μm 的 TFBG。如图 5.95 所示，可以较为清楚地看到纤芯与栅线，没有出现传统方法中的栅区位置偏移，并且栅线倾斜角度与设置值相同。

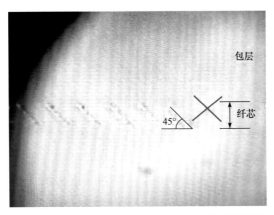

图 5.95　倾斜角度为 45°的 TFBG 刻写结果影像图

确定该方法可行后，将 TFBG 周期设置为 0.535μm、栅线数量设置为 4000、倾斜角度设置为 6°，同样设定好刻写起始位置之后进行飞秒激光逐线法 TFBG 的刻写。

对刻写过程中 TFBG 光谱进行测试与分析，刻写过程可以简化为光栅长度逐渐增加，包层模逐渐积累耦合的过程。如图 5.96 所示，随着光栅栅长的增加，光栅透射谱中的纤芯模透射功率逐渐增加，包层模能量逐渐增加且耦合模式逐渐丰富。

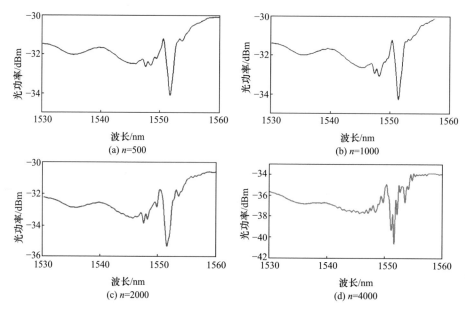

图 5.96 飞秒激光逐线刻写法刻写过程中不同栅线数量透射谱

如图 5.97 所示，刻写完成后 TFBG 包层模明显且呈现周期性分布，在 1546～1549nm 波长范围内出现 4 个较为明显的包层模谐振峰，但是功率相对较低。因为刻写长度较短、包层模能量较低，所以光谱中纤芯模光谱不明显，但在刻写范围内可以看出明显的对比变化。如图 5.98 所示，光纤包层与纤芯的分界线，以及栅线分布明显清晰，光栅区域保持在纤芯范围内，倾斜角度一致且没有发生栅线间刻写串扰的情况。飞秒激光逐线刻写法刻写的 TFBG 相比传统紫外激光配合相位掩模板方法制备的 TFBG 优势在于，倾斜角度的高精度控制与光栅阶数的自由控制。掩模板刻写无法做到一阶光栅的刻写，阶数越小的光栅代表其结构越紧凑，在应用上越灵活越节省空间，实际应用中针对栅区的封装保护也更加便捷。由于刻写长度小，因此在制备过程中产生的机械误差也更小，可以进一步提高刻写 TFBG 的精度。

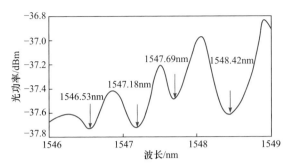

图 5.97 刻写完成后的 TFBG 包层模细节图($n = 4000$)

图 5.98 飞秒激光逐线刻写法刻写的 TFBG 影像图

5.4.3 长周期光纤光栅

为了探究飞秒激光不同扫描方式对 LPFG 透射谱质量的影响，分别设计飞秒激光纵向扫描和飞秒激光横向扫描两种扫描方式，利用飞秒激光通过两种扫描方式完成 LPFG 的制作。图 5.99(a)为飞秒激光纵向扫描轨迹示意图，图 5.99(b)为飞秒激光横向扫描轨迹示意图。图 5.99 中 Λ 为 LPFG 的周期，b 为每个周期内刻写长度，a 为刻线间距。实验通过软件控制三维运动平台的移动轨迹和光开关的闭合，实现对 LPFG 的刻写周期、加工速度、占空比和加工功率等参数的控制。

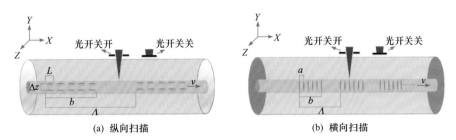

(a) 纵向扫描　　　　　　　　　　(b) 横向扫描

图 5.99 飞秒激光刻写 LPFG

在实验中,纵向扫描光栅周期为 400μm,刻线长度为 10μm,刻线间距为 40μm,占空比为 0.5;横向扫描长度 L 为 10mm,刻线间隔 z 为 3μm,光栅周期为 400μm,占空比为 0.5。利用飞秒激光纵向扫描和横向扫描两种刻写方式制作的 LPFG 的显微图分别如图 5.100 所示。两种刻写方式制作的 LPFG 透射谱如图 5.101 所示。

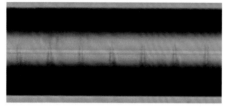

(a) 纵向扫描　　　　　　　　　(b) 横向扫描

图 5.100　两种扫描方式显微图

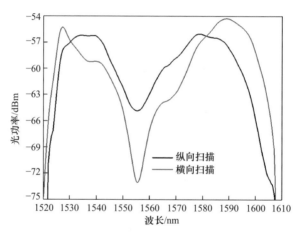

图 5.101　飞秒激光纵向扫描和横向扫描制作的 LPFG 透射谱

为了研究不同光栅周期对 LPFG 透射谱中谐振波长的影响,利用飞秒激光横向扫描的方式分别制作周期为 390μm、400μm 和 410μm 的 LPFG。刻写中设置飞秒激光的加工速度为 10μm/s,光栅周期分别为 390μm、400μm 和 410μm,横向扫描长度 L 为 10mm,刻线间隔 z 为 3μm,占空比为 0.5。图 5.102 为不同光栅周期制作的 LPFG 透射谱。

为了研究光栅长度对 LPFG 透射谱中谐振波长和谐振强度的影响,连续记录了不同周期数下制作的 LPFG 的透射谱,图 5.103 为 LPFG 的刻写周期数分别为 3、6、9 和 12 情况下的透射谱。通过观察中心波长为 1550nm 附近的谐振峰,发现随着光栅周期数的增加(光栅长度的增加),LPFG 对应的谐振峰的谐振强度逐渐增加,证明随着光栅周期数的增加,中心波长为 1550nm 附近对应的谐振模式的谐振强度逐渐增强。同时,随着栅区长度的增加,透射谱中谐振峰对应的 3dB

带宽也逐渐变窄。可以发现，随着刻写周期数的增加，LPFG 的透射谱强度也会逐渐降低，这是因为随着 LPFG 栅区长度的增加，光纤纤芯内传输的光会发生散射，导致能量损耗。这种现象在利用近红外飞秒激光刻写 LPFG 时是较为普遍发生的现象。

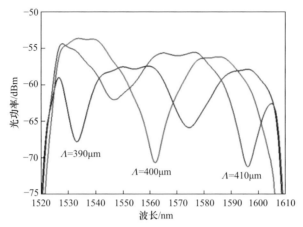

图 5.102　不同光栅周期制作的 LPFG 透射谱

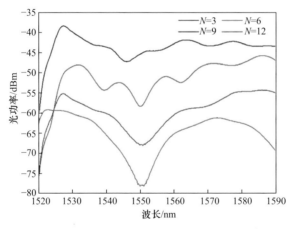

图 5.103　不同光栅长度制作的 LPFG 透射谱

　　为了探究 LPFG 的液体折射率特性，分别采用 NaCl、酒精和蔗糖三种溶液对 LPFG 的折射率特性进行测试。实验系统如图 5.104 所示。实验系统由美国 JDSU 公司生产的宽带光源、日本 YOKOGAWA 公司的光谱仪、NaCl 溶液、酒精溶液和蔗糖溶液等装置组成。为了避免温度对 LPFG 的影响，整个实验在恒温恒湿的超净间完成。将 LPFG 的两端分别连接宽带光源和光谱仪，通过光谱仪实时监测不同溶液浓度下 LPFG 的谐振波长变化。

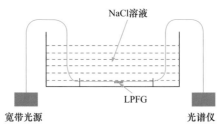

图 5.104　LPFG 测量折射率实验系统

1. LPFG 的 NaCl 溶液折射率特性

为了测量 LPFG 的 NaCl 溶液折射率特性,分别测试蒸馏水和浓度为5%、10%、15%、20%、25%的 NaCl 溶液。溶液折射率变化范围为 1.3331～1.3796。将 LPFG 分别放到六种液体中,用光谱仪观察其透射谱的变化。图 5.105(a)和图 5.105(b)

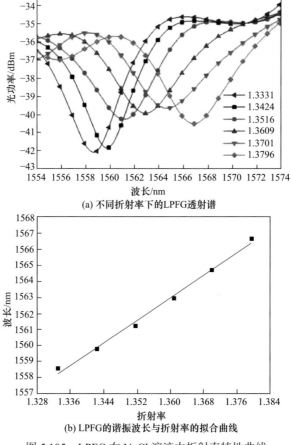

(a) 不同折射率下的LPFG透射谱

(b) LPFG的谐振波长与折射率的拟合曲线

图 5.105　LPFG 在 NaCl 溶液中折射率特性曲线

分别是 NaCl 溶液的折射率在 1.3331～1.3796 范围内的 LPFG 透射谱和 LPFG 谐振波长与折射率的拟合曲线。随着溶液折射率的增加，LPFG 的谐振峰向长波方向移动(发生红移)，其折射率响应灵敏度为 175.34nm/RIU，线性拟合度为 0.9922。

2. LPFG 的蔗糖溶液折射率特性

准备蒸馏水和浓度为 5%、10%、15%、20%、25%、30%的蔗糖溶液，其折射率变化范围为 1.3331～1.3880。用 LPFG 分别对配置好的液体进行测量，LPFG 在不同折射率下的透射谱如图 5.106(a)所示。随着蔗糖溶液折射率的增加，LPFG

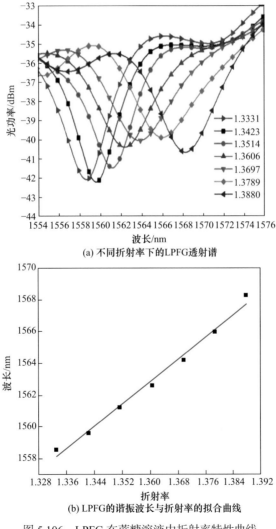

(a) 不同折射率下的LPFG透射谱

(b) LPFG的谐振波长与折射率的拟合曲线

图 5.106　LPFG 在蔗糖溶液中折射率特性曲线

的谐振波长向长波方向移动(谐振峰发生红移)。图 5.106(b)为 LPFG 的谐振波长与折射率的拟合曲线。实验中，基于飞秒激光制作的 LPFG 的折射率响应灵敏度为 175.31nm/RIU，线性拟合度为 0.9875。

3. LPFG 的酒精溶液折射率特性

将 LPFG 分别放入蒸馏水和浓度为 10%、20%、30%、40%、50%的酒精溶液中，其折射率变化范围为 1.3331～1.3496。用光谱仪监测其在不同浓度酒精溶液下的透射波长。图 5.107(a)为不同酒精溶液折射率下的 LPFG 透射谱。可以看出，随着酒精溶液折射率的增加，LPFG 的谐振波长发生红移。图 5.107(b)为酒精折射率与 LPFG 谐振波长的拟合曲线。该 LPFG 的酒精溶液折射率响应灵敏度为 331.89nm/RIU，线性拟合度可达 0.9985。

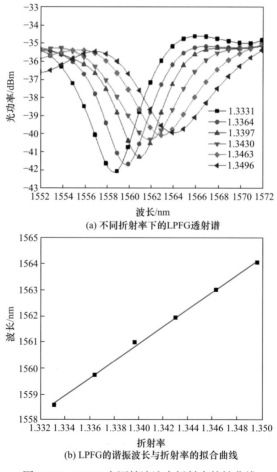

(a) 不同折射率下的LPFG透射谱

(b) LPFG的谐振波长与折射率的拟合曲线

图 5.107　LPFG 在酒精溶液中折射率特性曲线

5.4.4　蓝宝石光纤光栅

蓝宝石光纤是一种具有超高熔点、红外波段透光性好的特种光纤，被广泛应用在高温、高压、强辐射、强电磁干扰等环境，存在于工业、国防、航空航天等诸多领域。飞秒激光在石英光纤中制备的 Type II-IR FBG 已经证明在 1000℃ 表现了长期的高温稳定性。温度高于 1000℃ 时，石英光纤面临熔融软化的问题，不可避免地对光纤光栅应用于超高温等苛刻环境传感提出了挑战。某些非线性单晶介质表现出极佳的热学、光学和力学性能，例如，蓝宝石、掺 Cr^{3+} 红宝石光纤、ZrO_2 等单晶介质(热稳定性 > 2000℃)，它们均可以通过激光加热基座(laser-heated pedestal growth，LHPG)法和导模(edge-defined film-fed growth，EFG)法制备成单晶光纤，其中尤以蓝宝石光纤的研制较为成熟。

1. 蓝宝石光纤光栅刻写

如何在大直径(> 150μm)蓝宝石光纤中刻写 FBG，以及如何实现蓝宝石光纤与石英光纤高效集成将是科研和工业领域亟待解决的关键问题，因为在近 2000℃ 高温、超高压/热压和超强辐射等极端环境中，对 SFBG 传感器力学性能和稳定性的要求将极为苛刻[52-56]。图 5.108 为吉林大学开展的利用飞秒激光结合相位掩模技术在单晶蓝宝石光纤(直径 250μm)中制备的高阶蓝宝石光纤光栅[57]。

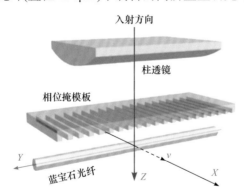

图 5.108　飞秒激光相位掩模板刻写蓝宝石光纤光栅

飞秒激光系统为掺钛蓝宝石飞秒激光再生放大系统，作为 FBG 的刻写光源，选定的脉冲重复频率为 100kHz，单脉冲能量为 0.4～1.2mJ，高斯光束半径为 2.5mm。柱透镜焦距为 $f = 40$mm。蓝宝石光纤截面显微图像如图 5.109(a)所示。蓝宝石光栅显微图像如图 5.109(b)所示。

德国 Elsmann 等[58]利用 400nm 飞秒激光，基于相位掩模板对蓝宝石进行了光栅刻写。刻写系统如图 5.110 所示。与吉林大学刻写系统不同，该系统先利用相位掩模板产生±1 阶衍射光，再利用干涉对蓝宝石光纤进行刻写，并且利用 0 阶光挡板对其 0 阶衍射光进行阻隔，可以有效地防止蓝宝石光纤被破坏。

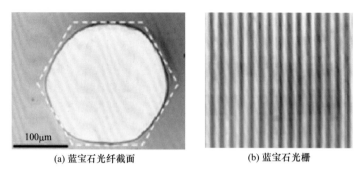

(a) 蓝宝石光纤截面　　　　　　　(b) 蓝宝石光栅

图 5.109　蓝宝石光纤

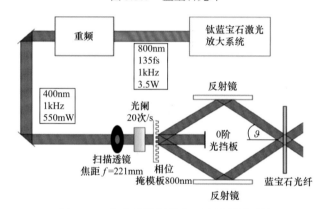

图 5.110　相位掩模板蓝宝石光纤刻写系统

　　飞秒激光逐点刻写技术的原理如图 5.111 所示。激光光束经物镜聚焦到光纤纤芯中，诱导的折射率调制会局限在激光焦点区域。然后，在下一个折射率调制前，焦点沿着光纤轴向(X 轴)移动一定距离或者光纤沿着轴向移动一定距离。该距离为光栅周期，从而在光纤纤芯中形成周期性的折射率调制阵列以构成 FBG。通过用一个恒定的速度移动光纤，每个脉冲产生一个高度局域化的折射率调制[59]。

　　图 5.112(a)和图 5.112(b)分别表示 $m=1$ 阶和 $m=2$ 阶 FBG 结构，其周期分别为 0.536μm 和 1.072μm，设计布拉格谐振波长均为 1550nm，由于光栅周期处于激光波长 800nm 附近，光栅刻写时单脉冲能量选择 65nJ，光纤移动速度分别为 10.72m/s 和 21.44m/s。可见，在光学显微镜中，$m=1$ 阶 FBG 的折射率调制阵列难以辨别。图 5.112(c)和图 5.112(d)给出了通过能量为 60nJ/pulse 的单一脉冲诱导的高局域化折射率调制显微形貌，但是其一阶布拉格谐振通过 OSA 可以清楚观察到。图 5.112(e)为 $m=8$ 阶均匀高局域化 FBG 的显微形貌，因其刻写能量为 80nJ/pulse，

折射率调制尺寸明显增加。

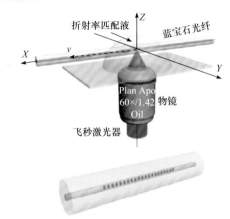

图 5.111　飞秒激光逐点刻写蓝宝石光纤光栅原理示意图

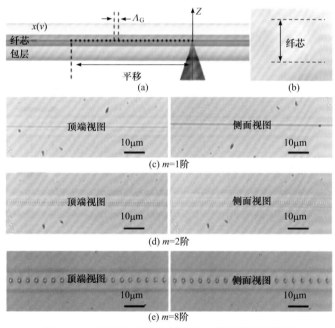

图 5.112　飞秒激光逐点刻写蓝宝石光栅显微图像

2. 蓝宝石光纤光栅高温传感特性

对于蓝宝石光纤光栅高温传感特性的研究，吉林大学相关团队是将未封装的"裸光栅"自然地放置在高温马弗炉中，通过改变温度(室温至 1600℃)用光谱仪进行检测。设置升温速度为 10℃/min，取样间隔为 100℃，各阶布拉格谐振光谱对温度的响应结果呈现在图 5.113 中。与石英光纤光栅类似，各反射峰随温度升高发生红移。其中图 5.113(a)~(d)分别表示波长分辨率设置为 0.02nm 和 1.00nm 时的各高阶布拉格谐振的温度响应，光谱仪探测波长分辨率降低使得光谱平滑，尽管这便于直观探测峰值波长，但是失真的数据结果，将导致探测分辨率降低，仅可用于对测量准确性要求较低的场合。可以看出，蓝宝石光纤光栅在 1600℃ 下工作性能良好，随着温度升高，蓝宝石光纤光栅反射峰显著红移。

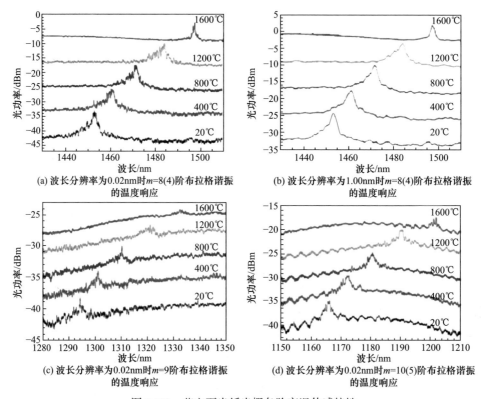

(a) 波长分辨率为0.02nm时m=8(4)阶布拉格谐振的温度响应

(b) 波长分辨率为1.00nm时m=8(4)阶布拉格谐振的温度响应

(c) 波长分辨率为0.02nm时m=9阶布拉格谐振的温度响应

(d) 波长分辨率为0.02nm时m=10(5)阶布拉格谐振的温度响应

图 5.113　蓝宝石光纤光栅各阶高温传感特性

德国 Elsmann 等[60]为了证明使用 400nm 飞秒激光脉冲刻写光栅的高温稳定性，将光栅加热到 1200℃。这是可用炉的最高温度，通过 5℃/min 的恒定速度加热炉子来实现。结果证实，使用飞秒激光制得的蓝宝石光纤光栅的温度传感具有良好的线性度，如图 5.114 所示。

5.4.5　氟化物光纤光栅

氟化物光纤是以氟化物玻璃为材料制作的光纤，主要工作在 2~10μm 波长范围内。例如，氟铝酸盐玻璃或者氟锆酸盐玻璃，这种玻璃中的阳离子通常为重金属，如锆或者铅。氟锆酸盐玻璃(主要成分为 ZrF_4)是典型的氟化物光纤材料，其

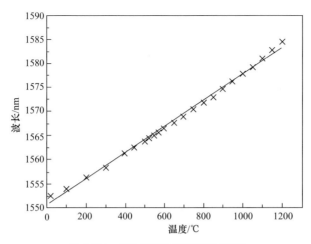

图 5.114　蓝宝石光纤温度测试实验

中最常见的为 ZBLAN 玻璃(ZrF_4-BaF_2-LaF_3-AlF_3-NaF)。这种光纤主要工作在 4μm 波段上，具有非常低的传输损耗，也可以掺杂很多稀土离子用在光纤激光器和放大器中。光纤制造本身已经达到了很高的成熟度，无源光纤衰减水平已经低至 1dB/km，但在氟化物光纤中制作 FBG 仍然具有挑战性，对合适的刻写技术的研究仍然是一个非常活跃和持续的话题。

2013 年，Hudson 等报道了刻写在氟化物光纤上第一个逐点刻写的光纤光栅[61]。光栅周期为 2.9μm，在掺钬/镨的 ZBLAN 光纤中刻写了一个 20mm 长的一阶光栅，使用的刻写激光是钛蓝宝石飞秒激光，中心波长为 800nm，脉冲重复频率为 1kHz，脉冲宽度为 110fs。光纤激光器实验装置原理如图 5.115 所示。其采用两个偏振复用 1150nm 二极管，泵浦直径为 125μm、数值孔径为 0.5 的双包层掺 Ho^{3+} 与 Pr^{3+} 的增益光纤。DM-1 是一种分光镜，在 1150nm 处有很高的透射比，在 2914nm 处有 99%的反射比。DM-2 是一种二向镜，它能传输泵浦光，并在 2914nm 处提供 50%的反射。其中 ZBLAN 光纤的丙烯酸酯涂层被完全去除。

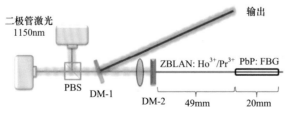

图 5.115　单频掺钬/镨光纤激光器实验装置原理图

ZBLAN 光纤光栅比用石英光纤制作的光纤光栅更坚固。由于 ZBLAN 的熔化温度比二氧化硅低得多，而且与二氧化硅相比，ZBLAN 的玻璃更柔软，在玻璃基质的再液化过程中，能阻止由致密材料的"冻结"壳包围的微孔的形成。因此，逐行法是在氟化物光纤中直接写入 FBG 的可行制备技术。

2017 年，Bharathan 等[62]利用逐线刻写法在氟化物光纤上制备了 FBG。脉冲重复频率为 1kHz，波长为 800nm，脉冲宽度为 115fs，使用的光纤是芯径为 13μm、数值孔径为 0.13 的 Ho^{3+}-Pr^{3+}共掺双包层 ZBLAN 光纤。通过光纤的外聚合物涂层直接进行 FBG 刻写，无须在刻写前去除涂层，因此对较脆氟化物光纤的强度不会造成影响，并且可以利用光纤光栅的应力应变进行波长的调谐。图 5.116(a)显示了这种 ZBLAN 光纤的内部结构，八角形第一包层具有 125μm 的对角线长度，直径为 210μm 的第二外包层被 480μm 的丙烯酸酯涂层包围。为了确保在刻写过程中光纤能够完全保持笔直，使用皮秒激光定制设计带有 V 形槽的玻璃基板，将光纤浸入匹配油中并放入 V 形槽中，随后用 100μm 厚的玻璃盖玻片覆盖，以消除弯曲的空气-玻璃界面造成的像差。然后，将该组件安装在可编程的三轴空气轴承平移台上，利用 40 倍物镜将能量为 270nJ 的飞秒激光脉冲聚焦在光纤纤芯内，物镜(焦距为 4.5mm)入口处的激光束直径为 4.8mm，光栅结构以 80μm/s 的平移速度写入。图 5.116(b)为制备装置的示意图。图 5.116(c)为在纤芯内刻写高度均匀光纤光栅的显微图像(俯视图)。

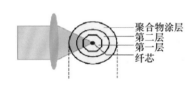 

(a) 光纤的横截面和将激光聚焦到纤芯的示意图   (b) 飞秒激光刻写示意图

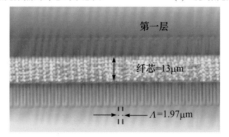

(c) 均匀光纤光栅的显微图像(俯视图)

图 5.116 利用飞秒激光在 ZBLAN 光纤中制备光纤光栅

该实验还利用 ZBLAN 光纤光栅搭建可调谐光纤激光器。激光器由一段 1m 长的掺入了 Ho^{3+} 和 Pr^{3+} 稀土离子的双包层 ZBLAN 光纤组成。其结构如图 5.117 所示。激光器采用高功率多模 1150nm 激光二极管泵浦，焦距为 20mm 的 CaF$_2$ 透镜(抗反射涂层为 2900nm)将泵浦光束聚焦到光纤中。在激光二极管和泵浦耦合透镜之间，采用高反射率(98%)和高透射率(96%)的分光镜对泵浦波长和信号波长进行分光。先前的研究表明，可以通过优化直接写入过程的参数进一步提高光纤光栅的反射率。

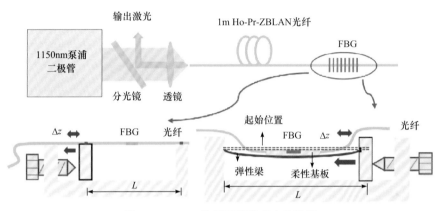

图 5.117　FBG 拉压调谐激光实验装置

为了机械拉伸 FBG 从而进行波长调谐，固定 FBG 的一端，另一端用快干环氧树脂粘贴在线性平移台上。在没有对 FBG 施加任何拉伸或压缩的情况下，激光光谱最初集中在 2880nm 处，线宽为 105pm，利用 100μm 分辨率的光谱仪对激光器的输出光谱进行捕获。图 5.118 为激光相对于吸收泵浦功率的输出功率，图中显示出 17%的斜率和 66mW 的阈值。图 5.118 中的插图显示了模式场直径(mode field diameter，MFD)为 17.8μm 的激光束剖面图像，该图像显示除了基本 LP_{01} 模式之外没有任何横向模式。

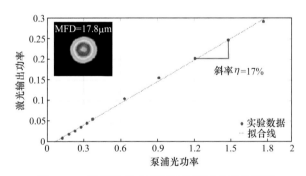

图 5.118　激光输出功率与吸收泵浦功率的关系

对 FBG 施加张力或压缩会改变光栅的有效周期，从而改变其布拉格波长。光栅周期内的形变与微扰力的振幅成正比，导致激光波长的调谐。然而，通过施加拉伸或压缩来调整激光波长受到光纤机械强度的限制，因为如果存在任何微孔、划痕和裂纹，即使在中等拉伸力下光纤也容易断裂。

5.4.6 碳包层光纤光栅

常规光纤的涂层是硅橡胶、聚氨酯、丙烯酸酯等。这些材料在拉丝过程中被涂覆在光纤的表面来保护光纤强度。常规光纤用于有线通信时能够满足使用要求，但是当光纤用于有线制导，即光纤制导时，则要求光纤在使用期间能承受很高的压力，因此光纤强度要高。但是，在一些环境中又要求光纤有很长的寿命，即具有良好的耐疲劳特性，常规光纤不能满足此要求。常规光纤涂层虽然能够保护光纤，但是不能阻止水分和氢气对光纤机械强度和光学性能的影响。解决这些问题的途径之一是研制高强度耐疲劳光纤。改进光纤耐疲劳的措施主要有两个，一是在光纤表面形成压应力，使光纤表面的微裂纹克服应压力；二是将光纤表面与环境密封隔离，减少侵蚀物对光纤表面的影响。碳膜结构比较致密，对氢具有堵塞效应，并且涂覆在光纤表面时收缩小，化学性能稳定，因此涂碳密封光纤受到人们重视，成为近年来耐疲劳光纤研究的主流。

弗劳恩霍夫海因里希赫兹研究所光纤传感器系统技术部门的 Nedjalkov 等[63]在 2018 年利用飞秒激光逐点刻写法成功地将 FBG 刻入碳涂层的纯二氧化硅光纤。刻写实验使用 Fibercore 公司型号为 SM1250SC(10/125)CP(缩写为 C)的光纤，具有 10μm 的纯二氧化硅核和 15μm 的聚酰亚胺涂层，同时在光纤包层与聚合物界面处提供额外的 50nm 碳层进行刻写操作。带有密闭碳涂层的光纤 C 的横截面结构如图 5.119 所示。

50nm 碳涂层对于 800nm 飞秒激光的透射率为 0.33。在刻写过程中，将光纤固定在计算机控制的三维可移动平台(德国 PN-565.260 线性平移平台)上进行飞秒激光逐点刻写。激光脉冲通过数值孔径为 0.6 的物镜(德国 ZEISS LD Plan-Neoflur40x)传输，并聚焦到光纤的纤芯中进行刻写。在物镜后面测得实际的刻写频率为 50Hz，脉冲长度为 90fs，脉冲能量为 450nJ。

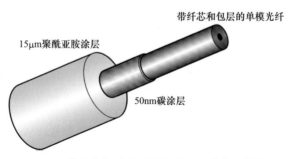

图 5.119　带有密闭碳涂层的光纤 C 的横截面结构图

经过飞秒激光直写系统对碳涂覆光纤进行刻写，得到反射率约为 25%的光纤光栅。图 5.120 是日本横滨光谱仪 AQ6370B 测量得到的透射谱与反射谱。

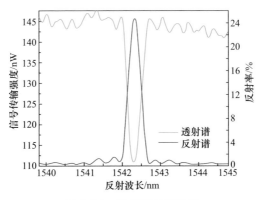

图 5.120　透射谱与反射谱

图 5.120 是由间距约为 1.5μm 的约 3600 个单折射率变化点组成的长度为 5.4mm 的光栅所测量得到的。反射率的测量是通过二氧化硅光纤中的透射率从主模的最小值和最大值之间的强度下降确定的，引起的散射损失小于 8%。光栅长度和反射率导致有效折射率差为 6.6×10^{-4}。在相同的制造条件下，为了防止对涂覆层造成不必要的损害，减少光栅点的数量，得到的反射率近似为 10%。

此外，还验证了传感器生产的可重复性。通过飞秒激光直写系统将三个类似的波长间隔为 2nm 的 FBG 刻入碳涂层光纤 C 中。相关的反射谱如图 5.121 所示。与传统 FBG 的结果相比，散射略高。进行重复测试产生的反射强度高度的偏差小于 15%，这表明纤芯位置检测的可靠性和光波导的材料均匀性。

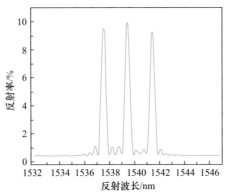

图 5.121　具有三个波长间隔为 2nm 的 FBG 的传感器阵列的反射谱

2019 年，Theodosiou 等[64]使用 HighQ 激光 femtoREGEN 系统以 517nm 的波长和 220fs 的脉冲持续时间进行刻写，使用脉冲选择器控制重复频率，允许在 1～100kHz 范围内控制重复频率，同时使用功率计在激光出口处测量脉冲能量。刻写过程将光纤安装在空气轴承平移系统(Aerotech)上，以实现精确的两轴运动，使用第三平台通过长焦距物镜从上方聚焦激光束。激光脉冲和工作台运动的精确同步允许进行适当的激光加工。用于实验的光纤是由 Fibrecore 公司生产的型号为 SM1250(10.4/125)CHT 的光纤。该光纤设计用于 1550nm 的单模操作，由纤芯直径为 10.4μm、包层为 125μm 和附加的碳及高温丙烯酸酯组成，总光纤直径约为 245μm。光纤的数值孔径为 0.11，在 1550nm 处的衰减损耗小于 0.4dB/km。在激光系统的工作波长 517nm 处，只有 13%的透射光穿过光纤的碳涂层，因此使用了相对较高的脉冲能量(约为 0.9μJ)，提供足够的光能来改变纤芯的折射。在单根光纤束中刻写了三个 FBG 的阵列，这些光纤之间的物理间隔为 2mm。使用商用 FBG 光谱仪(IBSEN IMON)，宽带光源(Thorlabs ASE730)测量碳涂覆光纤内刻的 FBG 阵列的反射谱如图 5.122 所示。与传统单模光纤中的光栅相比，光栅的轮廓并不像以前那样干净。这表明，由于光纤周围的碳阻挡层，纤芯中折射率的变化并不均匀。由于测量是在线性范围内进行的，三个光栅之间的反射率差异与光源的轮廓有关。光栅的有效折射率经测量约为 1.4462。

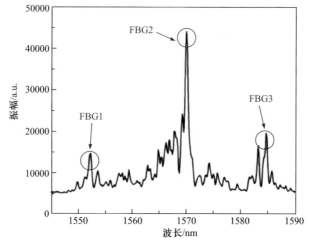

图 5.122 碳涂覆光纤内刻的三个 FBG 阵列的反射谱

5.4.7 负温度系数光纤光栅

传统光纤传感器的发展已不能满足社会发展的需求，研究人员开始研究特种材料光纤聚合物光纤，又称塑料光纤。1999 年，悉尼新南威尔士大学 Peng 等首次在 PMMA 材料聚合物光纤中成功刻写出 FBG，至此聚合物光纤传感器成为研究热点之一[65]。1999 年，澳大利亚 Xiong 等在聚合物光纤上首次实现了 FBG 的制备，光栅的长度为 1cm，其中线宽约为 0.5nm，反射率为 80%[66]。2009 年，澳大利亚 Stecher 等尝试通过使用飞秒激光改变聚合物光纤折射率，采用飞秒激光逐点刻写法成功刻写出 1520nm 的 FBG[67]。

飞秒激光的相位掩模法要在激光器出光后架设衰减片、偏振片等器件对激光进行调制，得到宽度 8mm 的稳定线偏振高斯形光束。然后，通过柱透镜实现聚焦，通过在柱透镜后架置掩模板，在聚焦位置放置聚合物光纤，利用 ±1 阶衍射光形成的干涉条纹在聚合物光纤纤芯中实现折射率调制，形成周期为一定规律的光纤光栅。

1. 聚合物 FBG 制作

首次制备第一根聚合物 FBG 时采用的是 Sagnac 方法，通过构建 Sagnac 干涉环，入射激光通过相位掩模板分束后，用三个三棱镜进行反射，使光束在掩模板上方进行干涉，最终在聚合物光纤中刻写聚合物光纤布拉格光栅(polymer fiber Bragg grating，POFBG)。通常使用较多的 POFBG 刻写方法是相位掩模法。实验所用的 POFBG 就是以此方法刻写的。相位掩模板长为 20mm，周期为 1030nm，其中 0 阶衍射受到抑制，透射能量小；±1 阶衍射达到最大，发生相干，在聚合物光纤(polymer fiber，POF)纤芯中刻写出周期光栅。POFBG 布拉格反射波长在 1530nm 附近。图 5.123 为少模微结构聚合物光纤截面的光学显微图像。

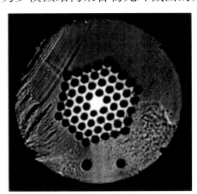

图 5.123　少模微结构聚合物光纤截面的光学显微图像

2. 温度传感特性

温度传感特性方程为

$$\lambda_{\mathrm{b}} = 2n_{\mathrm{eff}}\Lambda \tag{5.69}$$

式中，n_{eff} 为光栅的有效折射率；Λ 为光栅周期；λ_{b} 为光纤布拉格波长。

当外界温度发生变化时，光栅有效折射率 n_{eff} 和光栅周期 Λ 会发生变化，反射波长也会发生相应的变化。若温度变化 ΔT，则布拉格波长的变化为

$$\Delta\lambda_{\mathrm{b}} = 2\Delta n_{\mathrm{eff}} + 2\Delta\Lambda n_{\mathrm{eff}} \tag{5.70}$$

光栅周期的变化量 Δn_{eff} 为

$$\Delta n_{\mathrm{eff}} = \xi \times n_{\mathrm{eff}} \times \Delta T \tag{5.71}$$

综上可知，布拉格波长变化与温度变化之间的关系为

$$\Delta\lambda_b = \lambda_b(\alpha + \xi)\Delta T \tag{5.72}$$

式中，α 和 ξ 分别为 FBG 的热胀系数和热光系数。

聚合物光纤的热胀系数和热光系数分别为 7×10^{-5} 和 -1.2×10^{-4}；石英 FBG(SiO$_2$ optical fiber Bragg grating，SOFBG)的热胀系数和热光系数分别为 5.5×10^{-7} 和 8.6×10^{-6}。通常石英光纤的热光系数和热胀系数要比聚合物光纤低 2～3 个数量级，并且聚合物光纤的热光系数为负值，这就决定了 POFBG 与 SOFBG 不同的温度灵敏特性。实验开始前，首先打开光矢量分析仪(optical vector analyzer，OVA)进行约一个小时的预热，目的是使激光光源达到好的工作状态，提高光源稳定性。需要特别注意的是，若长时间不使用 OVA 或者其位置发生移动，则在正常开机后需要进行校准。校准分为内部校准和全校准两种。

1) FBG 实验

石英 FBG 放置在水槽中并用透明胶固定，之后将温度计放置于水槽中(位置靠近 FBG)。温度传感原理如图 5.124 所示。首先在水槽中加入一定量的热水，确保水位高于 FBG 及温度计水银头所处位置，当目测到温度计显示温度为 65℃时开始实验测试。按下 OVA 扫描按钮，开始记录数据。水温从 65℃降到 25℃的过程中，每隔 10℃记录一次数据，可得五组数据。当水温变化 40℃时，SOFBG 反射波长漂移了 0.45nm，经过计算可得温度灵敏度为 11.25pm/℃。图 5.125 为温度与 SOFBG 反射波长的关系。可以看出，温度与波长基本呈线性关系。

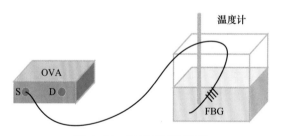

图 5.124　温度传感原理图

2) POFBG 实验

在进行 POFBG 温度传感实验时，因为 POFBG 的高温稳定性差，所以采用相对保守的温度进行实验。将水温最高控制在 50℃以下，调节温度从 46℃降到 26℃，每隔 5℃记录一组数据。经过处理实验数据可得 POFBG 温度灵敏度曲线。如图 5.126 所示，POFBG 具有明显的负温度敏感特性，当温度变化 20℃时，POFBG 反射波长漂移量为 -0.82nm。经过计算可得其温度灵敏度为 -41pm/℃。与 SOFBG 温度传感特性相比，随着温度的升高，POFBG 反射波长向短波长方向漂移，且其灵敏度约为 SOFBG 的 4 倍。在光栅未达到饱和之前，首先在 29℃的室温下进行约 60min 的曝光。得到的 FBG 的布拉格波长为 1570nm，长度为 1cm，半峰宽为 1nm，反

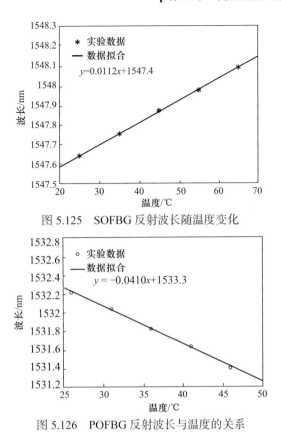

图 5.125   SOFBG 反射波长随温度变化

图 5.126   POFBG 反射波长与温度的关系

射功率高于 7dB。图 5.127 为少模微结构聚合物光纤的反射谱。从光栅到 POF 输入面的 3cm 距离意味着光栅的反射率不小于 10%。实际值应该更高,因为该计算没有考虑从石英纤维到 POF 的耦合损耗。

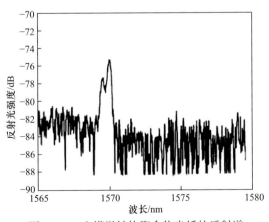

图 5.127   少模微结构聚合物光纤的反射谱

5.4.8 芯包层复合光纤光栅

多数基于飞秒激光器制备 FBG 的过程中，包层 FBG 都会形成。为了尽可能地降低它对传感器光谱特性的影响，多数研究工作都通过降低曝光能量等方式抑制它的形成。相关实验研究发现，包层 FBG 引起的包层共振模式具有良好的光纤弯曲应变响应，同时它与生俱来的不对称结构(FBG 只位于纤芯一侧)又为弯曲应变的测量引入了潜在的方向相关特性。例如，单一的包层模式激发不仅缩小了覆盖带宽，还大大提升了波分复用能力，同时纤芯模式的保留也为传感提供了一定的自校准功能。由此衍生的芯包层复合 FBG 的光栅区域覆盖了纤芯与部分包层，可作为传感器中的敏感元件，以及可切换波长激光器中的波长选择元件等。

国外相关团队对利用飞秒激光刻写芯包层 FBG 进行了实验研究。刻写系统结构如图 5.128 所示[68]。该芯包层复合 FBG 利用钛宝石激光刻写系统制作而成，中心波长约为 800nm 的激光以 1kHz 的重复频率输出，利用相位掩模板对纤芯和包层直径分别为 5μm、14μm、20μm、36μm 和 120μm 的多芯光纤进行刻写，并使用熔接器与单模光纤拼接。

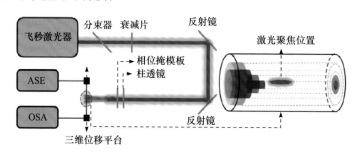

图 5.128　芯包层 FBG 刻写系统结构图

在刻写过程中，激光光束在芯包层界面的一侧聚焦，距纤芯偏移大约 2μm，激光输出的平均脉冲能量固定在 0.65mJ，在纤芯和包层中刻写 5mm 长度的光栅区域。如图 5.129(a)和图 5.129(b)所示，可清晰地观察到光栅刻写区域位于纤芯与内包层界面的一侧。图 5.129(c)显示了芯包层 FBG 的内部结构。

通过光谱仪可以测得自由与弯曲变形状态下芯包层 FBG 的反射谱。测试系统结构如图 5.130 所示。宽带光源发出的光通过环形器入射到所制备的芯包层 FBG 中，经 FBG 的反射光由波长分辨率为 0.02nm 的光谱分析监测。实验中，传感探头的一侧固定在旋转器上，旋转器的固定端可以改变弯曲方向，另一端固定在平动端，平动端的分辨率为 10μm，提供沿垂直方向的位移。

测试所得的光谱如图 5.131 所示。由于芯包层和内包层之间的有效折射率差为 0.032，共振模式呈现 1.88nm 的清晰波长分离，反射谱的中心波长为 1548.97nm 和 1547.09nm。此外，由于芯包层 FBG 的特殊阶跃折射率剖面，光纤变形不仅影响熔接接头处的模式耦合，还影响包层模在内包层中的传播损耗，因此该多包层纤芯复合 FBG 所制作的传感器对光纤弯曲有很大的响应。此类芯包层 FBG 对弯曲具有高灵敏度和明确的方向依赖性，常在位移或加速度测量中作为传感器元件使用。

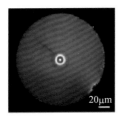
(a) 刻写过程侧向影像图

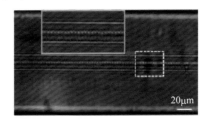
(b) 刻写过程俯视影像图

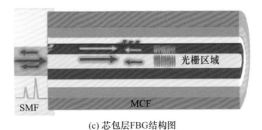
(c) 芯包层FBG结构图

图 5.129　利用飞秒激光制备芯包层复合 FBG

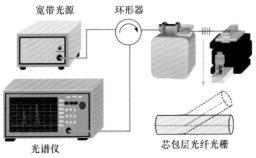

图 5.130　芯包层复合 FBG 测试系统结构图

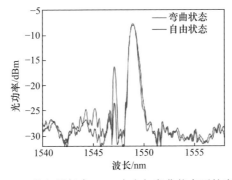

图 5.131　芯包层复合 FBG 自由与弯曲状态下的光谱图

5.4.9　高功率光纤光栅

由于高功率光纤激光器得到迅猛发展，单纤输出功率已达到了上千瓦，并表现出不断攀升的趋势。光纤激光器的高斜率效率、宽波长调节范围，以及在高功率条件下近衍射极限的光束质量等优点，在军事、工业、医疗、通信、传感等方面具有广泛的应用，因此高功率光纤激光器成为近年来争相研究的热点，而高反射率的光纤光栅由于其充当激光谐振腔镜的功能被应用于高功率的光纤激光器中。

FBG 具有很好的频率选择特性，将其应用于光纤激光器可以实现窄带激光输出。另外，这种全光纤化的激光器结构更加简单紧凑、稳定性更高。作为全光纤型窄带光纤激光器的选频元件，优质 FBG 的研究显得尤为重要。澳大利亚麦考瑞大学的 Jovanovic 等[69]运用 800nm 钛蓝宝石飞秒激光器，采用飞秒激光逐点刻写法在光纤中制作出长 15mm 的光纤光栅，光栅周期为 1.12μm，是对应于中心波长为 1080nm 的三阶光栅。他们利用所得光栅制成高功率连续波输出光纤激光器，输出功率为 5W，输出线宽为 15pm。同时，讨论了输出激光中心波长的可调谐性，它随泵浦功率的增加而发生红移。在高泵浦功率情况下，由于光栅温度发生变化，中心波长可以有 100pm 的可调范围。实验中，飞秒激光由一个数值孔径为 0.8 的 20 倍油镜聚焦。激光脉冲宽度为 120fs，脉冲重复频率为 1kHz，单脉冲能量为 220nJ。

为了制得高反射率光纤光栅，将光纤安置在高精度的位移平台上，并使用 NA = 0.8 的 20 倍油镜让飞秒激光光斑聚焦在光纤纤芯中，飞秒激光的波长为 800nm。使用飞秒激光逐点刻写法对光纤进行周期性折射率调制，制得的光纤光栅反射谱如图 5.132 所示。光栅的中心波长为 1097.58nm，3dB 带宽为 54pm。其采用的测量激光从光栅反射的光功率确定光纤光栅的反射率为 90%。

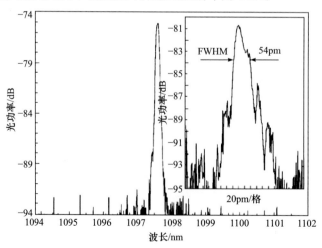

图 5.132　高功率光纤光栅反射谱(一)

采用同样的方法在一段掺镱的有源光纤两端分别刻写一段 FBG 构成激光谐振腔，并且使用该段光栅得到线宽为 12pm 的更窄的激光输出。光纤光栅影像如图 5.133 所示。作为前腔镜的高反射率的光纤光栅长 30mm，光栅周期为 1.13μm，这正好是对应于 1080nm 的三阶光栅；用作后腔镜的光纤光栅长 4mm，光栅周期与前腔镜相同，峰值反射率为 20%。

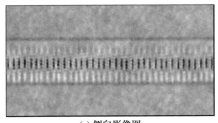 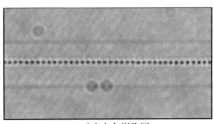

(a) 侧向影像图　　　　　　　　　　　(b) 垂直方向影像图

图 5.133　飞秒激光逐点刻写法刻写高功率光纤光栅影像图

爱尔兰 Martinez 课题组直接透过标准通信光纤的保护层在纤芯内刻出长 4～26mm 的光纤光栅。由于不需要剥去光纤的涂覆层，所得光纤光栅的机械强度有了大幅度提高，并且大大缩短了整个制作过程的时间。采用的飞秒脉冲能量大约为 1μJ，这是在裸光纤中制作同样光栅所用能量的 2 倍。飞秒激光由一个 100 倍的显微镜聚焦到纤芯位置。聚焦后的高斯光束在涂覆层处的半径约为 30μm，而在纤芯处光斑的大小为 0.5μm 左右，涂覆层处光斑大小为纤芯处的 1000 倍左右，相应的能量是纤芯处的 1/1000，有利于保护涂覆层。飞秒激光逐点刻写法制得高功率光纤光栅反射谱如图 5.134 所示。

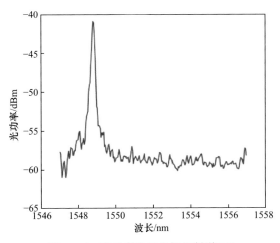

图 5.134　高功率光纤光栅反射谱(二)

5.4.10　双包层光纤光栅

2019 年，Theodosiou 等[70]在掺铒和镱的双包层光纤中利用飞秒激光逐点刻写法刻写了高反射率 FBG 及低反射率 FBG，并将其耦合在光纤激光器中，作为两个反射腔镜，形成双包层光纤激光器。研究过程中，将共掺双包层光纤采用飞秒激光逐点刻写法在可见光区域进行刻写，可以轻松地调整光栅的反射率和带宽，用垂直于光纤轴的均匀折射率平面/薄片修改纤芯，并控制纤芯中的光栅周期和空间范围(宽度、深度和长度)，以便控制激光。即使光纤不是单模光纤也可以用这种方法。与其他刻写方法相比，这种方式可以将光纤精确地限制在纤芯上而不会干扰包层，有助于控制与包层模式的交互作用，同时刻写效率也很高。

实验中所使用的掺铒和镱的光纤是从通过 MCVD 方法制备的预成型坯中拉制而成的，纤芯是通过溶液掺杂法制备的。沉积纯二氧化硅材料，用离子水溶液浸泡、干燥，并在 POCl₃ 气氛下缓慢烧结。用双聚合物包层拉伸光纤，使其纤芯直径相对较大(11μm)，数值孔径为 0.18。光纤内包层由厚度为 20μm 的软聚硅氧烷聚合物形成，其折射率低于纯二氧化硅纤芯的折射率，用硬的可紫外激光固化的丙烯酸酯聚合物形成外包层，涂覆后的光纤直径为 250μm。使用飞秒激光器在 517nm 波长下进行 FBG 的刻写(脉冲持续时间为 220fs，激光的重复频率为 100kHz，脉冲能量约为 150nJ)，将光纤放置在二维气载平移台上，该平台可提供纳米级的光纤运动，并使用第三平移台和长工作距离透镜从上方聚焦激光束。调节平台的移动，使折射率随平面宽度、深度和周期的变化而变化。

利用上述方法刻写一对 FBG，在掺杂的双包层光纤中可以得到一个高反射率 FBG 和一个低反射率 FBG，总长度为 10~15m，距离光纤末端约 15cm。其原理如图 5.135 所示。

图 5.135　双 FBG 原理图

图 5.136 为显微镜下的刻写过程。刻写时，首先制作低反射率 FBG，并且当 FBG 传输深度小于 2dB 时，停止低反射率 FBG 的刻写，之后进行高反射率 FBG 的刻写，得到的低反射率光栅的周期数为 100~500，高反射率达到 1500~3000 周期数。光栅周期约为 2.2μm(四阶 FBG)，以确保在周期之间具有最小重叠的强光栅(折射率变化约为 3×10^{-4}，耦合常数 $k \approx 610\mathrm{m}^{-1}$)。

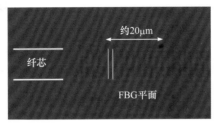

图 5.136　显微镜下的刻写过程

刻写成功后，将光栅耦合在光纤激光器内，使用 Fitel S178A 熔接机制造光纤接头，高反射率 FBG 和低反射率 FBG 分别作为前腔反射镜和后腔反射镜。大功率激光二极管的泵浦源中，激光的中心波长为 975nm(锁定波长)，最大输出功率约为 7W，激光模块尾部装有多模光纤。使用泵浦(工作范围 800~1000nm)和信号(工作范围 1500~1600nm)组合器将泵浦光耦合到有源光纤中。将长通滤波器($\lambda >$1000nm)放置在功率计的前面，以分离泵浦光束和信号光束，并在 1565nm 处测量功率。未使用的组合器端口由成角度的连接器端接，以最大限度地减少背反射。从组合器出射的信号经单模光纤输入光谱仪端口记录激光阈值前后的光谱(光谱分辨率为 0.1nm)。通过 1%的光耦合器降低输出强度，以保护 OSA 免受激光损坏。同时，测量并分析各种泵浦强度下 1500~1600nm 光谱范围内的光学行为。放大后的 ASE 的功率约为 0.3W。随着泵浦功率的增加，激光阈值下降，从合束器信号端口检测到的超出高分辨率 FBG 的光谱，并出现激射线(图 5.137(a))，同时观察到一个两峰值激光的输出(图 5.137(b))。这与 FBG 的较宽反射谱和增益介质平坦光谱的增益竞争有关，由于光纤双模性质和 FBG 相对较宽的反射谱，激光可以在两个波长工作。

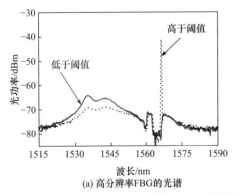
(a) 高分辨率FBG的光谱

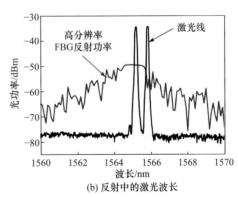
(b) 反射中的激光波长

图 5.137　信号端口检测到的信号

参 考 文 献

[1] 陈超. Bragg 光纤光栅飞秒激光微纳制备及其应用的研究[D]. 长春: 吉林大学, 2010.

[2] 刘青, 程光华, 王屹山, 等. 用飞秒激光在透明介质体内形成衍射光栅[J]. 光子学报, 2004, 33(11): 1290-1293.

[3] 江超, 王东宁. 飞秒激光脉冲刻写光纤布拉格光栅的研究进展[J]. 激光与光电子学进展, 2008, 45(6): 59-66.

[4] Oi K K, Barnier F, Obara M. Fabrication of fiber Bragg grating by femtosecond laser interferometry[C]. The 14th Annual Meeting of the IEEE Lasers and Electro-Optics Society, San Diego, 2002: 776-777.

[5] Martinez A, Dubov M, Khrushchev I, et al. Direct writing of fibre Bragg gratings by femtosecond laser[J]. Electronics Letters, 2004, 40(19): 1170-1172.

[6] Bernier M, Vallée R, Morasse B, et al. Ytterbium fiber laser based on first-order fiber Bragg gratings written with 400nm femtosecond pulses and a phase-mask[J]. Optics Express, 2009, 17(21): 18887-18893.

[7] 李明. 飞秒激光制造微型 FP 光纤传感器机理与技术研究[D]. 西安: 中国科学院西安光学精密机械研究所, 2008.

[8] 梁博兴. 980nm 皮秒光子晶体光纤激光器及光纤激光相干合成技术研究[D]. 北京: 北京工业大学, 2016.

[9] 张双根, 黄章超, 薛玉明, 等. 准相位匹配晶体中超短脉冲传输的自聚焦效应[J]. 中国激光, 2010, (10): 2550-2553.

[10] 马琳, 石顺祥, 程光华, 等. 单个飞秒激光脉冲在玻璃内部产生多次微爆的研究[J]. 光子学报, 2007, 36(7): 1187-1190.

[11] 解辉. 基于强场光电子干涉的隧穿电子初始分布研究[D]. 武汉: 华中科技大学, 2019.

[12] 李靖怡. 纳秒激光与水射流耦合特性及蚀除材料实验研究[D]. 哈尔滨: 哈尔滨工业大学, 2019.

[13] 李丹. 基于阿秒钟方法的强场非绝热隧穿电离研究[D]. 武汉: 华中科技大学, 2019.

[14] 罗嗣佐. 分子非绝热准直和取向及其在飞秒激光场中电离解离[D]. 长春: 吉林大学, 2015.

[15] 刘宁亮, 沈环. 飞秒脉冲作用下氯丙烯的多光子解离和电离动力学[J]. 物理化学学报, 2017, 33(3): 500-505.

[16] 王晓雷, 张楠, 赵友博, 等. 飞秒激光激发空气电离的阈值研究[J]. 物理学报, 2008, 57(1): 354-357.

[17] 南星. 激光二极管泵浦近红外全固态超快激光器[D]. 西安: 西安电子科技大学, 2018.

[18] 苏现翠. 镱离子掺杂 LuAG、CLGA 和 CGA 晶体飞秒激光特性研究[D]. 济南: 山东大学, 2018.

[19] 孙芯彤. 近中红外波段全固态飞秒激光器研究[D]. 西安: 西安电子科技大学, 2015.

[20] 高子叶. 激光二极管泵浦新型掺镱全固态飞秒激光器[D]. 西安: 西安电子科技大学, 2016.

[21] 祝宁华, 闫连山, 刘建国. 光纤光学前沿[M]. 北京: 科学出版社, 2011.

[22] 徐国权, 熊代余. 光纤光栅传感技术在工程中的应用[J]. 中国光学, 2013, 6(3): 306-317.

[23] 吕瑞东, 陈涛, 范春松, 等. 飞秒激光制备光纤 Bragg 光栅在光纤激光器中的应用[J]. 激光与光电子学进展, 2020, 57(11): 320-336.

[24] 曹小文, 张雷, 于永森, 等. 飞秒激光制备微光学元件及其应用[J]. 中国激光, 2017, 44(1): 52-64.

[25] 李秋琦, 孙亚东, 陈旗湘, 等. 纳米光栅制作技术的最新进展[J]. 海峡科技与产业, 2016, 32(2): 78-79.

[26] 梁居发. 新型光纤光栅传感器飞秒激光制备及其特性研究[D]. 长春: 吉林大学, 2016.

[27] 郑钟铭. 基于飞秒激光直写法制备的长周期光纤光栅的传感特性研究[D]. 长春: 吉林大学, 2018.

[28] Rea I, Marino A, Iodice M, et al. A porous silicon Bragg grating waveguide by direct laser writing[J]. Journal of Physics: Condensed Matter, 2008, 20(36): 365203.

[29] Gale M T, Rossi M, Pedersen J, et al. Fabrication of continuous-relief micro-optical elements by direct laser writing in photoresist[J]. Optical Engineering, 1994, 33(11): 3556-3566.

[30] 陈龙江. 曲面激光直写中若干关键技术研究[D]. 杭州: 浙江大学, 2010.

[31] 姜俊, 刘晋桥, 徐颖, 等. 曲面基底衍射光学元件的激光直写技术[J]. 中国激光, 2017, 44(6): 91-97.

[32] 李凤有. 激光直写光刻技术研究[D]. 长春: 中国科学院长春光学精密机械与物理研究所, 2002.

[33] 朱学华, 潘玉寨. 基于飞秒激光直写光纤光栅的掺镱光纤激光器[J]. 强激光与粒子束, 2011, 23(4): 934-938.

[34] Hill K O, Malo B, Bilodeau F, et al. Bragg gratings fabricated in monomode photosensitive optical fiber by UV exposure through a phase mask[J]. Applied Physics Letters, 1993, 62(10): 1035-1037.

[35] Dragomir A, Nikogosyan D N, Zagorulko K A, et al. Inscription of fiber Bragg gratings by ultraviolet femtosecond radiation[J]. Optics Letters, 2003, 28(22): 2171-2173.

[36] 王巍. 近红外飞秒激光相位掩模法制作光纤布拉格光栅[D]. 哈尔滨: 哈尔滨工业大学, 2010.

[37] 杨婷婷. 飞秒激光刻写高性能光纤布拉格光栅技术基础及应用研究[D]. 西安: 西北大学, 2017.

[38] 王振洪. 飞秒激光刻写光纤光栅的相关理论及实验研究[D]. 哈尔滨: 哈尔滨工业大学, 2008.

[39] 杜戈, 刘伟平, 廖常俊, 等. 相位掩模板法刻制光纤光栅的研究[J]. 华南师范大学学报(自然科学版), 2001, 33(2): 40-44.

[40] 王月珠, 王巍, 张云军, 等. 近红外飞秒脉冲激光制作光纤光栅的研究[J]. 中国激光, 2009, 36(11): 2978-2982.

[41] Mihailov S J, Smelser C W, Grobnic D, et al. Bragg gratings written in All-SiO2 and Ge-doped core fibers with 800-nm femtosecond radiation and a phase mask[J]. Journal of Lightwave Technology, 2004, 22(1): 94-100.

[42] 陈超, 杨先辉, 王闯, 等. 飞秒激光刻写高阶倾斜光纤 Bragg 光栅[J]. 光学学报, 2014, 34(5): 27-32.

[43] 王闯. Bragg 光纤光栅飞秒激光制备及其金属化封装技术研究[D]. 长春: 吉林大学, 2013.

[44] Thomas J, Wikszak E, Clausnitzer T, et al. Inscription of fiber Bragg gratings with femtosecond pulses using a phase mask scanning technique[J]. Applied Physics A: Materials Science & Processing, 2007, 86(2): 153-157.

[45] 宋成伟, 杨立军, 王扬, 等. 相位掩模法红外飞秒激光刻写光纤光栅技术[J]. 红外与激光工程, 2011, 40(7): 1274-1278.

[46] 宋成伟. 掺 Tm³⁺硅基光纤布拉格光栅的飞秒激光刻写技术研究[D]. 哈尔滨: 哈尔滨工业大学, 2009.

[47] Prohaska J D, Snitzer E, Rishton S, et al. Magnification of mask fabricated fibre Bragg gratings[J]. Electronics Letters, 1993, 29(18): 1614-1615.

[48] Antonio N, Jan M, Christian W, et al. Direct inscription and evaluation of fiber Bragg gratings in carbon-coated optical sensor glass fibers for harsh environment oil and gas applications[J]. Applied Optics, 2018, 57(26): 7515-7525.

[49] Theodosiou A, Kalli K, Gillooly A, et al. Carbon coated FBGs inscribed using the plane-by-plane femtosecond laser inscription method[C]. The 7th European Workshop on Optical Fibre Sensors, Limassol, 2019: 1-6.

[50] Theodosiou A, Aubrecht J, Peterka P, et al. Er/Yb double-clad fiber laser with fs-laser inscribed plane-by-plane chirped FBG laser mirrors[J]. IEEE Photonics Technology Letters, 2019, 31(5): 409-412.

[51] Bernier M, Trépanier F, Carrier J, et al. High mechanical strength fiber Bragg gratings made with infrared femtosecond pulses and a phase mask[J]. Optics Letters, 2014, 39(12): 3646-3649.

[52] 廖常锐, 何俊, 王义平. 飞秒激光制备光纤布拉格光栅高温传感器研究[J]. 光学学报, 2018, 38(3): 123-131.

[53] 王艳红, 王高, 郝晓剑. 高阶模滤除法抑制蓝宝石光纤光栅反射谱带宽[J]. 红外与激光工程, 2012, 41(11): 3075-3078.

[54] 吴天, 隋广慧. 用于高温测量的蓝宝石光纤光栅的制备研究[J]. 计测技术, 2015, 35(6): 10-13.

[55] Grobnic D, Mihailov S J, Smelser C W, et al. Sapphire fiber Bragg grating sensor made using femtosecond laser radiation for ultrahigh temperature applications[J]. IEEE Photonics Technology Letters, 2004, 16(11): 2505-2507.

[56] Yang S, Homa D, Heyl H, et al. Application of sapphire-fiber-Bragg-grating-based multi-point temperature sensor in boilers at a commercial power plant[J]. Sensors, 2019, 19(14): 3211.

[57] Guo Q, Yu Y S, Zheng Z M, et al. Femtosecond laser inscribed sapphire fiber Bragg grating for high temperature and strain sensing[J]. IEEE Transactions on Nanotechnology, 2019, 18(7): 208-211.

[58] Habisreuther T, Elsmann T, Pan Z, et al. Optical sapphire fiber Bragg gratings as high temperature sensors[J]. Proceedings of SPIE-The International Society for Optical Engineering, 2013, 8794: 42-45.

[59] 陈超. 耐高温光纤光栅的飞秒激光制备及其应用研究[D]. 长春: 吉林大学, 2014.

[60] Elsmann T, Habisreuther T, Graf A, et al. Inscription of first order fiber Bragg gratings in sapphire fibers by 400nm femtosecond laser pulses[J]. The International Society for Optical Engineering, 2013, 8774: 35-40.

[61] Hudson D D, Williams R J, Withford M J, et al. Single-frequency fiber laser operating at 2.9μm[J]. Optics Letters, 2013, 38(14): 2388-2390.

[62] Bharathan G, Woodward R I, Ams M, et al. Direct inscription of Bragg gratings into coated fluoride fibers for widely tunable and robust mid-infrared lasers[J]. Optics Express, 2017, 25(24): 30013-30019.

[63] Nedjalkov A, Meyer J, Waltermann C, et al. Direct inscription and evaluation of fiber Bragg gratings in carbon-coated optical sensor glass fibers for harsh environment oil and gas applications[J]. Applied Optics, 2018, 57(26): 7515-7525.

[64] Theodosiou A, Kalli K, Gillooly A, et al. Carbon coated FBGs inscribed using the plane-by-plane femtosecond laser inscription method[C]. The 7th Eropean Workshop on Optical Fibre Sensors, Limassol, 2019: 11199.

[65] Peng G D, Xiong Z, Chu P L. Photosensitivity and gratings in dye-doped polymer optical fibers[J]. Optical Fiber Technology, 1999, 5(2): 242-251.

[66] Xiong Z, Peng G D, Wu B, et al. Highly tunable Bragg gratings in single-mode polymer optical fibers[J]. IEEE Photonics Technology Letters, 1999, 11(3): 352-354.

[67] Stecher M, Williams R J, Bang O, et al. Periodic refractive index modifications inscribed in polymer optical fibre by focussed femtosecond pulses[C]. International Conference on Plastic Optical Fibers, Sydney, 2009: 1-7.

[68] Yang T, Qiao X, Rong Q, et al. Orientation-dependent displacement sensor using an inner cladding fiber Bragg grating[J]. Sensors, 2016, 16(9): 1473-1479.

[69] Jovanovic N, Thomas J, Williams R J, et al. Polarization-dependent effects in point-by-point fiber Bragg gratings enable simple, linearly polarized fiber lasers[J]. Optics Express, 2009, 17(8): 6082-6095.

[70] Theodosiou A, Aubrecht J, Peterka P, et al. Er/Yb double-clad fiber laser with fs-laser inscribed plane-by-plane chirped FBG laser mirrors[J]. IEEE Photonics Technology Letters, 2019, 31(5): 409-412.

第6章

光纤光栅的应用

由前述章节已知，光纤光栅是一种在光纤上写制的光信号滤波器件。它的发现是一种偶然，却在光纤领域发挥了关键性的作用。作为一种光纤无源器件，光纤光栅的重要性是使各种全光纤器件的研制成为可能。诸多集成型光纤信息系统使全光纤光子集成成为现实，引发了光纤技术及其相关领域又一次新的革命性飞跃。同时，伴随着光纤激光器的飞速发展和演化，光纤光栅作为纤上谐振腔的重要器件无可替代，并且性能优越。当然，光纤光栅不但能在光通信领域作为无源器件，而且应变和温度能够改变光栅折射率的天然特性使得光纤光栅开辟了传感应用的一个新领域。本章从光通信、激光器、传感等领域的应用介绍光纤光栅发挥的重要作用。

6.1　光纤光栅在光通信中的应用

6.1.1　光分插复用器

在波分多路光通信系统中，光分插复用器(optical add-drop multiplexer，OADM)可以使光纤网中节点信息实现上传或下载。其基本结构原理如图6.1所示。作为光交换节点的核心器件，光分插复用器能够显著地提高光网络的传输性能和波长的利用效率，提升可重构性能和光网络的可靠性，改善网络的组网方式，并降低光交换节点的成本[1]。

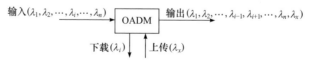

图 6.1　光分插复用器基本结构原理图

其中，FBG 和光开关的可重构光分插复用器能够对上下路波长进行灵活的配置，增强网络的抗风险能力[2]；利用相移 LPFG 实现 OADM 的上下路，可以消除 FBG 的剩余后向反射和环形器的插入损耗[3]；光纤耦合器级联的马赫-曾德尔干涉仪可以解决 FBG 后向反射的问题[4]，也可以将反对称光纤布拉格光栅在两模光纤中实现光分插复用。此种结构不需要外部的环形器，有利于提高集成度[5]。FBG 或者相移线性啁啾光纤光栅级联的 OADM 可实现多波长信号的同时上传和下载[6]。

目前基于光纤光栅的 OADM 的种类有很多，可以根据功能和结构的区别来划分。按结构组成的不同可以分为：①基于光开关的波长复用型 OADM[7]；②基于 FBG 和环形器的 OADM[8,9]；③基于 FBG 和马赫-曾德尔干涉仪的 OADM[10]；④基于声光可调谐滤波器的 OADM[11]；⑤基于法布里-珀罗腔的 OADM[12]等。下面介绍几类基于 FBG 的 OADM。

1. 基于 FBG 和环形器的 OADM

由 FBG 和三端口光环形器构成的 OADM 结构如图 6.2 所示。

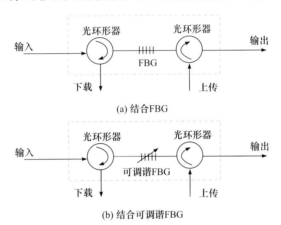

图 6.2　基于 FBG 和环形器的 OADM 结构图

输入信号中包含众多波长成分，当它们进入该 OADM，经过左侧环形器后传输至 FBG。由于 FBG 滤波特性，其反射谱峰值仅有一个，所以波长与 FBG 反射谱峰值对应波长相一致的某一个光信号将会经 FBG 反射实现下载，其余波长的光信号可以透过光栅并且不受其影响，在与上载信号进行合波后最终从输出端输出。这种组成的 OADM 结构简单、性能稳定[1]。但是，在其上下路信号中会引起较大的同频串扰[13,14]，而且相邻信道间也存在一定的串扰，可通过提升光栅反射率来减小各种串扰。此外，利用可调谐的光纤光栅来代替固定波长的 FBG 可以实现对下载波长的动态选择，增加 OADM 的灵活性，如图 6.2(b)所示。此外，可以利用多个 FBG 或可调谐 FBG 与环形器的不同组合，借助波分复用/解复用器实现多波长的同时上传和下载[15,16]，如图 6.3 所示。

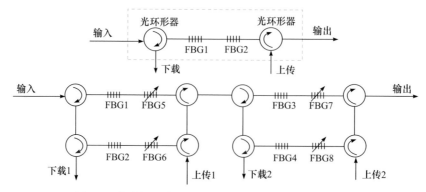

图 6.3　多波长和多下载端口的可调谐型 OADM 结构图

2. 基于 FBG 和马赫-曾德尔干涉仪的 OADM

双耦合器级联的马赫-曾德尔干涉仪的两条干涉臂上写入两个相同谐振波长的光栅，可形成光栅型光分插复用器[17,18]。如果在干涉臂上同时写入多个中心波长不同的光栅或者将写入的光栅通过控制形变使其变成可调谐光纤光栅。这样可以同时对多个波长信道进行下载，这在多信道波长传输过程中能对多个波长实现灵活的上传和下载处理，提升光通信网络的灵活性和稳定性。基于 FBG 和马赫-曾德尔干涉仪的 OADM 结构如图 6.4 所示。

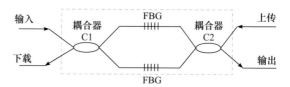

图 6.4　基于 FBG 和马赫-曾德尔干涉仪的 OADM 结构

包含多个波长成分的光信号从输入端进入 OADM，在经过耦合器 C1 后传播至 FBG，此时波长与 FBG 反射谱峰值对应波长相一致的光信号经光栅反射从输出端下载，而其他未被光栅反射的光信号可以直接经过光栅从输出端输出。此外，波长与 FBG 反射谱峰值对应波长相一致的光信号也可通过上传端上传，经光栅反射后，通过耦合器 C2 的耦合作用，与未被下载的输入光信号合在一起后从输出端输出。

有学者将这种结构称为Ⅰ型 OADM[19]。基于马赫-曾德尔干涉仪和 FBG 的光分插复用器具有极低的插入损耗和极强的光纤连接性能。当有多个波长需要上传和下载时，可以将多个Ⅰ型光分插复用器串联，得到一个能够同时上传和下载多个波长的固定式光分插复用器，因此可以根据具体的需要，选择串联的个数，得到不同通道数的固定式光分插复用器，如图 6.5 所示。同理，如果将Ⅰ型 OADM 利用不同个数的 FBG 或者可调谐 FBG 进行组合并环形串联，也可形成可重构的光分插复用器结构。

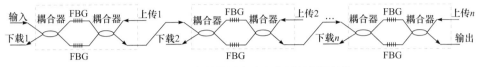

图 6.5   Ⅰ型串联的固定式光分插复用器结构

同理，若将 FBG 替换为级联相移啁啾光纤光栅应用于光分插复用器，可以得到一种可以同时上传和下载多个波长的光分插复用器，如图 6.6 所示。输入、下载、上传、输出分别为光分插复用器的输入端、下载端、上传端、输出端。马赫-曾德尔干涉仪两臂上分别写入级联相移啁啾光纤光栅。当入射光通过输入端进入该 OADM 后，入射光波长与级联相移啁啾光纤光栅的各个梳状反射峰波长一致的光信号被反射，从下载端口被下载，与光栅谐振波长不一致的信号被透射，与上传端口上路的信号耦合后，从输出端口输出。

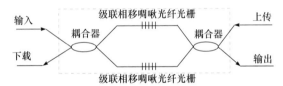

图 6.6   基于啁啾光纤光栅和马赫-曾德尔干涉仪的Ⅱ型光分插复用器结构图

3. 基于 FBG 和微环谐振器的 OADM

基于 FBG 和微环谐振器的 OADM 就是在微环谐振器的环两侧写入两个中心波长相等的光纤布拉格光栅，从而形成一种新型的 OADM 结构[20]，如图 6.7所示。

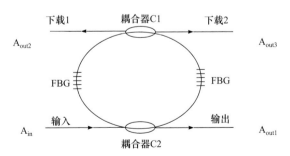

图 6.7   加入 FBG 的微环谐振器的结构

一组光信号从直波导的 A_{in} 端输入，进入直波导和微环波导的耦合区 C1，经过倏逝波耦合之后，符合微环谐振条件的光信号进行相干加强耦合到微环中，然后这部分光信号在环中传输大约 1/4 周，通过 FBG 之后再次传输大约 1/4 周。这时进入另外一个直波导和微环之间的耦合区 C2，再次产生倏逝波耦合后，一部分光信号耦合进入下载端(A_{out2} 端)；由于光栅具有透射和反射特性，原本只能上传的上传端(A_{out3} 端)也可以有信号输出；其余的光信号继续在微环中传播。由于符合微环谐振条件的光信号在环形波导中进行了相干加强，环形波导中的光功率变大，下载端的光功率也会随之变大。与此同时，不符合谐振条件的光信号将不受任何影响从直通端(A_{out1} 端)输出，并且直通端光功率逐渐减小。

6.1.2 色散补偿器

不同频率的光波在光纤中的群时延差使输入脉冲经光纤传输后展宽形成色散。光纤群时延示意图如图 6.8 所示。光纤的损耗和色散是影响光通信向高速、大容量发展的两大重要因素。目前，对光纤进行色散补偿的许多方法已被提出，其中比较成熟的方法是色散补偿光纤(dispersion compensating fiber，DCF)和啁啾光纤光栅[21]。DCF 与啁啾光纤光栅色散补偿性能对比如表 6.1 所示。

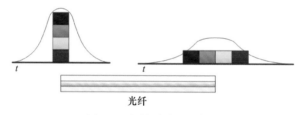

图 6.8   光纤群时延示意图

表 6.1   DCF 与啁啾光纤光栅色散补偿性能对比

参数	色散补偿光纤	啁啾光纤光栅
衰减/(dB/km)	0.8	0.2
插入损耗	高	低
非线性效应	有些限制	无
构造	复杂	简单
经济成本	高	低
带宽	宽，20nm	窄，0.1～5nm

光纤光栅色散补偿利用啁啾光纤光栅有选择性的光学延时线特点，能调节同一脉冲中不同波长成分的传输时间，使它们近乎相等。啁啾光纤光栅看成是能反射不同波长的子光栅(分段光栅)构成的。这些子光栅沿光纤光栅长度方向分布在

不同位置。展宽的脉冲进入啁啾光纤光栅后，当光传输到栅区时，最长的波长首先传输到光栅最远距离处被反射，最短的波长被光栅最近的子光栅反射，也就是说较长的波长因传输距离远被延迟。这使较短波长的光反射回来后能赶上较长波长的光，从而补偿了色散，实现了光脉冲压缩。啁啾光纤光栅色散补偿量大、插入损耗小，是一种低成本、小体积的全光纤无源器件，厘米级的啁啾光纤光栅能够补偿光纤产生的色散(可达到上百公里)。图 6.9 为啁啾光纤光栅延迟色散补偿的原理示意图。

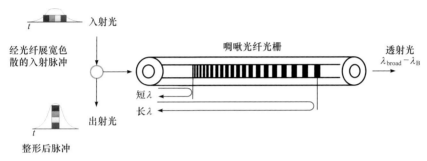

图 6.9　啁啾光纤光栅延迟色散补偿的原理示意图

作为色散补偿器，啁啾光纤光栅有三种配置方式[22]，即预补偿、后置补偿和对称补偿。预补偿是将啁啾光纤光栅置于光路起点，放大器之前；后置补偿是将啁啾光纤光栅置于光路末端；后置补偿方案是将啁啾光纤光栅放置在掺铒光纤放大器(erbium doped fiber amplifier，EDFA)之后。啁啾光纤光栅不仅可以对光信号进行色散补偿，还能起到滤波器的作用，有效地滤除 EDFA 引入的自发辐射噪声[22]。

6.1.3　增益平坦滤波器

随着光通信及传感技术的迅速发展，光学滤波器已经得到了广泛的应用，并成为重要的光学器件。特别是，波分复用(wavelength division multiplexing，WDM)、DWDM，以及光纤传感解调系统中，窄带通滤波器更是关键器件之一，可以辅助实现许多基础功能。因此，各种光学滤波器特性研究和新型滤波器的提出一直以来也是光纤乃至光电子领域的研究热点。在波分复用光通信系统中，光滤波器是处理某个特定信道或者多个信道光信号的关键器件。理想滤波器的透过率函数应为矩形或方形谱，即在要求的带宽范围内全反射或全透射，在实际中这是非常难以实现的。因此，对这种器件特性的要求一般包括高选择性、高带外抑制、平坦的带内响应，以及低插入损耗。

伴随光通信、传感系统器件的小型化、全光纤化，光滤波器也逐步向全光纤型滤波器过渡，因此与光纤兼容性良好的光纤光栅，以及基于光纤光栅的各种滤波器受到普遍关注。

光纤光栅能够选择一种或多种波长的能力，即选频反射特性，非常适用于光通信系统，可以通过调整改变光纤光栅的结构参数，调谐得到具有不同反射率、不同带宽等滤波特性的光纤滤波器。在光通信系统中的实际应用中，为了得到传输型带通滤波器，一般是将光纤光栅与光纤环形器结合使用，即输入的光信号经光纤环形器进入光纤光栅，被选频反射后由光纤环形器输出，如图 6.10 所示。FBG可以作为光纤透射谱的窄带滤波，同理，不同光纤光栅特殊的光谱滤波特征不同，相移光纤光栅可在反射谱位置用于窄带通滤波器，取样光纤光栅可以作为梳状滤波器，啁啾光纤光栅可做成宽带滤波器。

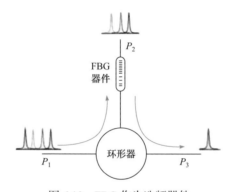

图 6.10　FBG 作为选频器件

光通信中的波长越来越窄，带宽到兆级，对光纤光栅工艺的要求很高，因此光纤光栅在通信中做滤波器的比较少。近年的研究中，光纤光栅作为滤波器的典型应用主要是在 EDFA 中做增益平坦滤波器(gain flattening filter，GFF)。EDFA 具有增益高、带宽大、噪声低、增益特性对光偏振状态不敏感、对数据速率，以及格式透明和在多路系统中信道交叉串扰可忽略等优点。在 DWDM 系统中，由于各信道波长的密集复用，以及 EDFA 均匀展宽特性，不同信道之间存在激烈的竞争，当多波长光信号通过 EDFA 时，不同信道波长的增益会有所不同；同时，在 DWDM 网络中，经常需对 EDFA 进行级联使用，每个放大器的增益波动将使 DWDM 的增益波动进行累积使其加剧。这会加剧网络中信号功率的不平衡，使比特误码率无法满足系统要求。因此，对 EDFA 的增益谱进行平坦化成为 DWDM 系统应用的现实问题。目前，实现 EDFA 增益平坦主要有薄膜滤波、微光正弦滤波、光纤光栅滤波等技术手段。目前，EDFA 的实际产品主要是用光纤镀膜做这种滤波器。

1. 长周期光纤光栅

在 LPFG 中，与光栅相互作用的光被耦合进前向传输包层模，并由于吸收和散射迅速衰减，这种波长选择器具有极小的反射，在与 EDFA 集成时不必使用隔离器。然而，与薄膜滤波一样，为了覆盖 EDFA 的整个增益带宽，必然会增加生产的复杂性。同时，如果没有对这种光栅 GFF 进行封装，温度变化时其波长漂移的敏感度布拉格光栅增益平坦滤波器的 5 倍。为了减少这种温度敏感性，需要进行无源温度补偿。与温度敏感性一样，GFF 对弯曲损耗的敏感性也比较高。这些因素加起来使 GFF 的封装技术显得尤为重要。有关 LPFG 用作 EDF 增益平坦滤波器的设计方案多种多样，如级联 LPFG、相移 LPFG、微弯 LPFG 等。LPFG 作为 EDFA 的增益平坦滤波器示意图如图 6.11 所示。

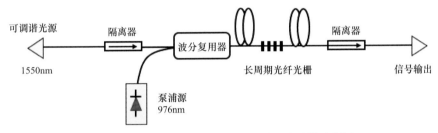

图 6.11　LPFG 作为 EDFA 的增益平坦滤波器示意图

2. 光纤布拉格光栅

基于光纤布拉格光栅的 GFF 又可以分为两种实现方式，一种是闪耀光纤光栅，另一种是啁啾光纤光栅。

1) 闪耀光纤光栅

制作光栅时，紫外侧写光束与光纤轴不垂直，造成其折射率的空间分布与光纤轴有一个小角度，形成闪耀光纤光栅。闪耀光纤光栅 GFF 同样具有很小的反射率，可以减少隔离器的使用。同长周期光纤光栅 GFF 一样，为了覆盖 EDFA 的整个增益带宽，必然会增加生产的复杂性。闪耀光纤光栅 GFF 具有较高的损耗谱精度，但是对于新的损耗谱其生产控制方式显得复杂了一些。

2) 啁啾光纤光栅

啁啾光纤光栅是栅格间距不等的光栅。啁啾光纤光栅 GFF 工作于传输模式，这种 GFF 与常规光纤连接时具有很低的插入损耗。同时，与其他 GFF 相比，啁啾光纤光栅 GFF 可以覆盖一个很宽的光波段(>35nm)，而且可以封装得很小。对于新的 EDFA 增益谱，啁啾光纤光栅 GFF 可以很灵活地调整其损耗谱。对于 EDFA 生产商，这无疑缩短了对 GFF 进行选型和匹配的时间。啁啾光纤光栅 GFF 在生产时由于单独生产,每个 GFF 均能确保具有轻微的差异。这种轻微的差异使得啁啾光纤光栅 GFF 的 EDFA 增益波动频率位置不同,因此在 DWDM 网络中将 EDFA 级联使用时,可以减少功率差异。啁啾光纤光栅作为 EDFA 的增益平坦滤波器示意图如图 6.12 所示。

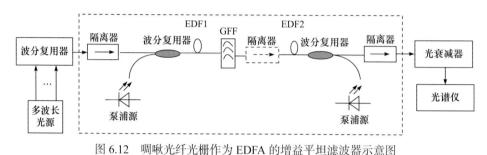

图 6.12 啁啾光纤光栅作为 EDFA 的增益平坦滤波器示意图

6.2 光纤光栅在激光器中的应用

6.2.1 高功率激光器反射镜

大功率光纤激光器是以稀土离子掺杂双包层光纤为工作介质的一种新型全固体激光器。相比于传统固体激光器,其具有结构紧凑、转换效率高、光束质量好、易于散热等明显优势。随着应用领域对光纤激光器输出功率需求的提高,光纤纤芯中的激光功率密度已经接近其物理极限,使得输出功率的进一步提高受到限制。光纤激光器输出功率的提高主要受限于两个方面,即光纤激光的损伤和光纤中的非线性效应。为克服这两个方面对光纤激光器功率的限制,高功率增益光纤通常采用双包层光纤结构。双包层光纤很好地解决了高功率光纤激光器功率提升困难的问题,而基于双包层光纤的包层泵浦技术很好地解决了泵浦光耦合进光纤纤芯的难题,在提高光纤激光器输出功率方面具有不可替代的地位。因此,双包层结构几乎成为高功率光纤激光器的标配结构。图 6.13 是典型大功率光纤激光器结构,通常一个激光谐振腔需要一对(高反射率和低反射率)光纤光栅[23-26]。在双包层光纤上直接写入 FBG,除了可以大幅度提高光纤激光器的输出特性、稳定性和可靠性,同时还由于双包层增益光纤与双包层光纤光栅间不存在耦合对接问题,可以使激光器结构简单、紧凑,对全光纤化光纤激光器的实现具有重要的意义。

其中,常见的做法是在掺镱有源双包层光纤(Yb-doped active double-clad fiber, YDF)上制作窄高反-宽输出全光纤光栅谐振腔结构。如图 6.14 所示,高反射率光纤光栅是一个超长 FBG,栅区长度达 50mm,半高宽 0.032nm,光谱呈"瘦高"

特征；低反射率光纤光栅是一个超短 FBG，栅区长度仅有 0.15mm，半高宽 2.4nm，光谱呈"矮胖"特征。

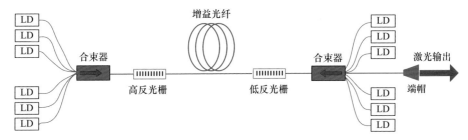

图 6.13 典型大功率光纤激光器结构

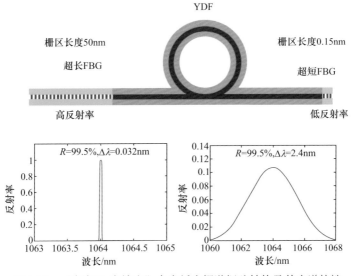

图 6.14 "窄高反-宽输出"全光纤光栅谐振腔结构及其光谱特性

另外，还可以在有源光纤上制作复合光纤光栅光谱滤波谐振腔结构，如图 6.15 所示。在滤波重叠栅的设计上，在同一个位置写入 Grating Ⅰ 和 Grating Ⅱ，光谱特征如图 6.15 所示。

在高功率光纤光栅应用中，要实现高功率窄线宽激光的输出方案，光栅设计和光栅刻写部分主要在于高反射率窄谱和低反射率宽谱光栅对、滤波重叠栅的制备。这一部分光栅器件是后续光纤谐振腔和光纤放大器设计的关键。2018 年 7 月，北京信息科技大学研制的 50pm 高功率窄线宽输出光栅应用于清华大学高功率激光系统，实现了振荡级 100W、放大级 2190W 窄线宽输出[27]，同年研制的 30pm 高功率窄线宽输出光栅应用于清华大学高功率激光系统，实现了振荡级 300W 输出、放大级 3560W 窄线宽输出。

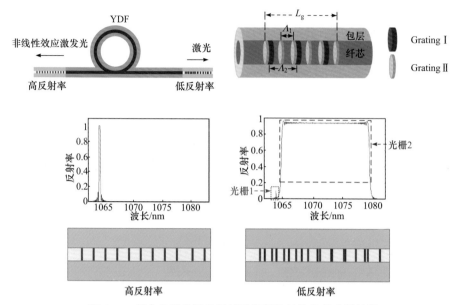

图 6.15　复合光纤光栅光谱滤波谐振腔结构及其光谱特性

6.2.2　分布反馈式光纤激光器

分布反馈式(distributed feedback，DFB)光纤激光器具有单模工作特性稳定、线宽超窄、相干长度很长、结构稳定的特点，在光通信、传感、光谱学等领域具有广泛的应用。

1972 年，Kogelnik 等[28]采用电磁场的耦合波理论，系统地分析了 DFB 光纤激光器的工作原理与特性，指出 DFB 光纤激光器中存在两种基本的反馈方式，一种是折射率耦合型，另一种是增益耦合型。前者在与光栅的布拉格波长相对称的位置上存在两个损耗相同且最低的模式，也就是说，折射率耦合型的 DFB 光纤激光器在原理上是双纵模激射的。随后，Haus 等[29]进一步指出在 DFB 光纤激光器内的光栅中引入非连续变化就能消除模式简并，并降低阈值。此后，这一概念被具体化，在光栅的中心引入一个四分之一波长相移区。它被以后的实践证明是 DFB 光纤激光器消除双模简并，实现单模工作的有效方法。1994 年，Kringlebotn 等[30]首次报道了通过加热光栅引入相移的方法，在铒镱共掺光纤制出 DFB 光纤激光器，紧接着 1995 年 Asseh 通过在光栅中引入永久相移，由铒镱共掺光纤制出 DFB 光纤激光器。

DFB 光纤激光器与其他类型 DFB 光纤激光器谐振腔对波长选择的原理是一样的，基本组成也是由泵浦源、增益介质、激光谐振腔构成，不同之处在于，增益介质是掺杂稀土离子的光纤，常用的有掺杂铒离子、镱离子、铒离子镱离子共掺光纤。DFB 光纤激光器的谐振腔是一段写在有源光纤(一般是掺铒光纤或铒镱共掺光纤等)上的光纤布拉格光栅，并且这个光纤光栅是具有相移的。相移光栅与均匀光栅的区别在于，在光栅的制作中纵向折射率调制了一个 π 相位跳变，这样就在光栅的反射谱中形成了一个狭缝。如果泵浦光注入相移光栅，狭缝处就会产生布拉格波长的激光输出。对于传统的 DFB 光纤激光器，其 π 相移位于光栅的正中间，因此从 DFB 光纤激光器两端输出的激光功率相等。如果相移两边的折射率调制深度分布不同，π 相移的位置没变，依然处于光纤光栅的中间，当注入泵浦光时，折射率调制深度较小的一端产生的激光输出功率较大。相移光纤光栅在DFB 光纤激光器中的应用如图 6.16 所示。

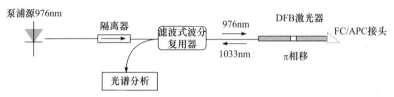

图 6.16　相移光纤光栅在 DFB 光纤激光器中的应用

相移光栅对实验条件非常敏感，制备工艺可重复性差，等效相移理论的引入可以很好地解决此问题，将纳米级精度降低到微米级精度。等效相移的思路是在取样光纤光栅中，根据采样周期的相移来实现光栅的相移。利用等效相移技术制作取样光纤光栅，当其中心处取样周期平移半个光栅周期时，光栅的奇数阶反射峰都有大小为 π 的等效相移。如果光栅足够强，光栅奇数阶反射峰的中心波长都有激射的可能。但是，取样光纤光栅 +1 阶反射峰由于位于短波长方向，通常容易受到包层模耦合损耗的影响，其反射峰通常会比较低，因此通常情况下 −1 阶反射峰的反射率最强。同样，放在透射谱上来看，所有奇数阶的透射峰中心都会产生一个等效的 π 相移。但是，0 阶中心不具备所需的相移，±3 阶及更高阶次的透射峰强度太小，考虑 +1 阶包层模耦合损耗的影响，−1 阶成为最合适的激射波长。在泵浦光的作用下可以发生激射，形成单波长激光器。

6.2.3　拉曼光纤激光器

受激拉曼散射(stimulated Raman scattering，SRS)是当今变频技术的重要内容之一。受激拉曼散射的光谱主要分布在紫外到近红外光谱范围，其特点具有光束质量高、窄脉冲宽度、不需要相位匹配、转换效率高等多种优良特性，因此能在很长的波段内形成激光。在光纤两端加上具有适当反射率的光纤布拉格光栅，对光纤内受激拉曼散射产生的斯托克斯光提供反馈，就会形成激光振荡，成为拉曼光纤激光器(Raman fiber laser)[31]。

1. 光纤光栅在级联拉曼光纤激光器中的应用

级联拉曼光纤激光器也是基于光纤受激拉曼效应的一种激光器。对于斯托克斯波，泵浦功率一旦达到阈值，它的能量会迅速转换为一级斯托克斯波的能量，而一级斯托克斯波的强度达到阈值后，将作为二级斯托克斯波的泵浦源，产生二级斯托克斯波。同样，当二级斯托克斯波的强度超过阈值后又作为三级斯托克斯波的泵浦源，产生三级斯托克斯波。依此类推，可以产生更高级的斯托克斯波，形成级联受激拉曼散射。通过相互级联的多次拉曼频移，就能将泵浦光能量转化到所需要的波长，制成级联拉曼光纤激光器[32-34]。

一个n($n>1$)级级联的拉曼激光器，由$2n+1$个光纤布拉格光栅和几百米掺锗或掺磷的单模石英光纤构成，如图6.17所示。其中P_{in}和λ_0分别为耦合进光纤的泵浦光功率和波长，P_{out}和λ_n分别为输出光功率和输出光的波长。

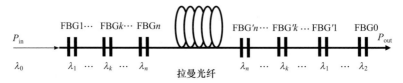

图6.17　级联拉曼光纤激光器的基本模型

这些光纤光栅中的n对($2n$个)分别配置在增益光纤的两端，中心反射波长分别对应n个斯托克斯波，构成相互镶嵌级联的n级拉曼腔。除了输出耦合端的第n级光纤光栅(FBGn)所对应的光栅是部分反射光纤布拉格光栅，其他各阶λ_k对应的都是高反射率光纤光栅。另外一个FBG0对于泵浦光也具有高反射率，它的用处是反射输出端没有被完全吸收的泵浦光，可以提高泵浦光的转化效率，同时可以消除输出激光中的泵浦光成分，这对于应用是很重要的。

各级斯托克斯光在腔内的形成过程是，当耦合进光纤的泵浦光功率达到一级拉曼阈值功率时，就产生波长为λ的一级斯托克斯光，随着泵浦光功率继续增加，腔内一级斯托克斯光功率足够强，以至于达到二级拉曼阈值功率，就产生对应波长的二级斯托克斯光。同样的道理，当泵浦光功率足够大，达到第n级拉曼阈值功率，就会产生波长为λ_n的n级斯托克斯光。各级斯托克斯光在相应光纤光栅的反射作用下，最后在腔内形成稳定的谐振。此过程可以用图6.18来表示。其中，P^+代表正向，即向输出耦合端方向传播的光功率；P^-代表向输入端侧传播的光功率。例如，P_0^+表示正向传播的泵浦功率，P_0^-表示反向传播的泵浦功率，P_k^+表示第k级斯托克斯光的正向功率，P_k^-表示第k级斯托克斯光的反向功率等。

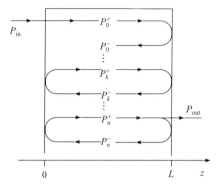

图 6.18　各级斯托克斯光在光纤中的形成过程

2. 光纤光栅在调谐拉曼光纤激光器中的应用

拉曼光纤激光器可以在近红外区域提供几乎任何可调谐波长输出，在电信领域具有广阔的应用前景。在可见光谱中产生的倍频拉曼激光器的发展，进一步扩大了拉曼光纤激光器的应用范围。拉曼光纤激光器中利用倍频和调谐的结合可以在黄红色光谱范围内代替复杂的可调谐染料激光器和 Ti:Sa 激光器。混合腔可调谐拉曼激光器[35]如图 6.19 所示。

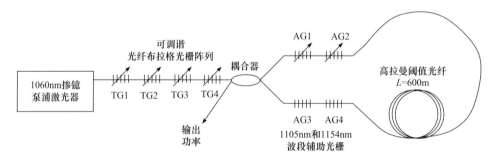

图 6.19　混合腔可调谐拉曼激光器[35]

6.2.4　半导体激光器

对于持续发展的 DWDM 系统和光接入网的发展，随着逐渐增加的信道，稳定的信号放大尤为关键。同时，要求放大器成本越来越低，性能越来越高，如输出功率、响应时间、输出光谱平坦性、功耗、噪声系数、增益带宽等。单模且具有高功率的 980nm 半导体激光器作为抽运光源是光通信系统中掺铒光纤放大器的核心器件之一。

大功率 980nm LD 的峰值波长受材料、结构、驱动电流和环境温度的影响。

通常，LD 工作电流在 300~400mA 变化时，波长会变化 3~5nm；环境温度变化 70℃时，波长变化将达到 10~15nm，综合结果可使波长变化达 12~20nm，从而导致 LD 光输出峰值波长远离 EDF 的最大吸收光波长区，光泵功率和转换效率大大下降。解决该问题的方法有两种，一是采用自动温度控制(automatic temperature control，ATC)技术来控制大功率 LD 芯片的温度变化；二是采用光纤布拉格光栅来锁定 LD 光波长。因此，光纤光栅的应用主要是在波长锁定方面，为激光输出的稳定发挥作用。

1. 单光纤光栅波长锁定

单光纤光栅波长锁定由 980nm LD 管芯、端头为楔形的耦合光纤和 FBG 组装成一个多光腔组件，通过锁定 LD 输出的光波长达到稳定 980nm 光泵源输出峰值波长的目的[36]。

1) 多光腔组件的构成

单光纤光栅波长锁定多光腔组件由有源腔和无源腔组成。其原理和器件耦合封装结构如图 6.20 所示。

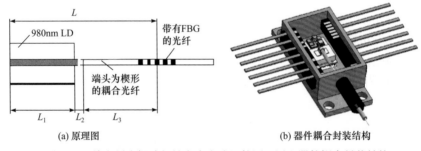

(a) 原理图　　　　　　　　　　　　(b) 器件耦合封装结构

图 6.20　单光纤光栅波长锁定多光腔组件原理图和器件耦合封装结构

LD 腔长 $L = L_1 + L_2 + L_3$；L_1 为 LD 有源腔长；L_2 为无源腔长，是 LD 右端面和楔形耦合光纤之间的间隙；L_3 为无源腔长，是楔形光纤头到 FBG 中心的长度；耦合光纤和 FBG 光纤总长度为 150~200cm。

2) 多光腔组件的工作原理

980nm LD 多光腔组件由 LD 有源腔 L_1、外部腔 L_2 和 L_3 构成。其中，LD 有源腔是其核心部分。实验采用的 980nm LD 管芯是有源层为 InGaAs/GaAs 的应变量子阱结构材料，而外形为脊形波导的法布里-珀罗长腔结构，其激射波长由增益谱和阈值条件决定。

多光腔组件的纵模选择和波长选择比较复杂。980nm LD 管芯的激射光耦合进端头为楔形的光纤和 FBG 时，会遇到两个光学界面，即耦合光纤界面和 FBG

决定的界面。光在界面上会产生反射和透射，并在 L_2 和 L_3 腔中某些特定的波长上形成光谐振，从而形成驻波。这两个无源谐振腔的作用将影响单个 980nm LD 的前端面反射率和传播特性。这种情况下，总的前镜面反射率可以用 LD 的前端面反射率、光纤端头和 FBG 所决定的综合等效反射率 R_e 来代替。R_e 等效的结果可能使光组件输出光波长不同于单个 980nm LD 光波长。理论上，只有满足如下阈值条件的光波长才可能达到光功率极大值，FBG 的波长锁定作用就是要满足光波长与 FBG 结构所决定的布拉格波长相一致。为此，要使 LD 前端面反射率和耦合光纤端面的反射率都低于 FBG 的峰值波长的反射率，尤其是耦合光纤端面的反射率应略去不计。

　　由于 FBG 的布拉格波长随温度变化很小，如果激光器发射波长被 FBG 锁定，光输出波长变化就很小，整个多光腔系统的光波长也就很稳定。当然，如果光波长和布拉格波长相差太大，即布拉格波长在 LD 增益谱之外，如相差 10nm 以上，则整个多光腔系统将处于失锁状态，FBG 就不起作用了。这就是大功率、980nm LD 单 FBG 多光腔组件的波长锁定工作原理。

　　2. 双光纤光栅波长锁定

　　双光纤光栅波长锁定器[37,38]主要由两个结构和特性相同的均匀光纤布拉格光栅组成。光纤布拉格光栅只在中心耦合波长附近的窄带宽内对光有较强的耦合反射作用。因此，对于激光器，尾纤后面所接的一对光纤布拉格光栅组成一个类似于法布里-珀罗腔的谐振腔。光波只能在光纤布拉格光栅的反射带宽内产生谐振，在反射带宽外没有谐振峰。双光纤布拉格光栅组成的谐振腔锁定非致冷抽运激光器的基本结构如图 6.21 所示。

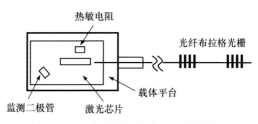

图 6.21　双光纤光栅锁定器基本结构图

　　980nm 抽运激光器的后端面腔镜的反射率为 95%，前端面腔镜反射率根据激光器芯片的长度和外延结构来设计。从激光器的高效和稳定性方面来考虑，其数值范围应在 0.005～0.05。双光纤光栅在窄带宽内对光的耦合反射作用加强了激光器的前端反射率。当激光器工作在多模相干失效状态时，由双光纤光栅谐振腔影响，激光器的增益峰被锁定在光纤布拉格光栅的反射带宽内。

6.2.5 超快激光器

光纤纤芯很细，当高功率的超快激光脉冲在极小的光纤纤芯中传播时，极高的峰值功率必然会引起诸多的非线性效应，导致输出脉冲的波形畸变。为了在光纤激光器中实现超快激光脉冲输出，在超快飞秒光纤激光系统中通常采用啁啾脉冲放大(chirped pulse amplification，CPA)技术。在 CPA 系统中，激光脉冲的展宽和放大，以及合理地管理 CPA 系统中的总色散量，是获得优质飞秒光纤激光器的关键技术。

超快激光器的振荡器中脉冲功率受到锁模机制固有的限制，很难在振荡器内进一步提升脉冲的能量。光纤放大器具有很宽的增益带宽，可以用来放大激光振荡器产生的种子脉冲，进一步提高输出脉冲能量。由于超短脉冲的峰值很高，在光纤中的非线性很强，容易引起脉冲畸变，甚至损坏光纤，同时由于峰值功率高，会产生增益饱和效应，很难进一步被放大器放大。

减少非线性的可行办法是利用 CPA 技术。啁啾放大技术起源于 1985 年，其方法是先将脉冲展宽，再将脉冲放大，最后通过光栅对把脉冲压缩至原来的宽度。啁啾放大的核心思想是将脉冲展宽以降低脉冲的峰值功率，减小非线性的影响，得到没有畸变的高功率脉冲。全光纤结构具有易于集成、结构简单、不需要准直调节等优点，在实际应用中非常重要。线性啁啾光纤光栅作为全光纤啁啾脉冲放大技术中的关键器件，可以起到提供固定色散展宽或压缩脉冲的作用。当脉冲光通过啁啾光纤光栅时，脉冲的不同波长成分的光在啁啾光纤光栅的不同位置发生衍射，从而起到对脉冲的展宽和压缩的作用。

1987 年，Ouellette[39]根据布拉格光栅的反射原理，最早提出制造线性光纤布拉格光栅的概念，并论证了其可以用来补偿光纤激光系统中的色散。至此，光纤光栅的色散理论得到了更深入的研究，啁啾光纤光栅被广泛应用在各个光纤系统领域。在高功率光纤飞秒激光领域，CPA 系统的提出可以解决光纤飞秒激光器功率低的问题，但初期的 CPA 系统的展宽器和压缩器通常利用空间光进行耦合。1995 年，Galvanauskas 等[40]首次在 CPA 系统中利用啁啾光纤光栅来补偿展宽和放大过程中的色散失配问题，从而在飞秒光纤 CPA 系统中获得脉冲能量 1.2mJ、脉冲宽度 380fs 的飞秒激光，提高超快光纤 CPA 系统的全光纤化程度、耦合效率和激光器运行的稳定性。随着啁啾光纤光栅和大模场光纤的发展，啁啾放大技术得到了快速发展。1997 年，Arce-Diego 等[41]根据啁啾光纤光栅的弹光效应，利用磁场对啁啾光纤光栅的色散量进行调节。此后，Guan 等[42]通过利用啁啾光纤光栅的热光效应，研究温度对啁啾光纤光栅色散量的调节规律，并把这项技术应用于掺铒光纤激光器中。2015 年，Želudevicius 等[43]利用四个半导体致冷器

(thermoelectric cooler，TEC)控制啁啾光纤光栅的温度分布，对啁啾光纤光栅施加特定的温度场从而优化系统的色散量参数，显著改善脉冲压缩。

我国在光纤光栅色散补偿方面开展的科研工作相对较晚。1997 年，中国科学院半导体研究所的赵玉成等[44]对线性啁啾光纤光栅两个基本光学特性做了理论研究。在色散补偿原理方面，舒学文等[45]先后对均匀光纤光栅和线性啁啾光纤光栅的补偿原理做了较为详细的论述。2000 年，Qin 等[46]利用设计的悬臂梁对啁啾光纤光栅进行调谐作用，调谐后的光纤光栅取得了良好的色散补偿效果。2002，张银英等[47]实现了均匀光纤光栅的可调色散补偿。2009 年，周建华等将线性啁啾光纤光栅粘贴在磁致伸缩棒上，利用棒的磁致伸缩效应通过外加磁场的变化调谐加在线性啁啾光纤光栅上的应力，调谐啁啾光纤光栅的色散特性。2015 年，Zhang 等[48]用半导体制冷器对啁啾光纤光栅整体进行温控，通过调节温度来精密地补偿系统中的色散失配，从而在一定程度上对输出的飞秒激光脉冲宽度进行优化，实现 3fs/℃的调节精度。

6.3　光纤光栅在传感系统中的应用

外界环境温度和应变的变化会引起光纤光栅折射率和周期两个重要参数发生改变，进而导致光栅的谐振波长发生变化，通过测量光纤光栅谐振波长的变化就能获得待测物理量的变化情况。自从 1989 年 Meltz 等[49]对 FBG 的温度和应变传感进行了研究并首次报道以来，FBG 在光纤传感应用方面引起了全世界范围内的关注和研究。目前，光纤光栅传感元件以光纤布拉格光栅为主流，其他如 LPFG 和啁啾光纤光栅多有涉及。本节就光纤光栅传感基础及应用领域进行梳理和分析。

6.3.1　光纤光栅传感基础

由前述章节可知，FBG 是在光纤上基于折射率分布调制制作出来的，具体表现为反射某一特定中心波长，可作为波长选择性滤波器。光纤布拉格光栅的中心波长与有效折射率的数学关系是研究光栅传感的基础。从麦克斯韦方程出发，结合耦合模理论，利用光纤光栅传输模式的正交关系，得到的光纤布拉格光栅反射波长的基本表达式为

$$\lambda_{\mathrm{B}} = 2n_{\mathrm{eff}}\Lambda \tag{6.1}$$

式中，n_{eff} 为纤芯的有效折射率；Λ 为光纤光栅周期。

对中心波长的基本表达式(6.1)微分，可以得到光纤布拉格光栅中心波长漂移量 $\Delta\lambda_{\mathrm{B}}$ 的表达式，即

$$\Delta\lambda_{\mathrm{B}} = 2n_{\mathrm{eff}}\Delta\Lambda + 2\Delta n_{\mathrm{eff}}\Lambda \tag{6.2}$$

式中，$\Delta\varLambda$ 为光纤光栅的周期性发生的改变，主要受温度与应力应变的影响；Δn_{eff} 为纤芯有效折射率发生的改变，主要受热光效应与弹光效应的影响。

光纤光栅的波长变化由光纤光栅的有效折射率和光纤周期决定，任何使两个参量发生改变的物理过程都将引起光纤布拉格光栅的波长漂移。在所有引起布拉格光栅波长漂移的外界因素中，最根本、最直接的物理量是温度和应变。当布拉格光栅受到外界应变(或应力)时，无论是对光栅拉伸还是挤压，都势必导致光栅周期 $\varLambda$ 的变化，并且光纤本身所具有的弹光效应使有效折射率 n_{eff} 也随外界应力状态的变化而改变；当光纤布拉格光栅受到外界温度影响时，热膨胀会使光栅周期发生变化，同时热敏效应会导致光栅的有效折射率变化。

1. 温度响应

当 FBG 处于自由状态且无外部载荷作用时，仅受温度变化的影响，则 FBG 反射的中心波长是温度的函数，如图 6.22 所示。热膨胀效应引起的光栅周期的变化和热光效应引起的有效折射率的变化为

$$\frac{\Delta\varLambda}{\varLambda} = \alpha \cdot \Delta T$$

$$\frac{\Delta n_{\text{eff}}}{n_{\text{eff}}} = \zeta \cdot \Delta T \tag{6.3}$$

式中，α 为光纤热膨胀系数；ζ 为光纤热光系数。

忽略二次项，将式(6.3)代入式(6.2)可得

$$\frac{\Delta\lambda}{\lambda} = k\Delta T \tag{6.4}$$

式中，k 为温度灵敏度系数。

对于熔融石英光纤，当光纤光栅中心波长为 1550nm 时，相应的温度灵敏度系数约为 10pm/℃。

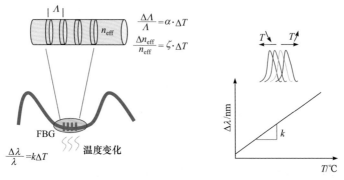

图 6.22 光纤布拉格光栅温度传感特性

2. 应变响应

拉压和弹光效应产生的应变也可以引起光栅周期和有效折射率的变化，如图 6.23 所示。当反射波长变化时，应变量和中心波长相对变化量的关系为

$$\frac{\Delta\lambda}{\lambda} = \frac{\Delta\Lambda}{\Lambda} + \frac{\Delta n}{n} \tag{6.5}$$

式中，Δn 为折射率变化量；$\Delta\Lambda$ 为栅距变化量；光纤产生应变时折射率的变化可表示为

$$\frac{\Delta n}{n} = \frac{1}{2}n^2\left[(1-\mu)P_{12} - \mu P_{11}\right]\varepsilon = -P\varepsilon \tag{6.6}$$

其中，$1/P = n^2[(1-\mu)P_{12} - \mu P_{11}]$；$\varepsilon$ 为光栅轴向应变；P 为泊松比。

假设

$$\frac{\Delta\Lambda}{\Lambda} = \frac{\Delta L}{L} = \varepsilon \tag{6.7}$$

则式(6.5)可写为

$$\frac{\Delta\lambda}{\lambda} = (1-P)\varepsilon \tag{6.8}$$

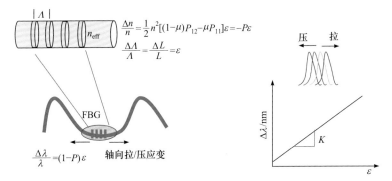

图 6.23 光纤布拉格光栅温度传感特性

对于典型的石英光纤，1550nm 的 FBG 应变灵敏度约为 1.2pm/με。

在实际工程应用中，温度场的环境是无法避免的，因此使用光纤光栅传感器测量应变时将受到环境温度的影响，需要对光纤布拉格光栅传感器的测量结果进行环境温度与应变的解耦。

在基于光纤光栅的应变传感领域，目前利用最多的是均匀光纤光栅的轴向均匀应变敏感特性，通过封装来建立一维轴向应变与均匀光纤光栅中心波长的对应关系，进而实现传感。在这种情况下，光纤光栅的轴向均匀受力是实现传感的前

提，也是最简单的受力情形[50-54]。在实际应用中，特别是直接利用光纤光栅进行应变测量而不允许对其进行封装的情况下，如将光纤光栅直接植入被测材料或结构内部，光纤光栅可能受到空间应力荷载的作用，在轴向可能受到沿栅区长度的不均匀应力，进而导致其光谱畸变，同时光纤光栅还可能受到径向力作用。当前对均匀光纤光栅的轴向非均匀受力特性及径向受力特性的研究结果表明，在复杂受力情形下，均匀光纤光栅光谱会产生畸变。畸变后的光谱信息不但难以实现空间荷载力测量，而且无法准确捕捉中心波长，进而达不到一维轴向应变测量的目的。现有的方法是从数据处理的角度来解决该问题，采用光谱信息的应变重构方法计算栅区的应变分布，该方法虽然具有很好的应变测量精度，但是分析复杂、运算量大、耗时长。

目前使用的光纤布拉格光栅传感器只对温度和轴向应变敏感，而对径向应变不敏感。有文献报道采用保偏光纤制作的布拉格光栅，可用于偏振滤波器，以及折射率、应变、温度等多参量同时测量传感器领域，甚至实现压力、轴向应变等的传感测量[55-58]。基于传统保偏光纤(如熊猫型光纤、领结型光纤和其他几何形状不对称光纤)或基于激光诱导截面折射率分布不对称的保偏光纤布拉格光栅常被用于化学、生物方面传感量的测量，但是其光波模式主要被限制在光纤纤芯传播，会影响光栅对外界变化的敏感度。为了提高其对外部折射率的敏感性，可以通过熔融拉锥、侧面抛磨、化学腐蚀等方法来增强倏逝场。另外，LPFG、啁啾光纤光栅[59,60]与相移光纤光栅[61,62]等传感器件的研究也很多，通过对这些光纤光栅的"力-光"特性研究，凭借其更具特点的光谱信息，研究不同轴向受力、不同径向受力大小及径向力分布角度等因素对其作用效果，获取复杂空间应力下光谱形状、中心波长、带宽、反射率等光谱信息的响应特征，为实现复杂应力场测量提供理论支撑。这也是新型光纤光栅器件传感领域的应用拓展和发展方向。

光纤光栅传感器经过多年的发展，国内外学者和公司进行了很多探索和尝试，已出现各种各样的产品，已报道的光纤光栅传感器可检测的被测量包括温度、应变、压力、位移、加速度、扭角、超声、磁场、电流、热膨胀系数、浓度、振动等。光纤光栅从光纤元件到可应用于工程现场的产品级传感器需要经过增敏/减敏设计、封装防护、接口设计、机械安装设计、性能标定测试等很多工艺环节，其中较成熟的 FBG 传感器集中在应变、温度、加速度、压力和位移等物理量。光纤光栅传感器产品照片如图 6.24 所示。

3. 传感系统基本组成

要利用光纤光栅实现测量，最小传感系统包括光源、耦合器或者环形器、光纤光栅、解调仪等。光纤光栅传感系统基本组成如图 6.25 所示。

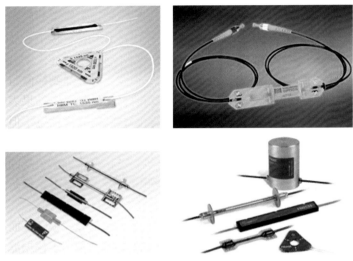

图 6.24　光纤光栅传感器产品照片

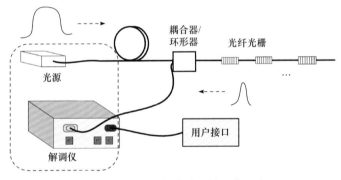

图 6.25　光纤光栅传感系统基本组成

　　其中，宽带光源可以是超辐射发光二极管(superluminescent light emitting diode，SLED)或者 ASE 光源等，它发出的宽谱光经过环形器或耦合器入射到光纤光栅中，符合布拉格条件的光被反射回来，再次经过环形器或耦合器送入解调仪，从而采集光纤光栅的反射波长，通过光纤光栅中心波长的漂移即可完成与应变或温度有关的物理量的监测。此外，也可以将光源和采集模块集成到一起形成解调设备。光纤光栅解调方式也有很多种，图 6.25 所示的宽带光源与解调仪结合是其中的一种常见方式，还有利用可调谐激光光源、可调谐滤波解调等多种解调方式形成的解调系统。这些可根据光纤光栅的监测应用需求或者网络规模等综合考虑后进行选取。

6.3.2　光纤光栅传感应用领域

　　光纤光栅传感器是一种有别于传统电类传感的技术手段。光信号感知和光纤传输这两个突出的特色被国内外研究人员广泛应用到各个领域。从光纤光栅传感机制的本质来说，是利用其光谱波长的变化与待测物理量之间的响应关系来实现。光纤光栅传感器的应用遍及土木工程、水利水电、高铁桥梁、化学医药、周界安防、航空航天、武器装备等各个领域，FBG 传感器在众多行业都有非常广阔的应用前景。

1. 土木建筑

建筑结构健康监测是评估建筑结构安全性、完整性的重要手段，在确保建筑结构的安全建造和健康运营方面具有重要的作用，对于保障人民群众的生命财产安全，以及经济和社会的可持续发展方面具有重要的意义。目前，建筑结构的安全监测主要采用人工巡检和传统的电类传感器等方式实现，可以增加结构健康监测的成本，降低结构监测的准确性。

与传统的建筑结构监测技术相比，光纤光栅传感器可以在建设初期嵌入建筑结构内部，对建造过程进行较大面积铺设布点实现更完整、实时在线记录和重点监测。应用于土木建筑状态监测的光纤光栅传感系统近年来已有很多案例，如水利堤坝、山体滑坡、混凝土/钢结构建筑体、古建筑结构变化等应用场景都有涉及，如图 6.26 所示。土木建筑领域主要监测的物理量包括应变、位移、振动等结构参数，压力、温湿度、腐蚀等环境参数；应用环境大都是户外工程现场，对传感器的封装、安装防护、使用寿命、长期稳定性都有比较高的要求。

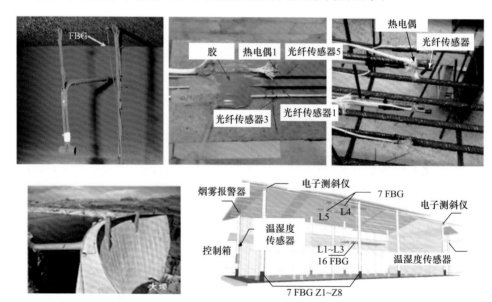

图 6.26　光纤光栅传感器在结构建筑领域的应用

2. 桥梁隧道

桥梁和隧道是公路与铁路交通枢纽的重要组成部分。我国是世界上桥梁和隧道工程最多、发展速度最快、技术水平和建设难度居世界前列的国家。伴随着桥隧工程建设重点向西部、山区等地质结构复杂地区发展，地质条件愈发复杂、施工环境逐渐恶劣，在自然灾害、疲劳效应、突变效应等因素的共同作用下，桥梁工程与隧道工程在施工过程与服役过程中的安全事故频发，不但造成严重的人员伤亡，而且造成巨大的经济损失。因此，工程灾害、安全事故已成为桥隧工程建设的主要挑战，发展灾害防控技术和工程安全监测技术对保障桥隧结构安全，防止桥隧结构安全事故具有十分重要的意义。传统桥梁的检测一般是通过人工定期巡逻检查或借助便携式仪器定点监测，从而获取桥梁信息，进行结构健康状态的诊断，但是该方法有很大的局限性，如人员巡检、监测缺乏整体性，定期监测获取信息不连续等。随着智能材料的迅速发展，涌现了一批用于桥梁智能监测的手段和传感技术。随着光纤技术的发展，光纤传感器也逐渐加入了这一行列。将桥梁隧道、山体监测等融为一体的光纤组网传感一直是光纤传感技术领域希望突破和实现的愿景，已有众多光纤光栅传感器应用于不少桥梁、隧道等监测案例中，如图 6.27 所示。

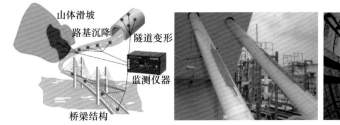

图 6.27　光纤光栅在桥梁隧道领域的应用

3. 石油化工

石油化工领域是与人们日常生活息息相关的基础保障，无论从石油开采源头，还是输油管道、储油罐/厂，整个环节都需要进行监测，离不开传感技术。光纤的玻璃材质和光信号输出本质安全，对于石油化工环境具有很大的优势。光纤光栅非常适合对油气管道各种参数信息的高精度监测，如温度、压力、应力、流量、流速等。技术人员可根据监测信息变化实时判断油气开发井下压力和成分、输送流速、油气管道是否发生泄漏、泄漏地点信息，并及时提供预警，从而实现对油气管道的在线无损检测，优化油气输送方案，减少泄漏损失，如图 6.28 所示。

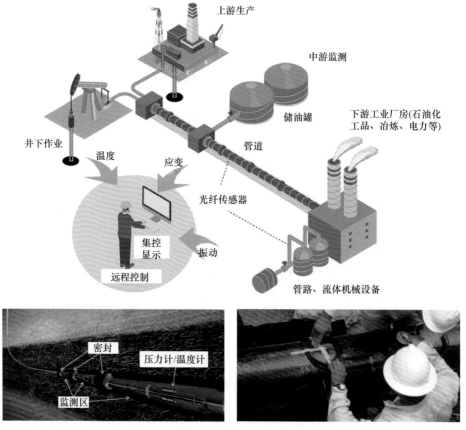

图 6.28　光纤光栅在石油开采和输油管道领域的应用

4. 航空航天

航空航天领域涉及民用和军用的方方面面，如飞机的结构健康监测、航天卫星和空间站的结构与环境探索、现役结构寿命评估，以及新型飞行器的设计分析监测等，监测参量庞大、种类繁多，所需的传感技术手段多种多样。光纤光栅传感器在航空航天领域的应用除了光信号抗电磁干扰，最大的优势在于它能实现传感点串联、光纤传输质轻、特种光纤能抗照射等。这是很多电类传感器所无法比拟的。

在飞机结构健康测试应用研究方面，美国的光纤传感器研究开始最早，投资最大，并把光纤传感器列为军备改造计划的 15 项重点之一，制定了专门的纤维光学传感器规划。美国军方于 20 世纪 90 年代初就提出智能机翼的研究计划，以实现控制机翼的扭转和曲面，其中就使用了光纤光栅应变计。F/A-18 飞机舱壁的全面疲劳试验采用了光纤传感器检测翼梁中的小量扭矩，以提高安全性和减少维护量。1998 年，美国国家航空航天局(National Aeronautics and Space Administration，NASA)在航天飞机 X-38 上安装了测试应变和温度的光纤光栅传感网络，对航天飞机进行实时的健康监测。同年，德国戴姆勒·克莱斯勒宇航公司飞机测试中心的 Trutzel 等将光纤光栅应用于当时最新的碳纤维增强塑料(carbon fiber reinforced plastics，CFRP)机翼的结构疲劳特性的健康测试，测试结果表明 FBG 与电阻应变计测试值吻合得很好。光纤光栅传感与传统电阻应变监测对比的典型案例，莫过于 NASA 实验室将光纤光栅传感技术应用在航天飞机结构应力分布测试，如图 6.29 所示。466 个传统应变传感器附带粗重的电缆线和大量的数据记录仪，而多达 3000 个光纤光栅传感点，测试系统十分简洁，在实现大规模、高密度分布式/网络式传感方面具有突出优势。

图 6.29　NASA 实验室航天飞机测试中电阻应变片与光纤传感对比

近年来，我国在飞行器和航天器等领域的光纤传感监测技术也进行了多方面的尝试和摸索，主要集中在复合材料性能分析、结构寿命评估、极端环境监测等方面。未来的航天器发展方向是具备深空探测能力、长期在轨空间试验能力等，呈现环境严酷、复合环境耦合效应日益突出、全寿命周期更加长久等特点。航天器工作的空间环境与地球大气环境完全不同，非常恶劣，如零重力、高真空、强辐射、空间碎片和高低温交变等极端环境，都会对航天器造成影响。航天器部件和系统的复杂化在客观上也导致了航天器在轨风险的加大。为使航天器更好地适应在轨工作环境，保证航天器的健康和稳定运行，应对航天器在轨环境下的结构变化进行深入研究。在发射、变轨、制动等多种不同的复杂工况下，航天器结构状态均不同，由于受空间资源的限制，空间站的舱体积、传感器的布设数量，以及监测精度和准确率之间呈现矛盾关系。如图 6.30 所示，目前，空间站等航天器普遍采用热敏电阻、热电偶、电阻应变片等传统电类传感器测量，测点测量精度高，应用成熟，但是也存在很多的部件或者结构因为尚未有合适的监测手段而不能在线监测。随着航天器向功能综合化、智能化和高精度的方向发展，需要提高环境的监测和保障能力，尤其是微小卫星，更需要轻量化、高功能密度的监测技术。对于传统的高精度、单点测温方式，每个测点均需要 2 根导线，在测点多、测点密集的情况下，过多的传输电缆会给航天器集成带来不便和难度。例如，对于大面积的展开式微波载荷，空间站外天线的测温电缆有时多达数百根，不利于展开。FBG 可以利用其温变和应变特性制成温度和应变传感器，实现一根光纤上对多点多物理量进行监测，大大减轻测温系统的质量和降低电缆复杂度，因此成为提高航天器模块化集成的有效途径。

图 6.30　光纤光栅传感器在卫星结构上的监测应用

除此之外，光纤光栅传感技术在电力电缆监测、生化医疗等领域也多有涉及，国内外研究人员对光纤光栅传感器制作和封装防护工艺的进一步开发，更加推动其不断地渗透到各个领域，同时智能物联网、智能结构监测、智能土木建筑、智能航空等新系统的发展也对光纤光栅传感系统提出更高的要求。未来光纤光栅传感器需要向低成本、高可靠度、传感特性更精密的方向发展，以便能在更多的结构健康监测领域发挥更重要的作用。

参 考 文 献

[1] Zhang H, Liu B, Yuan S Z, et al. A novel all-optical automatic gain-clamped erbium-doped fiber amplifier incorporating Hi-Bi fiber Bragg grating[J]. Acta Scientiarum Naturalium Universitatis Nankaiensis, 2009, 42(1): 80-83.

[2] Liaw S K, Wang Y C, Yu Y L, et al. Experimental investigation of bidirectional hybrid fiber amplifiers in a recycling-pump mechanism[J]. Laser Physics Letters, 2012, 9(5): 658-661.

[3] He J L, Sun X H, Zhang M D. A novel add/drop multiplexer architecture for DWDM network[J]. International Journal of Infrared and Millimeter Waves, 2000, 21(1): 57-62.

[4] Huang Y L, Dong X F, Dong X Y. Temperature insensitive optical add-drop multiplexer based on fiber gratings[J]. Semiconductor Optoelectronics, 2005, 26(5): 397-399.

[5] Kaur D, Chaudhary S. 4×10 GBPS cost effective hybrid OADM MDM short haul interconnects[J]. Microwave and Optical Technology Letters, 2016, 58(7): 1613-1617.

[6] 肖启琛. 基于级联相移线性啁啾光纤光栅的特性及 OADM 的设计研究[D]. 南京: 南京邮电大学, 2017.

[7] Jacob-Poulin A C, Vallee R. Channel-dropping filter based on a grating-frustrated two core fiber[J]. Journal of Light Wave Technology, 2000, 18(5): 715-720.

[8] Fang L F, Wang J Q, Lin M F, et al. Two novel configurations of OADMs based on MZIs with FBGs[J]. Proceedings of SPIE, 2000, 42(25): 772-786.

[9] 杨华勇, 姜暖, 张学亮, 等. 三种结构的光分插复用器特性比对研究[J]. 应用光学, 2011, 32(2): 329-334.

[10] 刘明生, 郑文华, 杨康, 等. 基于 Mach-Zehnder 干涉仪和光纤光栅型光分插复用器[J]. 激光与光电子学进展, 2015, 52(11): 82-88.

[11] Zhai L Y, Xu J, Wu Y. Design and fabrication of independent-cavity FP tunable filter[J]. Optics Communications, 2013, 297: 154-164.

[12] Zhang H D, Afzal M, Jun L, et al. MWIR/LWIR filter based on liquid-crystal Fabry-Perot structure for tunable spectral imaging detection[J]. Infrared Physics & Technology, 2015, 69: 68-73.

[13] 宋彤宇, 张汉一, 郭奕理, 等. WDM 光网络中拓扑结构的同频串扰积累的影响[J]. 清华大学学报(自然科学版), 2003, (1): 43-46.

[14] 刘学明, 杨万春, 徐铭. 基于光纤光栅的新型 OADM[J]. 现代有线传输, 2001, (3): 33-37.

[15] Mahiuddin M. Performance analysis of FBG-circulator based OADM in presence of coherent crosstalk[C]. International Conference on Computer, Communication, Chemical, Material and Electronic Engineering, Rajshahi, 2018: 1-4.

[16] 张涛, 黄勇林. 基于模分复用的光分插复用器的设计[J]. 光通信技术, 2018, 42(9): 4-6.

[17] 黄勇林, 董兴法, 李杰, 等. 基于马赫-曾德尔干涉仪和光纤光栅的光分插复用器[J]. 中国激光, 2005, 32(3): 423-426.

[18] Luo Z C, Luo A P, Xu W C. Polarization-controlled tunable all-fiber comb filter based on a modified dual-pass Mach-Zehnder interferometer[J]. IEEE Photonics Technology Letters, 2009, 21(15): 1066-1068.

[19] Luo A P, Luo Z C, Xu W C, et al. Wavelength switchable flat-top all-fiber comb filter based on a double-loop Mach-Zehnder interferometer[J]. Optics Express, 2010, 18(6): 6056-6063.

[20] 宋通. 基于 MZI 和光纤光栅的光分插复用器的研究[D]. 呼和浩特: 内蒙古工业大学, 2019.

[21] Sumetsky M, Eggleton B J. Fiber Bragg gratings for dispersion compensation in optical communication systems[J]. Journal of Optical and Fiber Communications Reports, 2005, 2(3): 256-278.

[22] 黄艳华. 基于啁啾光纤光栅的色散补偿技术研究[J]. 光通信技术, 2016, 40(11): 41-43.

[23] 胡贵军, 潘玉寨, 郭玉彬, 等. 基于光纤光栅的高功率光纤激光器[J]. 光子学报, 2004, 33(4): 405-408.

[24] 肖起榕, 张大勇, 王泽晖, 等. 高功率光纤激光抽运耦合技术综述[J]. 中国激光, 2017, (2): 112-129.

[25] 郑锦坤. 高功率光纤激光器关键器件及其系统技术研究[D]. 西安: 中国科学院西安光学精密机械研究所, 2019.

[26] Hao J, Zhao H, Zhang D L, et al. kW-level narrow linewidth fiber amplifier seeded by a fiber Bragg grating based oscillator[J]. Applied Optics, 2015, 54(15): 4857-4862.

[27] Huang Y, Yan P, Wang Z, et al. 2.19kW narrow linewidth FBG-based MOPA configuration fiber laser[J]. Optics Express, 2019, 27(3): 3136-3145.

[28] Kogelnik H, Shank C V. Coupled-wave theory of distributed feedback lasers[J]. Journal of Applied Physics, 1972, 43(5): 2327-2335.

[29] Haus H, Shank C. Antisymmetric taper of distributed feedback lasers[J]. IEEE Journal of

Quantum Electronics, 1976, 12(9): 532-539.

[30] Kringlebotn J T, Archambault J L, Reekie L, et al. Er^{3+}: Yb^{3+}-codoped fiber distributed-feedback laser[J]. Optics Letters, 1994, 19(24): 2101-2103.

[31] 冯衍, 姜华卫, 张磊. 高功率拉曼光纤激光器技术研究进展[J]. 中国激光, 2017, 44(2): 75-87.

[32] 苏红新, 付成鹏, 黄榜才, 等. 级联拉曼光纤激光器[J]. 激光杂志, 2002, 23(1): 14-16.

[33] Han Y G, Tran T V A, Kim S H, et al. Development of a multiwavelength Raman fiber laser based on phase-shifted fiber Bragg gratings for long-distance remote-sensing applications[J]. Optics Letters, 2005, 30(10): 1114-1116.

[34] Rizzelli G, Iqbal M A, Gallazzi F, et al. Impact of input FBG reflectivity and forward pump power on RIN transfer in ultralong Raman laser amplifiers[J]. Optics Express, 2016, 24(25): 29170-29175.

[35] Cierullies S, Lim E L, Brinkmeyer E. All-fiber widely tunable Raman laser in a combined linear and Sagnac-loop configuration[C]. Optical Fiber Communication Conference, Anaheim, 2005: 31-33.

[36] 林雪枫, 徐顺川. 用光纤光栅稳定 980nm 激光器波长的研究[J]. 光通信研究, 2006, (5): 62-65.

[37] 李毅, 黄毅泽, 王海方, 等. 980nm 半导体激光器双布拉格光纤光栅波长锁定器[J]. 光学精密工程, 2010, 18(7): 1468-1475.

[38] Huang Y, Li Y, Zhu H, et al. Theoretical investigation into spectral characteristics of a semiconductor laser with dual-FBG external cavity[J]. Optics Communications, 2011, 284(12): 2960-2965.

[39] Ouellette F. Dispersion cancellation using linearly chirped Bragg grating filters in optical waveguides[J]. Optics Letters, 1987, 12(10): 847-849.

[40] Galvanauskas A, Fermann M E, Harter D, et al. All-fiber femtosecond pulse amplification circuit using chirped Bragg gratings[J]. Applied Physics Letters, 1995, 66(9): 1053-1055.

[41] Arce-Diego J L, Lopez-Ruisanchez R, Lopez-Higuera J M, et al. Fiber Bragg grating as an optical filter tuned by a magnetic field[J]. Optics Letters, 1997, 22(9): 603-605.

[42] Guan B O, Tam H Y, Liu S Y. Temperature-independent fiber Bragg grating tilt sensor[J]. IEEE Photonics Technology Letters, 2004, 16(1): 224-226.

[43] Željudevicius J, Danilevicius R, Regelskis K. Optimization of pulse compression in a fiber chirped pulse amplification system by adjusting dispersion parameters of a temperature-tuned chirped fiber Bragg grating stretcher[J]. Journal of the Optical Society of America B: Optical Physics, 2015, 32(5): 812-817.

[44] 赵玉成, 简水生, 王圩, 等. 啁啾光纤光栅特性研究[J]. 铁道学报, 1996, 18(6): 29-32.

[45] 舒学文, 范永昌, 黄德修, 等. 啁啾光纤光栅补偿光纤色散的研究[J]. 红外与激光工程, 1999, (1): 50-53.

[46] Qin Z X, Zeng Q K, Feng D J, et al. A novel strain method for precisely adjusting the grating chirp and center wavelength[J]. Smart Materials and Structures, 2000, 9(6): 985-988.

[47] 张银英, 王德翔, 张肇仪, 等. 基于光纤光栅的可调色散补偿[J]. 光通信技术, 2002, 26(6): 32-34.

[48] Zhang X, Yang Z, Li Q, et al. Pulse duration tunable fiber CPA system based on thermally dispersion tuning of chirped fiber Bragg grating[J]. Optik-International Journal for Light and Electron Optics, 2016, 127(20): 8728-8731.

[49] Meltz G, Morey W W, Glenn W H. Formation of Bragg gratings in optical fibers by transverse holographic method[J]. Optics Letters, 1989, 14(15): 823-825.

[50] 李红, 祝连庆, 刘锋, 等. 裸光纤光栅表贴结构应变传递分析与实验研究[J]. 仪器仪表学报, 2014, 35(8): 1744-1750.

[51] 丁旭东, 张钰民, 宋言明, 等. 纯石英芯光纤光栅高温应变响应特性[J]. 中国激光, 2017, 44(11): 175-181.

[52] 张开宇, 闫光, 鹿利单, 等. 用于真空环境的光纤光栅温度传感器设计[J]. 工具技术, 2017, 51(7): 108-112.

[53] 闫光, 辛璟涛, 陈昊, 等. 预紧封装光纤光栅温度传感器传感特性研究[J]. 振动、测试与诊断, 2016, 36(5): 967-971.

[54] 闫光, 庄炜, 刘锋, 等. 具有增敏效果的光纤光栅应变传感器的预紧封装及传感特性[J]. 吉林大学学报(工学版), 2016, 46(5): 1739-1745.

[55] 梅加纯, 范典, 姜德生. 保偏光纤光栅温度传感性能的实验研究[J]. 应用光学, 2006, 27(2): 137-139.

[56] 魏颖, 焦明星. 保偏光纤 Bragg 光栅传感特性的实验研究[J]. 红外与激光工程, 2008, 37(S1): 107-110.

[57] 霍文荟. 基于保偏光子晶体光纤光栅的双参量传感及性能分析[D]. 北京: 北京交通大学, 2018.

[58] 刘鑫, 刘颖刚, 梁星, 等. 保偏光纤光栅高温及应力传感特性研究[J]. 压电与声光, 2018, 40(1): 64-67, 72.

[59] 夏晓鹏, 张钰民, 初大平, 等. 基于啁啾光栅的温度与应变测量解耦方法研究[J]. 仪器仪表学报, 2019, 40(6): 131-137.

[60] 孟凡勇, 卢建中, 闫光, 等. 长啁啾光纤光栅分布式双参量传感特性研究[J]. 仪器仪表学报, 2017, 38(9): 2210-2216.

[61] 朱翔, 杨远洪. 双波长相移光纤光栅的光谱特性及传感应用[J]. 光子学报, 2014, 43(9): 48-52.

[62] Wang G H, Shum P P, Ho H P, et al. Modeling and analysis of localized biosensing and index sensing by introducing effective phase shift in microfiber Bragg grating (μFBG)[J]. Optics Express, 2011, 19(9): 8930-8938.